"十二五"职业教育国家规划教材

经全国职业教育教材审定委员会审定

获中国石油和化学工业优秀教材奖一等奖

# 定量化学分析实验

## 第 三 版

胡伟光　张文英　主编

U0317176

化学工业出版社

·北京·

本书主要介绍了定量化学分析实验室基础知识、定量化学分析仪器和基本操作以及各种类型的分析法。在实验内容的选择上，注意了典型性、综合性和设计性。结合生产、生活实际，编写了有关化工产品、食品、药品、环保等方面的实验内容。在实验分析方法上采用新方法、新标准，为便于基本技能的规范化训练，每章附有职业技能鉴定模拟题。在实验内容后编写了"相关链接"，拓展了学生的知识视野，使教材更具有可读性、新颖性和实用性。

本教材可供高职高专工业分析技术专业使用，也可供化工类其他专业使用。

**图书在版编目（CIP）数据**

定量化学分析实验/胡伟光，张文英主编. —3 版.
北京：化学工业出版社，2014.11（2018.3重印）
"十二五"职业教育国家规划教材
ISBN 978-7-122-21912-1

Ⅰ.①定… Ⅱ.①胡…②张… Ⅲ.①定量分析-化
学实验-高等职业教育-教材 Ⅳ.①O655-33

中国版本图书馆 CIP 数据核字（2014）第 225559 号

---

责任编辑：陈有华　蔡洪伟　　　　　　　文字编辑：林　媛
责任校对：宋　夏　　　　　　　　　　　装帧设计：王晓宇

---

出版发行：化学工业出版社（北京市东城区青年湖南街 13 号　邮政编码 100011）
印　　装：三河市延风印装有限公司
787mm×1092mm　1/16　印张 19¼　字数 480 千字　2018 年 3 月北京第 3 版第 4 次印刷

---

购书咨询：010-64518888（传真：010-64519686）　　售后服务：010-64518899
网　　址：http://www.cip.com.cn
凡购买本书，如有缺损质量问题，本社销售中心负责调换。

---

定　　价：35.00 元　　　　　　　　　　　　　　　　　版权所有　违者必究

前 言
FOREWORD

　　本书于 2004 年出版，2008 年再版，2007 年获中国石油和化学工业优秀教材奖一等奖。教材出版以来，在全国化工类多所高职院校中使用，并作为全国石油和化工职业院校学生化学检验工技能大赛的参考教材，在高职教学中发挥了很好的作用。

　　本次修订在保持原教材特色和风格的基础上，将进一步反映高职高专教育教学改革成果，认真贯彻国家最新标准，体现科学技术的进步，以达到知识、能力、素质训练统一的目的，突出学生的技术应用能力训练与职业素质培养。本次修订与第二版相比，有如下变化：

　　1. 依据最新的国家标准，对相关内容进行更新。

　　2. 根据电子天平已广泛用于科学技术、工业生产、医药卫生、计量等领域，删除了机械加码电光天平的内容。

　　3. 根据全国石油和化工职业院校学生化学检验工技能大赛的情况，增加了化学分析报告单的样例，方便教师教学和学生训练。

　　4. 补充了教材中相关链接的内容，使教材内容更加丰富完整。

　　5. 对某些内容的文字进行了修改，更加突出了教材特色。

　　本书的第一、二、三章由辽宁石化职业技术学院胡伟光修订，第四、五、十章由辽宁石化职业技术学院王新修订，第六、七章由吉林工业职业技术学院王桂芝修订，第八、九章由扬州化工职业技术学院张文英修订。全书由胡伟光统稿。

　　本书与《定量化学分析》教材配套使用，可作为高职高专工业分析技术、化工、轻工、制药、材料、冶金、环保等专业的教材，还可作为企业化验人员的学习参考用书。

　　感谢多年来一直使用此教材的广大师生，对教材的不足之处，恳请各位多提宝贵建议和意见。随着国家改革的不断深入，相信我国高职教育的明天将更加辉煌！

编者

2014 年 10 月

# 第一版前言
## FOREWORD

依据高等职业教育的主要任务是培养高技能人才的定位，遵循2003年7月在北京召开的"高职高专工业分析专业国家规划教材工作会议"精神和具体要求，本教材的编写力求做到反映高职教育的特点，突出实用性和实践性，有利于学生综合素质的形成和科学思维方法与创新能力的培养。

在实验内容的选择上突出反映现代工业的发展，体现其"创新性、实用性、综合性、先进性"。紧密联系生产、生活实际，编写了有关化工产品、食品、药品、环境分析方面的实验内容；为使学生明确分析测试质量保证的重要性，培养学生产品质量意识，本教材对国家标准、行业标准、地方标准、企业标准作了简介；为增强学生环保意识，介绍了实验性污染与实验室"三废"简单无害化处理；加大了设计性实验和综合性实验的比例，旨在培养学生学习能力和知识运用能力，提高学生发现问题、提出问题、分析问题和解决问题的能力。

为拓展学生的知识视野，在实验内容后编写了"相关链接"，使教材更具有可读性、新颖性和实用性。

本书的内容与《定量化学分析》教材完美衔接，力求做到理论联系实际，让使用本教材的教师、学生感到得心应手。

另外，最新国家标准GB/T 601—2002中规定了分析中所用标准滴定溶液的制备方法。本书为学生用书，考虑试剂用量、环境保护及对学生能力培养等因素，本书中标准滴定溶液的制备选用比较成熟的方法，不一定完全按照国家标准进行。但在授课过程中应贯彻新国标。

本书的第一章、第二章、第四章由辽宁石化职业技术学院胡伟光编写；第三章、第八章、第九章、第十章由扬州化工职业技术学院张文英编写；第五章由内蒙古化工职业学院孙喜平编写；第六章、第七章由吉林工业职业技术学院王桂芝编写。全书由胡伟光、张文英负责统稿，由常州工程职业技术学院黄一石主审。本教材在编写过程中，得到了有关领导及同志们的支持和帮助，在此，一并表示感谢。

高等职业技术教育是《2003～2007年教育振兴行动计划》的主要组成部分，

伴随着高等教育的跨越式发展，我国高等职业教育事业迅速发展，改革不断深入，思路日益清晰，办学方向更加明确，质量不断提高。本教材的编写在体现高职教育的特色上，我们虽然做了一些尝试和努力，但此项改革毕竟是一项较为复杂的工作，必须坚持不断地探索和实践。

限于编者的水平和时间仓促，疏漏和不足在所难免，衷心希望同行和读者批评、指正。

编者
2004 年 1 月

# 第二版前言
## FOREWORD

本教材自 2004 年出版以来，在全国化工类高职院校的教学中发挥了很好的作用，同时还作为全国石油和化工职业院校学生化学检验工技能大赛的参考教材，受到广大师生的欢迎。该教材 2007 年被评为"中国石油和化学工业优秀教材奖一等奖"。

高等职业教育的深入发展，使工学结合人才培养模式已成为高职办学的必然。实践教学是工学结合人才培养模式的精髓，是教学改革的核心，是培养学生职业综合素质的关键，必须给予高度的重视。

本次教材修订的指导思想是：从培养技术应用型人才的需要出发，进一步突出技术应用能力训练与职业素质培养。从符合职业标准及企业生产实际需要出发，与国家职业技能鉴定相衔接，从而进一步体现高职教学特点。

在保持第一版的系统和基本格局基础上，本次教材修订与第一版相比有如下变化：

1. 为便于学生的职业技能训练和职业技能鉴定，在各章后编写了职业技能鉴定模拟题。

2. 注重内容的科学性和先进性，依据新的国家标准对部分内容进行了更新。

3. 增加了企业分析检验的原始记录样单，有利于学生了解企业分析检验结果的记录内容和形式，体现了与分析检验岗位工作的衔接。

4. 增加了微量滴定管的使用、气体钢瓶的使用等内容。

本教材的第一章、第二章、第三章、第七章由辽宁石化职业技术学院胡伟光修订；第四章、第五章、第六章、第八章由辽宁石化职业技术学院王新修订；第九章、第十章由扬州化工职业技术学院张文英修订。全书由胡伟光统稿。

本书为高职高专工业分析与检验专业教材，也适合高职院校开设相关课程的专业使用，还可作为企业化验人员的学习参考用书。

本教材修订于"十一五"期间，尽管笔者力求在体现高职教育特色上做出了努力，但仍然存在不足之处，恳请各位同仁在使用中多提建议和意见。在此，对多年来一直使用本教材的广大师生表示感谢，并希望继续关注此教材，共同为高职课程改革做出贡献。

编者
2008 年 7 月

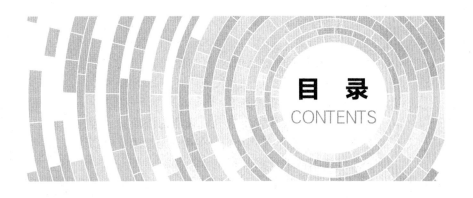

# 目 录
## CONTENTS

## 第三章 ▶ 定量化学分析仪器和基本操作　　038

## 第七章　沉淀滴定法　173

## 第八章　重量分析法　185

## 第九章　定量分析中常用的分离方法　196

# 第一章
# 绪　论

### 一、课程的性质、任务和作用

化学分析是一门以实验为基础的科学，对于工业分析技术专业，它属于职业技术课程，又是该专业的核心课程。化学分析也是化工类专业重要的必修基础课程。

本门课程的任务是学习定量化学分析基本操作技术，通过学习和训练，养成良好的实验习惯和实事求是的科学态度，形成良好的实验室工作作风，使学生的科学思维方式以及分析问题、解决问题的能力和职业素质得到提高，最终能运用化学分析的基本理论和操作技术独立完成无机产品的全分析任务。

分析化学是化工生产、农、林、水产、畜产品加工、食品加工、动植物生长发育过程中以及科学研究工作中不可缺少的检测工具。常常被称作国民经济的"先行官"，工农业生产的"眼睛"，科学研究的"参谋"。可见该课程是一门与国民经济紧密相连并为国民经济服务的重要课程。

### 二、课程的内容

定量化学分析实验教材介绍了分析实验室的基础知识（实验室安全知识；玻璃仪器的洗涤技术；产品质量标准；实验室用水的制备及检验；化学试剂的分类、选用及保存），滴定分析基本操作技术，重量分析基本操作技术和常用的分离技术。

教材中的设计性实验，旨在使学生能够运用学过的定量化学分析知识和操作技能解决生产生活中的实际问题，提高知识的运用能力和分析问题、解决问题的能力；化学分析综合实验，旨在使同学们所学的基本理论知识和基本技能得到全面的运用和训练，能独立完成无机产品全分析的任务。

### 三、课程的基本要求

实验过程是学生手脑并用的实践过程，为了通过训练达到熟练掌握基本操作技术，并能完成实际分析任务的目的，对学习本门课程提出以下要求。

① 做好实验预习。本课程的应知、应会内容直接与职业技能鉴定和分析工作岗位应用相接轨，应用性很强。因此，要学好分析化学，必须高度重视实验课的学习和训练，否则，将不能胜任今后分析岗位的工作。要按要求做好每一次的实验，实验前的预习是关键。预习过程是

知其然，知其所以然的必要思考；是克服实验中"照方抓药"现象的良医；是打有把握之仗的战前准备。预习时要全面思考实验原理及实验步骤中的有关问题，并写好预习报告。

② 在实验过程中，要手脑并用。注意不断修正自己的操作，使实验操作规范化，提高实验技能。同时，要积极思考实验每一步操作的目的，要知其然，也要知其所以然。注意理论联系实际，克服只是"照方配药"的不良学习习惯。

③ 应严格地遵守操作程序，理解实验注意事项。在使用不熟悉其性能的仪器和试剂之前，应查阅有关书籍或请教指导教师，不要随意进行实验，以免损坏仪器、浪费试剂，使实验失败，更重要的是预防发生意外事故。

④ 自觉遵守实验规则，保持实验室整洁、安静和仪器安置有序，注意节约使用试剂和蒸馏水，尤其要注意安全。

⑤ 实验能力是长时间实验室训练结果的综合表现，不能急于求成，学习要经得住失败，失败并不可怕，重要的是善于总结实验中的成败，树立信心，不断进取。只要努力就会进步，只有不断进步，才会成功。

⑥ 实验完毕后，要及时洗涤、清理仪器，切断（或关闭）电源，水阀和气路，打扫实验室卫生。

⑦ 对实验所得的结果和数据，要及时进行整理、计算和分析，认真书写实验报告。要求字迹清晰，内容完整，页面设计美观，注意不断提高实验报告书写的质量。并要求将实验的思考题、对实验结果的分析及体会一并写入实验报告中。

学生们：在实际的分析工作中，由于小小的疏忽，就会造成实验的失败，错误的分析数据还会给生产造成损失。你们知道"细节决定成败"的道理吧，所以希望你们要努力学习，刻苦训练，在技术上要精益求精，树立工作责任意识，为继续学习和将来做一名合格的分析人员奠定良好的基础。只有这样，才能训练掌握化学分析操作技术，成为品质优秀、作风踏实、技能过硬的专业人才，成为企业的骨干力量。

## 四、工业产品的质量标准

### 1. 标准的基本知识

（1）标准的基本概念　标准是对重复性事物和概念所做的统一规定，是以科学、技术和实践经验的综合成果为基础，经有关方面协商一致，由主管机构批准，以特定形式发布，作为共同遵守的准则和依据。

统一是标准的本质。标准的统一是建立在各方协商一致基础之上的。有的标准是具有强制性的，有关各方面必须严格遵守。标准的统一是相对的，不同级别的标准在不同的范围内统一，不同类别的标准从不同角度、不同侧面进行统一。但这种统一并不意味着全部统死。统一只是一个限定的范围，有时在标准中规定几种可供选择的情况，但这只是一定条件下的统一。标准的作用在于科学地、合理地、有效地统一。如果客观事物不需要这种统一，标准就失去了存在的意义。

（2）标准的分级　标准可以根据其协调统一的范围及适用的范围不同而分为不同级别的标准，这就是基准的分级。国际上有两级标准，即国际标准和区域性标准。我国的标准分为四级，即国家标准、行业标准、地方标准、企业标准。

① 国家标准。需要在全国范围内统一的技术要求制定的标准。由国务院标准化行政主管部门制定，统一编号，国务院标准行政主管部门和工程建设主管部门联合发布，分为强制性标准和推荐性标准。

② 行业标准。对没有国家标准而又需要在全国某个行业范围内统一的技术要求所制定

的标准。在行业标准中，也分为强制性标准和推荐性标准。行业标准是由该标准的归口部门组织制定，并由该部门统一审批、编号、发布。

③ 地方标准。对没有国家标准和行业标准而又需要在省、自治区、直辖市范围内统一要求所制定的标准。地方标准也有强制性标准和推荐性标准。地方标准由省、自治区、直辖市标准化行政主管部门统一编制计划、组织制定、审批、编号和发布。

④ 企业标准。对企业范围内需要协调、统一的技术要求、管理要求和工作要求所制定的标准。企业标准由企业制定，由企业法人代表或法人代替授权的主管领导批准、发布，由法人代表授权的部门统一管理。

国际标准、行业标准和地方标准中的强制性标准，企业必须严格执行。推荐性标准，企业一经采用也就具有了强制的性质，因此应严格执行。

（3）标准的代号和编号

① 国家标准的代号与编号

a. 国家标准的代号。强制性国家标准的代号为"GB"；推荐性国家标准的代号为"GB/T"。

b. 国家标准的编号。国家标准的编号由国家标准的代号，国家标准发布的顺序号和国家标准发布的年号构成。1995 年及以后的标准年号由四位数构成，1995 年以前的标准年号由两位数构成。

强制性国家标准编号：

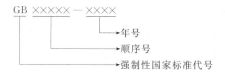

推荐性国家标准编号：

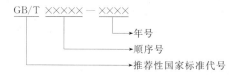

② 行业标准的代号与编号

a. 强制性行业标准的代号与编号。

各行业标准的代号由国务院标准化行政管理部门规定，有 28 个行业标准代号，其中化工行业为 HG。

编号由行业标准的代号、标准顺序号及标准年号组成。与国家标准编号就是区别在代号上。例原化工部的标准：

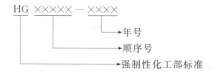

b. 推荐性标准加 T（例如 HG/T）。

③ 地方标准的代号与编号

a. 强制性地方标准的代号由汉语拼音"DB"加上省、自治区、直辖市行政区划代码前两位数再加斜线组成，再加"T"，则组成推荐性地方标准代号。例如，吉林省代号 220000，吉林省强制性地方标准代号 DB22，推荐性标准代号 DB22/T。

　　b. 地方的编号由地方标准代号、地方标准顺序号和年号 3 部分组成。

　　④ 企业标准的代号与编号

　　a. 企业标准代号为"Q"。某企业的企业标准的代号由企业标准代号 Q 加斜线，再加企业代号组成，即：

企业代号可用汉语拼音字母或阿拉伯数字或两者兼用组成。

　　b. 企业标准编号。企业标准编号由该企业的企业标准代号、顺序号和年号 3 部分组成，即：

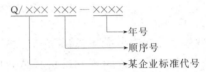

## 2. 化工企业贯彻标准的意义

　　标准具有科学性、民主性。它的产生是将科学研究的成就和技术进步的成果同实践中的先进经验相互结合，经过分析、比较、选择以后再加以综合纳入标准，从而使标准具有科学性。标准所反映的不只是局部的、片面的经验，也不是局部的利益，而是同科研、生产供销、消费者方面和有关人员进行认真的讨论，充分协商，最后从全局利益出发作出规定，从而使标准具有民主性。从产品标准中的质量指标的确定就足以说明标准的这一特性。产品的质量指标的确定是将我国工业产品的实物质量按照国际先进水平、国际一般水平和国内一般水平 3 个档次，相应的划分为优等品、一等品、合格品 3 个等级。GB/T 12707—91《工业产品质量分等原则》规定如下。

　　优等品：质量指标必须达到国际先进水平，且实物质量水平与国外同类产品相比达到近 5 年内的先进水平。

　　一等品：质量指标必须达到国际一般水平，且实物质量水平达到国际同类产品的一般水平。

　　合格品：按我国一般质量水平标准（国家标准、行业标准、地方标准、企业标准）组织生产，实物质量水平必须达到相应标准要求。

　　从上述质量指标的规定可以看出，在化工企业生产经营活动中，只有按标准组织生产，才能保证优质、高产、低消耗，提高工作效率及企业管理水平，增加经济效益。

　　从另一方面看，随着科学技术的发展，化学工业在国民经济中的比例越来越大，对标准化要求的程度越来越高。我们制定的任何标准不可能完美无缺，只有不断地参加实施标准的实践活动，才能不断地提高制定标准的水平。所以说标准的实施是评价标准水平的依据；只有通过贯彻实施才能发挥标准的作用，推动科学进步和企业的发展，也只有通过标准的实施不断积累数据，才能发现标准中存在的问题，才能确定标准修改的内容和方法，修订原有标准，由新的水平更高的标准来代替。可使标准水平由低级向高级螺旋式地不断发展。

## 3. 制定的产品标准和分析方法标准的组成

　　产品标准由三大部分组成：概述部分、正文部分、补充部分。每部分包含内容如下。

　　(1) 概述部分　包括封面与首页；目次；产品标准名称；引言。

　　(2) 正文部分　包括主题内容与适用范围；引用标准；术语、符号、代号、产品分类；

技术要求；检验规则；标志、包装、运输、贮存；其他。

（3）补充部分　包括附录；附加说明。

分析方法标准一般由方法原理概述；试剂或材料的要求；实验仪器、设备及其要求；试样及其制备；实验条件；实验程序；实验结果的计算和评定；精密度与允许差等项组成。

### 五、实验性污染与"三废"简单的无害化处理

人们在科研、生产和生活过程中，将废物随意排入大气、水体或土壤中，便可对自然环境产生一定的污染。当污染达到一定程度时，就会降低自然环境原有的功能和作用，进而直接或间接地对人类和其他生物产生影响或危害。通常人们将导致环境污染或造成生态环境破坏的物质称为环境的污染物。

由于科学研究的领域无限广阔，因此涉及的实验性污染物也就非常多。20世纪以来，全世界有1000万种合成的化合物问世。目前，每年有$1000 \sim 2000$种新的化学品产生。另外，企业、学校的实验室也会产生化学污染物。所有化学品都有一定的毒性，有些具有潜在毒性的化学品，十亿分之几的浓度即可对人的健康造成危害。

由于实验室排放的化学污染物总量不是很大，一般没有专门的处理设施，而被直接排到生活废物中，往往出现局部浓度过大，导致危害严重的后果。因此，对实验室排放的化学污染物的处理，必须引起高度重视。作为分析人员，除了要了解化学物质的毒性，正确使用和贮存化学试剂外，还要了解对实验室"三废"进行简单无害化处理的方法。

#### 1. "三废"的处理

化工分析过程中产生的废气、废液、废渣大多数是有毒物质，有些是剧毒物质或致癌物质，必须经过处理才能排放。

少量有毒气体可以通过排风设备排出室外，被空气稀释。毒气量大时经过吸收处理后排出；氧化氮、二氧化硫等酸性气体用碱液吸收；可燃性有机毒物于燃烧炉中借氧气完全燃烧。

较纯的有机溶剂废液可回收再用。含酚、氰、汞、铬、砷的废液要经过处理达到"三废"排放标准才能排放。低浓度含酚废液加次氯酸钠或漂白粉使酚氧化为二氧化碳和水；高浓度含酚废水用乙酸丁酯萃取，重蒸馏回收酚；含氰化物的废液用氢氧化钠调至 pH 为 10 以上，再加入 3% 的高锰酸钾使 $CN^-$ 氧化分解；$CN^-$ 含量高的废液由碱性氧化法处理，即在 pH 为 10 以上加入次氯酸钠使 $CN^-$ 氧化分解。

含汞盐的废液先调至 pH $8 \sim 10$，加入过量硫化钠，使其生成硫化汞沉淀，再加入共沉淀剂硫酸亚铁，生成的硫化铁将水中悬浮物硫化汞微粒吸附而共沉淀。排出清液，残渣用焙烧法回收汞，或再制成汞盐。

铬酸洗液失效，浓缩冷却后加高锰酸钾粉末氧化，用砂芯漏斗滤去二氧化锰后即可重新使用。废洗液用废铁屑还原残留的 Cr(Ⅵ) 到 Cr(Ⅲ)，再用废碱或石灰中和成低毒的 $Cr(OH)_3$ 沉淀。

含砷废液加入氧化钙，调节 pH 为 8，生成砷酸钙和亚砷酸钙沉淀。或调节 pH 为 10 以上，加入硫化钠与砷反应，生成难溶、低毒的硫化物沉淀。

含铅镉废液，用消石灰将 pH 调至 $8 \sim 10$，使 $Pb^{2+}$、$Cd^{2+}$ 生成 $Pb(OH)_2$ 和 $Cd(OH)_2$ 沉淀，加入硫酸亚铁作为共沉淀剂。

混合废液用铁粉法处理，调节 pH 为 $3 \sim 4$，加入铁粉，搅拌 0.5h，加碱调 pH 至 9 左右，继续搅拌 10min，加入高分子混凝剂，混凝后沉淀，清液排放，沉淀物以废渣处理。

### 2. 有机溶剂的回收

分析中用过的有机溶剂可以回收利用。

（1）废乙醚溶液　置于分液漏斗中，用水洗一次，然后中和，用 0.5％高锰酸钾洗至紫色不褪，再用水洗，用 0.1％～0.5％硫酸亚铁铵溶液洗涤，除去过氧化物再用水洗，用氯化钙干燥，过滤，分馏，收集 33.5～34.5℃馏分。

（2）乙酸乙酯废液　先用水洗几次，再用硫代硫酸钠稀溶液洗几次，使其褪色，之后用水洗几次，蒸馏，用无水碳酸钾脱水，放置几天，过滤后蒸馏，收集 76～77℃馏分。

氯仿废溶剂、乙醇废溶液、四氯化碳废溶液等都可以通过水洗废液再用试剂处理，最后通过蒸馏收集沸点左右馏分，最终得到被回收的溶剂。经过回收的溶剂可以再使用，这样既经济又减少了污染。

### 3. 废料销毁

在分析过程中，出现的固体废物不能随便乱放，以免发生事故。如能放出有毒气体或能自燃烧的危险废料，不能丢进废品箱内和排进废水管道中。不溶于水的废弃化学药品禁止丢进废水管道中，必须将其在适当的地方烧掉或用化学方法处理成无害物。碎玻璃和其他有棱角的锐利废料，不能丢进废纸篓内，要收集于特殊废品箱内处理。

## 六、实验预习方法

养成实验预习习惯，掌握实验预习方法，提高实验预习质量，全方位地理解实验目的、原理、测定条件、实验仪器的选择等内容是学好本门课程的关键。

① 首先要通读实验内容，了解实验的目的、任务和要求。

② 针对实验原理复习相关的理论知识，明确被测物质的性质及选择测定方法的依据。理解测定方法、滴定方式、测定条件、指示剂选择的依据和终点现象。例如：甲醛法测定铵盐中氮含量的实验，从实验原理中就可以找出以下问题加以思考。

a. 为什么不能用直接法测定铵盐中的 $NH_4^+$？

b. 实验中甲醛的作用是什么？甲醛是否需要过量，为什么？

c. 为什么要选择酚酞作指示剂？在化学计量点时，溶液的 pH 如何计算？

d. 为什么要使用中性甲醛溶液？如若不使用中性溶液对实验结果有何影响？

③ 在每一项实验中，给出了试样的称取范围，预习时要明确该范围是如何确定的，要预先进行计算。

④ 为熟悉实验步骤，可按实验步骤的顺序用箭头流程法表示，简要描述书写，便于记忆。

⑤ 预习时，教材中的思考题要思考，还要学会从实验内容的字里行间发现问题，这也是一种能力。如加入每种试剂的作用是什么？对实验条件的理解（温度、酸度）；对滴定速度为什么要提出要求？对于量器的选择也不能忽视，何时选用移液管，何时选用量筒要明确；终点指示剂发生颜色变化的原因是什么？实验中哪些环节会引入误差？都要在预习时进行思考。不清楚的问题同学之间可互相讨论，互相交流，不能解决的问题可以在课堂中解决。

⑥ 对实验结果的计算，要弄清楚其含义。对不同的滴定方式，标准溶液消耗量多少，对测定结果的影响是不同的。如莫尔法测定 $Cl^-$ 含量，采用 $AgNO_3$ 标准溶液直接滴定 $Cl^-$，当 $AgNO_3$ 标准溶液比正常情况下消耗多时，则测定结果偏高；而福尔哈德法测定 $Cl^-$ 含量，采用的是返滴定方式，当 KSCN 标准溶液比正常情况下消耗多时，则导致测定结果偏低。

由此可见，掌握实验预习思考方法是学好理论知识和实验技能、形成学习能力的重要途径。

# 职业技能鉴定模拟题

## 一、判断题

1. 经安全生产教育和培训的人员可上岗作业。（　　）

2. 认真负责，实事求是，坚持原则，一丝不苟地依据标准进行检验和判定是化学检验工的职业守则内容之一。（　　）

3. 质量检验工作人员应坚持持证上岗制度，以保证检验工作的质量。（　　）

4. 化验室人员必须具有扎实的专业知识，熟练的专业技能。（　　）

5. 国际标准是世界各国进行贸易的基本准则和基本要求，我国《标准化法》规定："国家必须采用国际标准"。（　　）

6. 《中华人民共和国标准化法》于 1989 年 4 月 1 日发布实施。（　　）

7. 《中华人民共和国质量法》中所称的产品是指经加工、制作，用于销售的产品。（　　）

8. 化学检验工职业道德的基本要求包括：忠于职守、钻研技术、遵章守纪、团结互助、勤俭节约、关心企业、勇于创新等。（　　）

9. 分析工作者只需严格遵守采取均匀固体样品的技术标准的规定。（　　）

10. 质量体系只管理产品质量，对产品负责。（　　）

11. 产品质量水平划分为优等品、一等品、二等品和三等品四个等级。（　　）

12. ISO 的定义是为进行合格认证工作而建立的一套程序和管理制度。（　　）

13. 我国的标准等级分为国家标准、行业标准和企业标准三级。（　　）

14. 按照标准化的对象性质，一般可将标准分成为三大类：技术标准、管理标准和工作标准。（　　）

15. GB 2946—92，其中 GB 代表工业标准。（　　）

16. 国际标准代号为"ISO"，我国国家标准代号为"GB"。（　　）

17. 我国国家标准的代号是 GB ××××—××××。（　　）

18. 中华人民共和国强制性国家标准的代号是 GB/T。（　　）

19. 标准和标准化都是为在一定范围内获得最佳秩序而进行的一项有组织的活动。（　　）

20. GB 3935.1—1996 定义标准化为：为在一定的范围内获得最佳程序，对活动或其结果规定共同的和重复使用的规则、导则或特性文件。该文件经协商一致制定并经一个公认机构的批准。（　　）

21. GB/T、ISO 分别是强制性国家标准、国际标准的代号。（　　）

22. 标准化工作的任务是制定标准、组织实施标准和对标准的实施进行监督。（　　）

23. 标准要求越严格，标准的技术水平越高。（　　）

24. ISO 是世界上最大的国际标准化机构，负责制定和批准所有技术领域的各种技术标准。（　　）

25. 企业标准一定要比国家标准要求低，否则国家将废除该企业标准。（　　）

## 二、选择题

1. 有关汞的处理错误的是（　　）。

A. 汞盐废液先调节 pH 至 8～10 加入过量 $Na_2S$ 后再加入 $FeSO_4$ 生成 $HgS$、$FeS$ 共沉淀再作回收处理

B. 洒落在地上的汞可用硫黄粉盖上，干后清扫

C. 实验台上的汞可采用适当措施收集在有水的烧杯中

D. 散落过汞的地面可喷洒 20％$FeCl_2$ 水溶液，干后清扫

2. IUPAC 所指的组织是（　　）。

A. 国际纯粹与应用化学联合会　　B. 国际标准组织

C. 国家化学化工协会　　　　　　D. 国家标准局

3. 我国的法定计量单位主要包括（　　）。

A. 我国法律规定的单位　　B. 国际单位制单位和国家选用的其他计量单位

C. 我国传统的计量单位　　D. 国际单位制单位和我国传统的计量单位

4. 国家标准有效期一般为（　　）年。

A. 2　　B. 3　　C. 5　　D. 10

5. 根据《中华人民共和国标准化法》的规定，我国的标准将按其不同的适用范围，分为（　　）级管理体制

A. 2　　B. 3　　C. 4　　D. 5

6. 广义的质量包括（　　）。

A. 产品质量和工作质量　　B. 质量控制和质量保证

C. 质量管理和产品质量　　D. 质量监控和质量检验

7. 含无机酸的废液可采用（　　）处理。

A. 沉淀法　　B. 萃取法　　C. 中和法　　D. 氧化还原法

8. 下列哪些产品必须符合国家标准、行业标准，否则，即推定该产品有缺陷（　　）。

A. 可能危及人体健康和人身、财产安全的工业产品　　B. 对国计民生有重要影响的工业产品

C. 用于出口的产品　　　　　　　　　　　　　　　D. 国有大中型企业生产的产品

9. 根据《中华人民共和国标准化法》，对需要在全国范围内统一的技术要求，应当制定（　　）。

A. 国家标准　　B. 统一标准　　C. 同一标准　　D. 固定标准

10. （　　）是标准化的主管部门。

A. 科技局　　B. 工商行政管理部门　　C. 公安部门　　D. 质量技术监督部门

11. 化学检验工的职业守则最重要的内涵是（　　）。

A. 爱岗敬业，工作热情主动

B. 认真负责，实事求是，坚持原则，一丝不苟地依据标准进行检验和判定

C. 遵守劳动纪律

D. 遵守操作规程，注意安全

12. 我国的标准体系分为（　　）个级别。

A. 3　　B. 4　　C. 5　　D. 6

13. 化工行业的标准代号是（　　）。

A. MY　　B. HG　　C. YY　　D. DB/T

14. 中国标准与国际标准的一致性程度分为（　　）。

A. 等同、修改和非等效　　B. 修改和非等效

C. 等同和修改　　　　　　D. 等同和非等效

15. GB/T 6583—92 中 6583 是指（　　）。

A. 顺序号　　B. 制定年号　　C. 发布年号　　D. 有效期

16. ISO 的中文意思是（　　）。

A. 国际标准化　　B. 国际标准分类　　C. 国际标准化组织　　D. 国际标准分类法

# 第二章
# 定量化学分析实验室基础知识

作为化验分析人员，不仅要掌握相应的分析化学理论和分析技术，还必须熟悉与实验室相关的基础知识和技能，才能全面胜任其分析检测工作。

## 第一节　实验室安全知识

### 一、实验室安全守则

当我们走进工厂时，就可以看到"安全为了生产，生产必须安全"这一醒目的标牌，它时刻提醒着人们，起到警钟长鸣的作用。在实验中，要经常使用有腐蚀性、有毒、易燃、易爆的各类试剂，使用易破损的玻璃仪器、各种电器设备及煤气等。为保证分析人员的人身安全和实验操作的正常进行，必须了解和遵守下列实验室安全守则。

① 实验室内严禁饮食、吸烟。严禁任何药品入口或接触伤口，不能用玻璃仪器代替餐具。所有试剂、试样均应有标签，绝不可在容器内装有与标签不相符的物质。

② 实验室应保持洁净、整齐。废纸、废屑和碎玻璃片、火柴杆等废物应投入垃圾箱内，废酸和废碱应小心倒入废液缸内，中和后倒入水槽中，以免腐蚀下水道。洒落在实验台上的试剂要随时清理干净。

③ 稀释浓硫酸，必须在烧杯等耐热容器中进行，且只能将硫酸在不断搅拌下缓缓注入水中，温度过高时应冷却降温后再继续加入。配制氢氧化钠、氢氧化钾等浓溶液时，也必须在耐热容器中溶解。如需将酸碱中和，则必须各自先行稀释再中和。

④ 使用浓硝酸、浓硫酸、浓盐酸、浓高氯酸、浓氨水，或有氰化氢、二氧化氮、硫化氢、三氧化硫、溴、氨等有毒、有腐蚀性气体的操作，必须在通风橱中进行。如不注意都可能引起中毒。

⑤ 决不允许任意混合各种化学药品，以免发生事故。使用氰化物、砷化物、汞盐等剧毒物质时要采取防护措施。实验残余的毒物应采取适当的方法处理，切勿随意丢弃或倒入水槽中。装过有毒、强腐蚀性、易燃、易爆物质的器皿，应由操作者亲自洗净。

⑥ 极易蒸发和引燃的有机溶剂如乙醚、乙醇、丙酮、苯等，使用时必须远离明火，用后要立即塞紧瓶塞，放入阴凉处。用过的试剂倒入回收瓶中，不要倒入水槽中。

⑦ 将玻璃棒、玻璃管、温度计插入或拔出胶塞、胶管时应垫有布，且不可强行插入或拔出。

⑧ 易燃溶剂加热应采用水浴或砂浴，并避免用明火。灼热的物品不能直接放置在实验台上，各种电加热器及其他温度较高的加热器都应放在石棉板上。

⑨ 实验室内不得有裸露的电线头，不要用电线直接插入电源接通电灯、仪器等。以免引起电火花而导致爆炸和火灾等事故。

⑩ 实验进行时，不得擅自离开岗位。水、电、煤气、酒精灯等一经使用完毕，立即关闭。实验结束后要洗手，离开实验室时应认真检查水、电、煤气及门、窗是否已关好。

## 二、实验室灭火常识

灭火原则：移去或隔绝燃料的来源，隔绝空气（氧）、降低温度。对不同物质引起的火灾，采取不同的扑救方法。

### 1. 实验室灭火的紧急措施

① 防止火势蔓延，首先切断电源、熄灭所有加热设备；而后快速移去附近的可燃物，关闭通风装置、减少空气流通。

② 立即扑灭火焰，设法隔断空气，使温度下降到可燃物的着火点以下。

③ 火势较大时，可用灭火器扑救。常用的灭火器有以下 4 种：二氧化碳灭火器，用以扑救电器、油类和酸类物质的火灾，不能扑救有钾、钠、镁、铝等物质存在的火灾，因为这些物质会与二氧化碳发生作用；泡沫灭火器，适用于有机溶剂、油类着火，不宜扑救电器火灾；干粉灭火器，适用于扑灭油类、有机物、遇水燃烧物质的火灾；1211 灭火器，适用于扑灭油类、有机溶剂、精密仪器、文物档案等火灾。

### 2. 实验室灭火注意事项

① 用水灭火注意事项　能与水发生猛烈作用的物质失火时，不能用水灭火，如金属钠、电石、浓硫酸、五氧化二磷、过氧化物等，对于这些小面积范围燃烧可用防火砂覆盖；比水轻、不溶于水的易燃与可燃液体，如石油烃类化合物和苯类等芳香族化合物失火燃烧时，禁止用水扑灭；溶于水或稍溶于水的易燃物与可燃液体，如醇类、醚类、酯类、酮类等失火时，如数量不多可用雾状水、化学泡沫、皂化泡沫等；不溶于水，密度大于水的易燃与可燃液体如二硫化碳等引起的火燃，可用水扑灭，因为水能浮在液面上将空气隔绝，禁止使用四氯化碳灭火器。

② 电气设备及电线着火时，首先用四氯化碳灭火剂灭火，电源切断后才能用水扑救。严禁在未切断电源前用水或泡沫灭火器扑救。

③ 回流加热时，如因冷凝管效果不好，易燃蒸气在冷凝管顶端着火，应先切断加热源，再行扑救。绝对不可用塞子或其他物品堵住冷凝管。

④ 若敞口的器皿中发生燃烧，应尽快先切断加热源，设法盖住器皿口，隔绝空气使火熄灭。

⑤ 扑灭产生有毒蒸气的火情时，要特别注意防毒。

### 3. 灭火器的维护

① 灭火器要定期检查，并按规定更换药液。使用后应彻底清洗，并更换损坏的零件。

② 使用前需检查喷嘴是否畅通，如有阻塞，应用铁丝疏通后再使用，以免造成爆炸。

③ 灭火器一定要固定放在明显的地方，不得任意移动。

## 三、实验室意外事故的一般处理

### 1. 化学烧伤

化学烧伤是由于操作者的皮肤触及腐蚀性化学试剂所致。这些试剂包括：强酸类，特别是氢氟酸及其盐；强碱类，如碱金属的氢化物、浓氨水、氢氧化物等；氧化剂，如浓的过氧化氢、过硫酸盐等；某些单质，如溴、钾、钠等。

酸蚀伤，应立即用大量水冲洗，然后用 2% 的 $NaHCO_3$ 溶液或稀 $NH_3 \cdot H_2O$ 冲洗，最后再用水冲洗。

碱蚀伤，先用大量水冲洗，再用约 $0.3mol/L$ HAc 溶液洗，最后用水冲洗。如果碱溅入眼中，则先用 2% 的硼酸溶液洗，再用水洗。

### 2. 烫伤

烫伤是操作者身体直接触及高温、过冷物品（低温引起的冻伤，其性质与烫伤类似）所造成的。如皮肤被烫伤，可先用稀 $KMnO_4$ 或苦味酸溶液冲洗灼伤处，再在伤口处抹上黄色的苦味酸溶液、烫伤膏或万花油，切勿用水冲洗。

### 3. 割伤

发生割伤后，应先取出伤口内的异物，然后在伤口处涂上红药水或撒上消炎粉后用纱布包扎。

### 4. 吸入刺激性、有毒气体

当不甚吸入 $Cl_2$、HCl、溴蒸气时，可吸入少量酒精和乙醚的混合蒸气使之溶解。由于吸入 $H_2S$ 气体而感到不适时，应立即到室外呼吸新鲜空气。

### 5. 触电

不慎触电时，首先切断电源，必要时进行人工呼吸。

# 第二节　实验室用水

在分析工作中，洗涤仪器、溶解样品、配制溶液均需用水。一般天然水和自来水（生活饮用水）中常含有氯化物、碳酸盐、硫酸盐、泥沙等少量无机物和有机物，影响分析结果的准确度。作为分析用水，必须先经一定的方法净化达到国家规定。实验室用水规格，根据分析任务和要求的不同，采用不同纯度的水。

我国已建立了实验室用水规格的国家标准（GB/T 6682—92），《分析实验室用水规格和试验方法》（简称《标准》）中规定了实验室用水的技术指标、制备方法及检验方法。这一基础标准的制订，对规范我国分析实验室的分析用水，提高分析方法的准确度起了重要的作用。

## 一、分析用水的级别和用途

国家标准规定的实验室用水分为三级。

（1）一级水　基本上不含有溶解或胶态离子杂质及有机物。用于有严格要求的分析实验，包括对颗粒有要求的试验，如高效液相色谱分析用水。

（2）二级水　可含有微量的无机、有机或胶态杂质。用于无机痕量分析等试验，如原子吸收光谱分析用水。

（3）三级水　最普遍使用的纯水，适用于一般实验室试验工作，过去多采用蒸馏方法制备，故通常称为蒸馏水。

## 二、分析用水的制备

制备实验室用水的原料水，应当是饮用水或比较纯净的水。如有污染，则必须进行预处理。纯水常用以下 3 种方法制备。

### 1. 蒸馏法制备纯水

蒸馏法制备纯水是根据水与杂质的沸点不同，将自来水（或其他天然水）用蒸馏器蒸馏而得到的。用这种方法制备纯水操作简单，成本低廉，能除去水中非蒸发性杂质，但不能除去易溶于水的气体。由于蒸馏一次所得蒸馏水仍含有微量杂质，只能用于定性分析或一般工业分析。

目前使用的蒸馏器一般是由玻璃、镀锡铜皮、铝皮或石英等材料制成的。由于蒸馏器的材质不同，带入蒸馏水中的杂质也不同。用玻璃蒸馏器制得的蒸馏水会有 $Na^+$、$SiO_3^{2-}$ 等离子。用铜蒸馏器制得的蒸馏水通常含有 $Cu^{2+}$，蒸馏水中通常还含有一些其他杂质。原因是二氧化碳及某些低沸物易挥发物质，随水蒸气带入蒸馏水中；少量液态水成雾状飞出，直接进入蒸馏水中；微量的冷凝管材料成分也能带入蒸馏水中。

必须指出，以生产中的废汽冷凝制得的"蒸馏水"，因含杂质较多，是不能直接用于分析化学的。

### 2. 离子交换法制纯水

蒸馏法制备纯水产量低，一般纯度也不够高。化学实验室广泛采用离子交换树脂来分离出水中的杂质离子，这种方法叫离子交换法。因此，用此法制得的水通常称"去离子水"。这种方法具有出水纯度高、操作技术易掌握、产量大、成本低等优点，很适合于各种规模的化验室采用。该方法的缺点是设备较复杂，制备的水含有微生物和某些有机物。

### 3. 电渗析法制纯水

这是在离子交换技术基础上发展起来的一种方法。它是在外电场的作用下，利用阴阳离子交换膜对溶液中离子的选择性透过而使杂质离子自水中分离出来，从而制得纯水的方法。

## 三、分析用水的规格

《标准》中只规定了一般技术指标，在实际工作中，有些实验对水有特殊要求，还要检查有关项目，例如 $Cl^-$、$Fe^{3+}$、$Cu^{2+}$、$Zn^{2+}$、$Pb^{2+}$、$Ca^{2+}$、$Mg^{2+}$ 等离子。实验室用水规格见表 2-1。

表 2-1 实验室用水的级别及主要指标

| 指 标 名 称 | | 一 级 | 二 级 | 三 级 |
|---|---|---|---|---|
| pH 范围 | | — | — | 5.0～7.5 |
| 电导率(25℃)/(mS/m) | ≤ | 0.01 | 0.10 | 0.50 |
| 吸光度(254nm,1cm 光程) | ≤ | 0.001 | 0.01 | — |
| 可氧化物质[以(O)计]/(mg/L) | ≤ | — | 0.08 | 0.4 |
| 蒸发残渣(105℃±2℃)/(mg/L) | ≤ | — | 1.0 | 2.0 |
| 可溶性硅(以 $SiO_2$ 计)/(mg/L) | ≤ | 0.01 | 0.02 | |

注：1. 由于在一级水、二级水的纯度下，难于测定其真实的 pH，因此，对一级水、二级水的 pH 范围不做规定。

2. 一级水、二级水的电导率需用新制备的水"在线"测定。

3. 由于在一级水的纯度下，难于测定可氧化物质和蒸发残渣，对其限量不做规定，可用其他条件和制备方法来保证一级水的质量。

## 四、分析用水的检验

为保证纯水的质量符合分析工作的要求，对于所制备的每一批纯水，都必须进行质量检查。

### 1. pH 的测定

普通纯水 pH 应在 5.0～7.5（25℃），可用精密 pH 试纸或酸碱指示剂检验。对甲基红不显红色，对溴百里酚蓝不呈蓝色。用酸度计测定纯水的 pH 时，先用 pH 为 5.0～8.0 的标准缓冲溶液校正 pH 计，再将 100mL 三级水注入烧杯中，插入玻璃电极和甘汞电极，测定 pH。

### 2. 电导率的测定

纯水是微弱导体，水中溶解了电解质，其电导率将相应增加。测定电导率应选用适于测定高纯水的电导率仪。一级水、二级水电导率极低，通常只测定三级水。测量三级水电导率时，将 300mL 三级水注入烧杯中，插入光亮铂电极，用电导仪测定其电导。测得的电导率小于或等于 5.0$\mu$S/cm 时，即为合格。

### 3. 吸光度的测定

将水样分别注入 1cm 和 2cm 的比色皿中，用紫外-可见分光光度计于波长 254nm 处，以 1cm 比色皿中水为参比，测定 2cm 比色皿中水的吸光度。一级水的吸光度应≤0.001；二级水的吸光度应≤0.01；三级水可不测水样的吸光度。

### 4. SiO$_2$ 的测定

SiO$_2$ 的测定方法比较繁琐，一级水、二级水中的 SiO$_2$ 可按 GB/T 6682—92 方法中的规定测定。通常使用的三级水可测定水中的硅酸盐。其测定方法如下：取 30mL 水于一小烧杯中，加入 5mL 4mol/L HNO$_3$，5mL 5%（NH$_4$）$_2$MoO$_4$ 溶液，室温下放置 5min 后，加入 5mL 10% Na$_2$SO$_4$ 溶液，观察是否出现蓝色。如呈现蓝色，则不合格。

### 5. 可氧化物的限度试验

将 100mL 二级水或 100mL 三级水注入烧杯中，然后加入 10.0mL 1mol/L H$_2$SO$_4$ 溶液和新配制的 1.0mL 0.002mol/L KMnO$_4$ 溶液，盖上表面皿，将其煮沸并保持 5min，与置于另一相同容器中不加试剂的等体积的水样作比较。此时溶液呈淡粉色，如未完全褪尽，则符合可氧化物限度实验，如完全褪尽则不符合可氧化物限度实验。

另外，在某些情况下，还应对水中的 Cl$^-$、Ca$^{2+}$、Mg$^{2+}$ 进行检验。

Ca$^{2+}$、Mg$^{2+}$ 的检验：取 10mL 待检查的水，加 NH$_3$·H$_2$O-NH$_4$Cl 缓冲溶液（pH≈10），调节溶液 pH 至 10 左右，加入 1 滴铬黑 T 指示剂，不显红色为合格。

Cl$^-$ 的检验：取 10mL 待检查的水，用 4mol/L 的 HNO$_3$ 酸化，加 2 滴 1% AgNO$_3$ 溶液，摇匀后未见浑浊现象，为合格。

## 五、分析用水的贮存

分析用水的贮存影响到分析用水的质量。各级分析用水均应使用密闭的专用聚乙烯容器。三级水也可使用密闭的专用玻璃容器。新容器在使用前需要用盐酸溶液（20%）浸泡 2～3d，再用待测水反复冲洗，并注满待测水浸泡 6h 以上。

各级分析用水在贮存期间，其污染主要来源是聚乙烯容器可溶成分的溶解及空气中 CO$_2$ 和其他杂质。所以，一级水不可贮存，使用前制备。二级水、三级水可适量制备，分别贮存于预先经同级水清洗过的相应容器中。各级水在运输过程中应避免污染。

# 第三节　化学试剂及有关知识

化学试剂广义指为实现某一化学反应而使用的化学药品，狭义指化学分析中为测定物质的组成而使用的纯粹化学药品，它是现代科学研究和产品检验的重要物质。因此，对于从事分析工作的人员，了解化学试剂的性质、用途、保管及有关选用等方面的知识，是非常必要的。

化学试剂的门类很多，世界各地对化学试剂的分类和分级的标准不尽一致，各国都有自己的国家标准及其他标准（行业标准、学会标准等）。我国的化学试剂产品有国家标准（GB）、原化学工业部标准（HG）及企业标准（Q）三级。

## 一、化学试剂的分类

将化学试剂进行科学的分类，以适应化学试剂的生产、科研、进出口等需要，是化学试剂标准化所要研究的内容之一。

化学试剂产品已有数千种，有分析试剂、仪器分析专用试剂、指示剂、有机合成试剂、生化试剂、电子工业专用试剂、医用试剂等。随着科学技术和生产的发展，新的试剂种类还将不断产生。常用的化学试剂的分类方法有：按试剂用途和化学组成分类；按试剂用途和学科分类；按试剂包装和标志分类；按化学试剂的标准分类。现将化学试剂分为标准试剂、一般试剂、高纯试剂、专用试剂4大类，逐一作简单介绍。

### 1. 标准试剂

标准试剂是用于衡量其他（欲测）物质化学量的标准物质。标准试剂的特点是主体含量高而且准确可靠，其产品一般由大型试剂厂生产，并严格按国家标准检验。主要国产标准试剂的分类及用途列于表2-2中。

表2-2　主要国产标准试剂的分类与用途

| 类　别 | 主　要　用　途 |
| --- | --- |
| 滴定分析第一基准试剂（C级） | 工作基准试剂的定值 |
| 滴定分析工作基准试剂（D级） | 滴定分析标准溶液的定值 |
| 杂质分析标准溶液 | 仪器及化学分析中作为微量杂质分析的标准 |
| 滴定分析标准溶液 | 滴定分析法测定物质的含量 |
| 一级pH基准试剂 | pH基准试剂的定值和高精密度pH计的校准 |
| pH基准试剂 | pH计的校准（定位） |
| 热值分析试剂 | 热值分析仪的标定 |
| 色谱分析标准 | 气相色谱法进行定性和定量分析的标准 |
| 临床分析标准溶液 | 临床化验 |
| 农药分析标准 | 农药分析 |
| 有机元素分析标准 | 有机元素分析 |

### 2. 一般试剂

一般试剂是实验室最普遍使用的试剂，一般可分为4个等级及生化试剂等（见表2-3）。

表2-3　一般试剂的分级标准和适用范围

| 级　别 | 纯度分类 | 英文符号 | 适用范围 | 标签颜色 |
| --- | --- | --- | --- | --- |
| 一级 | 优级纯（保证试剂） | G. R. | 适用于精密分析实验和科学研究工作 | 绿色 |
| 二级 | 分析试剂 | A. R. | 适用于一般分析实验和科学研究工作 | 红色 |
| 三级 | 化学纯 | C. P. | 适用于一般分析工作 | 蓝色 |
| 四级 | 实际试剂 | L. R. | 适用于一般化学实验辅助试剂 | 棕色或其他颜色 |
| 生化试剂 | 生物染色级（生化试剂） | B. R. | 生物化学及医用化学实验 | 咖啡色染色剂（玫瑰色） |

### 3. 高纯试剂

高纯试剂的特点是杂质含量低（比优级纯基准试剂低），主体含量与优级纯试剂相当，而且规定检验的杂质项目比同种优级纯或基准试剂多$1\sim2$倍。通常杂质量控制在$10^{-9}\sim$

$10^{-6}$级的范围内。高纯试剂主要用于微量分析中试样的分解及试液的制备。

高纯试剂多属于通用试剂（如 $HCl$，$HClO_4$，$NH_3 \cdot H_2O$，$Na_2CO_3$，$H_3BO_3$）。目前只有 8 种高纯试剂颁布了国家标准，其他产品一般执行企业标准，在产品的标签上标有"特优"或"超优"试剂字样。

### 4. 专用试剂

专用试剂是指有特殊用途的试剂。其特点是不仅主体含量较高，而且杂质含量很低。它与高纯试剂的区别是：在特定的用途中（如发射光谱分析）有干扰的杂质成分只需控制在不致产生明显干扰的限度以下。

专用试剂种类颇多，如紫外及红外光谱法试剂、色谱分析、标准试剂、气相色谱载体及固定液、液相色谱填料、薄层色谱试剂、核磁共振分析用试剂等。

## 二、化学试剂的选用

化学试剂的纯度越高，则其生产或提纯过程越复杂且价格越高，如基准试剂和高纯试剂的价格要比普通试剂高数倍乃至数十倍。应根据分析任务、分析方法、分析对象的含量及对分析结果准确度的要求，合理地选用相应级别的试剂。

化学试剂选用的原则是在满足实验要求的前提下，选择试剂的级别应就低而不就高。即不超级别造成浪费，且不能随意降低试剂级别而影响分析结果。试剂的选择要考虑以下几点。

① 滴定分析中常用间接法配制的标准溶液，应选择分析纯试剂配制，再用工作基准试剂标定。在某些情况下，如对分析结果要求不是很高的实验，也可用优级纯或分析纯代替工作基准试剂标定。滴定分析中所用的其他试剂一般为分析纯试剂。

② 在仲裁分析中，一般选择优级纯和分析纯试剂。在进行痕量分析时，应选用优级纯试剂以降低空白值和避免杂质干扰。

③ 仪器分析实验中一般选用优级纯或专用试剂，测定微量成分时应选用高纯试剂。

④ 试剂的级别高，分析用水的纯度及容器的洁净程度要求也高，必须配合，方能满足实验的要求。

⑤ 在分析方法标准中一般规定，不应选用低于分析纯的试剂。此外，由于进口化学试剂的规格、标志与我国化学试剂现行等级标准不甚相同，使用时应参照有关化学手册加以区分。

## 三、化学试剂的保管

化学试剂如保管不善则会发生变质。变质试剂不仅是导致分析误差的主要原因，而且还会使分析工作失败，甚至会引起事故。因此，了解影响化学试剂变质的原因，妥善保管化学试剂在实验室中是一项十分重要的工作。

### 1. 影响化学试剂变质的因素

（1）空气的影响　空气中的氧易使还原性试剂氧化而破坏。强碱性试剂易吸收二氧化碳而变成碳酸盐；水分可以使某些试剂潮解、结块；纤维、灰尘能使某些试剂还原、变色等。

（2）温度的影响　试剂变质的速度与温度有关。夏季高温会加快不稳定试剂的分解；冬季严寒会促使甲醛聚合而沉淀变质。

（3）光的影响　日光中的紫外线能加速某些试剂的化学反应而使其变质（例如银盐、汞盐，溴和碘的钾、钠、铵盐和某些酚类试剂）。

（4）杂质的影响　不稳定试剂的纯净与否对其变质情况的影响不容忽视。例如纯净的溴化汞实际上不受光的影响，而含有微量的溴化亚汞或有机物杂质的溴化汞遇光易变黑。

（5）贮存期的影响　不稳定试剂在长期贮存后可能发生歧化聚合，分解或沉淀等变化。

### 2. 化学试剂的贮存

一般化学试剂应贮存在通风良好、干净和干燥的房间，要远离火源，并注意防止水分、灰尘和其他物质污染。

① 固体试剂应保存在广口瓶中，液体试剂盛在细口瓶或滴瓶中，见光易分解的试剂（如 $AgNO_3$、$KMnO_4$、双氧水、草酸等）应盛在棕色瓶中并置于暗处；容易侵蚀玻璃而影响试剂纯度的如氢氟酸、氟化钠、氟化钾、氟化铵、氢氧化钾等，应保存在塑料瓶中或涂有石蜡的玻璃瓶中。盛碱的瓶子要用橡皮塞，不能用磨口塞，以防瓶口被碱溶解。

② 吸水性强的试剂，如无水碳酸钠、苛性碱、过氧化钠等应严格用蜡密封。

③ 剧毒试剂如氰化物、砒霜、氢氟酸、氯化汞等，应设专人保管，要经一定手续取用，以免发生事故。

④ 相互易作用的试剂，如蒸发性的酸与氨，氧化剂与还原剂，应分开存放。易燃的试剂如乙醇、乙醚、苯、丙酮与易爆炸的试剂如高氯酸、过氧化氢、硝基化合物，应分开存在阴凉通风，不受阳光直接照射的地方。灭火方法相抵触的化学试剂不准同室存放。

⑤ 特种试剂如金属钠应浸在煤油中；白磷要浸在水中保存。

## 第四节　常用制冷剂和干燥剂

### 一、制冷剂

实验室进行低温操作，要使溶液的温度低于室温时，最简单的方法是使用冷冻冷却。如冷冻冰盐溶液，100g 碎冰和 30g NaCl 混合，温度可降至 $-20℃$，干冰（固体 $CO_2$）加乙醇和丙醇，冷却温度可达 $-77℃$；液态氮能使温度降至 $-190℃$。常用制冷剂及其制冷最低温度见表 2-4。

表 2-4　实验室常用制冷剂

| 制　冷　剂 | 最低温度/℃ | 制　冷　剂 | 最低温度/℃ |
|---|---|---|---|
| $NH_4Cl$＋水（30＋100） | $-3$ | KCl＋冰雪（100＋100） | $-30$ |
| $CaCl_2$＋水（250＋100） | $-8$ | $CaCl_2 \cdot 6H_2O$＋冰雪（125＋100） | $-40$ |
| $NH_4NO_3$＋水（100＋100） | $-12$ | $CaCl_2 \cdot 6H_2O$＋冰雪（150＋100） | $-49$ |
| KSCN＋水（100＋100） | $-24$ | $CaCl_2 \cdot 6H_2O$＋冰雪（500＋100） | $-54$ |
| $NH_4Cl$＋$KNO_3$＋水（100＋100＋100） | $-25$ | 干冰＋丙酮 | $-78$ |
| $CaCl_2 \cdot 6H_2O$＋冰雪（41＋100） | $-9$ | 液氧 | $-183$ |
| $NH_4Cl$＋冰雪（25＋100） | $-15$ | 液氮 | $-195.8$ |
| 浓 $H_2SO_4$＋冰雪（25＋100） | $-20$ | 液氢 | $-252.8$ |
| NaCl＋冰雪（33＋100） | $-21$ | 液氦 | $-268.9$ |
| $KNO_3$＋$NH_4NO_3$＋冰雪（9＋74＋100） | $-25$ | | |

### 二、干燥剂

凡是吸收水分的物质，一般都可以称为干燥剂，它主要用于脱除气态或液态物质中的游离水分。干燥剂既要有易与游离水分结合的活性，又要有不破坏被干燥物质的惰性。实验室常用干燥剂主要有无机干燥剂与分子筛干燥剂两类（见表 2-5 和表 2-6）。

表 2-5　用于气体的无机干燥剂

| 干燥剂 | 适用干燥的气体 | 干燥剂 | 适用干燥的气体 |
|---|---|---|---|
| CaO | $NH_3$、胺类 | KOH | $NH_3$、胺类 |
| $CaCl_2$ | $H_2$、$O_2$、HCl、$CO_2$、$N_2$、$SO_2$、$CH_4$、乙醚、烯烃、氯代烃、烷烃 | $Al_2O_3$ | 多数气体 |
| | | 硅胶 | $NH_3$、胺类、$O_2$、$N_2$ |
| $P_2O_5$ | $H_2$、$O_2$、$CO_2$、CO、$SO_2$、$N_2$、$CH_4$、$C_2H_4$、烷烃 | 碱石灰 | $NH_3$、胺类、$O_2$、$N_2$ |
| $H_2SO_4$ | $H_2$、$CO_2$、CO、$N_2$、$Cl_2$、烷烃 | | |

表 2-6　用于液体的无机干燥剂

| 干燥剂 | 适用干燥的液体 | 不适用干燥的液体 | 干燥剂 | 适用干燥的液体 | 不适用干燥的液体 |
|---|---|---|---|---|---|
| $P_2O_5$ | 烃、卤代烃、$CS_2$ | 碱、酮、易聚合物 | $K_2CO_3$ | 碱、卤代物、酮 | 脂肪酸、酯 |
| $H_2SO_4$ | 饱和烃、卤代烃 | 碱、酮、醇、酚 | $CuSO_4$ | 醚、醇 | 甲醇 |
| $CaCl_2$ | 醚、酯、卤代烷 | 醇、酮、胺、酚、脂肪酸 | Na | 醚、饱和烃 | 醇、胺、酯 |
| KOH | 碱 | 酮、醛、脂肪酸、酸 | $Na_2SO_4$ | 普通物质 | |

# 第五节　定量分析中的常用器皿

进行分析化验工作，要用到各种器皿。熟悉常用器皿的规格、性能、正确使用方法和保管方法，对于规范操作、准确地报出分析结果，延长器皿的使用寿命和防止意外事故的发生，都是十分必要的。

## 一、玻璃仪器

玻璃是多种硅酸盐、铝硅酸盐、硼酸盐和二氧化硅等物质的复杂混熔体，具有良好的透明度、相当好的化学稳定性（氢氟酸除外）、较强的耐热性、价格低廉、加工方便、适用面广等一系列优点。因此，分析化学实验室中大量使用的仪器是玻璃仪器。定量分析用一般玻璃仪器和量器类玻璃仪器化学成分见表 2-7。

表 2-7　一般玻璃仪器和量器类化学成分

| 项　目 | 化学成分(质量分数)/% | | | | | | |
|---|---|---|---|---|---|---|---|
| | $SiO_2$ | $Al_2O_3$ | $B_2O_3$ | $Na_2O$ | CaO | ZnO | $K_2O$ |
| 一般玻璃仪器 | 74 | 4.5 | 4.5 | 12 | 3.3 | 1.7 | |
| 量器类 | 73 | 5 | 4.5 | 13.2 | 3.8 | 0.5 | |

这类仪器均为软质玻璃，具有很好的透明度，一定的机械强度和良好的绝缘性能。与硬质玻璃（$SiO_2$ 79.1%，$B_2O_3$ 12.5%）比较，热稳定性、耐腐蚀性能差。常用玻璃仪器的规格、用途及使用注意事项见表 2-8。

表 2-8　常用玻璃仪器的规格、用途及使用注意事项

| 名　称 | 主　要　规　格 | 主　要　用　途 | 使用注意事项 |
|---|---|---|---|
| 烧杯 | 容量(mL)：10,15,25,50,100,200,250,400,500,600,800,1000,2000 | 配制溶液；溶解样品；进行反应；加热；蒸发；滴定等 | 不可干烧；加热时应受热均匀；液量一般勿超过容积的2/3 |
| 锥形瓶 | 容量(mL)：5,10,25,50,100,150,200,250,300,500,1000,2000 | 加热；处理试样；滴定 | 磨口瓶加热时要打开瓶塞，其余同烧杯使用注意事项 |
| 碘量瓶 | 容量(mL)：50,100,250,500,1000 | 碘量法及其他生成挥发物的定量分析 | 磨口瓶加热时要打开瓶塞，其余同烧杯使用注意事项 |

| 名　称 | 主　要　规　格 | 主　要　用　途 | 使用注意事项 |
| --- | --- | --- | --- |
| 圆底烧瓶、平底烧瓶 | 容量(mL):50,100,250,500,1000 | 加热、蒸馏 | 避免直火加热 |
| 蒸馏烧瓶 | 容量(mL):50,100,250,500,1000,2000 | 蒸馏 | 避免直火加热 |
| 凯氏烧瓶 | 容量(mL):50,100,250,300,500,800,1000 | 消化分解有机物 | 使用时瓶口勿对人,其余同蒸馏烧瓶使用注意事项 |
| 量筒、量杯 | 容量(mL):5,10,25,50,100,250,500,1000,2000<br>量出式 | 粗略量取一定体积的溶液 | 不可加热,不可盛热溶液;不可在其中配制溶液;加入或倾出溶液应沿其内壁 |
| 容量瓶 | 容量(mL):5,10,25,50,100,200,250,500,1000,2000<br>量入式<br>A级、B级<br>无色、棕色 | 准确配制一定体积的溶液 | 瓶塞密合;不可烘烤、加热,不可贮存溶液;长期不用时应在瓶塞与瓶口间夹上纸条 |
| 滴定管 | 容量(mL):25,50,100<br>量出式、座式<br>A级、A2级、B级<br>无色、棕色、酸式、碱式 | 滴定 | 不能漏水,不能加热,不能长期存放碱液;碱式管不能盛氧化性物质溶液 |
| 微量滴定管 | 容量(mL):1,2,5,10<br>量出式、座式<br>A级、A2级、B级(无碱式) | 微量或半微量滴定 | 不能漏水,不能加热,不能长期存放碱液;碱式管不能盛氧化性物质溶液 |
| 自动滴定管 | 容量(mL):10,25,50<br>量出式<br>A级、A2级、B级<br>三路阀、侧边阀、侧边三路阀 | 自动滴定 | 不能漏水,不能加热,不能长期存放碱液;碱式管不能盛氧化性物质溶液 |
| 移液管(无分度吸管) | 容量(mL):1,2,5,10,15,20,25,50,100<br>量出式<br>A级、B级 | 准确移取一定体积溶液 | 不可加热,不可磕破管尖及上口 |
| 吸量管(直接吸管) | 容量(mL):0.1,0.2,0.5,1,2,5,10,25,50<br>A级、A2级、B级<br>完全流出式、吹出式、不完全流出式 | 准确移取各种不同体积溶液 | 不可加热,不可磕破管尖及上口 |
| 称量瓶 | 高形容量(mL):10,20,25,40,60<br>外径(mm):25,30,30,35,40<br>瓶高:(mm):40,50,60,70,70<br>低形容量(mL):5,10,15,30,45,80<br>外径(mm):25,35,40,50,60,70<br>瓶高(mm):25,25,25,30,30,35 | 高形用于称量试样,基准物<br><br>低形用于在烘箱中干燥试样,基准物 | 磨口应配套;不可盖紧塞烘烤 |
| 细口瓶<br>广口瓶<br>下口瓶 | 容量(mL):125,250,500,1000,2000,3000,10000,20000<br>无色、棕色 | 细口瓶、下口瓶用于存放液体试剂;广口瓶用于存放固体试剂 | 不可加热;不可在瓶内配制热效应大的溶液;磨口塞应配套;存放碱液的瓶应用胶塞 |
| 滴瓶 | 容量(mL):30,60,125<br>无色、棕色 | 存放需滴加的试剂 | 同细口瓶使用注意事项 |
| 漏斗 | 上口直径(mm):45,55,60,70,80,100,120<br>短径、长径、直渠、弯渠 | 过滤沉淀;作加液器 | 不可直火烘烤 |
| 分液漏斗 | 容量(mL):50,100,250,500,1000,2000<br>球形、锥形、筒形无刻度、具刻度 | 两相液体分离;萃取富集;作制备反应中加液器 | 不可加热;不能漏水;磨口塞应配套 |

续表

| 名　称 | 主要规格 | 主要用途 | 使用注意事项 |
|---|---|---|---|
| 试管 | 容量(mL):10,15,20,25,50,100<br>无刻度、具刻度、具支管 | 少量试剂的反应容器;<br>具支管试管可用于少量液体的蒸馏 | 所盛溶液一般不超过试管容积1/3;硬质试管可直火加热,加热时管口勿对人 |
| 离心试管 | 容量(mL):5,10,15,20,25,50<br>无刻度、具刻度 | 定性鉴定;离心分离 | 不可直火加热 |
| 比色管 | 容量(mL):10,25,50,100<br>具塞、不具塞<br>带刻度、不带刻度 | 比色分析 | 不可直火加热;管塞应密合;不能用去污粉刷洗 |
| 干燥管 | 球形<br>有效长度(mm):100,150,200<br>U形<br>高度(mm):100,150,200<br>U形带阀及支管 | 气体干燥;除去混合气体中的某些气体 | 干燥剂或吸收剂必须有效 |
| 干燥塔 | 干燥剂容量(mL):250,500 | 动态气体的干燥与吸收 | 干燥剂或吸收剂必须有效 |
| 冷凝器 | 外套管有效冷凝长度(mm):200,300,400,500,600,800<br>直形、球形、蛇形、蛇形逆流、直形回流、空气冷凝器 | 将蒸气冷凝为液体 | 不可骤冷、骤热;直形、球形、蛇形冷凝器要在下口进水,上口出水 |
| 抽气管 | 伽氏、艾氏、孟氏、改良式 | 装在水龙头上,抽滤时作真空泵 | 用厚胶管接在水龙头上并拴牢;除改良式外,使用时应接安全瓶,停止抽气时,先开启安全瓶阀 |
| 抽滤瓶 | 容量(mL):50,100,250,500,1000 | 抽滤时承接滤液 | 不可加热;选配合适的抽滤垫;抽滤时漏斗管尖远离抽气嘴 |
| 表面皿 | 直径(mm):45,65,70,90,100,125,150 | 可作烧杯和漏斗盖;称量、鉴定器皿 | 不可直火加热 |
| 研钵 | 直径(mm):70,90,105 | 研磨固体物质 | 不能撞击、烘烤;选配合适的抽滤垫;抽滤时漏斗管尖远离抽气嘴 |
| 干燥器 | 上口直径(mm):160,210,240,300<br>无色、棕色 | 保持物质的干燥状态 | 磨口部分涂适量凡士林;干燥剂应有效;不可放入红热物体,放入热物体后要时刻开盖,以放走热空气 |
| 砂芯滤器 | 容量(mL):10,20,30,60,100,250,500,1000<br>微孔平均直径($\mu$m):$P_{40}$(16~40);$P_{16}$(10~16);$P_{10}$(4~10);$P_4$(1.6~4) | 过滤 | 必须抽滤;不能骤冷骤热;不可过滤氢氟酸、碱液等;用毕及时洗净 |

## 二、其他非金属器皿

### 1. 瓷器皿

陶瓷材料在性能上有其独特的优越性,在热和机械性能方面,有耐高温、隔热、高硬度、耐磨耗等特点。对酸、碱的稳定性均优于玻璃,而且价廉易购,故应用也很广。涂有釉的瓷器皿吸水性极低,易于恒重,常用作称量分析中的称量器皿。瓷器皿和玻璃相似,主要成分仍然是硅酸盐,所以不能用氢氟酸在瓷皿中分解处理样品,不适于熔融分解碱金属的碳酸盐、氢氧化物、过氧化物及焦硫酸盐等。表2-9和图2-1列出常用瓷制器皿。

表 2-9　常用瓷制器皿

| 名　称 | 规　格 | 主　要　用　途 |
|---|---|---|
| 瓷坩埚 | 容量(mL):20,25,30,50 | 灼烧沉淀,灼烧失重测定,高温处理样品 |
| 蒸发皿 | 带柄及不带柄容量(mL):30,60,100,250 | 灼烧分子筛,γ-Al$_2$O$_3$、色谱用载体、蒸发溶液 |
| 瓷管 | 内径(mm):22,25<br>长(mm):610,760 | 高温管式炉中,燃烧法测定 C、H、S 等元素 |
| 瓷舟 | 长(mm):30,50 | 燃烧法测定 C、H、S 时盛样品 |
| 布氏漏斗 | 直径(mm):51,67,85,106 | 用于减压过滤,与抽滤瓶配套使用 |
| 瓷研钵 | 直径(mm):60,100,150,200 | 研磨固体试剂和试样 |

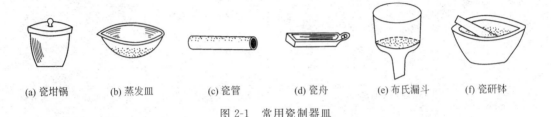

(a) 瓷坩锅　　(b) 蒸发皿　　(c) 瓷管　　(d) 瓷舟　　(e) 布氏漏斗　　(f) 瓷研钵

图 2-1　常用瓷制器皿

### 2. 玛瑙器皿

玛瑙是天然石英的一种,属贵重矿物,主要成分是二氧化硅,另外,还含有少量铝、铁、钙、镁、锰的氧化物,玛瑙的特点是硬度大,性质稳定,与大多数试剂不发生作用,一般很少带入杂质,用玛瑙制作的研钵是研磨各种高纯物质的极好器皿。在一些精度要求高的分析中,常用它研磨样品。

玛瑙研钵不能受热,不能在烘箱中烘烤,不能用力敲击,也不能与氢氟酸接触。玛瑙研钵价格昂贵,使用时要特别小心。

玛瑙研钵用毕应用水洗净。必要时可用稀盐酸洗涤或放入少许氯化钠研磨,然后用水冲净后自然干燥。

### 3. 石墨器皿

常用的石墨器皿有石墨坩埚与石墨电极,石墨坩埚可代替一些贵金属坩埚进行熔融操作,使用时最好外罩上一个瓷坩埚。石墨坩埚在使用前,应先在王水中浸泡 10h 后,用纯水冲净,再于 105℃ 的烘箱中干燥 10h。使用后在 10% 的盐酸溶液中煮沸浸泡 10min,然后洗净烘干。

石墨器皿的优点是质地致密,透气性小,极耐高温,即使在 2500℃ 时也不熔化,而且在高温下其强度不减。同时,它具有耐腐蚀性好的特点,在常温下不与各种酸(高氯酸除外)、碱起作用。有良好的导电性和耐急冷、急热性。

### 4. 塑料器皿

塑料是高分子材料的一类。实验室常见的塑料器皿是聚乙烯材料。聚乙烯是热塑性塑料,短时间内可使用到 100℃。耐一般酸、碱腐蚀,但能被氧化性酸(浓 HNO$_3$,H$_2$SO$_4$)慢慢侵蚀;室温下不溶于一般有机溶剂,但与脂肪烃、芳香烃、卤代烃等长时间接触溶胀。低相对密度($\rho=0.92$)聚乙烯熔点为 108℃,其加热温度不能超过 70℃;高相对密度($\rho=0.95$)聚乙烯熔点为 135℃,加热不能超过 100℃。

塑料具有绝缘、耐化学腐蚀、不易传热、强度较好、耐撞击等特点。在实验室中可作为金属、木材、玻璃等的代用品。如取样袋,代替橡胶球胆取气体试样;聚乙烯桶可用于装蒸馏水,小桶用于取水样;聚乙烯烧杯漏斗用于含氢氟酸的实验中。聚乙烯细口瓶代替玻璃瓶,装碱标准溶液、强碱、碱金属盐的溶液及氢氟酸而不受腐蚀。聚乙烯细口瓶还可制成洗瓶,使用方便。

### 三、金属器皿

#### 1. 铂器皿

铂又称白金，是一种比黄金还要贵重的软质金属。铂的熔点高达 1774℃，可耐 1200℃ 的高温。化学性质稳定，在空气中灼烧不发生化学变化。能耐包括氢氟酸在内的大多数化学试剂的侵蚀。实验室中常见的铂器皿有铂坩埚、铂蒸发皿、铂舟、铂丝、铂电极及铂铑热电偶等。铂坩埚适于灼烧及称量沉淀，用于碱（$Na_2CO_3$）熔法分解样品及用氢氟酸从样品中除去 $SiO_2$ 的实验。

由于铂器皿质地柔软，不能用玻璃棒或其他硬物刮剥铂器皿内附着物，以防刮伤；铂在高温下易与碳素形成脆性碳化铂，所以铂器皿只能在高温炉或煤气灯的氧化焰中加热或灼烧，不能在含有炭粒和碳氢化合物的还原焰中灼烧；防止铂器皿在高温下与易还原的金属、非金属及其化合物，碱金属及钡的氧化物、氢氧化物，碱金属的硝酸盐、亚硝酸盐、氰化物，含碳的硅酸盐、磷、砷、硫及其化合物，卤素等物接触。

铂器皿应保持清洁光亮，以防止有害物质继续与铂作用。铂器皿如沾上污迹，可先用盐酸或硝酸单独处理。无效时，可将焦硫酸钾置于铂器皿中，在较低的温度下熔融 5～10min，将熔融物弃去后，再用盐酸洗涤，若仍无效，可用碳酸钠熔融处理。

由于铂价格昂贵，代用品例如用难熔氧化物制成的刚玉（$Al_2O_3$）坩埚、二氧化锆坩埚，可以在较高温度（800～900℃）使用，二氧化锆坩埚可以耐过氧化钠的腐蚀，因此，在许多地方可以代替铂坩埚。

#### 2. 银坩埚

银坩埚可用来熔融 NaOH、KOH 及 $Na_2O_2$ 等物质，用于碱熔法分解样品。银的熔点为 960℃，银坩埚使用温度通常不超过 700℃，因此不可将其置于煤气灯上直接灼烧，只能在电炉或高温炉中使用。在空气中加热时，银表面极易形成一层黑色氧化银薄膜，使其质量发生变化，所以银坩埚不适于在称量分析中灼烧和称量沉淀；银易与硫生成硫化银，因而不能熔融、分解或灼烧含硫物质；银能被酸侵蚀或溶解，特别要注意不允许接触浓硫酸、浓硝酸。此外，铅、锌、锡、铝、汞等金属盐及硼砂均不可在银坩埚中灼烧和熔融，防止银坩埚变脆。

银的价格比铂低得多，实验室中常用。用过的银坩埚，要及时清洗。先用 NaOH 熔融清洗，或用 HCl（1＋3）溶液短时间浸泡，再用滑石粉擦拭，最后用纯水洗涤并干燥。

#### 3. 镍坩埚

镍坩埚常用于熔融 NaOH、KOH、$Na_2O_2$、$Na_2CO_3$、$NaHCO_3$ 熔融法分解样品，如硅氟酸钾容量法测定 $SiO_2$。镍的熔点为 1455℃，一般使用温度为 700℃，不能超过 900℃。由于镍在空气中易被氧化，生成氧化膜会增重，所以镍坩埚不能用于称量分析中灼烧和称量沉淀。根据镍的性质，硫酸氢钠、硫酸氢钾、焦硫酸钠、焦硫酸钾、硼砂、碱性硫化物及铝、锌、锡、铅、钒、银、汞等金属盐，不能用镍坩埚来熔融或灼烧。

新购入的镍坩埚使用前，应先于 700℃ 下灼烧 2～3min，以除去油污，并使其表面形成氧化膜（处理后应呈暗绿色或灰墨色）而延长使用寿命。

处理后的镍坩埚，每次使用前均应先在水中煮沸洗涤，必要时可滴加少量盐酸稍煮片刻，最后用纯水洗净并干燥。

## 第六节　玻璃仪器的洗涤技术

玻璃仪器是否洗净，对实验结果的准确性和精密度有直接影响。因此，洗涤玻璃仪器，是实验室工作中的一个重要环节。仪器洗涤，要求掌握洗涤的一般步骤，洗净标准，洗涤剂种类、配制及选用。

## 一、洗涤剂种类、选用及配制

### 1. 常用洗涤剂及使用范围

实验室常用去污粉、洗衣粉、洗涤剂、洗液、稀盐酸-乙醇、有机溶剂等洗涤玻璃仪器。对于水溶性污物，一般可以直接用自来水冲洗干净后，再用蒸馏水洗 3 次即可。对于沾有污物用水洗不掉时，要根据污物的性质，选用不同的洗涤剂。

（1）肥皂、皂液、去污粉、洗衣粉等　用于毛刷直接刷洗的仪器。洗涤剂直接刷洗如烧杯、锥形瓶、试剂瓶等形状简单的仪器，毛刷可以刷到的仪器，大部分是分析测定中用的非计量仪器。

（2）洗液（酸性或碱性）　多用于不便用毛刷或不能用毛刷洗刷的仪器，如滴定管、移液管、容量瓶、比色管、比色皿等和计量有关的仪器。如油污可用无铬洗液、铬酸洗液、碱性高锰酸钾洗液及丙酮、乙醇等有机溶剂。碱性物质及大多数无机盐类可用稀 HCl（1+1）洗液。$KMnO_4$ 沾污留下的 $MnO_2$ 污物可用草酸洗液洗净，而 $AgNO_3$ 留下的黑褐色 $Ag_2O$，可用碘化钾洗液洗净。

（3）有机溶剂　针对污物的类型不同，可选用不同的有机溶剂洗涤，如甲苯、二甲苯、氯仿、乙酸乙酯、汽油等。如果要除去洗净仪器上带的水分可以用乙醇、丙酮，最后再用乙醚。

### 2. 常用洗液的配制及使用注意事项

（1）铬酸洗液　20g $K_2Cr_2O_7$（工业纯）溶于 40mL 热水中，冷却后在搅拌下缓慢加入 360mL 浓的工业硫酸，冷后移入试剂瓶中，盖塞保存。

新配制的铬酸洗液呈暗红色油状液，具有极强氧化力、腐蚀性，去除油污效果极佳。使用过程应避免稀释，防止对衣物、皮肤腐蚀。$K_2Cr_2O_7$ 是致癌物，对铬酸洗液的毒性应当重视，尽量少用、少排放。当洗液呈黄绿色时，表明已经失效，应回收后统一处理，不得任意排放。

（2）碱性高锰酸钾洗液　4g $KMnO_4$ 溶于 80mL 水，加入 40% NaOH 溶液至 100mL。高锰酸钾洗液有很强的氧化性，此洗液可清洗油污及有机物。析出的 $MnO_2$ 可用草酸、浓盐酸、盐酸羟胺等还原剂除去。

（3）碱性乙醇洗液　配制方法：2.5g KOH 溶于少量水中，再用乙醇稀至 100mL 或 120g NaOH 溶液于 150mL 水中用 95%乙醇稀至 1L。主要用于去油污及某些有机物沾污。

（4）盐酸-乙醇洗液　盐酸和乙醇按 1+1 体积比混合，是还原性强酸洗液，适用于洗去多种金属离子的沾污。比色皿常用此洗液洗涤。

（5）乙醇-硝酸洗液　对难于洗净的少量残留有机物，可先于容器中加入 2mL 乙醇，再加 10mL 浓 $HNO_3$，在通风柜中静置片刻，待激烈反应放出大量 $NO_2$ 后，用水冲洗。注意用时混合，并注意安全操作。

（6）纯酸洗液　用盐酸（1+1）、硫酸（1+1）、硝酸（1+1）或等体积浓硝酸＋浓硫酸均可配制，用于清洗碱性物质沾污或无机物沾污。

（7）草酸洗液　5～10g 草酸溶于 100mL 水中，再加入少量浓盐酸。草酸洗液对除去 $MnO_2$ 沾污有效。

（8）碘-碘化钾洗液　1g 碘和 2g KI 溶于水中，加水稀至 100mL，用于洗涤 $AgNO_3$ 沾污的器皿和白瓷水槽。

（9）有机溶剂　有机溶剂如丙酮、苯、乙醚、二氯乙烷等，可洗去油污及可溶于溶剂的有机物。使用这类溶剂时，注意其毒性及可燃性。有机溶剂价格较高，毒性较大。较大的器皿沾有大量有机物时，可先用废纸擦净，尽量采用碱性洗液或合成洗涤剂洗涤。只有无法使用毛刷洗刷的小型或特殊的器皿才用有机溶剂洗涤，如活塞内孔和滴定管夹头等。

（10）合成洗涤剂　高效、低毒，既能溶解油污，又能溶于水，对玻璃器皿的腐蚀性小，不会损坏玻璃，是洗涤玻璃器皿的最佳选择。

### 二、玻璃仪器的洗净标准

洗干净的玻璃仪器，当倒置时，应该以仪器内壁均匀地被水润湿而不挂水珠为准。在定量分析实验中，要求精密度小于 1‰时，用蒸馏水冲洗后，残留水分用 pH 试纸检查，应为中性。

### 三、洗涤方法及几种定量分析仪器的洗涤

#### 1. 常规玻璃仪器洗涤方法

首先用自来水冲洗 1～2 遍除去可溶性物质的污垢，根据沾污的程度、性质分别采用洗衣粉、去污粉、洗涤剂、洗液洗涤或浸泡，用自来水冲洗 3～5 次冲去洗液，再用蒸馏水淋洗 3 次，洗去自来水。称量瓶、容量瓶、碘量瓶、干燥器等具有磨口塞盖的器皿，在洗涤时应注意各自的配套，切勿"张冠李戴"，以免破坏磨口处的严密性。

蒸馏水冲洗时应按少量多次的原则，即每次用少量水，分多次冲洗，每次冲洗应充分振荡后，倾倒干净，再进行下一次冲洗。

#### 2. 成套组合专用玻璃仪器洗涤方法

如微量凯氏定氮仪，除洗净每个部件外，用前应将整个装置用热蒸汽处理 5min，以除去仪器中的空气。索氏脂肪提取器用乙烷、乙醚分别回流提取 3～4h。

#### 3. 特殊玻璃仪器的洗涤方法

（1）比色皿　通常用盐酸-乙醇洗涤除去有机显色剂的沾污，洗涤效果好。必要时可用硝酸浸洗，但要避免用铬酸洗液等氧化性洗液浸泡。

（2）砂芯玻璃滤器　此类滤器使用前需用热的盐酸（1+1）浸煮除去砂芯孔隙间颗粒物，再用自来水、蒸馏水抽洗干净，保存在有盖的容器中。用后，再根据抽滤沉淀性质的不同，选用不同洗液浸泡干净。例如，AgCl 用氨水（1+1），$BaSO_4$ 用 EDTA-氨水，有机物用铬酸洗液浸泡，细菌用浓 $H_2SO_4$ 与 $NaNO_3$ 洗液浸泡等。

（3）痕量分析用玻璃仪器　痕量元素分析对洗涤要求极高。一般的玻璃仪器要用 HCl（1+1）或 $HNO_3$（1+1）浸泡 24h，而新的玻璃仪器或塑料瓶、桶浸泡时间需长达一周之久，还要在稀 NaOH 中浸泡一周，然后再依次用自来水、蒸馏水洗净。

（4）痕量有机物分析用玻璃仪器　痕量有机物分析所用玻璃仪器，通常用铬酸洗液浸泡，再用自来水、蒸馏水依次冲洗干净，最后用重蒸的丙酮、氯仿洗涤数次即可。

另外，不同实验，对仪器是否干燥则有不同的要求。一般定量分析中用的锥形瓶、烧杯等，洗净后即可使用；而用于有机分析的仪器一般都要求干燥。所以应根据实验要求采用不同的方法来干燥仪器。常用的干燥方法见表 2-10。

表 2-10　玻璃仪器的干燥方法

| 干燥方式 | 操　作　要　领 | 注　意　事　项 |
|---|---|---|
| 晾干 | 对不急需使用的要求一般干燥的仪器，洗净后倒置，控去水分，自然晾干 | |
| 烘干 | 要求无水的仪器在烘箱中于 100～200℃烘 1h 左右 | ①干燥厚壁仪器的实心玻璃塞，要缓慢升温，以免炸裂<br>②烘干后的仪器一般应在干燥器中保存<br>③量器类仪器不可在烘箱中烘干 |

| 干燥方式 | 操　作　要　领 | 注　意　事　项 |
|---|---|---|
| 吹干 | 对急需使用或不适合烘干的仪器如量器，要求干燥的，控净水后依次用乙醇、乙醚荡洗几次，然后用吹风机按热、冷风顺序吹干 | ①溶剂要回收<br>②要求在通风橱中进行，防止中毒 |
| 烤干 | 对急需用的试管，管口向下倾斜，用火焰从管底处依次向管口烘烤 | 只适于试管 |

# 第七节　气体钢瓶的常用标记及使用注意事项

实验室常用的气体如氢气、氧气、氮气、空气、甲烷、乙炔等，为了便于使用贮存和运输，通常将这些气体压缩成为压缩气体或液化气体，灌入耐压钢瓶内。钢瓶按贮存的气体通常最高压力可分为 15MPa、20MPa、30MPa 三种。最常用 15MPa（150atm）的气体钢瓶，钢瓶的容量以 40L 最多。使用钢瓶的主要危险是当钢瓶受到撞击或受热时可能发生爆炸。另外，一些气体有剧毒，一旦泄漏会造成严重后果。为此，了解钢瓶的基础知识，正确安全地使用各种钢瓶是十分重要的。

## 一、气体钢瓶的种类和标记

### 1. 气体钢瓶的种类

（1）按气体的物理性质划分　压缩气体（氧、氢及氮、氩、氦等惰性气体）、溶解气体〔乙炔（溶解于丙酮中，加有活性炭等）〕、液化气体（二氧化碳、一氧化二氮、丙烷、石油气等）、低温液化气体（液态氧、液态氮、液态氩等）。

（2）按气体的化学性质划分　可燃气体（氢、乙炔、丙烷、石油气等）、助燃气体（氧、一氧化二氮等）、不燃气体（二氧化碳、氮等）、惰性气体（氦、氖、氩、氪、氙等）。

### 2. 气体钢瓶的标记

为了安全，便于识别和使用，各种气体钢瓶的瓶身都涂有规定颜色的涂料，并用规定颜色的色漆写上气瓶内容物的中文名称，画出横条标志。表 2-11 为常用的几种气体气瓶标记。

表 2-11　常用的几种气体气瓶的标记

| 钢瓶名称 | 外表面颜色 | 字　样 | 字样颜色 | 横条颜色 |
|---|---|---|---|---|
| 氧气瓶 | 天蓝色 | 氧 | 黑色 | — |
| 医用氧气瓶 | 天蓝色 | 医用氧 | 黑色 | — |
| 氢气瓶 | 深绿色 | 氢 | 红色 | 红色 |
| 氮气瓶 | 黑色 | 氮 | 黄色 | 棕色 |
| 纯氩气瓶 | 灰色 | 纯氩 | 绿色 | — |
| 灯泡氩气瓶 | 黑色 | 灯泡氩气 | 天蓝色 | 天蓝色 |
| 二氧化碳气瓶 | 黑色 | 二氧化碳 | 黄色 | 黄色 |
| 氨气瓶 | 黄色 | 氨 | 黑色 | — |
| 氯气瓶 | 草绿色 | 氯 | 白色 | 白色 |
| 乙烯气瓶 | 紫色 | 乙烯 | 红色 | — |

## 二、使用气体钢瓶的注意事项

高压气瓶是专用的压力容器，必须定期进行技术检验。一般气体钢瓶 3 年检验一次，腐蚀性气体钢瓶 2 年检验一次，惰性气体钢瓶每 5 年检验一次。气体钢瓶的安全使用，必须注意以下几点。

① 高压气瓶通常应存放在实验室外专用房间里，不可露天放置。要求通风良好。远离明火、热源，距离不小于 10m，环境温度不超过 40℃。必须与爆炸物品、氧化剂、易燃物、自燃物及腐蚀性物品隔离。

② 搬运钢瓶要戴上瓶帽和橡皮腰圈。为了保护开关阀，避免偶尔转动，要旋紧钢瓶上的安全帽，移动钢瓶时不能用手执着开关阀，也不能在地上滚动，避免撞击。

③ 钢瓶使用的减压阀要专用。氧气钢瓶使用的减压阀可用在氮气或空气钢瓶上；但用于氮气钢瓶的减压阀如要用在氧气钢瓶上，必须将油脂充分洗净，严禁污染油脂。钢瓶（如氢气、乙炔）减压阀的螺纹一般是反扣的，其余则是正扣的。为安全起见，开启气阀时应站在减压阀的另一侧，以免高压气流或阀件射伤人体。

④ 乙炔钢瓶内填充有颗粒状的活性炭、石棉或硅藻土等多孔性物质，再掺入丙酮，使乙炔溶解于丙酮中，15℃压力达 $1.5 \times 10^6$ Pa。所以乙炔钢瓶不得卧放，用气速度也不能过快，以防带出丙酮。乙炔易燃、易爆，应禁止接触火源。乙炔管及接头不能用紫铜材料制作，否则将形成一种极易爆炸的乙炔铜。开瓶时，阀门不要充分打开，一般不超过 1.5 转，以防止丙酮溢出。钢瓶内乙炔压力低于 0.2MPa 时，不能再用，否则瓶内丙酮沿管通入火焰，导致火焰不稳、噪声加大，影响测定准确度。如果遇乙炔调节器冻结时，可用热气等方法加温，使其逐渐解冻，但不可用火焰直接加热。一旦燃烧发生火灾，严禁用水或泡沫灭火器，要使用干粉、二氧化碳灭火器或干砂扑灭。

⑤ 钢瓶内气体不能全部用尽，以防其他气体倒灌，新灌气时发生危险。其剩余残压不应小于 $9.8 \times 10^5$ Pa。

⑥ 有下列情况之一时必须降压使用或报废。

a. 瓶壁有裂纹、渗漏或明显变形的，应报废。

b. 经测量最小壁厚，进行强度校核，不能按原设计压力使用的，必须降压使用。

c. 高压气瓶的容积残余变形率大于 10% 的，必须报废。

⑦ 氧气是强烈的助燃气体，纯氧在高温下很活泼。温度不变而压力增加时，氧气可与油类发生强烈反应而引起爆炸。因此氧气钢瓶严禁同油脂接触。氧气钢瓶中绝对不能混入其他可燃气体。钢瓶中压力在 1.0MPa 以下时，不能再用，应该灌气。

### 三、气体钢瓶的操作方法

气体钢瓶必须连接压力调节器，经降压后，再流出使用，不要直接连接气瓶阀门使用气体。各种气体的调节器及配管不要混乱使用，使用氧气时要尤其注意此问题，否则可能发生爆炸。最好配件和气瓶均漆上同一颜色的标志。

气体钢瓶操作方法：

① 在钢瓶上装上配套的减压阀，检查减压阀是否关紧；

② 打开钢瓶总阀门，此时高压表显示出瓶内贮气总压力；

③ 慢慢地顺时针转动调压手柄，至低压表显示出实验所需压力为止；

④ 停止使用时，先关闭总阀门，待减压阀中余气逸尽后，再关闭减压阀，不要过度用力；

⑤ 易燃气体或腐蚀气体，每次实验完毕，都应将与仪器连接管拆除，不要连接过夜。

## 第八节　实验数据记录、实验报告书写及实验结果表达

定量分析的任务是准确测定试样中有关组分的含量。为了得到准确的分析结果，不仅要

精确地进行各种测量，还要正确地记录实验数据和报告分析结果。分析结果的数据不但能表达试样中待测组分的含量，还能反映测量的准确度。因此，学会正确地记录实验数据、书写实验报告、报告分析结果，是分析人员不可缺少的基本业务素质。

## 一、实验数据的记录

① 学生应有专门的实验记录本，并标上页码数，不得撕去其中任何一页。也不允许将数据记在单页纸片上，或随意记在其他地方。

② 实验记录上要写明日期、实验名称、测定次数、实验数据及检验人。

③ 记录应及时，准确清楚。记录数据时，要实事求是。要有严谨的科学态度，切忌夹杂主观因素，决不能随意拼凑和伪造数据。实验过程中涉及特殊仪器的型号和标准溶液的浓度、室温等，也应及时准确地记录下来。

④ 实验过程中记录测量数据时，其数字的准确度应与分析仪器的准确度相一致。如用万分之一分析天平称量时，要求记录至 0.0001g；常量滴定管和吸量管的读数应记录至 0.01mL。

⑤ 实验记录上的每一个数据都是测量结果。平行测定时，即使得到完全相同的数据也应如实记录下来。

⑥ 在实验过程中，如发现数据中有记错、测错或读错而需要改动之处，可将要改动的数据用一横线划去，并在其上方写出正确的数字。

⑦ 实验结束后，应该对记录是否正确、合理、齐全，平行测定结果是否超差，是否需要重新测定等进行核对。

## 二、实验报告的书写

实验报告是总结实验情况，分析实验中出现的问题，归纳总结实验结果，提高学习能力不可缺少的环节。

独立地书写完整、规范的实验报告，是一名分析人员必须具备的能力和基本功，是信息加工能力的表现。因此，实验结束后，要及时地按要求完成实验报告，并注意不断总结提高标准。

书写实验报告和开具分析报告在内容和要求上又有所不同，下面分别加以介绍。

### 1. 书写实验报告

书写实验报告的用语要科学规范、表达简明、字迹清楚、报告整洁。实验原理部分既要简捷又不能遗漏。实验报告的内容如下。

① 实验名称、实验日期。

② 实验目的。

③ 实验原理。例如滴定分析实验应包括滴定反应式、测定方法、测定条件、化学计量点的 pH、指示剂的选择及使用的酸度范围、终点现象。

④ 试剂及仪器。包括特殊仪器的型号及标准溶液的浓度。

⑤ 实验步骤。实验步骤的描述，要按操作的先后顺序，用箭头流程法表示。

⑥ 实验数据及处理。采用列表法处理实验数据更为清晰、规范。列表法具有简明、便于比较等优点。滴定法和称量分析法常用此法。包括测定次数、数据、平均值、平均偏差、结果计算式等内容。涉及的实验数据应使用法定计量单位。

⑦ 实验误差分析。分析误差产生的原因，实验中应注意的问题及某些改进措施。

⑧ 体会。即对实验的感受。

⑨ 实验思考题。为促进学生对实验原理方法的掌握，培养其分析问题和解决问题的能

力，对预习中思考的问题及教材中的思考题，一并作出回答，写入实验报告中。同时便于教师对学生学习情况的了解，及时解决学习中出现的问题。

### 2. 开具分析报告

要开出完整、规范的分析报告，必须具备查阅产品标准及法定计量单位的能力，还要掌握生产工艺控制指标，这样才能对所检验的项目做出正确的结论。同时填写要求字迹清晰，数码用印刷体。分析报告的主要内容如下。

① 样品名称、编号。

② 检验项目。

③ 平行测定次数。

④ 测定平均值、标准偏差（或相对平均偏差）。

⑤ 实验结论。

⑥ 检验人、复核人、分析日期。

### 三、分析结果的表达

在常规分析中，通常是一个试样平行测定 3 次，在不超过允许的相对误差范围内，取 3 次测定结果的平均值。分析结果一般报告 3 项值。

① 测定次数（$n$）。

② 被测组分含量的平均值（$\overline{x}$）或中位值（$X_m$）。

③ 平均偏差（$\overline{d}$）。

在非常规分析和科学研究中，分析结果应按统计学的观点反映出数据的集中趋势和分散程度，以及在一定量信度下真实值的置信区间。通常用 $n$ 表示测定次数，用平均值来衡量分析结果的准确度，而用标准偏差来衡量各数据的精密度。

例如，分析某试样中铁的质量分数，5 次测定结果分别为：0.3910、0.3912、0.3919、0.3917、0.3922，报告其分析结果如下。

测定次数　　　$n=5$

平均值　　　　$\overline{x}=0.3916$

标准偏差　　　$S=0.0005$

置信度　　　　$P=95\%$ 时，其置信区间为

$$\mu = \overline{x} \pm \frac{St}{\sqrt{n}} = 0.3916 \pm \frac{0.0005 \times 2.78}{\sqrt{5}} = 0.3916 \pm 0.0006$$

在实际分析工作中，当判断检测数据是否符合标准要求时，应将检验所得的测定值与标准规定的极限值作比较。比较的方法有两种，如下所述。

（1）修约值比较法　将测定值进行修约，修约位数与标准规定的极限数值位数一致，再进行比较，以判定该测定值是否符合标准要求。示例如下：

| 项　目 | 极 限 数 值 | 测 定 值 | 修 约 值 | 是否符合标准要求 |
|---|---|---|---|---|
| NaOH 含量/% | ≥97.0 | 97.0 | 97.0 | 符合 |
| | | 96.96 | 97.0 | 符合 |
| | | 96.93 | 96.9 | 不符 |
| | | 97.0 | 97.0 | 符合 |

（2）全数值比较法　将检验所得的数值不经修约处理（或作修约处理，但应表明它是经舍、进或不进不舍而得），用数值的全部数字与标准规定的极限数值作比较，以判定该测定

值是否符合标准要求。示例如下：

| 项　目 | 极限数值 | 测定值 | 修约值 | 是否符合标准要求 |
|---|---|---|---|---|
| NaOH 含量/% | ≥97.0 | 97.01 | 97.0（＋） | 符合 |
| | | 96.96 | 97.0（－） | 不符 |
| | | 96.93 | 96.9（＋） | 不符 |
| | | 97.00 | 97.0 | 符合 |

以上所述，若标准中极限数值未加说明时，均采用全数值比较法。

在标定所配制的标准溶液浓度时，要求计算测定值按测定的准确度多保留一位数字。报出结果时按舍、进或不舍不进的修约值表示。例如，测定的准确度为 0.1%，标定盐酸溶液浓度 4 次所得的测定值为 0.10048%，0.10043%，0.10049%，0.10044%；其平均值为 0.10046%，报出结果应写为 0.1005%（－）。

## 四、企业分析检验记录单样例

标准溶液配制记录　　　　　　　　No_____

| 配制溶液名称 | | | | 配制溶液浓度 | | | 日期 | 月 日 |
|---|---|---|---|---|---|---|---|---|
| 基准物名称 | | | | 基准溶液浓度 | | | | |

| 项目＼类别 | 测定次数 | | 配　制 | | | | 校　对 | | | |
|---|---|---|---|---|---|---|---|---|---|---|
| | | 1 | 2 | 3 | 4 | 1 | 2 | 3 | 4 |
| 基准物质量或体积 | 称取量/g | | | | | | | | | |
| | 基准液/mL | | | | | | | | | |
| 滴定消耗溶液体积 | 末读数/mL | | | | | | | | | |
| | 初读数/mL | | | | | | | | | |
| | 消耗/mL | | | | | | | | | |
| 空白试验值/mL | | | | | | | | | | |
| 计算公式 | | | | | | | | | | |
| 计算结果/(mol/L) | | | | | | | | | | |
| 平均值/(mol/L) | | | | | | | | | | |
| 配制与校对平均值 | | mol/L | | | | | | | | |
| 配制人 | | | 校对人 | | | | 班　长 | | | |

B/JZSH ZJ 04.060-2005

碱浓度测定记录　　　　　　　　No_____

| 样　品　名　称 | | | | | | |
|---|---|---|---|---|---|---|
| 采样时间 | | 月　日　时 | | 月　日　时 | | |
| 采样地点 | | | | | | |
| 标准液浓度/(mol/L) | | | | | | |
| 取样量/g | | | | | | |
| 始读数/mL | | | | | | |
| 终读数/mL | | | | | | |
| 消耗数/mL | | | | | | |
| 计算 | | _____×100 | | _____×100 | | |
| 结果(质量分数)/% | | | | | | |
| 分析人 | | | | | | |
| 核对人 | | | | | | |

B/JZSH ZJ 01.013-2007

水中化学需氧量测定原始记录（COD 铬法）

年　　月　　日　　　　　　　　　　　　　B/JZSH 09. 22. 06—2004

| 采样地点 | 取样体积 $V_0$/mL | 加重铬酸钾体积 $V$/mL | $c[(NH_4)_2Fe(SO_4)_2]$ /(mol/L) | 空白滴定体积 $a$ /mL | 样品滴定体积 $b$ /mL | 滴定体积差 $a-b$ /mL | COD 含量 /(mg/L) |
|---|---|---|---|---|---|---|---|
|  |  |  |  |  |  |  |  |
|  |  |  |  |  |  |  |  |
|  |  |  |  |  |  |  |  |
|  |  |  |  |  |  |  |  |
|  |  |  |  |  |  |  |  |
|  |  |  |  |  |  |  |  |
|  |  |  |  |  |  |  |  |
|  |  |  |  |  |  |  |  |
|  |  |  |  |  |  |  |  |
|  |  |  |  |  |  |  |  |
|  |  |  |  |  |  |  |  |
|  |  |  |  |  |  |  |  |
|  |  |  |  |  |  |  |  |

分析者　　　　　　　　　　审核者　　　　　　　　　环保监测站

## 五、化学分析报告单样例（镍盐含量测定）

### 1. EDTA（0.05mol/L）标准溶液的制备

（1）配制 EDTA 溶液（0.05mol/L）　称取分析纯试剂 $Na_2H_2Y \cdot 2H_2O$ 20g，加 400mL 水，加热溶解。冷却后转移至试剂瓶中，稀释至 1000mL，充分摇匀，待标定。

（2）标定 EDTA 溶液（0.05mol/L）　称取 1.5g 于 850℃±50℃ 灼烧至恒重的工作基准试剂氧化锌于 100mL 小烧杯中，用少量水润湿，加入 20mL（20%）盐酸溶解后定容于 250mL 容量瓶中。移取 25.00mL 上述溶液于 250mL 的锥形瓶中，加 75mL 水，用 10% 氨水调至溶液 pH 为 7~8，加 10mL $NH_3$-$NH_4Cl$ 缓冲溶液（pH≈10）及 5 滴铬黑 T（5g/L），用待标定的 EDTA 溶液滴定至溶液由紫色变为纯蓝色。平行测定 3 次，同时做空白。

计算 EDTA 标准滴定溶液的浓度 $c(EDTA)$，单位 mol/L。

$$M(ZnO) = 81.39g/mol$$

计算式　　　　　　　　　　$$c(EDTA) = \frac{m \times \dfrac{25.00}{250.0} \times 1000}{(V-V_0)M(ZnO)}$$

### 2. 硫酸镍测定

称取硫酸镍液体样品 $m$g，精确至 0.0001g，溶于 70mL 水中，加 10mL $NH_3$-$NH_4Cl$ 缓冲溶液（pH=10）及 0.2g 紫脲酸铵混合指示剂，摇匀，用乙二胺四乙酸二钠标准滴定溶液 $[c(EDTA)=0.05mol/L]$ 滴定至溶液呈蓝紫色。平行测定 3 次。

计算镍的质量分数 $w(Ni)$，以 g/kg 表示。

$$M(\text{Ni})=58.69\text{g/mol}$$

计算式 $$w(\text{Ni})=\frac{cVM(\text{Ni})}{m\times1000}\times1000$$

### EDTA (0.05mol/L) 标准溶液标定

| 测定次数<br>项目 | | 1 | 2 | 3 | 4 | 备用 |
|---|---|---|---|---|---|---|
| 基准物<br>称量 | $m$(倾样前)/g | | | | | |
| | $m$(倾样后)/g | | | | | |
| | $m$(氧化锌)/g | | | | | |
| 移取试液体积/mL | | | | | | |
| 滴定管初读数/mL | | | | | | |
| 滴定管终读数/mL | | | | | | |
| 滴定消耗 EDTA 体积/mL | | | | | | |
| 体积校正值/mL | | | | | | |
| 溶液温度/℃ | | | | | | |
| 温度补正值/mL | | | | | | |
| 溶液温度校正值/mL | | | | | | |
| 实际消耗 EDTA 体积/mL | | | | | | |
| 空白消耗 EDTA 体积/mL | | | | | | |
| $c$/(mol/L) | | | | | | |
| $\bar{c}$/(mol/L) | | | | | | |
| 相对极差/% | | | | | | |

### 硫酸镍的测定

| 测定次数<br>项目 | | 1 | 2 | 3 | 4 | 备用 |
|---|---|---|---|---|---|---|
| 样品<br>称量 | $m$(倾样前)/g | | | | | |
| | $m$(倾样后)/g | | | | | |
| | $m$(硫酸镍)/g | | | | | |
| 滴定管初读数/mL | | | | | | |
| 滴定管终读数/mL | | | | | | |
| 滴定消耗 EDTA 体积/mL | | | | | | |
| 体积校正值/mL | | | | | | |
| 溶液温度/℃ | | | | | | |
| 温度补正值/mL | | | | | | |
| 溶液温度校正值/mL | | | | | | |
| 实际消耗 EDTA 体积/mL | | | | | | |
| $c$(EDTA)/(mol/L) | | | | | | |
| $w$(硫酸镍)/(g/kg) | | | | | | |
| $\bar{w}$(硫酸镍)/(g/kg) | | | | | | |
| 相对极差/% | | | | | | |

### 结果报告

| 样品名称 | | 样品性状 | |
|---|---|---|---|
| 平行测定次数 | | | |
| $\bar{w}$(硫酸镍)/(g/kg) | | | |

# 职业技能鉴定模拟题

**一、判断题**

1. 优级纯化学试剂为深蓝色标志。（　　）

2. 指示剂属于一般试剂。（　　）

3. 凡是优级纯的物质都可用于直接法配制标准溶液。（　　）

4. 分析纯试剂一般用于精密分析及科研工作。（　　）

5. 化学试剂中二级品试剂常用于微量分析、标准溶液的配制、精密分析工作。（　　）

6. 实验中，应根据分析任务、分析方法对分析结果准确度的要求等选用不同等级的试剂。（　　）

7. 实验中应该优先使用纯度较高的试剂以提高测定的准确度。（　　）

8. 分析结果要求不是很高的实验，可用优级纯或分析纯试剂代替基准试剂。（　　）

9. 选用化学试剂纯度越高越好。（　　）

10. 化学试剂选用的原则是在满足实验要求的前提下，选择试剂的级别应就低而不就高。即不超级造成浪费，且不能随意降低试剂级别而影响分析结果。（　　）

11. 分析方法标准或操作规程是选择试剂等级的依据。若以低代高，必须经过试验验证和批准，才可使用。（　　）

12. 取出的液体试剂不可倒回原瓶，以免受到玷污。（　　）

13. 使用化学试剂时，如取出的一次未用完，必须封存剩余的取出试剂，不能放回原试剂瓶。（　　）

14. 往试管中倒取液体试剂时要避免试剂瓶口与试管口相接触以免玷污试剂。（　　）

15. 倾倒液体试样时，右手持试剂瓶并将试剂瓶的标签握在手心中，逐渐倾斜试剂瓶，缓缓倒出所需量试剂并将瓶口的一滴碰到承接容器中。（　　）

16. 取液体试剂时可用吸管直接从原瓶中吸取。（　　）

17. 没有用完，但是没有被污染的试剂应倒回试剂瓶继续使用，避免浪费。（　　）

18. 一般用移液管移取液体试剂或溶液。（　　）

19. 溶解基准物质时用移液管移取 20～30mL 水加入。（　　）

20. 每次滴定完毕后，滴定管中多余试剂不能随意处置，应倒回原来的试剂瓶中。（　　）

21. 我国的化学试剂一般分为优级纯、分析纯、化学纯和实验试剂四个级别，分别用 G.R.、A.R.、C.R. 和 C.P. 表示。（　　）

22. 直接法配制标准溶液必需使用基准试剂。（　　）

23. $K_2Cr_2O_7$ 标准溶液常采用直接配制法。（　　）

24. 基准物质可用于直接配制标准溶液，也可用于标定溶液的浓度。（　　）

25. 一般把 B 级标准试剂用于容量分析标准溶液的配制。（　　）

26. 标准试剂的确定和使用具有国际性。（　　）

27. 滴定分析标准试剂主要用途是滴定分析标准溶液的定值。（　　）

28. 标准试剂其标准值是用准确的标准化方法测定的，标准试剂的确定和使用具有国际性。（　　）

29. 用来直接配制标准溶液的物质称为基准物质，$KMnO_4$ 是基准物质。（　　）

30. 标准试剂是用于衡量其他物质化学量的标准物质，其特点是主体成分含量高而且准确可靠。（　　）

31. 在分析化学实验中，常用化学纯的试剂。（　　）

32. 化学纯试剂品质低于实验试剂。（　　）

33. 可用直接法制备标准溶液的试剂是高纯试剂。（　　）

34. A.R. 是分析纯化学试剂的代号，为二级品，标签颜色为棕色。（　　）

35. 化学纯化学试剂适用于一般化学实验用。（　　）

36. 滴定分析中常用的标准溶液，一般选用分析纯试剂配制，再用基准试剂标定。（　　）

37. 中间控制分析使用的试剂一般选用优级纯试剂。（　　）

38. 优级纯纯度较高，常用于精密分析和科研。（　　）

39. 化验室的安全包括：防火、防爆、防中毒、防腐蚀、防烫伤，保证压力容器和气瓶的安全、电器的安全以及防止环境污染等。（　　）

40. 实验室内只宜存放少量短期内需用的药品，易燃易爆试剂应放在铁柜中，柜的顶部要有通风口。（　　）

41. 化验室内可以用干净的器皿处理食物。（　　）

42. 遇水燃烧物起火可用泡沫灭火器灭火。（　　）

43. 使用二氧化碳灭火器灭火时，应注意勿顺风使用。（　　）

44. 在实验室里，倾注和使用易燃、易爆物时，附近不得有明火。（　　）

45. 灭火时必须根据火源类型选择合适的灭火器材。（　　）

46. 进行油浴加热时，由于温度失控，导热油着火，此时可用水来灭火。（　　）

47. 实验室中油类物质引发的火灾可用二氧化碳灭火器进行灭火。（　　）

48. 当不慎吸入 $H_2S$ 而感到不适时，应立即到室外呼吸新鲜空气。（　　）

49. 钡盐接触人的伤口也会使人中毒。（　　）

50. 在使用氢氟酸时，为预防烧伤可戴上纱布手套或线手套。（　　）

51. 腐蚀性中毒是通过皮肤进入皮下组织，不一定立即引起表面的灼伤。（　　）

52. 温度计不小心打碎后，散落了汞的地面应撒细砂石。（　　）

53. 应当根据仪器设备的功率、所需电源电压指标来配置合适的插头，插座，开关和保险丝，并接好地线（　　）。

54. 大型精密仪器可以与其他电热设备共用电线。（　　）

55. 不慎触电时，首先应切断电源，必要时进行人工呼吸。（　　）

56. 安全电压一般规定为 50V。（　　）

57. 制备标准溶液用水，应符合 GB 6682—92 三级水的规格。（　　）

58. 化学定量分析实验一般用二级水，25℃时其 pH 为 5.0～7.5。（　　）

59. 一般实验用水可用蒸馏、反渗透或去离子法制备。（　　）

60. 普通分析用水 pH 应在 5.0～7.0。（　　）

61. 实验室三级水须经过多次蒸馏或离子交换等方法制取。（　　）

62. 二次蒸馏水是指将蒸馏水重新蒸馏后得到的水。（　　）

63. 实验室所用水为三级水，用于一般化学分析试验，可以用蒸馏、离子交换等方法制取。（　　）

64. 水的电导率小于 $10^{-6}S/cm$ 时，可满足一般化学分析的要求。（　　）

65. 分析用水的质量要求中，不用进行检验的指标是密度。（　　）

66. 实验室三级水 pH 的测定应在 5.0～7.5，可用精密 pH 试纸或酸碱指示剂检验。（　　）

67. 实验用的纯水其纯度可通过测定水的电导率大小来判断，电导率越低，说明水的纯度越高。（　　）

68. 三级水可贮存在经处理并用同级水洗涤过的密闭聚乙烯容器中。（　　）

69. 用过的铬酸洗液应倒入废液缸，不能再次使用。（　　）

70. 用纯水洗涤玻璃仪器时，使其既干净又节约用水的方法原则是少量多次。（　　）

71. 不可以用玻璃瓶盛装浓碱液，但可以盛装除氢氟酸以外的酸溶液。（　　）

72. 玻璃器皿不可放浓碱溶液，但可以盛放酸性溶液。（　　）

73. 使用有刻度的计量玻璃仪器，手不能握着有刻度的地方是因为手的热量会传导到玻璃及溶液中，使其变热，体积膨胀，计量不准。（　　）

74. 使用干燥箱时，试剂和玻璃仪器应该分开烘干。（　　）

75. 气体钢瓶按气体的化学性质可分为可燃气体、助燃气体、不燃气体、惰性气体。（　　）

76. 装乙炔气体的钢瓶其减压阀的螺纹是右旋的。（　　）

77. 高压气瓶外壳不同颜色代表灌装不同气体，氧气钢瓶的颜色为深绿色，氢气钢瓶的颜色为天蓝色，乙炔气的钢瓶颜色为白色，氮气钢瓶颜色为黑色。（　　）

78. 不同的气体钢瓶应配专用的减压阀，为防止气瓶充气时装错发生爆炸，可燃气体钢瓶的螺纹是正

扣（右旋）的，非可燃气体则为反扣（左旋）。（　　）

79. 氧气瓶、可燃性气瓶与明火距离应不小于15m。（　　）

80. 氮气钢瓶上可以使用氧气表。（　　）

81. 因高压氢气钢瓶需避免日晒，所以最好放在楼道或实验室里。（　　）

82. 压缩气体钢瓶应避免日光或远离热源。（　　）

83. 为防止发生意外，气体钢瓶重新充气前瓶内残余气体应尽可能用尽。（　　）

84. 打开钢瓶总阀之前应将减压阀T形阀杆旋紧以免损坏减压阀。（　　）

85. 气体钢瓶应放置于阴凉、通风、远离热源的地方，开启气体钢瓶时，人应站在出气口的对面。（　　）

86. 对于高压气体钢瓶的存放，只要求存放环境阴凉、干燥即可。（　　）

87. 原始记录应体现真实性、原始性、科学性，出现差错允许更改，而检验报告出现差错不能更改应重新填写。（　　）

88. 检验报告应内容完整，计量单位和名词术语正确，结论判定正确，字迹端正清晰不得涂改和更改，严格执行复核、审核制度。（　　）

**二、选择题**

1. 化学试剂根据（　　）可分为一般化学试剂和特殊化学试剂。

A. 用途　　B. 性质　　C. 规格　　D. 使用常识

2. 根据化学试剂的分类方法，金属、非金属、氧化物、酸、碱、盐属于（　　）。

A. 有机试剂　　B. 生化试剂　　C. 基准试剂　　D. 无机试剂

3. 欲衡量其他（欲测）物质化学量可选用的化学试剂是（　　）。

A. 标准试剂　　B. 一般试剂　　C. 高纯试剂　　D. 专用试剂

4. 与有机物或易氧化的无机物接触时会发生剧烈爆炸的酸是（　　）。

A. 热的浓高氯酸　　B. 硫酸　　C. 硝酸　　D. 盐酸

5. 应该放在远离有机物及还原物质的地方，使用时不能戴橡皮手套的是（　　）。

A. 浓硫酸　　B. 浓盐酸　　C. 浓硝酸　　D. 浓高氯酸

6. 研钵中所盛需研碎固体的量（　　）。

A. 不少于研钵容积的1/2　　B. 不少于研钵容积的1/3

C. 不超过研钵容积的1/3　　D. 不超过研钵容积的1/4

7. 称量易挥发液体样品用（　　）。

A. 称量瓶　　B. 安瓿球　　C. 锥形瓶　　D. 滴瓶

8. 使用浓盐酸、浓硝酸，必须在（　　）中进行。

A. 大容器　　B. 玻璃器皿　　C. 耐腐蚀容器　　D. 通风橱

9. 在取用液体试剂叙述中，正确的是（　　）。

A. 将试剂瓶的瓶盖倒置于实验台上

B. 为了能够看清物质名称，取试剂时标签应朝向虎口外

C. 使用时取用过量的试剂应及时倒回原瓶，严禁浪费

D. 低沸点试液应保存于冷柜中

10. 用于液体试剂定量取用的是（　　）。

A. 移液管　　B. 量筒　　C. 量杯　　D. 前面三种都可以

11. 下列情况下，导致试剂质量增加是（　　）。

A. 盛浓硝酸的瓶口敞开　　B. 盛浓盐酸的瓶口敞开

C. 盛固体苛性钠的瓶口敞开　　D. 盛胆矾的瓶口敞开

12. 作为基准试剂，其杂质含量应略低于（　　）。

A. 分析纯　　B. 优级纯　　C. 化学纯　　D. 实验试剂

13. IUPAC把C级标准试剂的含量规定为（　　）。

A. 原子量标准　　B. 含量为100%±0.02%

C. 含量为 $100\% \pm 0.05\%$　　　D. 含量为 $100\% \pm 0.10\%$

14. 一级 pH 基准试剂的主要用途为以下哪项（　　）。

A. 滴定分析标准溶液的定值　　　　　　B. 仪器及化学分析中作为微量杂质分析的标准

C. pH 基准试剂的定值和高精密度 pH 计的校准　　D. pH 计的校准

15. 以下物质能作为基准物质的是（　　）。

A. 优质纯的 NaOH　　　B. $100\,^\circ\mathrm{C}$ 干燥过的 CaO　　　C. 光谱纯的 $Co_2O_3$　　　D. $99.99\%$ 纯锌

16. 分析试剂是哪一级别的一般试剂（　　）。

A. 一级　　B. 二级　　C. 三级　　D. 四级

17. 下列何种纯度的试剂中所含有的杂质含量最高（　　）。

A. 分析纯　　B. 化学纯　　C. 光谱纯　　D. 优级纯

18. 优级纯、分析纯、化学纯试剂的瓶签颜色依次为（　　）。

A. 绿色、红色、蓝色　　B. 红色、绿色、蓝色　　C. 蓝色、绿色、红色　　D. 绿色、蓝色、红色

19. 一般分析实验和科学研究中适用（　　）。

A. 优级纯试剂　　B. 分析纯试剂　　C. 化学纯试剂　　D. 实验试剂

20. 盐酸和硝酸以（　　）的比例混合而成的混酸称为"王水"。

A. $1:1$　　B. $1:3$　　C. $3:1$　　D. $3:2$

21. 冷却浴或加热浴用的试剂可选用（　　）。

A. 优级纯　　B. 分析纯　　C. 化学纯　　D. 工业品

22. 下列试剂中不属于易致毒化学品的是（　　）。

A. 浓硫酸　　B. 无水乙醇　　C. 浓盐酸　　D. 高锰酸钾

23. 金光红色标签的试剂适用范围为（　　）。

A. 精密分析实验　　B. 一般分析实验　　C. 一般分析工作　　D. 生化及医用化学实验

24. 实验室安全守则中规定，严禁任何（　　）入口或接触伤口，下能用（　　）代替水杯。

A. 食品、烧杯　　B. 药品、玻璃器皿　　C. 药品、烧杯　　D. 食品、玻璃器皿

25. 下列有关贮藏危险品方法不正确的是（　　）。

A. 危险品贮藏室应干燥、朝北、通风良好　　B. 门窗应坚固，门应朝外开

C. 门窗应坚固，门应朝内开　　　　　　　D. 贮藏室应设在四周不靠建筑物的地方

26. 进行有危险性的工作，应（　　）。

A. 穿戴工作服　　B. 戴手套　　C. 有第二者陪伴　　D. 自己独立完成

27. 下列药品需要用专柜由专人负责贮存的是（　　）。

A. KOH　　B. KCN　　C. $KMnO_4$　　D. 浓 $H_2SO_4$

28. 贮存易燃易爆、强氧化性物质时，最高温度不能高于（　　）。

A. $20\,^\circ\mathrm{C}$　　B. $10\,^\circ\mathrm{C}$　　C. $30\,^\circ\mathrm{C}$　　D. $0\,^\circ\mathrm{C}$

29. 若电器仪器着火不宜选用（　　）灭火。

A. 1211 灭火器　　B. 泡沫灭火器　　C. 二氧化碳灭火器　　D. 干粉灭火器

30. 由化学物品引起的火灾，能用水灭火的物质是（　　）。

A. 金属钠　　B. 五氧化二磷　　C. 过氧化物　　D. 氧化铝

31. 能用水扑灭的火灾种类是（　　）。

A. 可燃性液体，如石油、食油　　B. 可燃性金属如钾、钠、钙、镁等

C. 木材、纸张、棉花　　　　　　D. 可燃性气体如煤气、石油液化气

32. 在以下物质中，易燃固体是（　　）。

A. 硫黄　　B. 硫酸钠　　C. 氧化镁　　D. 硫化钠

33. 金属钠着火，可选用的灭火器是（　　）。

A. 泡沫式灭火器　　B. 干粉灭火器　　C. 1211 灭火器　　D. 7150 灭火器

34. 实验中，敞口的器皿发生燃烧，正确灭火的方法是（　　）。

A. 把容器移走　　B. 用水扑灭　　C. 用湿布扑救　　D. 切断加热源，再扑救

35. 蒸馏易燃液体可以用（　　）蒸馏。

A. 酒精灯　　　B. 煤气灯　　　C. 管式电炉　　　D. 封闭电炉

36. 在实验中，电器着火应采取的措施是（　　）。

A. 用水灭火　　　B. 用沙土灭火　　　C. 及时切断电源　　　D. 用 $CO_2$ 灭火器灭火

37. 钠着火引起的火灾属于（　　）类火灾。

A. D 类火灾　　　B. C 类火灾　　　C. B 类火灾　　　D. A 类火灾

38. 能用水扑灭的火灾种类是（　　）。

A. 石油　　　B. 钠、钾等金属　　　C. 木材　　　D. 煤气

39. 若火灾现场中燃烧物为碱金属，则严禁选用（　　）灭火器灭火。

A. 四氯化碳　　　B. 泡沫　　　C. 干粉　　　D. 1211

40. 因吸入少量氯气、溴蒸气而中毒者，可用（　　）漱口。

A. 碳酸氢钠溶液　　　B. 碳酸钠溶液　　　C. 硫酸铜溶液　　　D. 醋酸溶液

41. 下列中毒急救方法错误的是（　　）。

A. 呼吸系统急性中毒，应使中毒者离开现场，使其呼吸新鲜空气或做抗休克处理

B. $H_2S$ 中毒立即进行洗胃，使之呕吐

C. 误食了重金属盐溶液立即洗胃，使之呕吐

D. 皮肤、眼、鼻受毒物侵害时立即用大量自来水冲洗

42. 急性呼吸系统中毒后的急救方法正确的是（　　）。

A. 要反复进行多次洗胃

B. 立即用大量自来水冲洗

C. 用 $3\%\sim5\%$ 碳酸氢钠溶液或用（$1+5000$）高锰酸钾溶液洗胃

D. 应使中毒者迅速离开现场，移到通风良好的地方，呼吸新鲜空气

43. 严禁将（　　）同氧气瓶同车运送。

A. 氮气瓶、氢气瓶　　　B. 二氧化碳瓶、乙炔瓶　　　C. 氩气瓶、乙炔瓶　　　D. 氢气瓶、乙炔瓶

44. 对处于假死状态的患者施行人工操作的方法叫（　　）。

A. 苏生法　　　B. 抢救法　　　C. 扶伤法　　　D. 输氧法

45. 如果碱溅入眼中，应先用（　　）洗，再用水洗。

A. 直接用水　　　B. $2\%$ 的 $NaHCO_3$　　　C. $0.3mol/L$ HAc　　　D. $2\%$ 的硼酸溶液

46. 以下哪种意外烧伤可先用大量的水冲洗，再用约 $0.3mol/L$ HAc 溶液洗，最后用水冲洗（　　）。

A. 酸蚀伤　　　B. 碱蚀伤　　　C. 烫伤　　　D. 以上三项均可如此处理

47. 在实验室中发生化学灼伤时下列正确的方法是（　　）。

A. 被强碱灼伤时用强酸洗涤　　　　　　　　B. 被强酸灼伤时用强碱洗涤

C. 先清除皮肤上的化学药品再用大量干净的水冲洗　　　D. 清除药品立即贴上"创可贴"

48. 下列玻璃器皿中，（　　）主要用于在烘箱中干燥基准物。

A. 干燥器　　　B. 高形称量瓶　　　C. 低形称量瓶　　　D. 烧杯

49. 化学烧伤中，酸的蚀伤，应用大量的水冲洗，然后用（　　）冲洗，再用水冲洗。

A. $0.3mol/L$ HAc 溶液　　　B. $2\%NaHCO_3$ 溶液　　　C. $0.3mol/L$ HCl 溶液　　　D. $2\%NaOH$ 溶液

50. 在实验室中，皮肤溅上酚时，可用（　　）溶液处理后，再用水冲洗。

A. $5\%$ 的小苏打溶液　　　B. 4 份 $20\%$ 酒精加 1 份 $0.5mol/L$ 氯化铁

C. $2\%$ 的硝酸溶液　　　D. $1+5000$ 的高锰酸钾溶液

51. 有关电器设备防护知识不正确的是（　　）。

A. 电线上洒有腐蚀性药品，应及时处理　　　B. 电器设备电线不宜通过潮湿的地方

C. 能升华的物质都可以放入烘箱内烘干　　　D. 电器仪器应按说明书规定进行操作

52. 下面说法错误的是（　　）。

A. 高温电炉有自动控温装置，无须人照看　　　B. 高温电炉在使用时，要经常照看

C. 晚间无人值班，切勿启用高温电炉　　　D. 高温电炉勿剧烈振动

53. 国家标准规定的实验室用水分为（　　）级。

A. 4　　B. 5　　C. 3　　D. 2

54. 实验室用水可分为（　　）级。

A. 一　　B. 二　　C. 三　　D. 四

55. 分析用三级水的电导率应小于（　　）。

A. 6.0μS/cm　　B. 5.5μS/cm　　C. 5.0μS/cm　　D. 4.5μS/cm

56. 在分析化学实验室常用的去离子水中，加入1～2滴甲基橙指示剂，则应呈现（　　）。

A. 紫色　　B. 红色　　C. 黄色　　D. 无色

57. 分析实验室用水不控制（　　）指标。

A. pH 范围　　B. 细菌　　C. 电导率　　D. 吸光度

58. 国家规定实验室三级水检验的 pH 标准为（　　）。

A. 5.0～6.0　　B. 6.0～7.0　　C. 6.0～7.0　　D. 5.0～7.5

59. 实验室纯水分三个等级，二级水的电导率（25℃时，μS/cm）应（　　）。

A. ≤0.1　　B. ≤1.0　　C. ≤3.0　　D. ≤5.0

60. 普通分析用水 pH 应在（　　）。

A. 5～6　　B. 5～6.5　　C. 5～7.0　　D. 5～7.5

61. 分析用水的质量要求中，不用进行检验的指标是（　　）。

A. 阳离子　　B. 密度　　C. 电导率　　D. pH

62. 实验用水电导率的测定要注意避免空气中的（　　）溶于水，使水的电导率（　　）。

A. 氧气、减小　　B. 二氧化碳、增大　　C. 氧气、增大　　D. 二氧化碳、减小

63. 测定废气中的二氧化硫时所用的玻璃器皿，洗涤时不能用的洗涤剂是（　　）。

A. 铬酸洗液　　B. 氢氧化钠溶液　　C. 酒精　　D. 盐酸洗液

64. 当滴定管若有油污时可用（　　）洗涤后，依次用自来水冲洗、蒸馏水洗涤三遍备用。

A. 去污粉　　B. 铬酸洗液　　C. 强碱溶液　　D. 都不对

65. 处理失效后的铬酸洗液时，可将其浓缩冷却后加入（　　）氧化，然后再用砂芯漏斗过滤后再用。

A. $MnO_2$　　B. $KMnO_4$　　C. $NaClO$　　D. $K_2CrO_4$

66. 铬酸洗液呈（　　）颜色时表明氧化能力已降低至不能使用。

A. 黄绿色　　B. 暗红色　　C. 无色　　D. 蓝色

67. 盛高锰酸钾溶液的锥形瓶中产生的棕色污垢可以用（　　）洗涤。

A. 稀硝酸　　B. 草酸　　C. 碱性乙醇　　D. 铬酸洗液

68. 作痕量金属分析的玻璃仪器，在使用前应用下列哪种溶液进行浸泡（　　）。

A. (1+1) $HCl$　　B. (1+1) $H_2SO_4$　　C. (1+1) $HNO_3$　　D. (1+1) $H_3PO_4$

69. 沾污 $AgCl$ 的容器用（　　）洗涤最合适。

A. (1+1) 盐酸　　B. (1+1) 硫酸　　C. (1+1) 醋酸　　D. (1+1) 氨水

70. 实验室常用的铬酸洗液是由哪两种物质配成的（　　）。

A. $K_2CrO_4$ 和浓 $H_2SO_4$　　B. $K_2CrO_4$ 和浓 $HCl$

C. $K_2CrO_4$ 和浓 $H_2SO_4$　　D. $K_2Cr_2O_7$ 和浓 $H_2SO_4$

71. 将称量瓶置于烘箱中干燥时，应将瓶盖（　　）。

A. 横放在瓶口上　　B. 盖紧　　C. 取下　　D. 任意放置

72. 有关称量瓶的使用错误的是（　　）。

A. 不可作反应器　　B. 不用时要盖紧盖子　　C. 盖子要配套使用　　D. 用后要洗净

73. 下列哪种器皿不能放氟化钠溶液（　　）。

A. 玻璃器皿　　B. 聚四氟乙烯器皿　　C. 聚丙烯器皿　　D. 陶瓷器皿

74. 在实验室常用的玻璃仪器中，可以直接加热的仪器是（　　）。

A. 量筒和烧杯　　B. 容量瓶和烧杯　　C. 锥形瓶和烧杯　　D. 容量瓶和锥形瓶

75. 石英玻璃含二氧化硅质量分数在99.95%以上，它的耐酸性能非常好，但石英玻璃器皿不能盛放下

列哪个酸（　　）。

A. 盐酸　　B. 氢氟酸　　C. 硝酸　　D. 硫酸

76. 使用标准磨口仪器时错误的做法是（　　）。

A. 磨口处一般都要涂润滑剂，防止磨口处被腐蚀　　B. 磨口处必须洁净

C. 安装时避免磨口连接歪斜　　　　　　　　　　D. 用后立即洗净

77. 钢瓶使用后，剩余的残压一般为（　　）。

A. 100kPa　　B. 不小于 100kPa　　C. 1MPa　　D. 不小于 1MPa

78. 每个气体钢瓶的肩部都印有钢瓶厂的钢印标记，刻钢印的位置一律以（　　）。

A. 白漆　　B. 黄漆　　C. 红漆　　D. 蓝漆

79. 氧气通常灌装在（　　）的钢瓶中

A. 白色　　B. 黑色　　C. 深绿色　　D. 天蓝色

80. 高压氢气瓶外表和字样颜色分别为（　　）。

A. 天蓝和黑色　　B. 黑和红色　　C. 深绿和红色　　D. 白和红色

81. 装在高压气瓶的出口，用来将高压气体调节到较小压力的是（　　）。

A. 减压阀　　B. 稳压阀　　C. 针形阀　　D. 稳流阀

82. 下列有关高压气瓶的操作正确的选项是（　　）。

A. 气阀打不开用铁器敲击　　　　B. 使用已过检定有效期的气瓶

C. 冬天气阀冻结时，用火烘烤　　D. 定期检查气瓶、压力表、安全阀

83. 检查气瓶是否漏气，可采用（　　）的方法。

A. 用手试　　B. 用鼻子闻　　C. 用肥皂水涂抹　　D. 听是否有漏气声音

# 第三章
# 定量化学分析仪器和基本操作

定量化学分析基本操作包括分析天平称量法、滴定分析基本操作和重量分析基本操作三部分。分析化学工作者都必须熟悉其基本操作。

## 第一节　分析天平

准确称量物质的质量是获得准确分析结果的第一步。分析天平是定量分析中最主要、最常用的衡量质量的仪器之一。正确熟练地使用分析天平进行称量是做好分析工作的基本保证。因此，分析工作者必须了解分析天平的构造、计量性能和使用方法。

### 一、电子天平的称量原理

随着科学技术的进步，电子天平已广泛用于科学技术、工业生产、医药卫生、计量等领域。电子天平是利用电子装置完成电磁力补偿的调节，使物体在重力场中实现力的平衡，或通过电磁力矩的调节，使物体在重力场中实现力矩的平衡。

自动调零、自动校准、自动扣皮和自动显示称量结果是电子天平最基本的功能。这里的"自动"，严格地说应该是"半自动"，因为需要经人工触动指令键后方可自动完成指定的动作。

#### 1. 基本结构及称量原理

随着现代科学技术的不断发展，电子天平产品的结构设计一直在不断改进和提高，向着功能多、平衡快、体积小、重量轻和操作简便的趋势发展。但就其基本结构和称量原理而言，各种型号的电子天平都是大同小异的。

常见电子天平的结构是机电结合式的，核心部分是由载荷接受与传递装置、测量及补偿控制装置两部分组成。常见电子天平的基本结构及称量原理示意图如图 3-1 所示。

我们知道，把通电导线放在磁场中时，导线将产生电磁力，力的方向可以用左手定则来判定。

当磁场强度不变时，力的大小与流过线圈的电流强度成

图 3-1　电子天平基本
结构示意图（上皿式）

1—称量盘；2—簧片；3—磁钢；
4—磁回路体；5—线圈及线圈架；
6—位移传感器；7—放大器；
8—电流控制电路

正比。如果使重物的重力方向向下，电磁力的方向向上，并与之相平衡，则通过导线的电流与被称物体的质量成正比。

称量盘通过支架与线圈相连，线圈置于磁场中，称量盘与被称物体的重力通过连杆支架作用于线圈上，方向向下。线圈内有电流通过，产生一个向上作用的电磁力，与称量盘重力方向相反，大小相等。位移传感器处于预定的中心位置，当称量盘上的物体质量发生变化时，位移传感器检出位移信号，经调节器和放大器改变线圈的电流直至线圈回到中心位置为止。通过数字显示出物体质量。

### 2. 电子天平的性能特点

（1）电子天平支撑点采用弹性簧片，没有机械天平的宝石或玛瑙刀，取消了升降框装置，采用数字显示方式代替指针刻度式显示。使用寿命长，性能稳定，灵敏度高，操作方便。

（2）电子天平采用电磁力平衡原理，称量时全量程不用砝码，放上物体后，在几秒钟内即达到平衡，显示读数，称量速度快，精度高。

（3）有的电子天平具有称量范围和读数精度可变的功能，如瑞士梅特勒 AE240 天平，在 0～205g 称量范围，读数精度为 0.1mg。在 0～41g 称量范围内，读数精度 0.01mg。可以一机多用。

（4）分析及半微量电子天平一般具有内部校准功能。天平内部装有标准砝码，使用校准功能时，标准砝码被启用，天平的微处理器将标准砝码的质量值作为校准标准，以获得正确的称量数据。自动校准的基本原理是，当人工给出校准指令后，天平便自动对标准砝码进行测量，而后微处理器将标准砝码的测量值与存储的理论值（标准值）进行比较，并计算出相应的修正系数，存于计算器中，直至再次进行校准时方可能改变。

（5）电子天平是高智能化的，可在全量程范围内实现去皮重、累加、超载显示、故障报警等。

（6）电子天平具有质量电信号输出，这是机械天平无法做到的。它可以连接打印机、计算机，实现称量、记录和计算的自动化，同时也可以在生产、科研中作为称量、检测的手段，或组成各种新仪器。

## 二、电子天平的使用方法

电子天平的外形及相关部件如图 3-2 所示。

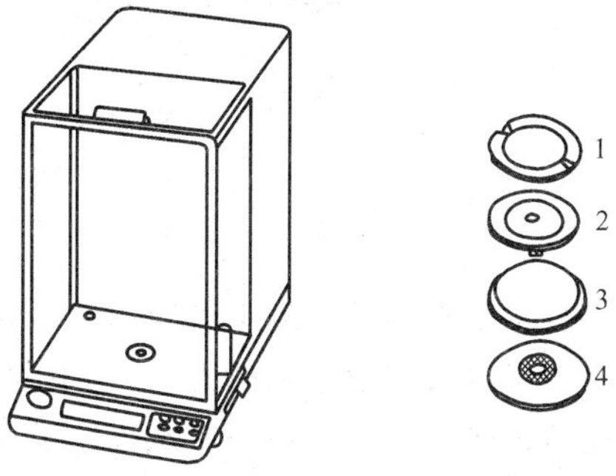

### 1. 使用方法

一般情况下，只使用开/关键、除皮/调零键和校准/调整键。使用时的操作步骤如下：

（1）接通电源（电插头），预热 30min 以上。

（2）检查水平仪（在天平后面），如不水平，应通过调节天平前边左、右两个水平支脚而使其达到水平状态。

图 3-2　电子天平的外形及相关部件
1—称量盘；2—盘托；3—防风环；
4—防尘隔板

（3）按一下开/关键，显示屏很快出现"0.0000g"。

（4）如果显示不正好是"0.0000g"，则要按一下"调零"键。

（5）将被称物轻轻放在称量盘上，这时可见显示屏上的数字在不断变化，待数字稳定并出现质量单位"g"后，即可读数（最好再等几秒）并记录称量结果。

（6）称量完毕，取下被称物。如果不久还要继续使用天平，可暂不按"开/关键"，天平将自动保持零位，或者按一下"开/关键"（但不可拔下电源插头），让天平处于待命状态，即显示屏上数字消失，左下角出现一个"0"，再来称样时按一下"开/关"键就可使用。

### 2. 使用注意事项

（1）烘干的称量瓶、灼烧过的坩埚等一般放在干燥器内冷却到室温后进行称量。它们暴露在空气中会因吸湿而使质量增加，空气湿度不同，吸附的水分不同，故称量样品要求速度快。否则，会因为被称容器表面的湿度变化而带来误差。

（2）在称量过程中应关好天平门，称好的试样必须定量地转入接受容量瓶中。样品能吸附或放出水分，或具有挥发性，使称量质量改变，灼烧产物都有吸湿性，应盖上坩埚盖称量。

（3）容器包括加药品的塑料勺表面由于摩擦带电可能引起较大的误差，这点常被操作者忽略。故天平室相对湿度应保持在 $50\% \sim 70\%$，过于干燥使摩擦而积聚的电不易耗散。称量时要注意，如擦拭被称物后应多放置一段时间再称量。

（4）试样绝不能洒落在称量盘上和天平内。当用去皮键连续称量时，应注意天平过载。

（5）称量完毕，卸下载物，用软毛刷做好清洁工作，关闭天平门。

### 三、电子天平的称量方法

根据不同的称量对象，须采用相应的称量方法。下面介绍几种常用的称量方法。

### 1. 直接称量法

此法是将称量物直接放在天平盘上直接称量物体的质量。例如，称量小烧杯的质量，容器器皿校正中称量某容量瓶的质量，重量分析实验中称量某坩埚的质量等，都使用这种称量法。注意：不得用手直接取放被称物，而可采用戴细纱手套、垫纸条、用镊子或钳子等适宜的办法。

### 2. 递减称量法（差减法）

用于称量一定质量范围的样品或试剂。在称量过程中样品易吸水、易氧化或易与 $CO_2$ 等反应时，可选择此法。由于称取试样的质量是由两次称量之差求得，故也称差减法。

图 3-3　称量瓶

图 3-4　倾出样品的操作

称量步骤如下：从干燥器中用纸带（或纸片）夹住称量瓶后取出称量瓶（注意：不要让手指直接触及称量瓶和瓶盖），用纸片夹住称量瓶盖柄（见图 3-3），打开瓶盖，用牛角匙加入适量试样（一般为称一份试样的整数倍），盖上瓶盖。先将称量瓶放在台秤上称量，得出称量瓶加试样后的质量。再用分析天平进行准确称量其质量。将称量瓶从天平上取出，在接受容器的上方倾斜瓶身，用称量瓶盖轻敲瓶口上部使试样慢慢落入容器中（见图 3-4），瓶盖始终不要离开接受器上方。当倾出的试样接近所需量（可从体积上估计或试重得知）时，一边继续用瓶盖轻敲瓶口，一边逐渐将瓶身竖直，使黏附在瓶口上的试样落回称量瓶，然后盖好瓶盖，准确称其质量。两次质量之差，即为试样的质量。按上述方法连续递减，可称量多份试样。有时一次很难得到合乎质量范围要求的试样，可重复上述称量操作 $1 \sim 2$ 次，直到移出的样品质量满足要求（在欲称质量的 $\pm 10\%$ 以内为宜）后，再记录天平读数。但添加样品次数不得超过 3 次，否则应重称。在敲出样品的过程中，要保证样品没有损失，边敲边观察样品的转移量，切不可在还没盖上瓶盖时就将瓶身和瓶盖都离开容器上口，因为瓶口边沿处可能粘有样品，容易损失。务必在敲回样品并盖上瓶塞后才能离开容器。

### 3. 固定质量称量法（增量法）

这种方法用于称取某一固定质量的试剂或试样，又称指定质量称量法。如直接用基准物质配制标准溶液时，有时需要配成一定浓度值的溶液，这就要求所称基准物质的质量必须是一定的，可用此法称取基准物质。

增量法的操作步骤：将干燥的小容器（例如小烧杯）轻轻放在天平称量盘上，待显示平衡后按"去皮"键扣除皮重并显示零点，然后打开天平门往容器中缓缓加入试样并观察屏幕，当达到所需质量时停止加样，关上天平门，显示平衡后即可记录所称取试样的净重。

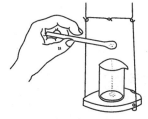

这种称量适于称量不易吸潮、在空气中能稳定存在的粉末状或小颗粒（最小颗粒应小于 0.1 mg，以便容易调节其质量）样品。

固定质量称量法如图 3-5 所示。注意：若不慎加入试剂超过指定质量，应用牛角匙取出多余试剂。重复上述操作，直至试剂质量符合指定要求为止。严格要求时，取出的多余试剂应

图 3-5　固定质量称量法

弃去，不要放回原试剂瓶中。操作时不能将试剂散落于天平盘等容器以外的地方，称好的试剂必须定量地由表面皿等容器直接转入接受容器，即所谓"定量转移"。

例如，配制 $250mL\ c\left(\dfrac{1}{6}K_2Cr_2O_7\right)=0.05000mol/L\ K_2Cr_2O_7$ 的标准溶液，必须准确取 $0.6129g\ K_2Cr_2O_7$ 基准试剂。

电子天平的功能较多，除上述在分析化学实验中常用的几种称量方法外，还有几种特殊的称量方法及数据处理显示方式，这里不予介绍，使用时可参阅天平说明书。

### 4. 液体样品的称量

液体样品的准确称量比较麻烦。根据不同样品的性质而有多种称量方法，主要的有以下3种。

（1）性质较稳定、不易挥发的样品　可装在干燥的小滴瓶中用差减法称量，最好预先粗测每滴样品的大致质量。

（2）较易挥发的样品　可用增量法称取。例如，称取浓盐酸试样时，可先在 100mL 具塞锥形瓶中加入 20mL 水，准确称量后快速加入适量的样品，立即盖上瓶塞，再进行准确称量，随后即可进行测定（例如用 NaOH 标准溶液滴定 HCl 溶液）。

（3）易挥发或与水作用强烈的样品　需要采取特殊的办法进行称量，例如，冰乙酸样品可用小称量瓶准确称量，然后连瓶一起放入已装有适量水的具塞锥形瓶，摇动使称量瓶盖子打开，样品与水混合后进行测定。发烟硫酸及硝酸样品一般采用直径约 10mm、带毛细管的安瓿球（见图 3-6）称取。先准确称量空安瓿球，然后将球形部分经火焰微热后，迅速将其毛细管

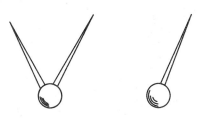

图 3-6　安瓿球

插入样品中，球泡冷却后可吸入 1～2mL 样品，注意勿将毛细管部分碰断。用吸水纸将毛细管擦干并用火焰封住毛细管尖，准确称量后将安瓿球放入盛有适量试剂的具塞锥形瓶中，摇碎安瓿球，若摇不碎亦可用玻璃棒击碎。断开的毛细管可用玻璃棒碾碎。待样品与试剂混合并冷却后即可进行测定。

### 四、电子天平的校准

电子天平从首次使用起，应对其定期校准。如果连续使用，需每星期校准一次。校准时必须用标准砝码，有的天平内藏有标准砝码，可以用其校准天平。校准前，电子天平必须开机预热 1h 以上，并校对水平。校准时应按规定程序进行，否则将起不到校准的作用。在开始使用电子天平之前，要求预先开机，即要预热 0.5～1h。如果一天中要多次使用，最好让天平整天开着。这样，电子天平内部能有一个恒定的操作温度，有利于称量过程的准确。

电子天平的校准方法分为内校准和外校准两种。德国生产的塞多利斯，瑞士产的梅特勒，上海产的"JA"等系列电子天平均有校准装置。如果使用前不仔细阅读说明书很容易忽略"校准"操作，造成较大称量误差。下面以 JA1203 型电子天平为例说明如何对天平进行校准。JA1203 型电子天平如图 3-7 所示。

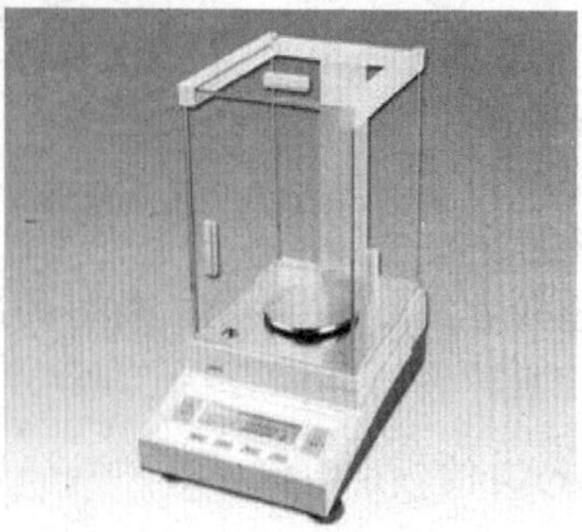

外校准方法：轻按 CAL 键当显示器出现 CAL-时，即松手，显示器就出现 CAL-100 其中"100"为闪烁码，表示校准砝码需用 100g 的标准砝码。此时就把准备好 100g 校准砝码放上称量盘，显示器即出现"----"等待状态，经较长时间后显示器出现 100.000g，拿去校准砝码，显示器应出现 0.000g，若出现不是为零，则再清零，再重复以上校准操作，目的是为了得到准确的校准结果。

需要注意：电子天平开机显示零点，不能说明天平称量的数据准确度符合测试标准，只能说明天平零位稳定性合格。因为衡量一台天平合格与否，还需综合考虑其他技术指标的符合性。

图 3-7　JA1203 型电子天平

### 五、天平简单故障的排除

分析天平的操作和维护是一项复杂而又细致的工作，需要掌握专门的知识。若在操作过程中出现故障，在未掌握一定的技术之前，不能乱调乱动，如需检修应由专门人员进行修理。但作为经常使用分析天平的分析人员也应会针对天平的一般故障，寻找产生的原因，及时排除，以保证分析工作正常进行。电子天平故障简单排除方法如表 3-1 所示。

表 3-1　FA 型系列电子天平常见故障及排除

| 故　障 | 原　因 | 排除方法 |
| --- | --- | --- |
| 天平开机自检无法通过,出现下列故障代码"EC1":CPU 损坏<br>"EC2":键盘错误<br>"EC3":天平存储数据丢失<br>"EC4":采样模块没有启动 | 自检错误造成天平不能正常工作 | 请将天平及时返厂家修理 |
| 显示数据曾经随称重变化而正常变化,突然出现不再变化 | 曾经使用大于校正砝码值的物体用于天平校准,从而出现大于某一个显示值后显示不再增加 | 重新校准天平 |
| 显示器显示"H" | 1. 超载<br>2. 曾用小于校准砝码值的砝码或其它物体校准过天平,导致放上正常量程内的重量显示超重 | 1. 只在量程范围内称量<br>2. 用正确的砝码重新进行校准 |

续表

| 故　障 | 原　因 | 排除方法 |
| --- | --- | --- |
| 天平显示"L" | 1. 未装称量盘或底盘<br>2. 称量盘下面有异物<br>3. 气流罩与称量盘碰在一起 | 1. 依据电子天平的结构类型装上称量盘或底盘<br>2. 轻轻拿起称量盘检查是否有异物在称量盘下,拿走异物<br>3. 轻轻转动称量盘或气流罩查看是否有碰的现象,调整气流罩的位置 |
| 开机显示"L",加载显示"H"或开机显"H",加载显示"L" | 天平超出允许工作的环境温度 | 天平正常工作的环境温度20℃±5℃,每小时环境温度变化不大于1℃,将天平移置该环境温度条件场所 |
| 称量结果明显错误 | 1. 电子天平未经调校<br>2. 称量之前未清零 | 1. 对天平进行调校<br>2. 称量前清零 |
| 称量结果不断改变 | 1. 振动太大,天平暴露在无防风措施的环境中<br>2. 防风罩未完全关闭<br>3. 在称量盘与天平壳体之间有杂物<br>4. 吊钩称量开孔封闭盖板被打开<br>5. 被测物重量不稳定(吸收潮气或蒸发)<br>6. 被测物带静电荷 | 1. 通过"电子天平工作菜单"采取相应措施<br>2. 完全关闭防风罩<br>3. 清除杂物<br>4. 关闭吊钩称量开孔<br>5. 用器皿盛放易挥发或易吸潮物品进行称量<br>6. 装入金属容器中称量 |
| 按下"i/o"键后未出现任何显示 | 1. 电源没插上<br>2. 保险丝熔断<br>3. 键盘出错,按键卡死 | 1. 插上电源<br>2. 更换保险丝<br>3. 拧松按键固定螺丝,调整按键位置 |
| 开机后仅在显示屏的左下角显示"O",不再有其它显示。说明天平称重环境不稳定,天平始终无法得到一个稳定的称重 | 1. 天平玻璃门未关好<br>2. 称量盘下面或四周有异物<br>3. 气流罩未安放好,导致称量盘与气流罩有碰擦<br>4. 天平四周有强振动、气流<br>5. 天平的称重环境选择和称量可变动范围设置不当 | 1. 关好玻璃门<br>2. 请轻轻拿起称量盘观察是否有异物,特别注意是否有细小异物<br>3. 缓缓旋转气流罩或称量盘观察有无碰擦现象<br>4. 选择坚固的安装台面、无振动、气流较小的使用环境<br>5. 重新设置天平称重环境设置 |
| 天平每次称量之后,示值不回零位 | 1. 天平放置不水平<br>2. 天平预热时间短<br>3. 线性误差太大,超出了应答范围 | 1. 调整天平水平器<br>2. 应预热30min以上。天平需定期进行校正<br>3. 应根据天平说明书进行线性调整 |

## 实验一　直接称量法操作练习

### 一、实验目的

1. 了解分析天平的简单原理及操作方法。

2. 掌握分析天平的一般称量程序,学习直接称量技术。

3. 培养准确、整齐、简明地记录实验原始数据的习惯,测量数据必须记录在记录本上,不可随意涂改原始数据。

### 二、实验原理

1. 电子天平是利用电子装置完成电磁力补偿的调节,使物体在重力场中实现力矩的平衡。

2. 直接称量法是将被称量物直接放在称量盘上，所得读数即被称物的质量。

### 三、仪器设备

分析天平、托盘天平、表面皿、小烧杯、称量瓶、瓷坩埚。

### 四、实验步骤

1. 练习天平水平的调节

查看水平仪，如不水平，通过水平调节脚调至水平。接通电源，预热 30min 后方可开启显示器进行操作。

2. 学习分析天平的直接称量法操作技术

用直接称量法准确称量表面皿、小烧杯、称量瓶、瓷坩埚的质量并记录数据。

3. 学会做称量结束后的整理工作

### 五、数据记录（参照表 3-2）

表 3-2　直接称量法记录格式示例

| 物　品 | 表面皿 | 小烧杯 | 称量瓶 | 瓷坩埚 |
|---|---|---|---|---|
| 质量/g | | | | |
| | | | | |

### 六、注意事项

1. 用天平称量之前一定要检查仪器是否水平。

2. 称量物不得超过天平的量程。

3. 称量时要把天平的门关好，待稳定后再读数。

4. 不能用天平直接称量腐蚀性的物质。

5. 使用称量瓶时，应用纸拿。

6. 称量时应将被称物置于天平正中央。

7. 实验数据只能记在实验本上，不能随意记在纸片上。

### 七、思考题

1. 在实验中记录称量数据应准确至几位？为什么？

2. 称量时，每次均应将砝码和物体放在天平盘的中央。为什么？

## 实验二　差减称量法操作练习

### 一、实验目的

1. 熟练掌握差减称量法的一般程序和操作技术。

2. 学会用称量瓶敲样的操作。

3. 经过练习做到熟练地使用分析天平，能在 15min 内称出两份样品且称量瓶质量减少值与坩埚质量增加值之间的偏差不大于 0.4mg。

### 二、实验原理

1. 电子天平是利用电子装置完成电磁力补偿的调节，使物体在重力场中实现力矩的平衡。

2. 差减法是指称取试样的质量由两次称量之差求得的方法。

## 三、仪器药品

分析天平、托盘天平、称量瓶、瓷坩埚、$CuSO_4 \cdot 5H_2O$ 固体。

## 四、实验步骤

1. 取两个瓷坩埚，在分析天平上准确称量，记录为 $m_0$ 和 $m_0'$。

2. 取一个称量瓶，先在台秤上粗称其大致质量，然后加入约 $1g\,CuSO_4 \cdot 5H_2O$ 固体。在分析天平上精确称量，记录为 $m_1$；估计一下样品的体积，转移 $0.3 \sim 0.4g$ 样品（约 1/3）至第一个坩埚中，称量并记录称量瓶的剩余质量 $m_2$；以同样方法再转移 $0.3 \sim 0.4g$ 样品至第二个坩埚中，称量其剩余质量 $m_3$。

3. 分别精确称量两个已有样品的瓷坩埚，记录其质量为 $m_1'$ 和 $m_2'$。

4. 计算称量瓶中敲出的样品质量、坩埚中试样质量及称量偏差。

5. 完成以上操作后，进行计时称量练习。

## 五、数据记录与处理（参照表 3-3）

表 3-3　减量法称量记录格式示例

| 记　录　项　目 | | 第一份 | 第二份 |
|---|---|---|---|
| 称量瓶 | 敲样前称量瓶＋样品质量/g | $m_1 = 18.7589$ | $m_2 = 18.4132$ |
| | 敲样后称量瓶＋样品质量/g | $m_2 = 18.4132$ | $m_3 = 18.1068$ |
| | 称量瓶中敲出的样品质量/g | $m_{s1} = 0.3457$ | $m_{s2} = 0.3064$ |
| 坩埚 | 坩埚＋样品质量/g | $m_1' = 20.6179$ | $m_2' = 21.4782$ |
| | 空坩埚质量/g | $m_0 = 20.2719$ | $m_0' = 21.1720$ |
| | 坩埚中试样质量/g | $m_{s1}' = 0.3460$ | $m_{s2}' = 0.3062$ |
| 偏差/mg | | $\lvert m_{s1} - m_{s1}' \rvert = 0.3$ | $\lvert m_{s2} - m_{s2}' \rvert = 0.2$ |

## 六、注意事项

1. 称量前要做好准备工作（调水平，检查各部件是否正常、清扫、调零点）。

2. 纸条应在称量瓶的中部，不得太靠上。

3. 夹取称量瓶时，纸条不得碰称量瓶口。

4. 敲样过程中，称量瓶口不能碰接受容器。

5. 敲样过程中，称量瓶口不能离开接受容器。

## 七、思考题

1. 使用称量瓶时，如何操作才能保证试样不致损失？

2. 本实验中要求称量偏差不大于 0.4mg，为什么？

# 实验三　固定质量称量法操作练习

## 一、实验目的

1. 熟练掌握调节天平的水平操作。

2. 掌握固定质量称量法及操作技术。

## 二、实验原理

1. 电子天平是利用电子装置完成电磁力补偿的调节，使物体在重力场中实现力矩的平衡。

2. 固定质量称量法是用于称取某一固定质量的试剂或试样的方法。

### 三、仪器药品

分析天平、托盘天平、小烧杯、称量瓶、角匙、ZnO 固体、$CaCO_3$ 固体。

### 四、实验步骤

1. 将小烧杯放在天平盘上，待显示平衡后按"去皮"键扣除皮重并显示零点。

2. 按图 3-5 所示操作，用角匙将 ZnO 固体慢慢加到小烧杯中，并观察屏幕，将达到所需质量时停止加样。此时称取 ZnO 的质量为 0.5000g，以同样方法再称取 2～3 份 ZnO 样品。

3. 按同样方法称取 $0.2120g\,CaCO_3$ 固体 3～4 份。

4. 计算样品质量。

### 五、数据记录与处理（参照表 3-4）

表 3-4 固定质量称量法记录格式示例

| 记录项目 | 1 | 2 | 3 | 4 |
|---|---|---|---|---|
| 小烧杯＋样品质量/g | | | | |
| 空小烧杯质量/g | | | | |
| 样品质量/g | | | | |

### 六、注意事项

1. 每次加样量不要太多，否则会超出称量范围。

2. 小烧杯必须是干燥的。

### 七、思考题

直接称量法、差减法、固定质量称量法各适合何种情况下的称量？如何操作？

## 实验四　液体样品的称量操作练习

### 一、实验目的

1. 熟练掌握分析天平的使用方法。

2. 掌握液体样品的称量技术。

### 二、实验原理

电子天平是利用电子装置完成电磁力补偿的调节，使物体在重力场中实现力矩的平衡。

### 三、仪器药品

分析天平、托盘天平、滴瓶、容量瓶、磷酸。

### 四、实验步骤

1. 称出装有磷酸样品的滴瓶的质量。

2. 从滴瓶中取出 10 滴磷酸于接受器中，称出取样后滴瓶的质量，计算 1 滴磷酸的质量。

3. 按上面计算的 1 滴磷酸的质量，算出 1.5g 磷酸的滴数。

4. 加入相应量的磷酸，称量其质量，以同样方法再称取磷酸样品 2～3 份。

5. 计算样品质量。

## 五、数据记录与处理（参照表 3-5）

表 3-5　液体样品称量记录格式示例

| 记录项目 | 1 | 2 | 3 | 4 |
|---|---|---|---|---|
| 滴瓶＋磷酸样品质量/g | | | | |
| 取出磷酸后滴瓶＋磷酸样品质量/g | | | | |
| 磷酸样品质量/g | | | | |

## 六、注意事项

1. 称量前要检查滴管的胶帽是否完好，否则应换胶帽。

2. 滴瓶的外壁必须干净、干燥。

3. 从滴瓶中取出滴管时，必须将下端所挂溶液靠去，否则会造成磷酸样品溶液的洒落。

4. 加磷酸样品到容量瓶中时，注意滴管不要插入到容量瓶中，更不能碰容量瓶的瓶口或瓶内壁。

5. 不能将滴管倒置，否则会弄脏磷酸样品。

## 七、思考题

浓氨水、浓硫酸、发烟硫酸的称量可分别用什么容器来进行称量？

# 实验五　天平称量操作技术（差减法）考核

## 一、实验目的

1. 考核差减法称量操作步骤的熟练程度。

2. 考核掌握差减法称量操作技术的规范性。

3. 能在要求的时间内完成差减法称量试样的任务。

4. 让学生了解自己操作的规范和熟练程度。

## 二、实验原理

电子天平是利用电子装置完成电磁力补偿的调节，使物体在重力场中实现力矩的平衡。

差减法是指称取试样的质量由两次称量之差求得的方法。

## 三、仪器药品

分析天平、托盘天平、称量瓶、锥形瓶、氯化钠。

## 四、实验步骤

1. 检查天平的水平仪，使其达到水平状态。

2. 称量考核

（1）称量前的准备工作。

（2）用减量法称取 0.20～0.30g 氯化钠试样 2 份，作好称量记录。

（3）做好称量结束工作。

（4）计算质量及质量偏差。

3. 称量后的整理工作

## 五、评分（参照表 3-6）

表 3-6　天平称量操作技术考核评分标准

称量范围＿＿＿＿＿＿＿＿　　称量时间＿＿＿＿＿＿＿　　得分合计＿＿＿＿＿＿＿＿

| 项目 | | 操作要领 | 分值 | 得分 |
|---|---|---|---|---|
| 差减法称量（100 分） | 准备工作（12 分） | 检查天平水平 | 4 | |
| | | 清扫天平 | 4 | |
| | | 调零点 | 4 | |
| | 称量操作（48 分） | 称量瓶在天平盘中央 | 6 | |
| | | 敲样动作正确 | 8 | |
| | | 试样有无洒落 | 8 | |
| | | ±5%＜称样量范围≤±10% | 8 | |
| | | 称样量范围＞±10% | 10 | |
| | | 称量一份试样超过 3 次 | 8 | |
| | 结束工作（16 分） | 取出物品及砝码 | 4 | |
| | | 复原天平 | 4 | |
| | | 放回凳子 | 4 | |
| | | 进行登记 | 4 | |
| | 数据记录及处理（24 分） | 数据记录及时、真实、准确、清晰、整洁 | 4 | |
| | | 数字用仿宋体书写 | 4 | |
| | | 计算正确 | 4 | |
| | | 有效数字正确 | 4 | |
| | | 实验过程中台面整洁、仪器排放有序 | 4 | |
| | 备注 | 按要求在规定时间内完成,超时扣分 | 4 | |

# 第二节　滴定分析仪器与基本操作

滴定管、移液管、吸量管、容量瓶等是化学分析实验中准确测量溶液体积的常用量器。

## 一、滴定管

滴定管是滴定时可准确放出滴定剂体积的玻璃量器。它的主要部分管身是用细长且内径均匀的玻璃管制成,上面刻有均匀的分度线,线宽不超过 0.3mm。下端的流液口为一尖嘴,中间通过玻璃活塞或乳胶管（配以玻璃珠）连接以控制滴定速度。滴定管分为酸式滴定管 [见图 3-8(a)] 和碱式滴定管 [见图 3-8(b)];按被测组分的含量,还可分为常量滴定管、半微量滴定管和微量滴定管 [见图 3-8(c)] 另有一种自动定零位滴定管 [见图 3-8(d)] 是将贮液瓶与具塞滴定管通过磨口塞连接在一起的滴定装置,加液方便,自动调零点,主要适用于常规分析中的经常性滴定操作。

滴定管的总容量最小的为 1mL,最大的为 100mL,常用的是 50mL、25mL 和 10mL 的滴定管。滴定管的容量精度分为 A 级和 B 级。通常以喷、印的方法在滴定管上制出耐久性标志如制造厂商标、标准温度（20℃）、量出式符号（$E_x$）、精度级别（A 或 B）和标称总容量（mL）等。

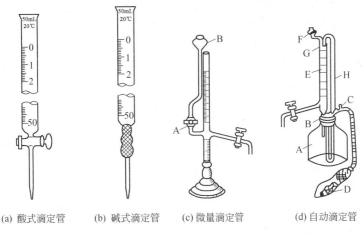

(a) 酸式滴定管　　(b) 碱式滴定管　　(c) 微量滴定管　　(d) 自动滴定管

图 3-8　滴定管

　　酸式滴定管用来装酸性、中性及氧化性溶液，但不适宜装碱性溶液，因为碱性溶液能腐蚀玻璃的磨口和活塞。碱式滴定管用来装碱性及无氧化性溶液，能与橡胶起反应的溶液如高锰酸钾、碘和硝酸银等溶液，都不能加入碱式滴定管中。现有活塞为聚四氟乙烯的滴定管，酸、碱及氧化性溶液均可采用。

　　新拿到一根滴定管，用前应先做一些初步检查，如酸式滴定管活塞是否匹配、滴定管尖嘴和上口是否完好，碱式滴定管的乳胶管孔径与玻璃珠大小是否合适，乳胶管是否有孔洞、裂纹和硬化等。初步检查合格后，进行下列准备工作。

**1. 滴定管的准备**

　　(1) 洗涤　一般用自来水冲洗，零刻度线以上部位可用毛刷蘸洗涤剂刷洗，零刻度线以下部位如不干净，则采用洗液洗（碱式滴定管应除去乳胶管，用橡胶乳头将滴定管下口套住）。少量的污垢可装入约 10mL 洗液，先从下端放出少许，然后用双手平托滴定管的两端，不断转动滴定管，使洗液润洗滴定管内壁，操作时管口对准洗液瓶口，以防洗液外流。洗完后将洗液从上口倒出。如果滴定管太脏，可将洗液装满整根滴定管浸泡一段时间。为防止洗液流出，在滴定管下方可放一烧杯（注意，若进行水中化学耗氧量测定时，滴定管不可用铬酸洗液洗涤）。最后用自来水、蒸馏水洗净。洗净后的滴定管内壁应被水均匀润湿而不挂水珠。如挂水珠，应重新洗涤。注意，酸式滴定管应先涂凡士林再进行洗涤。

　　(2) 涂凡士林　酸式滴定管简称酸管，为了使其玻璃活塞转动灵活，必须在塞子与塞座内壁涂少许凡士林。活塞涂凡士林可按下法进行：将滴定管平放在桌面上，取下活塞，把活塞及活塞座内壁用吸水纸擦干（擦活塞座时应使滴定管平放在桌面上），然后用手指蘸上凡士林，均匀地在活塞 A、B 两部分涂上薄薄的一层（注意：滴定管活塞套内壁不涂凡士林，如图 3-9 所示）。

图 3-9　活塞涂凡士林操作

　　涂凡士林时，不要涂得太多，以免活塞孔被堵住，也不要涂得太少，达不到转动灵活和防止漏水之目的。涂凡士林后，将活塞直接插入活塞套中（注意：滴定管不能竖起，应仍平放在桌面上，否则管中的水会流入活塞座内）。插时活塞孔应与滴定管平行，此时活塞不要转动，这样可以避免将凡士林挤到活塞孔中去，然后，向同一方向不断旋转活塞，直至活塞全部呈透明状为止。旋转时，应有一定的向活塞小头部分方向挤的力，以免来回移动活塞，使塞孔受堵。最后将滴定管活塞的小头朝上，用橡皮圈套在活塞的小头部分沟槽上（注意：

不允许用橡皮筋绕!），以防活塞脱落。在涂凡士林过程中要特别小心，切莫让活塞跌落在地上，造成整根滴定管的报废。涂凡士林后的滴定管，活塞应转动灵活，凡士林层中没有纹络，活塞呈均匀的透明状态。

若活塞孔或出口尖嘴被凡士林堵塞时，可将滴定管充满水后，将活塞打开，用洗耳球在滴定管上部挤压、鼓气，可以将凡士林排除。

注意：若使用活塞为聚四氟乙烯的滴定管不需涂凡士林。

（3）检漏　检漏的方法是将滴定管用水充满至"0"刻线附近，然后夹在滴定管夹上，用吸水纸将滴定管外壁擦干，静置 1min，检查管尖及活塞周围有无水渗出，然后将活塞转动 180°，重新检查，如有漏水，必须重新涂凡士林或更换乳胶管（玻璃珠）。

### 2. 滴定操作

（1）滴定管的润洗　为了不使标准溶液的浓度发生变化，装入标准溶液前应先用待装溶液润洗 3 次。润洗的方法是先将试剂瓶中的溶液摇匀，使凝结在瓶内壁上的水珠混入溶液，在天气比较热或室温变化较大时，此项操作更为必要。向滴定管中加入 10～15mL 待装溶液，先从滴定管下端放出少许，然后双手平托滴定管的两端，边转动滴定管，边使溶液润洗滴定管整个内壁，最后将溶液全部从上口放出。重复 3 次。

（2）标准溶液的装入　溶液应直接倒入滴定管中，不得用其他容器（如烧杯、漏斗等）来转移。装入前应先用标准溶液润洗滴定管内壁 3 次。最后将标准溶液直接倒入滴定管，直至充满至零刻度以上。

（3）滴定管嘴气泡的检查及排除　滴定管充满标准溶液后，应检查滴定管的出口下部尖嘴部分是否充满溶液，是否留有气泡。为了排除碱管中的气泡，可将碱管垂直地夹在滴定管架上，左手拇指和食指捏住玻璃珠部位，使橡胶管向上弯曲翘起，并捏挤胶管，使溶液从管口喷出即可排除气泡，如图 3-10 所示。酸管的气泡，一般较易看出，当有气泡时，右手拿滴定管上部无刻度处，并使滴定管倾斜 30°，左手迅速打开活塞，使溶液冲出管口，反复数次，一般即可达到排除酸管出口处气泡的目的，由于目前酸管制作有时不符合规格要求，因此，有时按上法仍无法排除酸管出口处的气泡，这时可在

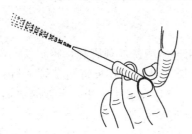

图 3-10　碱式滴定管排气泡的方法

活塞打开的情况下，上下晃动滴定管以达到排除气泡的目的；也可在出口尖嘴上接上一根约 10cm 的医用胶管，然后，按碱管排气的方法进行。

（4）零点调定和读数方法　先将溶液装至零刻度线以上 5mm 左右，不可过高，慢慢打开活塞使溶液液面慢慢下降，直至弯月面下缘恰好与零刻度线相切。将滴定管夹在滴定管架上，滴定之前再复核一下零点。

滴定管读数前，应注意管出口嘴尖上有无气泡或挂着水珠。若在滴定后管出口嘴尖上有气泡或挂有水珠读数，这时是无法读准确的。一般读数应遵守下列原则。

① 读数时应将滴定管从滴定管架上取下，用右手大拇指和食指捏住滴定管上部无刻度处，其他手指从旁辅助，使滴定管保持垂直，然后再读数。滴定管夹在滴定管架上读数的方法，一般不宜采用，因为它很难确保滴定管的垂直和准确读数。

② 由于水的附着力和内聚力的作用，滴定管内的液面呈弯月形，无色和浅色溶液的弯月面比较清晰，读数时，应读弯月面下缘实线的最低点，为此，读数时，视线应与弯月面下缘实线的最低点相切，即视线应与弯月面下缘实线的最低点在同一水平面上，如图 3-11 所示。视

线高于液面，读数将偏低；反之，读数偏高。对于深色溶液（如 $KMnO_4$、$I_2$ 等），其弯月面是不够清晰的，读数时，视线应与液面两侧的最高点相切，这样才易读准，如图 3-12 所示。

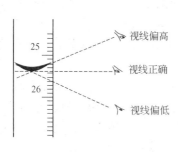

图 3-11　读数视线的位置

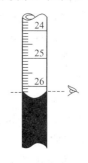

图 3-12　深色溶液的读数

③ 为便于读数准确，在滴定管装满或放出溶液后，必须等 1～2min，使附着在内壁的溶液流下来后，再读数。如果放出溶液的速度较慢（如接近化学计量点时就是如此），那么可等 0.5～1min 后，即可读数。记住，每次读前，都要看一下，滴定管内壁有没有挂水珠，滴定管的出口尖嘴处有无悬液滴，滴定管尖嘴内有无气泡。

④ 读取的值必须读至毫升小数点后第二位，即要求估计到 0.01mL。正确掌握估计 0.01mL 读数的方法很重要。滴定管上两个小刻度之间为 0.1mL，要估计其 1/10 的值，对一个分析工作者来说是要进行严格训练的。为此，可以这样来估计——当液面在此两小刻度之间时，即为 0.05mL；若液面在两小刻度的 1/3 处，即为 0.03mL 或 0.07mL；当液面在两小刻度的 1/5 时，即为 0.02mL 或 0.08mL 等。

⑤ 对于蓝带滴定管，读数方法与上述相同。当蓝带滴定管盛溶液后将有似两个弯月面的上下两个尖端相交，此上下两尖端相交点的位置，即为蓝带滴定管的读数的正确位置，如图 3-13 所示。

⑥ 为便于读数，可采用读数卡，它有利于初学者练习读数。读数卡是用贴有黑纸或涂有黑色的长方形（约 3cm×1.5cm）的白纸板制成。读数时，将读数卡放在滴定管背后，使黑色部分在弯月面下约 1mm 处，此时即可看到弯月面的反射层全部成为黑色，如图 3-14 所示。然后，读此黑色弯月面下缘的最低点。然而，对深色溶液需读其两侧最高点时，需用白色卡片作为背景。

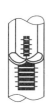

图 3-13　蓝带滴定管

图 3-14　读数卡

（5）滴定姿势　站着滴定时要求站立好。有时为操作方便也可坐着滴定。

（6）酸管的操作　使用酸管时，左手握滴定管，其无名指和小指向手心弯曲，轻轻地贴在活塞座小头的下边，用其余三指控制活塞的转动，如图 3-15 所示。但应注意，不要向外用力，以免推出活塞造成漏水，应使活塞稍有一点向手心的回力。当然，也不要过分往里用太大的回力，以免造成活塞转动困难。注意：手心不能顶到活塞，以免造成活塞漏水。

（7）碱管的操作　使用碱管时，仍以左手握管，其拇指在前，食指在后，其他三指辅助夹住出口管。用拇指和食指捏住玻璃珠右侧中部，如图 3-16 所示。向右边挤胶管，使玻璃珠移至手心一侧，这样，溶液即可从玻璃珠旁边的缝隙流出，如图 3-17 所示。必须指出，不要用力捏玻璃珠，也不要使玻璃珠上下移动，不要捏玻璃珠下部胶管，以免空气进入形成气泡，影响读数。

（8）边滴边摇瓶要配合好　滴定操作可在锥形瓶或烧杯中进行。在锥形瓶中进行滴定时，用右手的拇指、食指和中指拿住锥形瓶，其余两指辅助在下侧，使瓶底离滴定台高2～3cm，滴定管下端伸入瓶口内约 1cm。左手握住滴定管，按前述方法，边滴加溶液，边用右手摇动锥形瓶，边滴边摇动。其两手操作姿势如图 3-15 和图 3-16 所示。

图 3-15　酸式滴定管的操作

图 3-16　碱式滴定管的操作

在烧杯中滴定时，将烧杯放在滴定台上，调节滴定管的高度，使其下端伸入烧杯内约 1cm。滴定管下端应在烧杯中心的左后方处（放在中央影响搅拌，离杯壁过近不利搅拌均匀）。左手滴加溶液，右手持玻璃棒搅拌溶液，如图 3-18 所示。玻璃棒应做圆周搅动，不要碰到烧杯壁和底部。当滴定至接近终点，只需滴加半滴溶液或更少量时，用玻璃棒下端承接此悬挂的半滴溶液于烧杯中，但要注意，玻璃棒只能接触液滴，不能接触管尖，其余操作同前所述。

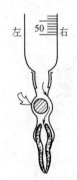

图 3-17　碱式滴定管溶液
　　　　从缝隙中流出示意

图 3-18　在烧杯中的
　　　　滴定操作

图 3-19　碘量瓶

溴酸钾法、碘量法等需要在碘量瓶中进行反应和滴定。碘量瓶是带有磨口玻璃塞和水槽的锥形瓶（见图 3-19），喇叭形瓶口与瓶塞柄之间形成一圈水槽，槽中加纯水可形成水封，防止瓶中溶液反应生成的气体（$Br_2$、$I_2$ 等）逸失。反应一定时间后，打开瓶塞，水即流下并可冲洗瓶塞和瓶壁，接着进行滴定。

进行滴定操作时，应注意如下几点。

① 最好每次滴定都从 0.00mL 开始，这样可以减少滴定误差。

② 滴定时，左手不能离开活塞而任溶液自流。

③ 摇瓶时，应微动腕关节，使溶液向一方向（向右）旋转，不能前后振动，以免溶液溅出。不要因摇动瓶口碰在管口上，以免造成事故。摇瓶时，一定要使溶液旋转出现一漩涡，因此，要求有一定速度，不能摇得太慢，影响化学反应的进行。

④ 滴定时，要观察滴落点周围颜色的变化。不要去看滴定管上的刻度变化，而不顾滴定反应的进行。

⑤ 滴定速度的控制方面，一般开始时，滴定速度可稍快，呈"见滴成线"，这时为 10mL/min，即每秒 3～4 滴，而不要滴成"水线"。接近终点时，应改为一滴一滴加入，即加一滴摇几下，再加，再摇。最后是每加半滴，摇几下锥形瓶，直至溶液出现明显的颜色变化为止。

（9）半滴的控制和吹洗　快到滴定终点时，要一边摇动，一边逐滴地滴入，甚至是半滴半滴地滴入。学生应该扎扎实实地练好加入半滴溶液的方法。用酸管时，可轻轻转动活塞，使溶液悬挂在出口管嘴上，形成半滴，用锥形瓶内壁将其沾落（尽量往下沾），再用洗瓶吹洗。对碱管，加半滴溶液时，应先松开拇指与食指，将悬挂的半滴溶液沾在锥形瓶内壁上，再放开无名指和小指，这样可避免出口管尖出现气泡。

滴入半滴溶液时，也可采用倾斜锥形瓶的方法，将附于壁上的溶液涮至瓶中。这样可避免吹洗次数太多，造成被滴物过度稀释。

微量滴定管简介：

微量滴定管［见图 3-8（c）］是测量小量体积液体时用的滴定管，它的分刻度值为 0.005mL 或 0.01mL，容积有 1～10mL 各种规格。先打开活塞 A，微微倾斜滴定管，从漏斗 B 注入溶液，当溶液接近量管的上端时，关闭活塞 A，继续向漏斗加入溶液直至占满容积的 2/3 左右。滴定前先检查管内，特别是两活塞是否有气泡，如有应设法排除，打开活塞 C，调节液面至零刻度线。滴定完毕，读数后，打开活塞 A 让溶液流向刻度管，经调节后又可进行第二份滴定。

自动滴定管简介：

自动滴定管是上述滴定管的改进，它的不同点是灌满溶液半自动化，其结构如图 3-8（d）所示，储液瓶 A 用于储存标准溶液，常用储液瓶的容积为 1～2L。量管 E 是以磨口接头（或胶塞）B 与储液瓶 A 连接起来。F 是防御管，为了防止标准溶液吸收空气中 $CO_2$ 的和水分，可在防御管中装填碱石灰。

以打气球 D 打气通过玻璃管 H 将液体压入量管并将其充满。玻璃管 G 末端是一毛细管，它准确位于量管零的标线上。因此，当溶液压入量管略高出零的标线时，用手按下通气口 C，让压力降低，此时溶液即自动向右虹吸到储液瓶中，使量管中液面恰好位于零线上。滴定操作及读数方法与其他滴定管相同。

自动滴定管的结构比较复杂，但使用比较方便，适用于同一标准溶液的日常例行分析工作。

## 二、容量瓶

容量瓶是一种细颈梨形的平底玻璃瓶，带有玻璃磨口、玻璃塞或塑料塞，可用橡皮筋将塞子系在容量瓶的颈上。颈上有标度刻线，一般表示在 20℃时液体充满标度刻线时的准确容积。容量瓶的精度级别分为 A 级和 B 级。

容量瓶主要用于配制准确浓度的溶液或定量地稀释溶液，故常和分析天平、移液管配合使用，把配成溶液的某种物质分成若干等分或不同的质量。为了正确地使用容量瓶，应注意以下几点。

### 1. 容量瓶的检查

① 瓶塞是否漏水。

② 标度刻线位置距离瓶口是否太近。如果漏水或标线离瓶口太近，不便混匀溶液，则不宜使用。

检查瓶塞是否漏水的方法如下：加水至标度刻线附近，盖好瓶塞后用滤纸擦干瓶口。然后，用左手食指按住塞子，其余手指拿住瓶颈标线以上部分，右手用 3 个指尖托住瓶底边缘，如图 3-20(b) 所示。将瓶倒立 2min 以后不应有水渗出（可用滤纸片检查），如不漏水，将瓶直立，转动瓶塞 180°后，再倒立 2min 检查，如不漏水，方可使用。

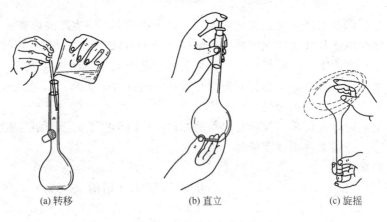

(a) 转移　　　　　　　(b) 直立　　　　　　　(c) 旋摇

图 3-20　容量瓶的使用

使用容量瓶时，不要将其玻璃磨口塞随便取下放在桌面上，以免玷污或搞错，可用橡皮筋或细绳将瓶塞系在瓶颈上，如图 3-20(a) 所示。当使用平顶的塑料塞子时，操作时也可将塞子倒置在桌面上放置。

### 2. 容量瓶的洗涤

洗净的容量瓶也要求倒出水后，内壁不挂水珠，否则必须用洗涤液洗。可用合成洗涤剂浸泡或用洗液浸洗。用铬酸洗液洗时，先尽量倒出容量瓶中的水，倒入 10~20mL 洗液，转动容量瓶使洗液布满全部内壁，然后放置数分钟，将洗液倒回原瓶。再依次用自来水、纯水洗净。

### 3. 溶液的配制

用容量瓶配制标准溶液或分析试液时，最常用的方法是将待溶固体称出置于小烧杯中，加水或其他溶剂将固体溶解，然后将溶液定量转入容量瓶中。定量转移溶液时，右手将玻璃棒悬空伸入容量瓶口中 1~2cm，棒的下端应靠在瓶颈内壁上，但不能碰容量瓶的瓶口。左手拿烧杯，使烧杯嘴紧靠玻璃棒（烧杯离容量瓶口 1cm 左右），使溶液沿玻璃棒和内壁流入容量瓶中，如图 3-20(a) 所示。烧杯中溶液流完后，将烧杯沿玻璃棒稍微向上提起，同时使烧杯直立，待竖直后移开。将玻璃棒放回烧杯中，不可放于烧杯尖嘴处，也不能让玻璃棒在烧杯中滚动，可用左手食指将其按住。然后，用洗瓶吹洗玻璃棒和烧杯内壁，再将溶液定量转入容量瓶中。如此吹洗、转移的定量转移溶液的操作，一般应重复 5 次以上，以保证定量转移。然后加入水至容量瓶的 3/4 左右容积时，用右手食指和中指夹住瓶塞的扁头，将容量瓶拿起，按同一方向摇动几周，使溶液初步混匀。继续加水至距离标度刻线约 1cm 处后，等 1～2min 使附在瓶颈内壁的溶液流下后，再用洗瓶加水至弯月面下缘与标度刻线相切。无论溶液有无颜色，其加水位置均为使水至弯月面下缘与标度刻线相切为标准。当加水至容量瓶的标度刻线时，盖上干的瓶塞，用左手食指按住塞子，其余手指拿住瓶颈标线以上部分，而用右手的 3 个指尖托住瓶底边缘，如图 3-20(b) 所示，然后将容量瓶倒转，使气泡上升到顶，旋摇容量瓶混匀溶液，如图 3-20(c) 所示。再将容量瓶直立过来，又再将容量瓶倒转，使气泡上升到顶部，旋摇容量瓶混匀溶液。如此反复 14 次左右。注意：每摇几次后应将瓶塞微微提起并旋转 180°，然后塞上再摇。

### 4. 稀释溶液

用移液管移取一定体积的溶液于容量瓶中，加水至 3/4 左右容积时初步混匀，再加水至标度刻线。按前述方法混匀溶液。

### 5. 不宜长期保存试剂溶液

如配好的溶液需作保存时，应转移至磨口试剂瓶中，不要将容量瓶当作试剂瓶使用。

### 6. 使用完毕应立即用水冲洗干净

如长期不用，磨口处应洗净擦干，并用纸片将磨口隔开。

容量瓶不得在烘箱中烘烤，也不能在电炉等加热器上直接加热。如需使用干燥的容量瓶时，可将容量瓶洗净后，用乙醇等有机溶剂荡洗后晾干或用电吹风的冷风吹干。

## 三、移液管和吸量管

移液管是用于准确量取一定体积溶液的量出式玻璃量器，它的中间有一膨大部分，如图 3-21(a) 所示。管颈上部刻一圈标线，在标明的温度下，使溶液的弯月面与移液管标线相切，让溶液按一定的方法自由流出，则流出的体积与管上标明的体积相同。移液管按其容量精度分为 A 级和 B 级。

吸量管是具有分刻度的玻璃管，如图 3-21(b)、(c)、(d) 所示。它一般只用于量取小体积的溶液。常用的吸量管有 1mL，2mL，5mL，10mL 等规格，吸量管吸取溶液的

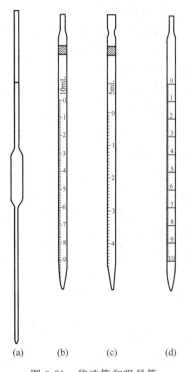

图 3-21　移液管和吸量管

准确度不如移液管。应该注意：有些吸量管其分刻度不是刻到管尖，而是离管尖尚差 1～2cm，如图 3-21(d) 所示。

为了能正确使用移液管和吸量管，现分述下面几点。

### 1. 移液管的洗涤

吸取洗液至球部的 1/4～1/3 处，立即用右手食指按住管口，将移液管横过来，用两手的拇指及食指分别拿住移液管的两端，转动移液管并使洗液布满全管内壁，将洗液从上口倒出。依次用自来水和纯水洗净。

### 2. 移液管和吸量管的润洗

移取溶液前，可用吸水纸将洗干净的移液管的尖端内外的水除去，然后用待吸溶液润洗

图 3-22　吸取溶
液的操作

3 次。方法是：先从试剂瓶中倒出少许溶液至一干燥的小烧杯中，然后用左手持洗耳球，将食指或拇指放在洗耳球的上方，其余手指自然地握住洗耳球，用右手的拇指和中指拿住移液管或吸量管标线以上的部分，无名指和小指辅助拿住移液管，如图3-22所示，将管尖伸入小烧杯的溶液或洗液中吸取，待吸液吸至球部的 1/4～1/3 处（注意：勿使溶液流回，即溶液只能上升不能下降，以免稀释溶液）时，立即用右手食指按住管口并移出。将移液管横过来，用两手的拇指及食指分别拿住移液管的两端，边转动边使移液管中的溶液浸润内壁，当溶液流至标度刻线以上且距上口2～3cm时，将移液管直立，使溶液由尖嘴放出、弃去。如此反复润洗 3 次。润洗这一步骤很重要，它是保证使移液管的内壁及有关部位与待吸溶液处于同一浓度。吸量管的润洗操作与此相同。

### 3. 移取溶液

移液管经润洗后，移取溶液时，将移液管直接插入待吸液面下
1～2cm 处。管尖不应伸入太浅，以免液面下降后造成吸空；也不应伸入太深，以免移液管外部附有过多的溶液。吸液时，应注意容器中液面和管尖的位置，应使管尖随液面下降而下降。当洗耳球慢慢放松时，管中的液面徐徐上升，当液面上升至标线以上 5mm（不可过高、过低）时，迅速移去洗耳球。与此同时，用右手食指堵住管口，并将移液管往上提起，使之离开小烧杯，用吸水纸擦拭管的下端原伸入溶液的部分，以除去管壁上的溶液。左手改拿一干净的小烧杯，然后使烧杯倾斜成30°，其内壁与移液管尖紧贴，停留 30s 后右手食指微微松动，使液面缓慢下降，直到视线平视时弯月面与标线相切，这时立即将食指按紧管口。移开小烧杯，左手改拿接收溶液的容器，并将接收容器倾斜，使内壁紧贴移液管尖，成 30°左右。然后放松右手食指，使溶液自然地顺壁流下，如图 3-23 所示。待液面下降到管尖后，等15s 左右，移出移液管。这时，尚可见管尖部位仍留有少量溶液，对此，除特别注明"吹"字的以外，一般此管尖部位留存的溶液是不能吹入接收容器中的，因为在工厂生产检定移液管时是没有把这部分体积算进去的。但必须指出，由于一些管口尖部做得不很圆滑，因此可能会由于随靠接收容器内壁的管尖部位不同而留存在管尖部位的体积有大小的变化，为此，可在等 15s 后，将管身往左右旋动一下，这样管尖部分每次留存的体积将会基本相同，不会导致平行测定时的过大误差。

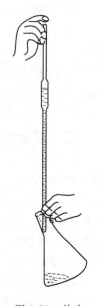

图 3-23　放出
溶液的操作

用吸量管吸取溶液时，大体与上述操作相同。但吸量管上常标有"吹"字，特别是1mL 以下的吸量管尤其是如此，对此，要特别注意。同时，吸量管中，如图 3-21(d) 的形式，它的分度刻到离管尖尚差 1～2cm，放出溶液时也应注意。实验中要尽量使用同一支吸量管，以免带来误差。

### 四、滴定分析仪器的校准

由于制造工艺的限制、试剂的侵蚀等原因，容量仪器的实际容积与它所标示的容积（标

称容积）存在或多或少的差值，此值必须符合一定标准（容量允差）。下面是一些容量仪器的国家规定的容量允差。

### 1. 容量仪器的允差

（1）滴定管 国家规定的滴定管容量允差列于表 3-7（摘自国家标准 GB 12805—91）。

表 3-7 常用滴定管的容量允差

| 标称总容量/mL | | 2 | 5 | 10 | 25 | 50 | 100 |
|---|---|---|---|---|---|---|---|
| 分度值/mL | | 0.02 | 0.02 | 0.05 | 0.1 | 0.1 | 0.2 |
| 容量允差(±)/mL | A | 0.010 | 0.010 | 0.025 | 0.05 | 0.05 | 0.10 |
| | B | 0.020 | 0.020 | 0.050 | 0.10 | 0.10 | 0.20 |

（2）容量瓶 国家规定的容量瓶容量允差列于表 3-8（摘自国家标准 GB 12806—91）。

表 3-8 常用容量瓶的容量允差

| 标称容量/mL | | 5 | 10 | 25 | 50 | 100 | 200 | 250 | 500 | 1000 | 2000 |
|---|---|---|---|---|---|---|---|---|---|---|---|
| 容量允差(±)/mL | A | 0.02 | 0.02 | 0.03 | 0.05 | 0.10 | 0.15 | 0.15 | 0.25 | 0.40 | 0.60 |
| | B | 0.04 | 0.04 | 0.06 | 0.10 | 0.20 | 0.30 | 0.30 | 0.50 | 0.80 | 1.20 |

（3）移液管 国家规定的移液管容量允差见表 3-9（摘自国家标准 GB 12808—91）。

表 3-9 常用移液管的容量允差

| 标称容量/mL | | 2 | 5 | 10 | 20 | 25 | 50 | 100 |
|---|---|---|---|---|---|---|---|---|
| 容量允差(±)/mL | A | 0.010 | 0.015 | 0.020 | 0.030 | 0.030 | 0.050 | 0.080 |
| | B | 0.020 | 0.030 | 0.040 | 0.060 | 0.060 | 0.100 | 0.160 |

玻璃量器分为量入式玻璃量器和量出式玻璃量器。

量入式玻璃量器——量器上标示的体积表示容量仪器容纳的体积，包括器壁上所挂液体的体积，用符号“E”表示。

量出式玻璃量器——量器上标示的体积表示从容量仪器中放出的液体的体积，不包括器壁上所挂液体的体积。用符号“A”表示，或用“$E_x$”表示。

量器的准确度对于一般分析已经满足要求，但在要求较高的分析工作中则必须进行校准。一些标准分析方法规定对所用量器必须校准，因此需要掌握量器的校准方法。

### 2. 容量仪器的校准

由于玻璃具有热胀冷缩的特性，在不同的温度下容量器皿的体积也有所不同。因此，校准玻璃容量器皿时，必须规定一个共同的温度值，这一规定温度值为标准温度。国际上规定玻璃容量器皿的标准温度为 20℃。即在校准时都将玻璃容量器皿的容积校准到 20℃时的实际容积。校准工作是一项技术性较强的工作，操作一定要正确，故对实验室有下列要求：

① 天平的称量误差应小于量器允差的 1/10；

② 使用分度值为 0.1℃的温度计；

③ 室内温度变化不超过 1℃/h，室温最好控制在 20℃±5℃。

容量仪器的校准在实际工作中通常采用绝对校准法和相对校准法两种方法。

（1）绝对校准法（称量法） 绝对校准法是测定容量器皿的实际容积。是指称取滴定分析仪器某一刻度内放出或容纳纯水的质量，根据该温度下纯水的密度，将水的质量换算成体积的方法。其换算公式为：

$$V_t = \frac{m_t}{\rho_{水}}$$

式中　$V_t$——$t(℃)$ 时水的体积，mL；

　　　$m_t$——$t(℃)$ 时在空气中称得水的质量，g；

　　　$\rho_{水}$——$t(℃)$ 时在空气中水的密度，g/mL。

测量体积基本单位是"升"（L），1L 是指在真空中质量为 1kg 的纯水，在 3.98℃ 时所占的体积。滴定分析中常以"升"的千分之一"毫升"作为基本单位，即在 3.98℃ 时，1mL 纯水在真空中的质量为 1.000g。如果校准工作也是在 3.98℃ 和真空中进行，则称出纯水的质量（g）就等于纯水体积（mL）。但实际工作中不可能在真空中称量，也不可能在 3.98℃ 时进行分析测定，而是在空气中称量，在室温下进行分析测定。国产的滴定分析仪器，其体积都是以 20℃ 为标准温度进行标定的，例如，一个标有 20℃，体积为 1L 的容量瓶，表示在 20℃ 时，它的体积 1L，即真空中 1kg 纯水在 3.98℃ 时所占的体积。

将称出的纯水质量换算成体积时，必须考虑下列三方面的因素。

a. 水的密度随温度的变化而改变。水在 3.98℃ 的真空中相对密度为 1，高于或低于此温度，其相对密度均小于 1。

b. 温度对玻璃仪器热胀冷缩的影响。温度改变时，因玻璃的膨胀和收缩，量器的容积也随之而改变。因此，在不同的温度校准时，必须以标准温度为基础加以校准。

c. 在空气中称量时，空气浮力对纯水质量的影响。校准时，在空气中称量，由于空气浮力的影响，水在空气中称得的质量必小于在真空中称得的质量，这个减轻的质量应该加以校准。

在一定的温度下，上述 3 个因素的校准值是一定的，所以可将其合并为一个总校准值。此值表示玻璃仪器中容积（20℃）为 1mL 的纯水在不同温度下，于空气中用黄铜砝码称得的质量，列于表 3-10 中。

表 3-10　玻璃容器中 1mL 水在空气中用黄铜砝码称得的质量

| 温度/℃ | 质量/g | 温度/℃ | 质量/g | 温度/℃ | 质量/g | 温度/℃ | 质量/g |
|---|---|---|---|---|---|---|---|
| 1 | 0.99824 | 11 | 0.99832 | 21 | 0.99700 | 31 | 0.99464 |
| 2 | 0.99832 | 12 | 0.99823 | 22 | 0.99680 | 32 | 0.99434 |
| 3 | 0.99839 | 13 | 0.99814 | 23 | 0.99660 | 33 | 0.99406 |
| 4 | 0.99844 | 14 | 0.99804 | 24 | 0.99638 | 34 | 0.99375 |
| 5 | 0.99848 | 15 | 0.99793 | 25 | 0.99617 | 35 | 0.99345 |
| 6 | 0.99851 | 16 | 0.99780 | 26 | 0.99593 | 36 | 0.99312 |
| 7 | 0.99850 | 17 | 0.99765 | 27 | 0.99569 | 37 | 0.99280 |
| 8 | 0.99848 | 18 | 0.99751 | 28 | 0.99544 | 38 | 0.99246 |
| 9 | 0.99844 | 19 | 0.99734 | 29 | 0.99518 | 39 | 0.99212 |
| 10 | 0.99839 | 20 | 0.99718 | 30 | 0.99491 | 40 | 0.99177 |

利用此值可将不同温度下水的质量换算成 20℃ 时的体积，其换算公式为：

$$V_{20} = \frac{m_t}{\rho_t}$$

式中　$m_t$——$t(℃)$ 时在空气中用砝码称得玻璃仪器中放出或装入的纯水的质量，g；

　　　$\rho_t$——1mL 的纯水在 $t(℃)$ 用黄铜砝码称得的质量，g；

　　　$V_{20}$——将 $m_t(g)$ 纯水换算成 20℃时的体积，mL。

① 滴定管的校准　将滴定管洗净至内壁不挂水珠，加入纯水，驱除活塞下的气泡，取一磨口塞锥形瓶，擦干外壁、瓶口及瓶塞，在分析天平上称取其质量。将滴定管的水面调节到正好在 0.00mL 刻度处。按滴定时常用的速度（每秒 3 滴）将一定体积的水放入已称过质量的具塞锥形瓶中，注意勿将水沾在瓶口上。在分析天平上称量盛水的锥形瓶的质量，计算水的质量及真实体积，倒掉锥形瓶中的水，擦干瓶外壁、瓶口和瓶塞，再次称量瓶的质量。滴定管重新充水至 0.00mL 刻度，再放至另一体积的水至锥形瓶中，称量盛水的瓶的质量，测定当时水的温度，查出该温度下 1mL 的纯水用黄铜砝码称得的质量，计算出此段水的实际体积。如上继续检定至 0 到最大刻度的体积，计算真实体积。

重复检定 1 次，两次检定所得同一刻度的体积相差不应大于 0.01mL（注意：至少检定两次），算出各个体积处的校准值（二次平均），以读数为横坐标，校准值为纵坐标，画校准值曲线，以备使用滴定管时查取。

一般 50mL 滴定管每隔 10mL 测一个校准值，25mL 滴定管每隔 5mL 测一个校准值，3mL 微量滴定管每隔 0.5mL 测一个校准值。

**【例 3-1】**　校准滴定管时，在 21℃时由滴定管中放出 0.00～10.03mL 水，称得其质量为 9.981g，计算该段滴定管在 20℃时的实际体积及校准值各是多少？

**解**　查表 3-16 得，21℃时 $\rho_{21}=0.99700$g/mL

$$V_{20}=\frac{9.981}{0.99700}=10.01（mL）$$

该段滴定管在 20℃时的实际体积为 10.01mL。

体积校准值 $\Delta V=10.01-10.03=-0.02（mL）$

该段滴定管在 20℃时的校准值为 -0.02mL。

② 容量瓶的校准　将洗涤合格，并倒置沥干的容量瓶放在天平上称量。取蒸馏水充入已称重的容量瓶中至刻度，称量并测水温（准确至 0.5℃）。根据该温度下的密度，计算真实体积。

**【例 3-2】**　15℃时，称得 250mL 容量瓶中至刻度线时容纳纯水的质量为 249.520g，计算该容量瓶在 20℃时的校准值是多少？

**解**　查表 3-16 得，15℃时 $\rho_{15}=0.99793$g/mL

$$V_{20}=\frac{249.520}{0.99793}=250.04（mL）$$

体积校准值 $\Delta V=250.04-250.00=+0.04（mL）$

该容量瓶在 20℃时的校准值为 +0.04mL。

③ 移液管的校准　将移液管洗净至内壁不挂水珠，取具塞锥形瓶，擦干外壁、瓶口及瓶塞，称量。按移液管使用方法量取已测温的纯水，放入已称重的锥形瓶中，在分析天平上称量盛水的锥形瓶，计算在该温度下的真实体积。

**【例 3-3】**　24℃时，称得 25mL 移液管中至刻度线时放出水的质量为 24.902g，计算该移液管在 20℃时的真实体积及校准值各是多少？

**解**　查表 3-16 得，24℃时 $\rho_{24}=0.99638g/mL$

$$V_{20}=\frac{24.902}{0.99638}=24.99 \text{（mL）}$$

该移液管在 20℃时的真实体积为 24.99mL。

体积校准值 $\Delta V=24.99-25.00=-0.01$（mL）

该移液管在 20℃时的校准值为 $-0.01mL$。

（2）相对校准法　相对校准法是相对比较两容器所盛液体体积的比例关系。在实际的分析工作中，容量瓶与移液管常常配套使用，如将一定量的物质溶解后在容量瓶中定容，用移液管取出一部分进行定量分析。因此，重要的不是要知道所用容量瓶和移液管的绝对体积，而是容量瓶与移液管的容积比是否正确，如用 25mL 移液管从 250mL 容量瓶中移出溶液的体积是否是容量瓶体积的 1/10，一般只需要作容量瓶和移液管的相对校准。校准的方法如下：

用洗净的 25mL 移液管吸取蒸馏水，放入洗净沥干的 250mL 容量瓶中，平行移取 10 次，观察容量瓶中水的弯月面下缘是否与标线相切，若正好相切，说明移液管与容量瓶体积的比例为 1:10；若不相切，表示有误差，记下弯月面下缘的位置，待容量瓶沥干后再校准一次；连续两次实验相符后，用一平直的窄纸条贴在与弯月面相切之处，并在纸条上刷蜡或贴一块透明胶布以此保护此标记。以后使用的容量瓶与移液管即可按所贴标记配套使用。

在分析工作中，滴定管一般采用绝对校准法，对于配套使用的移液管和容量瓶，可采用相对校准法，用作取样的移液管，则必须采用绝对校准法。绝对校准法准确，但操作比较麻烦。相对校准法操作简单，但必须配套使用。

在分析工作中，滴定管一般采用绝对校准法，对于配套使用的移液管和容量瓶，可采用相对校准法，用作取样的移液管，则必须采用绝对校准法。绝对校准法准确，但操作比较麻烦。相对校准法操作简单，但必须配套使用。

使用中的滴定管、分度吸管、单标线吸管、容量瓶等玻璃仪器的检定周期为三年。其中用于碱溶液的量器和无塞滴定管为一年。

### 3. 溶液体积的校准

滴定分析仪器都是以 20℃为标准温度来标定和校准的，但是使用时则往往不是在 20℃，温度变化会引起仪器容积和溶液体积的改变，如果在某一温度下配制溶液，并在同一温度下使用，就不必校准，因为这时所引起的误差在计算时可以抵消。如果在不同的温度下使用，则需要校准。当温度变化不大时，玻璃仪器容积变化的数值很小，可忽略不计，但溶液体积的变化则不能忽略。溶液体积的改变是由于溶液密度的改变所致，稀溶液密度的变化和水相近。表 3-11 列出了在不同温度下 1000mL 水或稀溶液换算到 20℃时，其体积应增减的毫升数。

**【例 3-4】**　在 10℃时，滴定用去 26.00mL 0.1mol/L 标准滴定溶液，计算在 20℃时该溶液的体积应为多少？

**解**　查表 3-11 得，10℃时 1L 0.1mol/L 溶液的补正值为 +1.5mL，则在 20℃时该溶液的体积为：

$$26.00+\frac{1.5}{1000}\times26.00=26.04 \text{（mL）}$$

表 3-11　不同温度下标准滴定溶液的体积的补正值（GB/T 601—2002）

[1000mL 溶液由 $t$(℃) 换算为 20℃ 时的补正值/(mL/L)]

| 温度/℃ | 水和0.05mol/L以下的各种水溶液 | 0.1mol/L和0.2mol/L各种水溶液 | 盐酸溶液 $c(\mathrm{HCl})=$0.5mol/L | 盐酸溶液 $c(\mathrm{HCl})=$1mol/L | 硫酸溶液 $c\left(\frac{1}{2}\mathrm{H_2SO_4}\right)=$0.5mol/L,氢氧化钠溶液 $c(\mathrm{NaOH})=$0.5mol/L | 硫酸溶液 $c\left(\frac{1}{2}\mathrm{H_2SO_4}\right)=$1mol/L,氢氧化钠溶液 $c(\mathrm{NaOH})=$1mol/L | 碳酸钠溶液 $c\left(\frac{1}{2}\mathrm{Na_2CO_3}\right)=$1mol/L | 氢氧化钾-乙醇溶液 $c(\mathrm{KOH})=$0.1mol/L |
|---|---|---|---|---|---|---|---|---|
| 5 | +1.38 | +1.7 | +1.9 | +2.3 | +2.4 | +3.6 | +3.3 | |
| 6 | +1.38 | +1.7 | +1.9 | +2.2 | +2.3 | +3.4 | +3.2 | |
| 7 | +1.36 | +1.6 | +1.8 | +2.2 | +2.2 | +3.2 | +3.0 | |
| 8 | +1.33 | +1.6 | +1.8 | +2.1 | +2.2 | +3.0 | +2.8 | |
| 9 | +1.29 | +1.5 | +1.7 | +2.0 | +2.1 | +2.7 | +2.6 | |
| 10 | +1.23 | +1.5 | +1.6 | +1.9 | +2.0 | +2.5 | +2.4 | +10.8 |
| 11 | +1.17 | +1.4 | +1.5 | +1.8 | +1.8 | +2.3 | +2.2 | +9.6 |
| 12 | +1.10 | +1.3 | +1.4 | +1.6 | +1.7 | +2.0 | +2.0 | +8.5 |
| 13 | +0.99 | +1.1 | +1.2 | +1.4 | +1.5 | +1.8 | +1.8 | +7.4 |
| 14 | +0.88 | +1.0 | +1.1 | +1.2 | +1.3 | +1.6 | +1.5 | +6.5 |
| 15 | +0.77 | +0.9 | +0.9 | +1.0 | +1.1 | +1.3 | +1.3 | +5.2 |
| 16 | +0.64 | +0.7 | +0.8 | +0.8 | +0.9 | +1.1 | +1.1 | +4.2 |
| 17 | +0.50 | +0.6 | +0.6 | +0.6 | +0.7 | +0.8 | +0.8 | +3.1 |
| 18 | +0.34 | +0.4 | +0.4 | +0.4 | +0.5 | +0.6 | +0.6 | +2.1 |
| 19 | +0.18 | +0.2 | +0.2 | +0.2 | +0.2 | +0.3 | +0.3 | +1.0 |
| 20 | 0.00 | 0.00 | 0.00 | 0.00 | 0.0 | 0.0 | 0.0 | 0.0 |
| 21 | −0.18 | −0.2 | −0.2 | −0.2 | −0.2 | −0.3 | −0.3 | −1.1 |
| 22 | −0.38 | −0.4 | −0.4 | −0.5 | −0.5 | −0.6 | −0.6 | −2.2 |
| 23 | −0.58 | −0.6 | −0.7 | −0.7 | −0.8 | −0.9 | −0.9 | −3.3 |
| 24 | −0.80 | −0.9 | −0.9 | −1.0 | −1.0 | −1.2 | −1.2 | −4.2 |
| 25 | −1.03 | −1.1 | −1.1 | −1.2 | −1.3 | −1.5 | −1.5 | −5.3 |
| 26 | −1.26 | −1.4 | −1.4 | −1.4 | −1.5 | −1.8 | −1.8 | −6.4 |
| 27 | −1.51 | −1.7 | −1.7 | −1.7 | −1.8 | −2.1 | −2.1 | −7.5 |
| 28 | −1.76 | −2.0 | −2.0 | −2.0 | −2.1 | −2.4 | −2.4 | −8.5 |
| 29 | −2.01 | −2.3 | −2.3 | −2.3 | −2.4 | −2.8 | −2.8 | −9.6 |
| 30 | −2.30 | −2.5 | −2.5 | −2.6 | −2.8 | −3.2 | −3.1 | −10.6 |
| 31 | −2.58 | −2.7 | −2.7 | −2.9 | −3.1 | −3.5 | | −11.6 |
| 32 | −2.86 | −3.0 | −3.0 | −3.2 | −3.4 | −3.9 | | −12.6 |
| 33 | −3.04 | −3.2 | −3.3 | −3.5 | −3.7 | −4.2 | | −13.7 |
| 34 | −3.47 | −3.7 | −3.6 | −3.8 | −4.1 | −4.6 | | −14.8 |
| 35 | −3.78 | −4.0 | −4.0 | −4.1 | −4.4 | −5.0 | | −16.0 |
| 36 | −4.10 | −4.3 | −4.3 | −4.4 | −4.7 | −5.3 | | −17.0 |

注：1. 本表数值是以 20℃ 为标准温度以实测法测出。

2. 表中带有 "+"、"−" 号的数值是以 20℃ 为分界。室温低于 20℃ 的补正值为 "+"，高于 20℃ 的补正值为 "−"。

3. 本表的用法，如下：

如 1L 硫酸溶液 $\left[c\left(\frac{1}{2}\mathrm{H_2SO_4}\right)=1\mathrm{mol/L}\right]$ 由 25℃ 换算为 20℃ 时，其体积补正值为 −1.5mL，故 40.00mL 换算为 20℃ 时的体积为：

$$40.00-\frac{1.5}{1000}\times40.00=39.94\ (\mathrm{mL})$$

# 实验六　滴定分析仪器基本操作

## 一、实验目的

1. 掌握滴定分析仪器的洗涤方法和使用方法。

2. 练习滴定分析基本操作。

## 二、仪器药品

常用滴定分析仪器；无水 $\mathrm{Na_2CO_3}$ 固体。

### 三、实验步骤

1. 移液管的使用

（1）检查移液管的质量及有关标志　移液管的上管口应平整，流液口没有破损；主要的标志是应有商标、标准温度、标称容量数字及单位、移液管的级别、有无规定等待时间。

（2）移液管的洗涤　依次用自来水、洗涤剂或铬酸洗液洗涤，洗至不挂水珠并用蒸馏水淋洗 3 次以上。

（3）移液操作　用 25mL 移液管移取蒸馏水，练习移液操作。

① 用待吸液润洗 3 次。

② 吸取溶液。用洗耳球将待吸液吸至刻度线稍上方（注意握持移液管及洗耳球的手形），堵住管口，用滤纸擦干外壁。

③ 调定液面。将弯月面最低点调至与刻度线上缘相切。注意观察视线应水平，移液管要保持垂直，用一小烧杯在流液口下接取并注意处理管尖外的液滴。

④ 放出溶液。将移液管移至另一接收器中，保持移液管垂直，接收器倾斜，移液管的流液口紧触接收器内壁。放松手指，让液体自然流出，流完后停留 15s，保持触点，将管尖在靠点处靠壁左右转动。

⑤ 洗净移液管，放置在移液管架上。

以上操作反复练习，直至熟练为止。

2. 容量瓶的使用

① 检查容量瓶的质量和有关标志。容量瓶应无破损，磨口瓶塞合适不漏水。

② 洗净容量瓶至不挂水珠。

③ 容量瓶的操作

a. 在小烧杯中用约 50mL 水溶解所称量的无水 $Na_2CO_3$ 样品。

b. 将 $Na_2CO_3$ 溶液沿玻璃棒注入容量瓶中（注意杯嘴和玻璃棒的靠点及玻璃棒和容量瓶颈的靠点），洗涤烧杯并将洗涤液也注入容量瓶中。

c. 初步摇匀。加水至总体积的 3/4 左右时，摇动容量瓶（不要盖瓶塞，不能颠倒，水平转动摇匀）数圈。

d. 定容。注水至刻度线稍下方，放置 1～2min，调定弯月面最低点和刻度线上缘相切（注意容量瓶垂直，视线水平）。

e. 混匀。塞紧瓶塞，颠倒摇动容量瓶 14 次以上（注意要数次提起瓶塞），混匀溶液。

f. 用毕后洗净，在瓶口和瓶塞间夹一纸片，放在指定位置。

3. 滴定管的使用

① 检查滴定管的质量和有关标志。

② 涂油，试漏。

③ 洗净滴定管至不挂水珠。

④ 滴定管的使用

a. 用待装溶液润洗。

b. 装溶液，赶气泡。

c. 调零。

d. 滴定操作练习，3 种滴定速度。

e. 读数。

⑤ 用毕后洗净，倒夹在滴定台上，或充满蒸馏水夹在滴定台上。

### 四、注意事项

1. 用待吸溶液润洗移液管时，插入溶液之前要将移液管内外的水尽量沥干。
2. 要将移液管外壁擦干再调节液面至刻度线。
3. 放溶液时注意移液管在接收容器中的位置，溶液流完后应停留 15s，最后再左右旋转。
4. 酸式滴定管涂油量要适当。
5. 定量转移时注意玻璃棒下端和烧杯的位置。
6. 3/4 处应水平摇动，水平摇动不要塞瓶塞。
7. 稀释至近刻线时应放置 1～2min。

### 五、思考题

1. 移液管、滴定管和容量瓶这 3 种仪器中，哪些要用溶液润洗 3 次？
2. 润洗前为什么要尽量沥干？
3. 使用铬酸洗液时应注意些什么？
4. 玻璃仪器洗净的标志是什么？

## 实验七　滴定终点练习

### 一、实验目的

1. 熟练掌握酸式滴定管和碱式滴定管的使用。
2. 正确地判断甲基橙和酚酞的终点。

### 二、实验原理

滴定终点的判断正确与否是影响滴定分析准确度的重要因素，必须学会正确判断终点以及检验终点的方法。酸碱滴定所用的指示剂大多数是可逆的，这有利于练习判断滴定终点和验证终点。

甲基橙（简写为 MO）的 pH 变色范围是 3.1（红色）～4.4（黄色），pH4.0 附近为橙色。以 MO 为指示剂，用 NaOH 溶液滴定酸性溶液时，终点颜色变化是由橙变黄；而用 HCl 溶液滴定碱性溶液时，则应以由黄色变橙色时为终点。判断橙色，对初学者有一定的难度，所以在做滴定练习之前，应先练习判断和验证终点。具体做法是：在锥形瓶中加入约 30mL 水和 1 滴 MO 指示液，从碱式滴定管中放出 2～3 滴 NaOH 溶液，观察其黄色；然后用酸式滴定管滴加 HCl 溶液至由黄色变橙色，如果已滴到红色，再滴加 NaOH 溶液至黄色。如此反复滴加 HCl 和 NaOH 溶液，直至能做到加半滴 NaOH 溶液由橙色变黄色（验证：再加半滴 NaOH 溶液颜色不变，或加半滴 HCl 溶液则变橙色），而加半滴 HCl 溶液由黄色变橙色（验证：再加半滴 HCl 溶液变红色，或加半滴 NaOH 溶液能变黄色）为止，达到能通过加入半滴溶液而确定终点。熟悉了判断终点的方法后，再按实验步骤中"4"和"5"进行滴定练习。

在以后的各次实验中，每遇到一种新的指示剂，均应先练习至能正确地判断终点颜色变化后再开始实验

### 三、仪器药品

1. 常用滴定分析仪器。
2. 浓 HCl。
3. NaOH 固体。

4. 1g/L 甲基橙（MO）溶液。

5. 10g/L 酚酞（PP）乙醇溶液。

## 四、实验步骤

1. 配制 500mL 0.1mol/L HCl 溶液

量取一定量的蒸馏水于 500mL 烧杯中，迅速加入 4.3mL 浓 HCl，搅拌后再加蒸馏水稀释至 500mL。转移到试剂瓶中，盖上瓶塞，摇匀。

2. 配制 500mL 0.1mol/L NaOH 溶液

称取 2g NaOH 固体于 500mL 烧杯中，加入 100mL 蒸馏水溶解后，再稀释至 500mL。转移到试剂瓶中，盖上瓶塞，摇匀。

3. 将酸式滴定管和碱式滴定管洗净，并用待装的溶液润洗 3 次。

4. 用 HCl 溶液滴定 NaOH 溶液

在碱式滴定管中装入 NaOH 溶液，排除玻璃珠下部管中的气泡，并将液面调节至 0.00mL 标线。在酸式滴定管中装入 HCl 溶液，赶除气泡后调定零点。以 10mL/min 的流速放出 20.00mL NaOH 溶液至锥形瓶中（或者先快速放出 19.5mL，等待 30s，再继续放到 20.00mL），加 1 滴 MO 指示液，用 HCl 溶液滴定到由黄变橙，记录所耗 HCl 溶液的体积（读准至 0.01mL）。再放出 2.00mL NaOH 溶液（此时碱式滴定管读数为 22.00mL），继续用 HCl 溶液滴定至橙色，记录滴定终点读数。如此连续滴定 5 次，得到 5 组数据，均为累计体积。计算每次滴定的体积比 $V$（HCl）/$V$（NaOH）及体积比的相对平均偏差，其相对偏差应不超过 0.2%，否则要重新连续滴定 5 次。

5. 用 NaOH 溶液滴定 HCl 溶液

在酸式滴定管中装入 HCl 溶液，赶除气泡后调定零点。在碱式滴定管中装入 NaOH 溶液，排除玻璃珠下部管中的气泡，并将液面调节至 0.00mL 标线。以 10mL/min 的流速放出 20.00mLHCl 溶液至锥形瓶中（或者先快速放出 19.5mL，等待 30s，再继续放到 20.00mL），加 2 滴 PP 指示液，用 NaOH 溶液滴定到溶液由无色变为粉红色且 30s 之内不褪色即到终点，记录所耗 NaOH 溶液的体积（读准至 0.01mL）。再放出 2.00mLHCl 溶液（此时酸式滴定管读数为 22.00mL），继续用 HCl 溶液滴定至粉红色，记录滴定终点读数。如此连续滴定 5 次，得到 5 组数据，均为累计体积。计算每次滴定的体积比 $V$（HCl）/$V$（NaOH）及体积比的相对平均偏差，其相对偏差应不超过 0.2%，否则要重新连续滴定 5 次。

6. 实验结束后将实验仪器洗净，并将滴定管倒夹在滴定台上（酸式滴定管的活塞要打开）。将仪器收回仪器柜子里。最后将实验台擦净，以后的每次实验都应该这样。

## 五、数据记录与处理 （参照表 3-12、表 3-13）

**表 3-12 用 HCl 溶液滴定 NaOH 溶液**　　　　　指示剂：甲基橙

| 项　　目 | 1 | 2 | 3 | 4 | 5 |
| --- | --- | --- | --- | --- | --- |
| $V$（NaOH）/mL | 20.00 | 22.00 | 24.00 | 26.00 | 28.00 |
| $V$（HCl）/mL | | | | | |
| $V$（HCl）/$V$（NaOH） | | | | | |
| $V$（HCl）/$V$（NaOH）平均值 | | | | | |
| 相对偏差/% | | | | | |

表 3-13　用 NaOH 溶液滴定 HCl 溶液　　　　　　　　　指示剂：<u>酚酞</u>

| 项　目 | 1 | 2 | 3 | 4 | 5 |
|---|---|---|---|---|---|
| $V$（HCl）/mL | 20.00 | 22.00 | 24.00 | 26.00 | 28.00 |
| $V$（NaOH）/mL | | | | | |
| $V$（HCl）/$V$（NaOH） | | | | | |
| $V$（HCl）/$V$（NaOH）平均值 | | | | | |
| 相对偏差/% | | | | | |

### 六、注意事项

1. 滴定管装溶液前要用待装溶液润洗。

2. 指示剂不得多加，否则终点难以观察。

3. 碱式滴定管在滴定过程中不得产生气泡。

4. 滴定过程中要注意观察溶液颜色变化的规律。

5. 读数要准确。

6. $V$（HCl）/$V$（NaOH）亦可用 $V$（NaOH）/$V$（HCl）表示。

### 七、思考题

1. 锥形瓶使用前是否要干燥？为什么？

2. 若滴定结束时发现滴定管下端挂溶液或有气泡应如何处理？

3. 酸式滴定管和碱式滴定管是否要用待装溶液润洗？如何润洗？

## 实验八　酸碱体积比测定

### 一、实验目的

1. 熟练掌握甲基橙和酚酞终点的判断。

2. 正确地测定酸碱体积比。

### 二、实验原理

一定浓度的 HCl 溶液和 NaOH 溶液相互滴定时，所消耗的体积之比 $V$（HCl）/$V$（NaOH）应是一定的。在指示剂不变的情况下，改变被滴定溶液的体积，此体积之比应基本不变。借此，可以检验滴定操作技术和判断终点的能力。

### 三、仪器药品

1. 常用滴定分析仪器。

2. 0.1mol/L HCl 溶液。

3. 0.1mol/L NaOH 溶液。

4. 1g/L 甲基橙（MO）溶液。

5. 10g/L 酚酞（PP）乙醇溶液。

### 四、实验步骤

1. 将滴定管及移液管洗净并用待装（待吸）溶液润洗 3 次。

2. 以甲基橙为指示剂

用 25mL 移液管量取 NaOH 溶液置于锥形瓶中，加 1 滴 MO 指示液，然后用 HCl 溶液滴定至溶液由黄色变为橙色即为终点，记录读数，如此滴定 4 次，求出 HCl 溶液体积的平均值和极差，所耗 HCl 溶液体积的极差（$R$）应不超过 0.04mL。否则应重新测定 4 次，计

算 $V(HCl)/V(NaOH)$。

3. 以酚酞为指示剂

用 25mL 移液管量取 HCl 溶液置于锥形瓶中，加 2 滴酚酞指示液，然后用 NaOH 溶液滴定至溶液由无色变为粉红色，30s 之内不褪色即到终点，记录读数，如此滴定 4 次，求出 NaOH 溶液体积的平均值和极差，所耗 NaOH 溶液体积的极差（$R$）应不超过 0.04mL，否则应重新测定 4 次。计算 $V(HCl)/V(NaOH)$。

### 五、数据记录与处理（参照表 3-14、表 3-15）

表 3-14　酸碱体积比测定　　　　　　　　　　　　　　　　指示剂：甲基橙

| 项　　目 | 1 | 2 | 3 | 4 |
|---|---|---|---|---|
| $V(NaOH)/mL$ | 25.00 | 25.00 | 25.00 | 25.00 |
| $V(HCl)/mL$ | | | | |
| $V(HCl)$平均值/mL | | | | |
| $R/mL$ | | | | |
| $V(HCl)/V(NaOH)$ | | | | |

表 3-15　酸碱体积比测定　　　　　　　　　　　　　　　　指示剂：酚酞

| 项　　目 | 1 | 2 | 3 | 4 |
|---|---|---|---|---|
| $V(HCl)/mL$ | 25.00 | 25.00 | 25.00 | 25.00 |
| $V(NaOH)/mL$ | | | | |
| $V(NaOH)$平均值/mL | | | | |
| $R/mL$ | | | | |
| $V(HCl)/V(NaOH)$ | | | | |

### 六、注意事项

1. 移液一定要准确。
2. 终点判断要熟练正确。
3. $V(HCl)/V(NaOH)$亦可用 $V(NaOH)/V(HCl)$表示。

### 七、思考题

1. 从理论上讲所消耗的 HCl 溶液（NaOH 溶液）体积应相同，但实际上却不一定相同，试分析误差来源。
2. 移液管放溶液后残留在管尖的少量溶液是否应吹出？

## 实验九　滴定基本操作（考核实验）

### 一、实验目的

1. 进一步熟练掌握滴定基本操作。
2. 进一步熟练掌握甲基橙终点的判断。
3. 让学生了解自己操作的规范和熟练程度。

### 二、实验原理（同实验八）

### 三、仪器药品

1. 常用滴定分析仪器。

2. 0.1mol/L HCl 溶液。

3. 0.1mol/L NaOH 溶液。

4. 1g/L 甲基橙（MO）溶液。

### 四、实验步骤

1. 滴定管、移液管和锥形瓶的洗涤。

2. 滴定管和移液管的润洗。

3. 用移液管移取 25.00mL NaOH 溶液置于锥形瓶中，移取 3 份。

4. 向锥形瓶中加 1 滴 MO 指示液，然后用 HCl 溶液滴定至溶液由黄色变为橙色即为终点，记录读数。

5. 计算 $V$（HCl）/$V$（NaOH）及相对平均偏差。

### 五、评分（参照表 3-16）

表 3-16　滴定基本操作及评分

| 项 目 | | 操 作 要 领 | 分值 | 扣分 | 得分 |
|---|---|---|---|---|---|
| 移液管的使用（23 分） | 移液管的准备（6 分） | 移液管的洗涤 | 0.5 | | |
| | | 润洗前内外溶液的处理 | 1 | | |
| | | 润洗时吸溶液未回流 | 1 | | |
| | | 润洗时待吸液用量 | 0.5 | | |
| | | 用待吸液润洗方法 | 1 | | |
| | | 用待吸液润洗次数 | 1 | | |
| | | 润洗后废液的排放(从下口排出) | 0.5 | | |
| | | 洗涤液放入废液杯(没有放入原瓶) | 0.5 | | |
| | 溶液的移取（12 分） | 左手握洗耳球的姿势 | 0.5 | | |
| | | 右手持移液管的姿势 | 0.5 | | |
| | | 吸液时管尖插入液面的深度(1~2cm) | 2 | | |
| | | 吸液高度(刻度线以上少许) | 0.5 | | |
| | | 调节液面之前擦干外壁 | 2 | | |
| | | 调节液面时手指动作规范 | 1 | | |
| | | 调节液面时视线水平 | 1 | | |
| | | 调节液面时废液排放(放入废液杯) | 0.5 | | |
| | | 调节好液面后管尖无气泡 | 2 | | |
| | | 调节好液面后管尖处液滴的处理 | 2 | | |
| | 放溶液（5 分） | 放溶液时移液管垂直 | 0.5 | | |
| | | 放溶液时接收器倾斜30°~45° | 0.5 | | |
| | | 放溶液时移液管管尖靠壁 | 1 | | |
| | | 放溶液姿势 | 0.5 | | |
| | | 溶液自然流出 | 0.5 | | |
| | | 溶液流完后停靠 15s | 1 | | |
| | | 最后管尖靠壁左右旋转 | 1 | | |

续表

| 项　目 | | 操　作　要　领 | 分值 | 扣分 | 得分 |
|---|---|---|---|---|---|
| 滴定管的使用<br>（38分） | 滴定管的准备（10分） | 滴定管的洗涤 | 0.5 | | |
| | | 试漏 | 1 | | |
| | | 试漏方法正确 | 0.5 | | |
| | | 摇匀待装液 | 1 | | |
| | | 润洗时待装液用量 | 0.5 | | |
| | | 用待装液润洗方法 | 1 | | |
| | | 用待装液润洗次数 | 1 | | |
| | | 润洗后废液的排放（从上口排出，并打开活塞） | 0.5 | | |
| | | 洗涤液放入废液杯（没有放入原瓶） | 0.5 | | |
| | | 赶气泡 | 2 | | |
| | | 赶气泡方法 | 1 | | |
| | | 调节液面前放置1~2min | 0.5 | | |
| | 滴定操作（26分） | 从0.00mL开始 | 0.5 | | |
| | | 滴定前管尖悬挂液的处理 | 1 | | |
| | | 滴定管的握持姿势 | 0.5 | | |
| | | 滴定时管尖插入锥形瓶口的距离 | 0.5 | | |
| | | 滴定时摇动锥形瓶的动作 | 1 | | |
| | | 滴定速度 | 1 | | |
| | | 滴定时左右手的配合 | 1 | | |
| | | 近终点时的半滴操作 | 2 | | |
| | | 没有挤松活塞漏液的现象 | 5 | | |
| | | 没有滴出锥形瓶外的现象 | 5 | | |
| | | 终点判断和终点控制 | 6 | | |
| | | 终点后滴定管尖没有悬挂液亦没有气泡 | 3 | | |
| | 读数（2分） | 停30s读数 | 0.5 | | |
| | | 读数时取下滴定管 | 0.5 | | |
| | | 读数姿态（滴定管垂直，视线水平，读数准确） | 1 | | |
| 数据记录及处理（33分） | | 数据记录及时、真实、准确、清晰、整洁 | 3 | | |
| | | 数字用仿宋体书写 | 2 | | |
| | | 计算正确 | 3 | | |
| | | 有效数字正确 | 3 | | |
| | | 精密度符合要求 | 10 | | |
| | | 准确度符合要求 | 12 | | |
| 结束工作（2分） | | 滴定完毕滴定管内残液的处理 | 0.5 | | |
| | | 滴定管和移液管及时洗涤 | 0.5 | | |
| | | 洗净后滴定管、移液管的放置 | 0.5 | | |
| | | 其他仪器的洗涤及摆放 | 0.5 | | |
| 其他（4分） | | 实验过程中台面整洁、仪器排放有序 | 0.5 | | |
| | | 统筹安排 | 1.5 | | |
| | | 实验时间 | 2 | | |
| 备　注 | | | | | |

## 实验十　滴定分析仪器的校准

### 一、实验目的

1. 了解滴定分析仪器校准的意义和方法。

2. 掌握滴定管、移液管的校准及移液管和容量瓶间相对校准的操作。

### 二、实验原理

滴定管、移液管、容量瓶等分析实验室常用的玻璃量器，都具有刻度和标称容量，国家标准规定的容量允差见第三章第二节。合格的产品其容量误差往往小于允差，但也常有不合格产品流入市场，如果不预先进行容量校准就可能给实验结果带来系统误差。在进行分析化学实验之前，应该对所用仪器的计量性能心中有数，使其测量的精度能满足对实验结果准确度的要求。进行高精度的定量分析实验时，应使用经过校准的仪器，尤其是当对所用仪器的质量有怀疑或需要使用 A 级产品而只能买到 B 级产品时，或不知道现有仪器的精密级别时，都有必要对仪器进行容量校准。在实际工作中，用于产品质量检验的量器都必须经过校准。因此，容量的校准是一项不可忽视的工作。

校准的方法是，称量被校准的量器中量入或量出纯水的表观质量，再根据当时水温下的表观密度计算出该量器在 20℃时的实际容量。这里应该考虑空气浮力作用和空气成分在水中的溶解、纯水在真空中和在空气中的密度值稍有差别等因素。

校准是技术性强的工作，操作要正确、规范，实验室要具备以下条件。

① 具有足够承载范围和称量空间的分析天平，其分度值应小于被校量器容量允差的 1/10。

② 有新制备的蒸馏水或去离子水。

③ 有分度值为 0.1℃的温度计。

④ 室温最好控制在 20℃±5℃，而且温度变化不超过 1℃/h。校准前，量器和纯水应在该室温下达到平衡。

⑤ 光线要均匀、明亮，近处的台架或墙壁最好是单一的浅色调。

⑥ 量入式量器校准前要进行干燥，可用热气流（最好用气流烘干机）烘干或用乙醇涮洗后晾干。干燥后再放到天平室平衡。

特别值得一提的是，校准不当和使用不当一样，都是产生容量误差的主要原因，其误差可能超过允差或量器本身固有的误差。所以，校准时必须仔细、正确地进行操作，使校准误差减至最小。凡是要使用校正值的，其校准次数不可少于 2 次，两次校准数据的偏差应不超过该量器容量允差的 1/4，并以其平均值为校准结果。

如果对校准的精确度要求很高，并且温度超出 20℃±5℃、大气压力及湿度变化较大，则应根据实测的空气压力、温度求出空气密度，利用下式计算实际容量：

$$V_{20} = (I_L - I_E) \times \frac{1}{\rho_W - \rho_A} \times \left(1 - \frac{\rho_A}{\rho_B}\right) \times [1 - \gamma(t - 20)]$$

式中　$I_L$——盛水容器的天平读数，g；

$I_E$——空容器的天平读数，g；

$\rho_W$——温度 $t$ 时纯水的密度，g/mL；

$\rho_A$——空气密度，g/mL；

$\rho_B$——砝码密度，g/mL；

$\gamma$——量器材料的体热膨胀系数，$K^{-1}$；

$t$——校准时所用纯水的温度，℃。

产品标准中规定玻璃量器采用钠钙玻璃（体热膨胀系数为 $25\times10^{-6}K^{-1}$）或硼硅玻璃（体热膨胀系数为 $10\times10^{-6}K^{-1}$）制造。温度变化对玻璃体积的影响很小，例如用钠钙玻璃制造的量器，如果在20℃时校准而在27℃时使用，由玻璃材料本身膨胀所引起的容量误差只有0.02%（相对），一般都可忽略。为了统一基准，国际标准和我国标准都规定以20℃为标准温度，即量器的标称容量都是在20℃时标定的。

但是，液体的体积受温度的影响往往是不可忽略的。水及稀溶液的热膨胀系数比玻璃大10倍左右，所以，在校准和使用量器时必须注意温度对液体体积的影响。

### 三、仪器药品

1. 常用滴定分析仪器。

2. 乙醇（无水或95%），供干燥容量瓶用。

3. 具塞锥形瓶（125mL），洗净晾干。

4. 温度计，分度值0.1℃。

### 四、实验步骤

1. 移液管（单标线吸量管）的校准

取一个125mL具塞锥形瓶，在分析天平上称量至毫克位。用已洗净的25mL移液管吸取纯水（盛在100mL烧杯中）至标线以上几毫米，用滤纸片擦干管下端的外壁，将流液口接触烧杯内壁，移液管垂直，烧杯倾斜约30°。调节液面使其最低点与标线上边缘相切，然后将移液管插入锥形瓶内，使流液口接触磨口以下的内壁，让水沿壁流下，待液面静止后再等待15s。在放水及等待过程中，移液管要始终保持垂直，流液口一直接触瓶壁，但不可接触瓶内的水，锥形瓶要保持倾斜。放完水要随即盖上瓶塞，称量到毫克位。两次称得质量之差即释出纯水的质量 $m_t$。重复操作一次，两次释出纯水的质量之差应小于0.01g。

将温度计插入水中5~10min，测量水温读数时不可将温度计的下端提出水面（为什么?）。从表3-16中查出该温度下的 $\rho_t$，并利用下式计算移液管的实际容量：

$$V_{20}=\frac{m_t}{\rho_t}$$

2. 移液管、容量瓶的相对校准

将250mL容量瓶洗净、晾干（可用几毫升乙醇润洗内壁后倒挂在漏斗板上数小时），用洗净的25mL移液管准确吸取蒸馏水10次至容量瓶中，观察容量瓶中水的弯月面下缘是否与标线相切，若正好相切，说明移液管与容量瓶体积的比例为1:10。若不相切（相差超过1mm），表示有误差，记下弯月面下缘的位置。待容量瓶晾干后再校准一次。连续两次实验相符后，用一平直的窄纸条贴在与弯月面相切之处（注：纸条上沿与弯月面相切），并在纸条上刷蜡或贴一块透明胶布以保护此标记。以后使用的容量瓶与移液管即可按所贴标记配套使用。

3. 滴定管的校准

洗净一支50mL酸式滴定管，用洁布擦干外壁，倒挂于滴定台上5min以上。打开旋塞，用洗耳球使水从管尖吸入，仔细观察液面上升过程中是否变形（液面边缘是否起皱），如果变形，应重新洗涤。

将滴定管注水至标线以上约5mm处，垂直挂在滴定台上，等待30s后调节液面至 0.00mL。

取一个洗净晾干的 125mL 具塞锥形瓶,在天平上称准至 0.001g。从滴定管中向锥形瓶排水,当液面降至被校分度线以上约 0.5mL 时,等待 15s。然后在 10s 内将液面调整至被校分度线,随即用锥形瓶内壁靠下挂在尖嘴下的液滴,立即盖上瓶塞进行称量。测量水温后,从表 3-16 中查出该温度下的 $\rho_t$,利用 $V=\dfrac{m_t}{\rho_t}$ 计算被校分度线的实际体积,再计算出相应的校准值 $\Delta V=$ 实际体积－标称容量。

按照表 3-17 所列的容量间隔进行分段校准,每次都从滴定管的 0.00mL 标线开始,每支滴定管重复校准一次。表中 $V_{20}$ 为标称容量。

以滴定管被校分度线的标称容量为横坐标,相应的校准值为纵坐标,用直线连接各点绘出校准曲线。

### 五、数据记录与处理（参照表 3-17）

表 3-17　滴定管校准记录

| 校准分段/mL | 称量记录/g | | | | 纯水的质量/g | | | 实际体积 V/mL | 校准值 $\Delta V$/mL（$\Delta V=V_{20}-V$） |
|---|---|---|---|---|---|---|---|---|---|
| | 瓶 | 瓶＋水 | 瓶 | 瓶＋水 | 1 | 2 | 平均 | | |
| 0.00～10.00 | | | | | | | | | |
| 0.00～15.00 | | | | | | | | | |
| 0.00～20.00 | | | | | | | | | |
| 0.00～25.00 | | | | | | | | | |
| 0.00～30.00 | | | | | | | | | |
| 0.00～35.00 | | | | | | | | | |
| 0.00～40.00 | | | | | | | | | |
| 0.00～45.00 | | | | | | | | | |
| 0.00～50.00 | | | | | | | | | |

### 六、注意事项

1. 仪器的洗涤效果和操作技术是校准成败的关键。如果操作不够正确、规范,其校准结果不宜在以后的实验中使用。

2. 一件仪器的校准应连续、迅速地完成,以避免温度波动和水的蒸发所引起的误差。

### 七、思考题

1. 容量仪器为什么要进行校准?

2. 称量纯水所用的具塞锥形瓶,为什么要避免将磨口和瓶塞沾湿?

3. 分段校准滴定管时,为何每次都要从 0.00 mL 开始?

## 第三节　重量分析仪器和基本操作

### 一、沉淀重量法概述

重量分析法是根据试样减轻的质量或反应中生成的难溶化合物的质量来确定被测组分含量的分析方法。它是经典的化学分析方法,是定量分析方法之一。在重量分析法中,一般是先把被测组分从试样中分离出来,转化为一定的称量形式,然后根据称得的质量求出该组分的含量。根据分离方法的不同，重量分析法可分为气化法（挥发法）、沉淀法、电解法、提取法（萃取法）等，常用气化法和沉淀法。

沉淀重量分析法是根据反应生成沉淀的质量来确定欲测定组分含量的定量分析方法。为完成此任务最常用的方式是将欲测定组分沉淀为一种有一定组成的难溶化合物，然后经过一系列操作步骤来完成测定。

$$\text{试样} \xrightarrow{\text{溶解}} \text{试液} \xrightarrow{\text{沉淀}} \text{沉淀式} \xrightarrow{\text{过滤、洗涤、烘干、灼烧}} \text{称量式} \xrightarrow{\text{质量恒定}} \text{计算含量}$$

其中沉淀析出的形式称为沉淀式，烘干或灼烧后称量时的形式称为称量式。根据称量式的质量计算被测物的含量。

## 二、沉淀重量法的操作

沉淀重量法的基本操作包括样品溶解、沉淀、过滤、洗涤、烘干和灼烧等步骤，分别介绍如下。

### 1. 样品的溶解

准备好洁净的烧杯，配以合适的玻璃棒（其长度约为烧杯高度的 1.5 倍）及直径略大于烧杯口的表面皿。称取一定量的样品，放入烧杯后，将溶剂沿烧杯内壁倒入或沿下端紧靠烧杯内壁的玻璃棒流下，防止溶液飞溅。如溶样时有气体产生，可将样品用少量水润湿，通过烧杯嘴和表面皿间的缝隙慢慢注入溶剂，作用完后用洗瓶吹水冲洗表面皿，水流沿壁流下。如果溶样必须加热煮沸，可在烧杯口上放玻璃三角，再在上面放表面皿。搅拌可加速溶解，搅拌时玻璃棒不要触碰烧杯内壁及杯底。

### 2. 试样的沉淀

重量分析对沉淀的要求是尽可能地完全和纯净，为了达到这个要求，应该按照沉淀的不同类型选择不同的沉淀条件，如沉淀时溶液的体积、温度，加入沉淀剂的浓度、数量、加入速度、搅拌速度、放置时间等。因此，必须按照规定的操作手续进行。

一般进行沉淀操作时，左手拿滴管，滴加沉淀剂，右手持玻璃棒不断搅动溶液，搅动时玻璃棒不要碰烧杯壁或烧杯底，以免划损烧杯。溶液需要加热时，一般在水浴或电热板上进行，沉淀后应检查沉淀是否完全，检查的方法是：待沉淀下沉后，在上层澄清液中，沿杯壁加 1 滴沉淀剂，观察滴落处是否出现浑浊，无浑浊出现表明已沉淀完全，如出现浑浊，需再补加沉淀剂，直至再次检查时上层清液中不再出现浑浊为止。然后盖上表面皿，玻璃棒放于烧杯尖嘴处。

### 3. 沉淀的过滤和洗涤

（1）用滤纸过滤

① 滤纸的选择。滤纸分定性和定量滤纸两种，重量分析中应当用定量滤纸（或称无灰滤纸）进行过滤。定量滤纸灼烧后灰分极少，其质量在 0.1mg 以下可忽略不计，如果灰分较重，应扣除空白。滤纸的选择应根据沉淀的类型和沉淀的量的多少来进行。非晶形沉淀和粗大晶形的沉淀如 $Fe(OH)_3$、$Al(OH)_3$ 等不易过滤，应选用孔隙较大的快速滤纸，以免过滤太慢；中等粒度的晶形沉淀如 $ZnCO_3$ 等，可用中速滤纸；细晶形的沉淀如 $BaSO_4$、$CaC_2O_4$ 等因易穿透滤纸，应选用最紧密的慢速滤纸。选择滤纸的直径大小应与沉淀的量相适应，沉淀的量应不超过滤纸圆锥的一半，同时滤纸上边缘应低于漏斗边缘 $0.5 \sim 1cm$，以免沉淀爬出。表 3-18 和表 3-19 分别是常用国产定量滤纸的类型和灰分质量。

表 3-18　常用国产定量滤纸的型号与性质

| 类　型 | 滤纸盒上带标志 | 滤速/(s/100mL) | 适　用　范　围 |
|---|---|---|---|
| 快速 | 白色 | 60～100 | 粗粒结晶及无定形沉淀,如 $Fe(OH)_3$ |
| 中速 | 蓝色 | 100～160 | 中等粒度沉淀,如 $ZnCO_3$,大部分硫化物 |
| 慢速 | 红色 | 160～200 | 细粒状沉淀,如 $BaSO_4$、$CaC_2O_4$ 等 |

表 3-19　国产定量滤纸的灰分质量

| 直径/cm | 7 | 9 | 11 | 12.5 |
|---|---|---|---|---|
| 灰分/(g/张) | $3.5\times10^{-5}$ | $5.5\times10^{-5}$ | $8.5\times10^{-5}$ | $1.0\times10^{-4}$ |

② 漏斗的选择。用于重量分析中的漏斗应该是长颈漏斗,颈长为15～20cm,漏斗锥体角应为 60°,颈的直径要小些,一般为 3～5mm,以便在颈内容易保留水柱,出口处磨成 45°角,如图 3-24 所示。其大小可根据滤纸的大小来选择。漏斗在使用前应洗净。

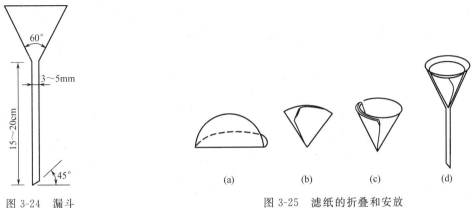

图 3-24　漏斗　　　　　　　　　　图 3-25　滤纸的折叠和安放

③ 滤纸的折叠。折叠滤纸的手要洗净擦干。滤纸的折叠如图 3-25 所示。先把滤纸对折并将折边按紧,然后再对折成一直角,锥顶不能有明显的折痕。把折成圆锥形的滤纸放入漏斗中。此时滤纸的上边缘应低于漏斗边缘 0.5～1cm,若高出漏斗边缘,可剪去一圈;滤纸也应与漏斗贴合紧密。为了保证贴合紧密,第二次折叠时折边不要按紧,先放入漏斗中试,若折叠角度不合适,可以稍稍改变滤纸折叠角度,直至与漏斗贴合紧密,把第二次的折边折紧(滤纸尖角不要重折,以免破裂)。取出圆锥形滤纸,将半边为三层滤纸的外层折角撕下一块,这样可以使内层滤纸紧密贴在漏斗内壁上,撕下来的那一小块滤纸,不能弃去,留作擦拭烧杯内残留的沉淀用。

④ 做水柱。滤纸放入漏斗中,应使滤纸三层的一边放在漏斗出口短的一边,用手按紧使之密合,然后用洗瓶加水润湿全部滤纸。用干净手指轻压滤纸赶去滤纸与漏斗壁间的气泡,然后加水至滤纸边缘,此时漏斗颈内应全部充满水,形成水柱。滤纸上的水全部流尽后,漏斗颈内的水柱应仍能保住,这样过滤时漏斗颈内才能充满滤液,使过滤速度加快(为什么?)。

若水柱做不成,可用手指堵住漏斗下口,稍掀起滤纸多层的一边,用洗瓶向滤纸和漏斗间的空隙内加水,直到漏斗颈及锥体的一部分被水充满,然后边按紧滤纸边慢慢松开下面堵住出口的手指,此时水柱应该形成。如仍不能形成水柱,或水柱不能保持,则表示滤纸没有完全贴紧漏斗壁,或是因为漏斗颈不干净,必须重新放置滤纸或重新清洗漏斗;若漏斗颈确已洗净,则是因为漏斗颈太大。实践证明,漏斗颈太大的漏斗,是做不出水柱的,应更换漏斗。

做好水柱的漏斗应放在漏斗架上,下面用一个洁净的烧杯承接滤液,滤液可用做其他组分的测定。滤液有时是不需要的，但考虑到过滤过程中，可能有沉淀渗滤，或滤纸意外破裂，需要重滤，所以要用洗净的烧杯来承接滤液。为了防止滤液外溅，一般都将漏斗颈出口斜口长的一侧贴紧烧杯内壁。漏斗位置的高低，以过滤过程中漏斗颈的出口不接触滤液为度。

⑤ 倾泻法过滤和初步洗涤。首先要强调，过滤和洗涤一定要一次完成，不能间断，否则沉淀干涸黏结后，很难完全洗净。因此必须事先计划好时间，不能间断，特别是过滤胶状沉淀。

图 3-26 倾泻法过滤

过滤一般分 3 个阶段进行，第一阶段采用倾泻法把尽可能多的清液先过滤掉，并将烧杯中的沉淀作初步洗涤，第二阶段把沉淀转移到漏斗上，第三阶段清洗烧杯和洗涤漏斗上的沉淀。

过滤时，为了避免沉淀堵塞滤纸的空隙，影响过滤速度，一般先采用倾泻法过滤，即倾斜静置烧杯，待沉淀下降后，先将上层清液倾入漏斗中，而不是一开始过滤就将沉淀和溶液搅混后过滤。

过滤操作如图 3-26 所示，将烧杯移到漏斗上方，轻轻提起玻璃棒，将玻璃棒下端轻碰一下烧杯内壁使悬挂的液滴流回烧杯中，将烧杯嘴与玻璃棒贴紧（烧杯离漏斗要近一些，不要太高，否则烧杯上移的高度超过烧杯的高度而使沉淀损失），玻璃棒直立，下端对着 3 层滤纸的一边，并应尽可能接近，但不能接触滤纸或滤液，慢慢倾斜烧杯，使上层清液沿玻璃棒流入漏斗中，漏斗中的液面不要超过滤纸高度的 2/3，或使液面离滤纸上边缘约 5mm，以免少量沉淀因毛细管作用越过滤纸上缘，造成损失。

暂停倾注时，应沿玻璃棒将烧杯嘴往上提，逐渐使烧杯直立，等玻璃棒和烧杯由相互垂直变为几乎平行时，将玻璃棒离开烧杯嘴而移入烧杯中。这样才能避免留在棒端及烧杯嘴上的液体流到烧杯外壁上去。玻璃棒放回原烧杯时，勿将清液搅混，也不能靠在烧杯嘴处，因嘴处沾有少量沉淀，如此重复操作，直至上层清液倾完为止。过滤过程中，带有沉淀和溶液的烧杯杯放置方法如图 3-27 所示。当烧杯内的液体较少而不便倾出时，可将玻璃棒稍稍倾斜，使烧杯倾斜角度更大些，以便清液尽量流出。在过滤过程中，要注意检查滤液是否透明，如有浑浊，说明有穿滤现象。这时必须换另一洁净烧杯承接滤液，在原漏斗

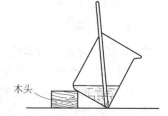

木头

图 3-27 过滤时带沉淀和溶液的烧杯放置方法

上将穿滤的滤液进行第二次过滤。如发现滤纸穿孔，则应更换滤纸重新过滤。而第一次用过的滤纸应保留。

在上层清液倾注完了以后，应在烧杯中作初步洗涤。选用什么洗涤液洗沉淀，应据沉淀的类型而定。

晶形沉淀：可用冷的、稀的沉淀剂进行洗涤，由于同离子效应，可以减少沉淀的溶解损失。但是如沉淀剂为不挥发的物质，就不能用作洗涤液，此时可改用蒸馏水或其他合适的溶液洗涤沉淀。

无定形沉淀：用热的电解质溶液作洗涤液，以防止产生胶溶现象，大多采用易挥发的铵盐溶液作洗涤液。

对于溶解度较大的沉淀，采用沉淀剂加有机溶剂洗涤沉淀，可降低其溶解度。

洗涤时，沿烧杯内壁四周注入少量洗涤液，每次 10～20mL，并注意清洗玻璃棒，使黏

附着的沉淀集中在烧杯底部。用玻璃棒充分搅拌，静置，待沉淀沉降后，按上法倾注过滤，如此洗涤沉淀 3～4 次，每次应尽可能把洗涤液倾倒尽（为什么?），再加第二份洗涤液。随时检查滤液是否透明不含沉淀颗粒，否则应重新过滤，或重做实验。

⑥ 沉淀的转移。沉淀用倾泻法洗涤后，在盛有沉淀的烧杯中加入 10～15mL 洗涤液，搅拌混匀后，全部倾入漏斗中。如此重复 2～3 次，使大部分沉淀转移至漏斗中。然后按图 3-28 所示吹洗方法将沉淀洗至漏斗中，将玻璃棒横放在烧杯口上，玻璃棒下端比烧杯口长出 2～3cm，左手食指按住玻璃棒的较高地方，大拇指在前，其余手指在后，拿起烧杯，放在漏斗上方，倾斜烧杯使玻璃棒仍指向 3 层滤纸的一边，用右手以洗瓶冲洗烧杯壁上附着的沉淀，使洗涤液和沉淀沿玻璃棒全部流入漏斗中。吹洗过程中，应注意将烧杯底部高高翘起，吹洗动作自上而下，否则因毛细作用，又使沉淀爬上烧杯内壁。如果仍有少量沉淀牢牢地粘在烧杯内壁上而吹洗不下来时，可将烧杯放在桌上，用保存的小块滤纸擦拭玻璃棒，再放入烧杯中，用玻璃棒压住滤纸进行擦拭。擦拭后的滤纸块，用玻璃棒拨入漏斗中，用洗涤液再冲洗烧杯将残存的沉淀全部转入漏斗中。有时也可用淀帚（如图 3-29 所示）擦

图 3-28　最后少量沉淀的冲洗

洗烧杯上的沉淀，然后洗净淀帚。淀帚一般可自制，剪一小段乳胶管，然后套在玻璃棒的一端，再用橡胶胶水黏合乳胶管的一端，将其封死，用夹子夹扁晾干即成。

经吹洗、擦拭后的烧杯内壁，应在明亮处仔细检查是否吹洗、擦拭干净，包括玻璃棒、表面皿、淀帚和烧杯壁在内都要认真检查。若稍有沉淀痕迹，应再次擦拭、转移、吹洗，直到丝毫不附着沉淀为止。

⑦ 洗涤。沉淀全部转移到滤纸上后，再在滤纸上进行最后的洗涤。这时要用洗瓶由滤纸边缘稍下一些地方螺旋形由上向下移动冲洗沉淀，如图 3-30 所示。这样可使沉淀洗得干净且可将沉淀集中到滤纸锥体的底部，不可将洗涤液直接冲到滤纸中央沉淀上，以免沉淀外溅。

为了提高洗涤效果，洗涤沉淀采用"少量多次，尽量沥干"的方法，即每次加少量洗涤液，洗涤液尽量流干后，再加第二次洗涤液，这样可提高洗涤效率。洗涤次数一般都有规定，例如洗涤 8～10 次，或规定洗至流出液无 $Cl^-$ 为止等。如果要求洗至无 $Cl^-$ 为止，则洗几次以后，用小试管接取少量滤液，用硝酸酸化的 $AgNO_3$ 溶液检查滤液中是否还有 $Cl^-$，若无白色浑浊，即可认为已洗涤干净，否则需进一步洗涤。

图 3-29　淀帚

图 3-30　洗涤沉淀

(a) 微孔玻璃坩埚　　(b) 微孔玻璃漏斗

图 3-31　微孔玻璃坩埚及漏斗

（2）用微孔玻璃坩埚（或漏斗）过滤　有些沉淀不能与滤纸一起包烧，因其易被还原，如 AgCl 沉淀。有些沉淀不能高温灼烧，只需烘干即可称量，如丁二肟镍沉淀、磷钼酸喹啉沉淀等，因而也不能用滤纸过滤，因为滤纸烘干后，质量改变很多，在这种情况下，应该用微孔玻璃坩埚（或微孔玻璃漏斗）过滤，如图 3-31 所示。

这种滤器的滤板是用玻璃粉末在高温熔结而成的。这类滤器的选用可参见表 3-20。

表 3-20　微孔玻璃坩埚规格及用途

| 坩埚代号 | 滤孔大小/μm | 一般用途 | 坩埚代号 | 滤孔大小/μm | 一般用途 |
| --- | --- | --- | --- | --- | --- |
| $P_{1.6}$ | <1.6 | 滤除细菌 | $P_{100}$ | 40～100 | 过滤较粗颗粒沉淀 |
| $P_4$ | 1.6～4 | 过滤极细颗粒沉淀 | | | 过滤粗晶形颗粒沉淀 |
| $P_{10}$ | 4～10 | 过滤细颗粒沉淀 | $P_{160}$ | 100～160 | |
| $P_{16}$ | 10～16 | 过滤细颗粒沉淀 | $P_{250}$ | 160～250 | |
| $P_{40}$ | 16～40 | 过滤一般晶形沉淀 | | | |

注：表中右边一栏为过去常用的旧牌号，共 6 种 10 个型号。

这种滤器在使用前，先用强酸（HCl 或 $HNO_3$）处理，然后再用水洗净。洗涤时通常采用抽滤法。如图 3-32 所示，在抽滤瓶口配一块稍厚的橡胶垫，垫上挖一孔，将微孔玻璃坩埚（或漏斗）插入圆孔中（市场上有这种橡皮垫出售），抽滤瓶的支管与水泵相连接。先将强酸倒入微孔玻璃坩埚（或漏斗）中，然后开水泵抽滤，当结束抽滤时，应先拔掉抽滤瓶支管上的胶管，再关闭水泵，否则水泵中的水会倒吸入抽滤瓶中。待酸抽洗结束后，直接用蒸馏水抽洗，不能先用自来水抽洗再用蒸馏水抽洗，否则自来水中的杂质会进入滤板。抽洗干净的这种滤器不能用手直接接触，可用洁净的软纸衬垫着拿取，将其放在洁净的烧杯中，盖上表面皿，置于烘箱中在烘沉淀的温度下烘干，直至恒重，置于干燥器中备用。

——橡胶垫

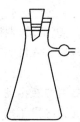

图 3-32　抽滤装置

微孔玻璃坩埚不能用来过滤不易溶解的沉淀（如二氧化硅等），否则沉淀将无法清洗；也不宜用来过滤浆状沉淀，因为它会堵塞滤板的细孔。

这种滤器耐酸不耐碱，因此不可用强碱处理，也不适于过滤强碱溶液。

过滤时，所用装置和上述洗涤时装置相同，在开动水泵抽滤下，用倾泻法进行过滤，其操作与上述用滤纸过滤相同，不同之处是在抽滤下进行。

微孔玻璃坩埚用过后，先尽量倒出其中沉淀，再用适当的清洗剂清洗（参见表 3-21）。不能用去污粉洗涤，也不要用坚硬的物体擦划滤板。

表 3-21　微孔玻璃坩埚常用清洗剂

| 沉淀物 | 清洗剂 |
| --- | --- |
| 油脂等各种有机物 | 先用四氯化碳等适当的有机溶剂洗涤，继用铬酸洗液洗 |
| 氯化亚铜、铁斑 | 含 $KClO_4$ 的热浓盐酸 |
| 汞渣 | 热浓 $HNO_3$ |
| 氯化银 | 氨水或 $Na_2S_2O_3$ 溶液 |
| 铝质、硅质残渣 | 先用 HF，继用浓 $H_2SO_4$ 洗涤，随即用蒸馏水反复漂洗几次 |
| 二氧化锰 | $HNO_3-H_2O_2$ |

（3）古氏坩埚　除了滤纸和微孔玻璃坩埚（或漏斗）以外，还有一种滤器是古氏坩埚，又称布氏坩埚。它是用陶瓷烧制的，其外形类似普通坩埚，也有盖，但底部有许多小孔，还有一块陶瓷筛板。其过滤物质是酸洗石棉。它适用于过滤对玻璃有腐蚀作用的物质。

市售的酸洗石棉使用前要作处理。可用手将石棉稍作分散，再放在盐酸（1＋3）溶液中浸泡，搅拌片刻后，再煮沸 20min；用布氏漏斗抽滤；并用纯水洗至中性。再用 100g/L 的碳酸钠溶液浸泡，并煮沸 20min，用布氏漏斗过滤，再用纯水洗涤。用酚酞检验到中性即可。

处理好的石棉用水调成糊状，如石棉中有分散不开的块状物，应拣出来，利用其沉降速度不一，将上层细纤维和水一起倾入另一烧杯中。

粗纤维用作底部铺垫，细纤维铺在表面。目前市售的酸洗石棉，其纤维长短、粗细各异，最好搭配使用。

铺设的厚度要适中，不能有可见的漏隙，抽滤的流速要适中，如铺得太厚会使流速太慢，浪费分析时间。

铺好后的坩埚，石棉层的表面应均匀平整，再用水洗涤，洗到流出液中无可见的细纤维即可。

转移和洗涤沉淀的方法与用滤纸过滤法相同。

### 4. 沉淀的烘干和灼烧

沉淀的烘干和灼烧是在一个预先灼烧至质量恒定的坩埚中进行。因此，在沉淀的烘干和灼烧前，必须预先准备好坩埚。

（1）坩埚的准备　先将瓷坩埚洗净，小火烤干或烘干，编号（可用含 $Fe^{3+}$ 或 $Co^{2+}$ 的蓝墨水在坩埚外壁上编号），然后在所需温度下，加热灼烧。灼烧可在高温电炉中进行。由于温度骤升或骤降常使坩埚破裂。最好将坩埚放入冷的炉膛中、逐渐升高温度，或者将坩埚在已升至较高温度的炉膛口预热一下，再放进炉膛中。一般在 800～950℃ 灼烧 0.5h（新坩埚需灼烧 1h）。从高温炉中取出坩埚时，应待坩埚红热退去后将坩埚移入干燥器中，将干燥器连同坩埚一起移至天平室，冷却至室温（约需 30min），取出称量。随后第二次灼烧，15～20min，冷却后称量。如果前后两次质量之差不大于 0.2mg，即可认为坩埚已达质量恒定（恒重），否则还需再灼烧，直至质量恒定为止。灼烧空坩埚时，灼烧的温度必须与以后灼烧沉淀的温度一致；在高温炉或烘箱中的位置必须每次一致；冷却的时间每次一致。这样才有利于恒重。

（2）沉淀的烘干和灼烧　坩埚准备好后即可开始沉淀的烘干和灼烧。利用玻璃棒把滤纸和沉淀从漏斗中取出，按图 3-33 所示，折卷成小包，把沉淀包卷在里。此时应特别注意，勿使沉淀有任何损失。将滤纸装进已质量恒定的坩埚内，使滤纸层较多的一边向上，可使滤纸灰化较易。按图 3-34 所示，斜置坩埚于泥三角上，盖上坩埚盖，然后如图 3-35 所示，将滤纸烘干并炭化，在此过程中必须防止滤纸着火，否则会使沉淀飞散而损失。若已着火，应立刻移开煤气灯，并将坩埚盖盖上，让火焰自熄。

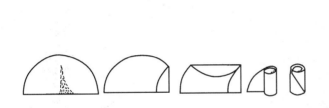

(a) 晶形沉淀的包裹

(b) 无定形沉淀的包裹

图 3-33　沉淀的包裹

图 3-34　坩埚侧放于泥三角上

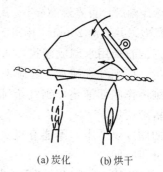

(a) 炭化　　(b) 烘干

图 3-35　炭化和烘干

当滤纸炭化后，可逐渐提高温度，并随时用坩埚钳转动坩埚，把坩埚内壁上的黑炭完全烧去，将炭烧成 $CO_2$ 而除去的过程叫灰化。待滤纸灰化后，将坩埚放在高温电炉中于指定温度下灼烧。一般第一次灼烧时间为 $30\sim45min$，第二次灼烧 $15\sim20min$。每次灼烧完毕从炉内取出后，都需要在空气中稍冷，再移入干燥器中。沉淀冷却到室温后称量，然后再灼烧、冷却、称量，直至质量恒定。

微孔玻璃坩埚（或漏斗）只需烘干即可称量，一般将微孔玻璃坩埚（或漏斗）连同沉淀放在表面皿上，然后放入烘箱中，根据沉淀性质确定烘干温度。一般第一次烘干时间要长些，约 2h，第二次烘干时间可短些，为 $45min\sim1h$，根据沉淀的性质具体处理。沉淀烘干后，取出坩埚（或漏斗），置干燥器中冷却至室温后称量。反复烘干、称量，直至质量恒定为止。

（3）仪器设备

① 坩埚和坩埚钳。用滤纸过滤的沉淀，通常在坩埚中烘干、炭化、灼烧后进行称量。应用得最多的是瓷坩埚。重量分析中常用 30mL 的瓷坩埚灼烧沉淀。不能高温灼烧的沉淀，应用微孔玻璃坩埚或微孔玻璃漏斗。

坩埚钳（如图 3-36 所示）常用铁或铜合金制作，表面镀镍或铬，用来夹持热的坩埚和坩埚盖。使用坩埚钳前，要检查钳尖是否洗净，如有沾污必须处理（用细砂纸磨光）后才能使用。用坩埚钳夹取灼热坩埚时，必须预热。不用时坩埚钳要平放在台上，钳尖朝上，以免弄脏。

夹持铂坩埚的坩埚钳尖端应包有铂片，以防高温时钳子的金属材料与铂形成合金，使铂变脆。

② 干燥器。干燥器是具有磨口盖子的密闭厚壁玻璃器皿，常用以保存干坩埚、称量瓶、试样等物。它的磨口边缘涂一薄层凡士林，使之能与盖子密合，如图 3-37 所示。

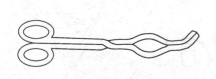

图 3-36　坩埚钳

图 3-37　干燥器

干燥器的底部盛放干燥剂，最常用的干燥剂是变色硅胶和无水氯化钙，其上搁置洁净的带孔瓷板。坩埚等即可放在瓷板上。

　　干燥剂吸收水分的能力都是有一定限度的。例如硅胶，20℃时，被其干燥过的1L空气中残留水分为 $6×10^{-3}$ mg；无水氯化钙，25℃时，被其干燥过的1L空气中残留水分为 $0.14～0.25$ mg。因此，干燥器中的空气并不是绝对干燥的，只是湿度较低而已。

　　使用干燥器时应注意下列事项。

　　a. 干燥剂不可放得太多，装到下室的一半即可，以免玷污坩埚底部。装入干燥剂时，按图3-38所示方法进行，即把干燥剂筛去粉尘后，用纸筒装入干燥器的底部，可使器壁不受玷污。

　　b. 搬移干燥器时，要用双手拿着，用大拇指紧紧按住盖子，其他手指托住下沿（如图3-39所示），绝对禁止用单手捧其下部，以防盖子滑落。

　　c. 打开干燥器时，不能往上掀盖，应用左手按住干燥器，右手小心地把盖子稍微推开（如图3-40所示），等冷空气徐徐进入后，才能完全推开，盖子必须仰放在桌子上。

图3-38　装干燥剂　　　　图3-39　干燥器的搬移　　　图3-40　干燥器的开启与关闭

　　d. 不可将太热的物体放入干燥器中。

　　e. 有时较热的物体放入干燥器中后，空气受热膨胀会把盖子顶起来，为了防止盖子被打翻，应当用手按住，不时把盖子稍微推开（不到1s），以放出热空气。

　　f. 灼烧或烘干后的坩埚和沉淀，在干燥器内不宜放置过久，否则会因吸收一些水分而使质量略有增加。

　　g. 干燥剂一般为变色硅胶，变色硅胶干燥时为蓝色（含无水 $Co^{2+}$ 色），受潮后变粉红色（水合 $Co^{2+}$ 色），可以在120℃烘受潮的硅胶待其变蓝色后反复使用，直至破碎不能用为止。常用的干燥剂见表3-22。

　　③ 电热干燥箱（又称烘箱）。对于不能和滤纸一起灼烧的沉淀，以及不能在高温下灼烧，只能在不太高的温度烘干后就称量的沉淀，可用已恒重的微孔玻璃坩埚过滤后，置于电热干燥箱中在一定温度下烘干。

　　实验室常用的电热鼓风干燥箱可控温50～300℃，在此温度范围内可任意选定温度，并利用箱内的自动控制系统使温度恒定。

　　使用时应注意的事项如下。

　　a. 为保证安全操作，通电前必须检查是否断路或短路，箱体接地是否良好。

　　b. 使用时，烘箱顶的排气孔应打开。

　　c. 加热温度不可超过烘箱的极限温度。

表 3-22　常用干燥剂

| 干　燥　剂 | 25℃时,1L干燥后的空气中残留的水分/mg | 再　生　方　法 |
|---|---|---|
| CaCl₂(无水) | 0.14~0.25 | 烘干 |
| CaO | $3 \times 10^{-3}$ | 烘干 |
| NaOH(熔融) | 0.16 | 熔融 |
| MgO | $8 \times 10^{-3}$ | 再生困难 |
| CaSO₄(无水) | $5 \times 10^{-3}$ | 于230~250℃加热 |
| H₂SO₄(95%~100%) | $3 \times 10^{-3} \sim 0.30$ | 蒸发浓缩 |
| Mg(ClO₄)₂(无水) | $5 \times 10^{-4}$ | 减压下,于220℃加热 |
| P₂O₅ | $< 2.5 \times 10^{-5}$ | 不能再生 |
| 硅胶 | 约$1 \times 10^{-3}$ | 于110℃烘干 |

d. 不要经常打开烘箱,以免影响恒温。

e. 易挥发物(如苯、汽油、石油醚)和易燃物(如手帕、手套等)不能放入干燥箱中干燥。

④ 高温电炉(俗称马弗炉)。高温电炉常用于重量分析中灼烧沉淀和测定灰分等工作。其最高使用温度为950℃,短时间可以用1000℃,炉内的温度由带有继电器或温度自动控制器来控制。温度的测量采用热电偶高温计,它从炉后孔伸入炉腔内。

实验室中常用的温度控制器测温范围在0~1100℃之间,不同沉淀所需灼烧温度及时间各不相同。

使用高温电炉应注意以下事项。

a. 为保证安全操作,通电前应检查导线及接头是否良好,电炉与控制器必须接地可靠。

b. 检查炉膛是否洁净和有无破损。

c. 欲进行灼烧的物质(包括金属及矿物)必须置于完好的坩埚或瓷皿内,用长坩埚钳送入(或取出),应尽量放在炉膛中间位置,切勿触及热电偶,以免将其折断。

d. 含有酸性、碱性挥发物质或为强烈氧化剂的化学药品应预先处理(用煤气灯或电炉预先灼烧),待其中挥发物逸尽后,才能置入炉内加热。

e. 旋转温度控制器的旋钮使指针指向所需温度,温度控制器的开关指向关。

f. 快速合上电闸,检查配电盘上指示灯是否已亮。

g. 打开温度指示器的开关,温度控制器的红灯即亮,表示高温电炉处于升温状态。当温度升到预定温度时,红灯、绿灯交替变换,表示电炉处于恒温状态。

h. 在加热过程中,切勿打开炉门;电炉使用过程中,切勿超过最高温度,以免烧毁电热丝。

i. 灼烧完毕,切断电源(拉闸),不能立即打开炉门。待温度降低至200℃左右时,才能打开炉门,取出灼烧物品,冷至60℃左右后,放入干燥器内冷至室温。

j. 长期搁置未使用的高温电炉,在使用前必须进行一次烘干处理,烘炉时间:从室温到200℃,4h;400~600℃,4h。

# 实验十一　氯化钡含量的测定

## 一、实验目的

1. 了解测定 BaCl₂·2H₂O 中氯化钡含量的方法与原理。

2. 熟练掌握晶形沉淀的制备、过滤、洗涤、灼烧及恒重的基本操作技术。

## 二、实验原理

$BaSO_4$ 重量法既可用于测定 $Ba^{2+}$ 的含量，也可用于测定 $SO_4^{2-}$ 的含量。称取一定量的 $BaCl_2 \cdot 2H_2O$，加水溶解，加稀 HCl 溶液酸化，加热至微沸，在不断搅动的条件下，慢慢地加入稀、热的 $H_2SO_4$，$Ba^{2+}$ 与 $SO_4^{2-}$ 反应，形成晶形沉淀。沉淀经陈化、过滤、洗涤、烘干、炭化、灰化、灼烧后，以 $BaSO_4$ 形式称量。可求出 $BaCl_2 \cdot 2H_2O$ 中氯化钡含量。

$Ba^{2+}$ 可生成一系列微溶化合物，如 $BaCO_3$、$BaC_2O_4$、$BaCrO_4$、$BaHPO_4$、$BaSO_4$ 等，其中以 $BaSO_4$ 溶解度最小，100mL 溶液中，100℃时溶解 0.4mg，25℃时仅溶解 0.25mg。当过量沉淀剂存在时，溶解度大为减小，一般可以忽略不计。

$BaSO_4$ 重量法一般在 0.05mol/L 左右盐酸介质中进行沉淀，这是为了防止产生如 $BaCO_3$、$BaHPO_4$、$BaHAsO_4$ 沉淀以及防止生成 $Ba(OH)_2$ 共沉淀。同时，适当提高酸度，增加 $BaSO_4$ 在沉淀过程中的溶解度，以降低其相对过饱和度，有利于获得较好的晶形沉淀。

用 $BaSO_4$ 重量法测定 $Ba^{2+}$ 时，一般用稀 $H_2SO_4$ 作沉淀剂。为了使 $BaSO_4$ 沉淀完全，$H_2SO_4$ 必须过量。由于 $H_2SO_4$ 在高温下可挥发除去，故沉淀带下的 $H_2SO_4$ 不会引起误差，因此沉淀剂可过量 50%～100%。如果用 $BaSO_4$ 重量法测定 $SO_4^{2-}$，沉淀剂 $BaCl_2$ 只允许过量 20%～30%，因为 $BaCl_2$ 灼烧时不易挥发除去。

$PbSO_4$、$SrSO_4$ 的溶解度均较小，$Pb^{2+}$、$Sr^{2+}$ 对氯化钡的测定有干扰。$NO_3^-$、$ClO_3^-$、$Cl^-$ 等阴离子和 $K^+$、$Ca^{2+}$、$Fe^{3+}$ 等阳离子均可以引起共沉淀现象，故应严格控制沉淀条件，减少共沉淀现象，以获得纯净的 $BaSO_4$ 晶形沉淀。

## 三、仪器药品

1. 马弗炉。

2. 瓷坩埚 25mL。

3. 玻璃漏斗。

4. 定量滤纸（慢速或中速）。

5. 淀帚。

6. $H_2SO_4$ 溶液（1mol/L、0.1mol/L）。

7. HCl 溶液（2mol/L）。

8. $HNO_3$ 溶液（2mol/L）。

9. $AgNO_3$ 溶液（0.1mol/L）。

10. $BaCl_2 \cdot 2H_2O$（分析纯）。

## 四、实验步骤

1. 称样及沉淀的制备

准确称取两份 0.4～0.6g $BaCl_2 \cdot 2H_2O$ 试样，分别置于 400mL 烧杯中，加入 100mL 水、3mL 2mol/L HCl 溶液，搅拌溶解，加热近沸。

另取 4mL 1mol/L $H_2SO_4$ 溶液两份于两个 100mL 烧杯中，加水 30mL，加热至近沸，趁热将两份 $H_2SO_4$ 溶液分别用小滴管逐滴地加入到两份热的氯化钡溶液中，并用玻璃棒不断搅拌，直至两份 $H_2SO_4$ 溶液加完为止。待 $BaSO_4$ 沉淀下沉后，于上层清液中加入 1～2 滴 0.1mol/L $H_2SO_4$ 溶液，仔细观察沉淀是否完全。沉淀完全后，盖上表面皿（切勿将玻璃棒拿出杯外），放置过夜陈化。也可将沉淀放在水浴或砂浴上，保温 40min 陈化，其间要搅动几次。

2. 沉淀的过滤和洗涤

用慢速或中速滤纸倾泻法过滤。用稀 $H_2SO_4$（用 1mol/L $H_2SO_4$ 溶液加 100mL 水配成）

洗涤 3~4 次，每次约 10mL。然后将沉淀定量转移到滤纸上，用淀帚由上到下擦拭烧杯内壁，并用折叠滤纸时撕下的小片滤纸擦拭杯壁，并将此小滤纸片放入漏斗中，再用稀 $H_2SO_4$ 洗涤 4~6 次，直至洗涤液中不含 $Cl^-$ 为止（检查方法：用试管收集 2mL 滤液，加 1 滴 2mol/L $HNO_3$ 溶液酸化，加入 2 滴 $AgNO_3$ 溶液，若无白色浑浊产生，表示 $Cl^-$ 已洗净）。

3. 空坩埚的恒重

将两只洁净的瓷坩埚放在 850℃±20℃ 的马弗炉中灼烧至恒重。第一次灼烧 40min，第二次后每次灼烧 20min。灼烧也可在煤气灯上进行。

4. 沉淀的灼烧和恒重

将折叠好的沉淀滤纸包置于已恒重的瓷坩埚中，经烘干、炭化、灰化后，于（850±20）℃ 的马弗炉中灼烧至恒重。

5. 计算公式

$$w(\text{BaCl}_2) = \frac{(m_2 - m_1)\dfrac{M(\text{BaCl}_2)}{M(\text{BaSO}_4)}}{m_{\text{样}}} \times 100\%$$

式中　$w(\text{BaCl}_2)$——$BaCl_2$ 的质量分数，%；

　　　$m_1$——空坩埚的质量，g；

　$M(\text{BaCl}_2)$——$BaCl_2$ 的摩尔质量，g/mol；

　$M(\text{BaSO}_4)$——$BaSO_4$ 的摩尔质量，g/mol；

　　　$m_2$——坩埚加 $BaSO_4$ 的质量，g；

　　$m_{\text{样}}$——试样的质量，g。

### 五、注意事项

1. 玻璃棒一旦放入 $BaCl_2$ 溶液中，就不能拿出。

2. 稀硫酸和样品溶液都必须加热至沸，并趁热加入硫酸，最好在断电的热电炉上加入，加入硫酸的速度要慢并不断搅拌，否则形成的沉淀太细会穿透滤纸。

3. 搅拌时玻璃棒不要碰烧杯底及内壁，以免划破烧杯壁，使沉淀黏附在烧杯壁上。

4. 表面皿取下时要冲洗。

5. 陈化时要盖表面皿。

6. 洗净的坩埚放取或移动都应依靠坩埚钳，不得用手直接拿。

7. 放置坩埚钳时，要将钳尖向上，以免沾污。

8. 恒重时要注意三个一致性。

### 六、思考题

1. 为什么要在稀热 HCl 溶液中且不断搅拌条件下逐滴加入沉淀剂沉淀 $BaSO_4$？HCl 加入太多有何影响？

2. 为什么要在热溶液中沉淀 $BaSO_4$，但要在冷却后过滤？晶形沉淀为何要陈化？

3. 什么叫倾泻法过滤？洗涤沉淀时，为什么用洗涤液或水时都要少量多次？

4. 恒重的标志是什么？

## 职业技能鉴定模拟题

### 一、判断题

1. 一般用移液管移取液体试剂或溶液。（　　）

2. 溶解基准物质时用移液管移取 20~30mL 水加入。（　　）

3. 每次滴定完毕后，滴定管中多余试剂不能随意处置，应倒回原来的试剂瓶中。（　　）

4. 滴定分析标准试剂主要用途是滴定分析标准溶液的定值。（　　）

5. 滴定分析中常用的标准溶液，一般选用分析纯试剂配制，再用基准试剂标定。（　　）

6. 校准玻璃仪器的方法可用衡量法和常量法。（　　）

7. 布氏漏斗常用于抽滤法过滤。（　　）

8. 熔融固体样品时，应根据熔融物质的性质选用合适材质的坩埚。（　　）

9. 铂坩埚与大多数试剂不反应，可用王水在铂坩埚里溶解样品。（　　）

10. 铂器皿不可用于处理氯化铁溶液。（　　）

11. 铂皿因其稳定性好，可在高温下用之灼烧化合物，或熔融物料，如硫化铜、氯化铁类的化合物都可在铂皿中灼烧。（　　）

12. 铂器皿内可以加热或熔融碱金属。（　　）

13. 在镍坩埚中做熔融实验，其熔融温度一般不超过 700℃。（　　）

14. 滴定管属于量出式容量仪器。（　　）

15. 用浓溶液配制稀溶液的计算依据是稀释前后溶质的物质的量不变。（　　）

16. 容量瓶、滴定管、吸管不可以加热烘干，也不能盛装热的溶液。（　　）

17. 酸式滴定管是用来盛放酸性溶液或氧化性溶液的容器。（　　）

18. 使用移液管吸取溶液时，应将其下口插入液面 0.5～1cm 处。（　　）

19. 滴定管、容量瓶、移液管在使用之前都需要用试剂溶液进行润洗。（　　）

20. 使用滴定管时，每次滴定应从"0"分度开始。（　　）

21. 在滴定时，$KMnO_4$ 溶液要放在碱式滴定管中。（　　）

22. 滴定管读数时必须读取弯液面的最低点。（　　）

23. 滴定管内壁不能用去污粉清洗，以免划伤内壁，影响体积准确测量。（　　）

24. 以韦氏天平测某液体密度的结果如下：1 号骑码在 9 位槽，2 号骑码在钩环处，4 号骑码在 5 位槽，则此液体的密度为 1.0005。（　　）

25. 天平的零点是指天平空载时的平衡点，每次称量之前都要先测定天平的零点。（　　）

26. 电光分析天平利用的是杠杆原理。　　　　　（　　）

27. 天平的灵敏度越高越好。（　　）

28. 天平室要经常敞开通风，以防室内过于潮湿。　　　（　　）

29. 天平和砝码应定时检定，按照规定最长检定周期不超过一年。（　　）

30. 差减法适于称量多份不易潮解的样品。（　　）

31. 电子天平每次使用前必须校准。（　　）

32. 标准规定"称取 1.5g 样品，精确至 0.0001g"，其含义是必须用至少分度值为 0.1mg 的天平准确称 1.4g～1.6g 试样。（　　）

33. 在利用分析天平称量样品时，应先开启天平，然后再取放物品。（　　）

34. 滴定管、移液管和容量瓶校准的方法有称量法和相对校准法。（　　）

35. 在 10℃时，滴定用去 25.00mL 0.1mol/L 标准溶液，如 20℃时的体积校正值为+1.45，则 20℃时溶液的体积为 25.04mL。（　　）

36. 计算标准溶液实际消耗体积时应加上滴定管校正值。（　　）

37. 滴定管中装入溶液或放出溶液后即可读数，并应使滴定管保持垂直状态。（　　）

38. 校准滴定管时，用 25℃时水的密度计算水的质量。（　　）

39. 滴定管体积校正采用的是绝对校正法。（　　）

40. 12℃时 0.1mol/L 某标准溶液的温度补正值为+1.3，滴定用去 26.35mL，校正为 20℃时的体积是 26.32mL。（　　）

41. 通常移液管的标称容积与实际容积之间存在误差，需用一个系数 $R$ 予以校正，简单地可表示为 $V=RW$。（　　）

42. 已知 25mL 移液管在 20℃的体积校准值为−0.01mL，则 20℃该移液管的真实体积是 25.01mL。

（      ）

43. 当需要准确计算时，容量瓶和移液管均需要进行校正。（      ）

44. 在分析天平上称出一份样品，称前调整零点为 0，称得样品质量为 12.2446g，称后检查零点为 ＋0.2mg，该样品质量实际为 12.2448g。（      ）

45. 重量分析中使用的"无灰滤纸"，指每张滤纸的灰分重量小于 0.2mg。（      ）

46. 用电光分析天平称量时，若微缩标尺的投影向左偏移，天平指针也是向左偏移。（      ）

二、选择题

1. 下列瓷皿中用于灼烧沉淀和高温处理试样的是（      ）。

A. 蒸发皿　　　B. 坩埚　　　C. 研钵　　　D. 布式漏斗

2. 下列关于布氏漏斗的说法错误的是（      ）。

A. 不能直接用火加热　　　　　　B. 滤纸直径要略大于漏斗内径

C. 漏斗和吸滤瓶的大小要配套　　D. 漏斗下端的斜面要对着吸滤瓶侧面的支管

3. 只需烘干就可称量的沉淀，选用（      ）过滤。

A. 玻璃砂心坩埚　　　B. 定性滤纸　　　C. 无灰滤纸　　　D. 定量滤纸

4. 下列可以用于称量分析中灼烧和称量沉淀使用的坩埚是（      ）。

A. 铂坩埚　　　B. 银坩埚　　　C. 镍坩埚　　　D. 蒸发皿

5. 用过氧化钠或过氧化钠与氢氧化钠混合物在铂器皿内分解试样时，温度不得超过（      ），否则铂易被侵蚀。

A. 100～150℃　　　B. 200～250℃　　　C. 300～350℃　　　D. 510～530℃

6. 银器皿在使用时下列说法不正确的是（      ）。

A. 不许使用碱性硫化试剂　　　B. 不能在火上直接加热

C. 不可用于熔融硼砂　　　　　D. 受氢氧化钾（钠）的侵蚀

7. 用 HF 处理试样时，使用的器皿是（      ）。

A. 玻璃　　　B. 玛瑙　　　C. 铂金　　　D. 陶瓷

8. 欲测定 $SiO_2$ 的准确含量，需将灼烧称重后的 $SiO_2$ 以 HF 处理，宜用下列何种坩埚（      ）。

A. 瓷坩埚　　　B. 铂坩埚　　　C. 镍坩埚　　　D. 刚玉坩埚

9. 现需要配制 0.1000mol/L $K_2Cr_2O_7$ 溶液，下列量器中最合适的量器是（      ）。

A. 容量瓶　　　B. 量筒　　　C. 刻度烧杯　　　D. 酸式滴定管

10. 滴定管读数时，视线比液面低，会使读数（      ）。

A. 偏低　　　B. 偏高　　　C. 可能偏高也可能偏低　　　D. 无影响

11. 酸式滴定管尖部出口被润滑油脂堵塞，快速有效的处理方法是（      ）。

A. 热水中浸泡并用力下抖　　　　B. 用细铁丝通并用水洗

C. 装满水利用水柱的压力压出　　D. 用洗耳球对吸

12. 下列溶液中需装在棕色酸式滴定管的是（      ）。

A. $H_2SO_4$　　　B. NaOH　　　C. $KMnO_4$　　　D. $K_2Cr_2O_7$

13. 进行滴定操作时，正确的方法是（      ）。

A. 眼睛看着滴定管中液面下降的位置　　B. 眼睛注视滴定管流速

C. 眼睛注视滴定管是否漏液　　　　　　D. 眼睛注视被滴定溶液颜色的变化

14. 下列关于容量瓶说法中错误的是（      ）。

A. 不宜在容量瓶中长期存放溶液　　　　B. 把小烧杯中的洗液转移至容量瓶时，每次用水 50mL

C. 定容时的溶液温度应当与室温相同　　D. 不能在容量瓶中直接溶解基准物

15. 放出移液管中的溶液时，当液面降至管尖后，应等待（      ）以上。

A. 5s　　　B. 10s　　　C. 15s　　　D. 20s

16. 指出下列滴定分析操作中，规范的操作是（      ）。

A. 滴定之前，用待装标准溶液润洗滴定管三次

B. 滴定时摇动锥形瓶有少量溶液溅出

C. 在滴定前，锥形瓶应用待测液淋洗三次

D. 滴定管加溶液不到零刻度1cm时，用滴管加溶液到溶液弯月面最下端与"0"刻度相切

17. 在进行容量仪器的校正时所用的标准温度是（　　　）℃。

A. 25　　B. 20　　C. 18　　D. 15

18. 没有磨口部件的玻璃仪器是（　　　）。

A. 碱式滴定管　　B. 碘瓶　　C. 酸式滴定管　　D. 称量瓶

19. 使用分析天平较快停止摆动的部件是（　　　）。

A. 吊耳　　B. 指针　　C. 阻尼器　　D. 平衡螺丝

20. 电光天平的横梁上有（　　　）个玛瑙刀。

A. 1　　B. 2　　C. 3　　D. 4

21. 电光天平吊耳的作用是（　　　）。

A. 使天平平衡　　B. 悬挂秤盘　　C. 使天平摆动　　D. 以上都不对

22. 电子天平是采用（　　　）原理来进行衡量的。

A. 杠杆平衡　　B. 磁力平衡　　C. 电磁力平衡　　D. 电力平衡

23. 分析天平中空气阻尼器的作用在于（　　　）。

A. 提高灵敏度　　B. 提高准确度　　C. 提高精密度　　D. 提高称量速度

24. 分析天平零点相差较小时，可调节（　　　）。

A. 指针　　B. 拨杆　　C. 感量螺丝　　D. 吊耳

25. 天平的零点若发生漂移，将使测定结果（　　　）。

A. 偏高　　B. 偏低　　C. 不变　　D. 高低不一定

26. 使用分析天平时，取放物体时要托起横梁是为了（　　　）。

A. 减少称量时间　　B. 保护刀口　　C. 保护横梁　　D. 便于取放物体

27. 与天平灵敏性有关的因素是（　　　）。

A. 天平梁质量　　B. 天平零点的位置　　C. 平衡调节螺丝的位置　　D. 玛瑙刀口的锋利度与光洁度

28. 为保证天平的干燥，下列物品能放入的是（　　　）。

A. 蓝色硅胶　　B. 石灰　　C. 乙醇　　D. 木炭

29. 天平及砝码应定期检定，一般规定检定时间间隔不超过（　　　）。

A. 半年　　B. 一年　　C. 二年　　D. 三年

30. 使用分析天平进行称量过程中，加、减砝码或取、放物体时，应把天平梁托起，这是为了（　　　）。

A. 称量快速　　B. 减少玛瑙刀的磨损　　C. 防止天平盘的摆动　　D. 减少天平梁的弯曲

31. 天平的计量性能包括稳定性、灵敏性、正确性和（　　　）。

A. 精密度　　B. 示值不变性　　C. 等臂性　　D. 灵活性

32. 下列有关分析天平性能或使用方法的说法正确的是（　　　）。

A. 分析天平的灵敏度越高越好

B. 分析天平的零点是天平达到平衡时的读数

C. 某坩埚的质量为15.4613g，则用1g以上的砝码组合就应为10g，2g，2g，1g

D. 用全自动电光天平直接称量时，投影屏读数迅速向右偏转，则需减砝码

33. 当电子天平显示（　　　）时，可进行称量。

A. 0.0000　　B. CAL　　C. TARE　　D. OL

34. 使用分析天平时，加减砝码和取放物体必须休止天平，这是为了（　　　）。

A. 防止天平盘的摆动　　B. 减少玛瑙刀口的磨损　　C. 增加天平的稳定性　　D. 加快称量速度

35. 关于天平砝码的取用方法，正确的是（　　　）。

A. 戴上手套用手取　　B. 拿纸条夹取　　C. 用镊子夹取　　D. 直接用手取

36. 10℃时，滴定用去26.00mL0.1mol/L标准溶液，该温度下1L 0.1mol/L标准溶液的补正值为+1.5mL，则20℃时该溶液的体积为（　　　）mL。

A. 26.00　　B. 26.04　　C. 27.50　　D. 24.50

37. 如果在10℃时滴定用去25.00mL 0.1mol/L标准溶液，在20℃时应相当于（　　）mL。已知10℃下1000mL换算到20℃时的校正值为1.45mL。

A. 25.04　　B. 24.96　　C. 25.08　　D. 24.92

38. 称量法进行滴定管体积的绝对校准时，得到的体积值是滴定管在（　　）下的实际容量。

A. 25℃　　B. 20℃　　C. 实际测定温度　　D. 0℃

39. 在21℃时由滴定管中放出10.03mL纯水，其质量为10.04g。查表知21℃时1mL纯水的质量为0.99700g。该体积段的校正值为（　　）。

A. +0.04mL　　B. −0.04mL　　C. 0.00mL　　D. 0.03mL

40. 在22℃时，用已洗净的25mL移液管，准确移取25.00mL纯水，置于已准确称量过的50mL的锥形瓶中，称得水的质量为24.9613g，此移液管在20℃时的真实体积为（　　）。22℃时水的密度为0.99680g/mL。

A. 25.00mL　　B. 24.96mL　　C. 25.04mL　　D. 25.02mL

41. 校准移液管时，两次校正差不得超过（　　）。

A. 0.01mL　　B. 0.02mL　　C. 0.05mL　　D. 0.1mL

42. 用15mL的移液管移出的溶液体积应记为（　　）。

A. 15mL　　B. 15.0mL　　C. 15.00mL　　D.15.000mL

43. 进行移液管和容量瓶的相对校正时（　　）。

A. 移液管和容量瓶的内壁都必须绝对干燥

B. 移液管和容量瓶的内壁都不必干燥

C. 容量瓶的内壁必须绝对干燥，移液管内壁可以不干燥

D. 容量瓶的内壁可以不干燥，移液管内壁必须绝对干燥

44. 16℃时1mL水的质量为0.99780g，在此温度下校正10mL单标线移液管，称得其放出的纯水质量为10.04g，此移液管在20℃时的校正值是（　　）mL。

A. −0.02　　B. +0.02　　C. −0.06　　D. +0.06

45. 在天平盘上加10mg的砝码，天平偏转8.0格，此天平的分度值是（　　）。

A. 1.25mg　　B. 0.8mg　　C. 0.08mg　　D. 0.1mg

46. 使用电光天平时，标尺刻度模糊，这可能是因为（　　）。

A. 物镜焦距不对　　B. 盘托过高　　C. 天平放置不水平　　D. 重心砣位置不合适

47. 电子天平的显示器上无任何显示，可能产生的原因是（　　）。

A. 无工作电压　　B. 被承载物带静电　　C. 天平未经调校　　D. 室温及天平温度变化太大

# 第四章
# 酸碱滴定法

以酸碱反应为基础的滴定分析法称为酸碱滴定法。一般酸、碱以及能与酸碱直接或间接发生反应的物质，几乎都可以用酸碱滴定法进行测定，某些有机物也能用酸碱滴定法测定。因此，酸碱滴定法在分析中占有重要地位，应用相当广泛。

## 第一节　酸碱标准滴定溶液的制备

酸碱滴定法最常用的标准滴定溶液是盐酸标准滴定溶液和氢氧化钠标准滴定溶液。当需加热或浓度较高的情况下宜用 $H_2SO_4$ 溶液，$H_2SO_4$ 标准滴定溶液稳定性好。但它的第二步电离常数较小，因此，滴定突跃相应要小些，指示剂终点变色的敏锐性稍差。另外，$H_2SO_4$ 能与某些阳离子生成硫酸盐沉淀。$HNO_3$ 具有氧化性，本身稳定性较差，能破坏某些指示剂，所以应用较少。$HClO_4$ 是一种很好的标准溶液，但其价格贵，一般不使用。只有在非水滴定中常用到 $HClO_4$ 标准溶液。

酸碱标准滴定溶液浓度的使用范围通常是 $0.01 \sim 1mol/L$，多数情况下使用 $0.1 \sim 0.2mol/L$。配制时用间接法配成近似浓度，再用基准物质标定。标定 HCl 或 $H_2SO_4$ 溶液，可用无水 $Na_2CO_3$ 或 $Na_2B_4O_7 \cdot 10H_2O$ 作基准物质；标定 NaOH 溶液可用邻苯二甲酸氢钾（$KHC_8H_4O_4$）或 $H_2C_2O_4 \cdot 2H_2O$ 作基准物质。

### 实验十二　盐酸标准滴定溶液的配制与标定[❶]

#### 一、实验目的
1. 熟悉减量法称取基准物的操作方法。
2. 学习用无水 $Na_2CO_3$ 标定 HCl 溶液的方法。
3. 熟练滴定操作和滴定终点的判断。

#### 二、实验原理
市售盐酸（分析纯）相对密度为 1.19，含 HCl 为 37%，其物质的量浓度约为 12mol/

---

❶　参照 GB/T 601—2002。

L。浓盐酸易挥发，不能直接配制成准确浓度的盐酸溶液。因此，常将浓盐酸稀释成所需近似浓度，然后用基准物质进行标定。

当用无水 $Na_2CO_3$ 为基准标定 HCl 溶液的浓度时，由于 $Na_2CO_3$ 易吸收空气中的水分，因此使用前应在 270～300℃ 条件下干燥至恒重，密封保存在干燥器中。称量时的操作应迅速，防止再吸水而产生误差。标定 HCl 时的反应式为：

$$2HCl + Na_2CO_3 \longrightarrow 2NaCl + CO_2 + H_2O$$

滴定时，以甲基橙为指示剂，滴定至溶液由黄色变为橙色为滴定终点。由标定反应可知，HCl 和 $Na_2CO_3$ 的基本单元分别为 HCl 和 $\frac{1}{2}Na_2CO_3$。

### 三、试剂

1. 盐酸（相对密度 1.19）。
2. 无水 $Na_2CO_3$ 基准物质。
3. 溴甲酚绿-甲基红指示液。

### 四、实验步骤

1. $c(HCl) = 0.1mol/L$ HCl 溶液的配制

通过计算求出配制 500mL 0.1mol/L HCl 溶液所需浓盐酸（相对密度 1.19，约 12mol/L）的体积。然后用小量筒量取此量的浓盐酸，倒入 500mL 的烧杯中，加入 200mL 蒸馏水，搅匀后再稀释至 500mL，移入试剂瓶中，摇匀并贴上标签，待标定。（考虑到浓盐酸的挥发性，配制时所取 HCl 的量应比计算的量适当多些）

2. $c(HCl) = 0.1mol/L$ HCl 标准滴定溶液的标定

称取于 270～300℃ 高温炉中灼烧至恒重的工作基准试剂无水碳酸钠 0.15～0.2g 于锥形瓶中，溶于 50mL 水中，加 10 滴溴甲酚绿-甲基红指示液，用配制好的盐酸溶液滴定至溶液由绿色变为暗红色，煮沸 2min，冷却后继续滴定至溶液再呈暗红色。平行测定 3 次，同时做空白试验。

### 五、数据处理

$$c(HCl) = \frac{m \times 1000}{(V_1 - V_2)M}$$

式中　$c(HCl)$——盐酸标准滴定溶液的浓度，mol/L；

　　　　$m$——无水碳酸钠的质量，g；

　　　　$V_1$——盐酸溶液的体积，mL；

　　　　$V_2$——空白试验盐酸溶液的体积，mL；

　　　　$M$——无水碳酸钠的摩尔质量，g/mol，$[M(\frac{1}{2}Na_2CO_3) = 52.994]$。

注：按照法定计量单位制的一惯性原则，溶液体积的计量单位用升（L）表示，将实验数据代入公式时必须换为 L。

数据记录格式如表 4-1 所列。

### 六、注意事项

1. 干燥至恒重的无水 $Na_2CO_3$ 有吸湿性，因此在标定中精密称取无水 $Na_2CO_3$ 时，宜采用减量法称取，并应迅速将称量瓶加盖密闭。

2. 无水碳酸钠标定 HCl 溶液，在接近滴定终点时，应剧烈摇动锥形瓶加速 $H_2CO_3$ 分解；或将溶液加热至沸，以赶除 $CO_2$，冷却后再滴定至终点。

表 4-1　0.1mol/L HCl 标准滴定溶液的标定

| 项　　目 | 次　　数 | | |
|---|---|---|---|
| | Ⅰ | Ⅱ | Ⅲ |
| 称量瓶＋碳酸钠质量/g<br>　倾样前<br>　倾样后<br>碳酸钠质量/g<br>盐酸溶液终读数/mL<br>盐酸溶液初读数/mL<br>盐酸溶液体积/mL<br>$c(HCl)/(mol/L)$ | | | |
| 相对偏差 | | | |
| 平均浓度 $c(HCl)/(mol/L)$ | | | |

### 七、思考题

1. HCl 标准滴定溶液能否采用直接标准法配制？为什么？

2. 配制 HCl 溶液时，量取浓盐酸的体积是如何计算的？

3. 标定盐酸溶液时，基准物质无水碳酸钠的质量是如何计算的？若用稀释法标定，需称取碳酸钠质量又如何计算？

4. 无水碳酸钠所用的蒸馏水的体积，是否需要准确量取？为什么？

5. 除用基准物质标定盐酸溶液外，还可用什么方法标定盐酸溶液？

6. 基准物质碳酸钠的称量为什么要放在称量瓶中称量？称量瓶是否要预先称准？称量时盖子是否要盖好？

7. 除用无水碳酸钠作基准物质标定盐酸溶液外，还可用什么作基准物？有何优点？选用何种指示剂？

8. 如基准物质碳酸钠保存不当，吸水 1%，用此基准物质标定盐酸溶液的浓度，其结果有何影响？

9. 为什么移液管必须用所移取溶液润洗，而锥形瓶则不用所装溶液润洗？

10. 请分析标定盐酸溶液浓度时，引入的个人操作误差有哪些？

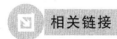 相关链接

近年来由于生活水平的提高，食品越来越精细，各类富贵病，如糖尿病、结石症、高血脂、肥胖症等屡见不鲜。如何吃得合理、吃得科学成了人们关心的热点，因此，绿色食品、疗效食品等应运而生。所谓绿色食品即纯天然的在其生长、加工、贮藏过程中不加任何人工药剂的食品。为了健康，应了解有关食品的酸碱性、酸性食品和碱性食品有关的知识。

**一、食品的酸碱性**

食品进入体内消化系统，不论原来属酸性、中性或碱性，均被消化、吸收、进入血液，送往各组织器官。矿物质元素在生理上有酸性和碱性之别，属于金属的钾、钠、钙、镁、铁等为碱性元素，属于非金属的氯、磷、硫等为酸性元素。

食品中所含碱性元素总量所呈碱性高于酸性元素总量所呈酸性时，经体内代谢后的产物仍为碱性，则该食品属于碱性食品。反之，如果食品所含酸性元素总量所呈酸性高于碱性元素总量所呈碱性时，则属于酸性食品。

酸性食品和碱性食品可以影响机体的酸碱平衡及尿液的酸碱性。食品代谢后产生的碱性成分与二氧化

碳反应而形成碳酸盐由尿中排泄，酸性成分在肾脏中与氨反应生成铵盐而排泄。人体血液因其自身的缓冲作用，在正常情况下保持弱碱性（pH 在 7.3～7.4），若多吃酸性食品则会导致血液呈偏酸性，会增加钙、镁等碱性元素的消耗，还会引起各种酸中毒症。儿童容易患皮肤病、疲劳倦怠、龋齿、软骨病等；中老年容易患神经病、血压增高、动脉硬化、脑出血等病。所以必须注意酸碱性食品的合理搭配。一般情况下，酸性食品容易过量，所以应控制酸性食品的比例，保持人体的酸碱平衡，以利于健康。

**二、酸性食品和碱性食品的特点**

食品在生理上是酸性还是碱性，可以通过食品灰化（通过灼烧的手段分解食品中有机物的过程）后，用酸或碱溶液进行中和滴定。食品的酸度和碱度，是指 100g 食品的灰分溶于水中，用 0.1mol/L 的标准酸液或标准碱液中和时，所消耗酸或碱液的体积。以"＋"表示碱度，以"－"表示酸度。

碱性食品包括大部分蔬菜、水果、海草、乳制品等。水果在味觉上呈酸性是由于含有各种有机酸所致，这些有机酸在体内经氧化生成二氧化碳和水排出体外，而还有较多的钾、钙等碱性元素在体内最终代谢产物均呈碱性，故水果是碱性食品。

酸性食品包括大部分的肉、鱼、禽、蛋等动物食品及米、面、豆类及其制品。这是由于这些食品中含磷、硫较多的缘故。

# 实验十三  氢氧化钠标准滴定溶液的配制与标定[①]

## 一、实验目的

1. 掌握用邻苯二甲酸氢钾标定氢氧化钠溶液的原理和方法。
2. 熟练减量法标量操作技术。
3. 熟练滴定操作和用酚酞指示剂判断滴定终点。

## 二、实验原理

固体氢氧化钠具有很强的吸湿性，且易吸收空气中的水分和二氧化碳，因而常含有 $Na_2CO_3$，且含少量的硅酸盐、硫酸盐和氯化物，因此不能直接配制成准确浓度的溶液，而只能配制成近似浓度的溶液，然后用基准物质进行标定，以获得准确浓度。

由于氢氧化钠溶液中碳酸钠的存在，会影响酸碱滴定的准确度，在精确的测定中应配制不含 $Na_2CO_3$ 的 NaOH 溶液并妥善保存。

用邻苯二甲酸氢钾标定氢氧化钠溶液的反应式为：

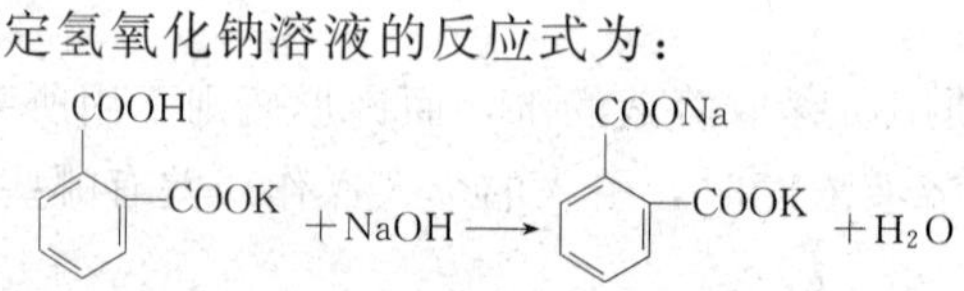

由反应可知，1mol（$KHC_8H_4O_4$）与 1mol（NaOH）完全反应。到化学计量点时，溶液呈碱性，pH 约为 9，可选用酚酞作指示剂，滴定至溶液由无色变为浅粉色，30s 不褪即为滴定终点。由标定反应式可知，NaOH 和 $KHC_8H_4O_4$ 的基本单元分别为 NaOH 和 $KHC_8H_4O_4$。

## 三、试剂

1. 氢氧化钠固体。
2. 酚酞指示液（10g/L 乙醇溶液）。
3. 邻苯二甲酸氢钾基准物。

## 四、实验步骤

1. $c(NaOH)=0.1mol/L$ NaOH 溶液的配制

---

[①]  参照 GB/T 601—2002。

称取 110g 氢氧化钠，溶于 100mL 无二氧化碳的水中，摇匀，注入聚乙烯容器中，密闭放置。用塑料管量取上层清液 5.4mL，用无二氧化碳的水稀释至 1000mL，摇匀。贴上标签，待测定。

2. $c(NaOH)＝0.1mol/L$ NaOH 溶液的标定

准确称取在 105～110℃ 电烘箱中干燥至恒重的工作基准试剂邻苯二甲酸氢钾约 0.7g（如何计算），于 250mL 锥形瓶中，加无二氧化碳的水溶解，加 2 滴酚酞指示液，用配制好的氢氧化钠溶液滴定至溶液呈粉红色，并保持 30s。记下氢氧化钠溶液消耗的体积，平行测定 3 次，同时做空白试验。

### 五、数据处理

$$c(NaOH)＝\frac{m \times 1000}{(V_1 - V_2)M}$$

式中　$c(NaOH)$——氢氧化钠标准滴定溶液的浓度，mol/L；

　　　　$m$——邻苯二甲酸氢钾的质量的准确数值，g；

　　　　$V_1$——氢氧化钠溶液的体积，mL；

　　　　$V_2$——空白试验氢氧化钠溶液的体积，mL；

　　　　$M$——邻苯二甲酸氢钾摩尔质量，g/mol[$M(KHC_8H_4O_4)＝204.22$]。

### 六、注意事项

1. 配制饱和的氢氧化钠溶液应放置 7 天以上，使 $Na_2CO_3$ 沉淀完全，再吸取上层清液配制 NaOH 标准溶液。

2. 邻苯二甲酸氢钾要彻底烘干，在烘干过程中一定要多次摇动，使底部药品能彻底烘干。

3. 注意不可在平行实验的 3 个锥形瓶中同时加入指示剂。

### 七、思考题

1. 配制不含碳酸钠的氢氧化钠溶液有几种方法？

2. 怎样得到不含二氧化碳的蒸馏水？

3. 配制 NaOH 浓溶液，为什么要注入聚乙烯容器中密闭放置？

4. 用邻苯二甲酸氢钾标定氢氧化钠为什么用酚酞而不用甲基橙作指示剂？

5. 标定氢氧化钠溶液时，可用基准物 $KHC_8H_4O_4$，也可用盐酸标准溶液作比较。试比较此两种方法的优缺点。

6. $KHC_8H_4O_4$ 标定 NaOH 溶液的称取量如何计算？为什么要确定 0.4～0.6g 的称量范围？

7. 如果 NaOH 标准溶液在保存过程中吸收了空气中的 $CO_2$，用该标准滴定溶液标定 HCl，以甲基橙为指示剂，用 NaOH 溶液原来的浓度进行计算是否会引入误差？若用酚酞为指示剂进行滴定，又怎样？请分析一下原因。

8. 邻苯二甲酸氢钾在温度大于 125℃ 时，会有部分变成酸酐。问：如使用此基准物质标定 NaOH 溶液时，该 NaOH 溶液的浓度将怎样变化？

9. 如基准物 $KHC_8H_4O_4$ 中含有少量 $H_2C_8H_4O_4$，对氢氧化钠溶液标定结果有什么影响？

10. 根据标定结果，分析一下本次标定引入的个人操作误差。

### 📄 相关链接

氢氧化钠是国民经济中的重要化工原料之一。广泛用于造纸、制革、制皂、纺织、玻璃、搪瓷、无机和有机合成等工业中。由于玻璃、陶瓷中含有 $SiO_2$，易受氢氧化钠侵蚀，因此，实验室盛装氢氧化钠溶液的玻璃瓶需用橡胶塞，不能用玻璃塞。否则时间一长，氢氧化钠与瓶口玻璃中的 $SiO_2$ 生成黏性的硅酸钠，

同时还吸收 $CO_2$ 生成易结块的碳酸钠，玻璃塞与瓶口黏结，瓶塞难以打开。

# 第二节　酸碱滴定法的应用

酸碱滴定法常利用 HCl、$H_2SO_4$、NaOH 等标准滴定溶液测定各类具有一定强度的酸性或碱性物质，测定能与酸或碱定量反应的其他物质，以及经过某些化学反应后能定量生成酸或碱的物质。

## 实验十四　烧碱中 NaOH、$Na_2CO_3$ 含量的测定（双指示剂法）

### 一、实验目的

1. 掌握双指示剂法测定烧碱中各组分含量的原理方法和操作技术。
2. 掌握双指示剂法判断混合碱的组成。
3. 了解混合指示剂的优点及使用。

### 二、实验原理

氢氧化钠俗称烧碱，在生产和存放过程中，常因吸收空气中的 $CO_2$，因而含有少量杂质 $Na_2CO_3$。对于烧碱中 NaOH 及 $Na_2CO_3$ 含量的测定，通常采用氯化钡沉淀碳酸钠的方法。当 $Na_2CO_3$ 含量很少时，也可以用双指示剂法，此法方便、快速，在生产中应用普遍。

双指示剂法是利用两种指示剂进行连续测定，根据两个终点所消耗酸标准溶液的体积，计算各组分的含量。

在烧碱试液中，先以酚酞为指示剂，用 HCl 标准滴定溶液滴定至近于无色，这是第一化学计量点（pH＝8.3），消耗 HCl 标准滴定溶液 $V_1$。此时，溶液中 NaOH 全部被中和，$Na_2CO_3$ 被中和至 $NaHCO_3$。

$$NaOH + HCl \longrightarrow NaCl + H_2O$$
$$Na_2CO_3 + HCl \longrightarrow NaHCO_3 + NaCl$$

再以甲基橙为指示剂，继续用 HCl 标准溶液滴定至溶液由黄色变为橙色，这是第二化学计量点（pH＝3.89），消耗 HCl 标准滴定溶液 $V_2$，此时，溶液中 $NaHCO_3$ 被中和。

$$NaHCO_3 + HCl \longrightarrow NaCl + CO_2 + H_2O$$

可见，中和 NaOH 所消耗 HCl 溶液的体积为 $(V_1 - V_2)$，中和 $Na_2CO_3$ 所消耗 HCl 溶液的体积为 $2V_2$。

### 三、试剂

1. 烧碱试样。
2. HCl 标准滴定溶液，$c(HCl) = 0.1mol/L$。
3. 酚酞指示液（10g/L 乙醇溶液）。
4. 甲基橙指示液（1g/L 水溶液）。
5. 甲酚红-百里酚蓝混合指示液：0.1g 甲酚红溶于 100mL 50％乙醇中；0.1g 百里酚蓝指示剂溶于 100mL 20％乙醇中。甲酚红＋百里酚蓝（1＋3）。

### 四、实验步骤

1. 双指示剂法

在分析天平上准确称取碱试样 1.5～2.0g 于 250mL 烧杯中，加水使之溶解后，定量转入 250mL 容量瓶中，用水稀释至刻度，充分摇匀。移取试液 25.00mL（3 份）于 250mL 锥形瓶中，各加入 2 滴酚酞指示液，用 $c(HCl)=0.1mol/L$ 盐酸标准滴定溶液滴定，边滴加边充分摇动（避免局部 $Na_2CO_3$ 直接被滴至 $H_2CO_3$），滴定至溶液由红色恰好褪至无色为止，此时即为终点，记下所消耗 HCl 标准滴定溶液体积 $V_1$。然后再加 2 滴甲基橙指示液，继续用上述盐酸标准滴定溶液滴定至溶液由黄色恰好变为橙色，即为终点，记下所消耗 HCl 标准滴定溶液的体积 $V_2$。计算试样中各组分的含量。

2. 混合指示剂法

移取上述试液 25.00mL（3 份）于 250mL 锥形瓶中，各加 5 滴混合指示液，用 $c(HCl)=0.1mol/L$ 盐酸标准滴定溶液滴定，溶液由蓝色变为粉红色，即为终点，记下消耗 HCl 标准溶液的体积 $V_1$；再加 1~2 滴甲基橙指示剂，继续用上述盐酸标准滴定溶液滴定，溶液由黄色变为橙色，记下所消耗 HCl 标准滴定溶液的体积 $V_2$。计算试样中各组分的含量。（也可利用溴甲酚绿-甲基红混合指示液，由绿色滴至暗红色为终点）

## 五、数据处理

$$w(NaOH)=\frac{c(HCl)(V_1-V_2)\times10^{-3}M(NaOH)}{m\times\frac{25}{250}}\times100\%$$

$$w(Na_2CO_3)=\frac{c(HCl)2V_2\times10^{-3}M\left(\frac{1}{2}Na_2CO_3\right)}{m\times\frac{25}{250}}\times100\%$$

式中　　$c(HCl)$——HCl 标准滴定溶液的浓度，mol/L；

　　　　$V_1$——酚酞终点消耗 HCl 标准滴定溶液体积，mL；

　　　　$V_2$——甲基橙终点消耗 HCl 标准滴定溶液体积，mL；

　　$M(NaOH)$——NaOH 的摩尔质量，g/mol；

$M\left(\frac{1}{2}Na_2CO_3\right)$——$\frac{1}{2}Na_2CO_3$ 的摩尔质量，g/mol；

　　　　　$m$——试样质量，g；

　　$w(NaOH)$——NaOH 的质量分数，％；

　$w(Na_2CO_3)$——$Na_2CO_3$ 的质量分数，％。

## 六、注意事项

当滴定接近第一终点时，要充分摇动锥形瓶，滴定的速度不能太快，防止滴定液 HCl 局部过浓。否则 $Na_2CO_3$ 会直接被滴定成 $CO_2$。

## 七、思考题

1. 欲测定碱液的总碱度，应利用何种指示剂？

2. 采用双指示剂法测定混合碱，在同一份溶液中测定，试判断下列情况中的混合碱存在的成分是什么？

(1) $V_1=0$　$V_2>0$；(2) $V_1=V_2>0$；(3) $V_1>0$，$V_2=0$；(4) $V_1>V_2$；(5) $V_2>V_1$

3. 现有含 HCl 和 $CH_3COOH$ 的试液，欲测定其中 HCl 及 $CH_3COOH$ 的含量，试拟定分析方案。

4. 如何称取混合碱试样？如果样品是碳酸钠和碳酸氢钠的混合物，应如何测定其含量？

混合碱分析还可以采用氯化钡法：先准确称取试样 $m(g)$ 制成溶液后，以甲基橙为指示剂，用 0.1mol/L HCl 标准滴定溶液滴定至橙色，设消耗 HCl 溶液的体积为 $V_1$；再另取等质量的试样 $m(g)$，制成溶液后，加入过量 $BaCl_2$ 溶液。待 $BaCO_3$ 沉淀析出后，以酚酞作指示剂，用 0.1mol/L HCl 标准滴定溶液滴定至红色刚好褪色为终点。设消耗 HCl 溶液的体积为 $V_2$。根据 $V_1$ 和 $V_2$ 可以计算 NaOH、$Na_2CO_3$ 的含量。

## 实验十五　铵盐中氮含量的测定（甲醛法）

### 一、实验目的

1. 掌握甲醛法测定铵盐中氮含量的原理和方法。
2. 了解除去试剂中甲酸和试样中游离酸的方法。
3. 熟练滴定操作技术。

### 二、实验原理

常见的铵盐有硫酸铵、氯化铵、硝酸铵及碳酸氢铵等。在这些铵盐中，碳酸氢铵可用酸标准溶液直接滴定。其他铵盐如氯化铵、硝酸铵、硫酸铵中的 $NH_4^+$ 虽具有酸性但太弱（$K_a = 5.6 \times 10^{-10}$），不能用 NaOH 标准滴定溶液直接滴定。常用蒸馏法和甲醛法进行测定。

铵盐与甲醛反应，定量生成 $(CH_2)_6N_4H^+$（六亚甲基四胺的共轭酸）和 $H^+$，反应中生成的酸用 NaOH 标准滴定溶液滴定。以酚酞为指示液，滴定至浅粉红色 30s 不褪即为终点。反应如下

$$4NH_4^+ + 6HCHO \longrightarrow (CH_2)_6N_4H^+ + 3H^+ + 6H_2O$$

$$(CH_2)_6N_4H^+ + 3H^+ + 4OH^- \longrightarrow (CH_2)_6N_4 + 4H_2O$$

由于溶液中存在的六亚甲基四胺是一种很弱的碱（$K_b = 1.4 \times 10^{-9}$），化学计量点时，溶液的 pH 约为 8.7，故选酚酞作指示剂。

市售 40% 甲醛中含有少量的甲酸，使用前必须先以酚酞为指示剂，用氢氧化钠溶液中和，否则会使测定结果偏高。

一般情况下，化肥中常含有游离酸，应利用中和法除去。即以甲基红为指示剂，用氢氧化钠溶液中和。

应称取较多的试样，溶于容量瓶中（这样取样的方法称为取大样）。然后吸取部分溶液进行滴定，这是因为试样不均匀，多称取些试样，其测定结果就更具有代表性。

### 三、试剂

1. 氢氧化钠溶液（4g/L）。
2. 氢氧化钠标准滴定溶液，$c(NaOH) = 0.1mol/L$。
3. 酚酞指示液（10g/L 乙醇溶液）。
4. 甲基红指示液（1g/L 乙醇溶液）。
5. 硫酸铵试样。
6. 中性甲醛（1+1），以酚酞为指示剂，用 $c(NaOH) = 0.1mol/L$ NaOH 标准滴定溶液中和至呈淡粉红色，再用未中和的甲醛滴至刚好无色。

### 四、实验步骤

称取 1g 试样，称准至 0.0001g，置于 250mL 锥形瓶中，用 100～120mL 水溶解，加入

15mL甲醛溶液至试液中，再加入3滴酚酞指示剂溶液，混匀，放置5min，用0.5mol/L氢氧化钠标准溶液滴定至浅红色，经1min不消失（或滴定至pH计指示pH8.5）为终点。同时做空白试验。

取平行测定结果的算术平均值为测定结果，平行测定结果的绝对差值不大于0.06%；不同实验室测定结果的绝对差值不大于0.12%。

## 五、数据处理

$$w(N)=\frac{c(NaOH)(V-V_0)\times10^{-3}M(N)}{m\times\dfrac{25}{250}}\times100\%$$

式中　$c(NaOH)$——NaOH标准滴定溶液的浓度，mol/L；

$\qquad V_0$——空白实验滴定终点时消耗NaOH标准滴定溶液体积，mL；

$\qquad V$——酚酞作指示剂滴定终点时消耗NaOH标准滴定溶液体积，mL；

$\qquad M(N)$——N的摩尔质量，g/mol；

$\qquad m$——试样质量，g。

## 六、思考题

1. 弱酸或弱碱物质能被准确测定的条件是什么？本法测定铵盐中氮含量时，为什么不能用碱标准滴定溶液直接滴定？

2. 试液中加入甲醛溶液后，为什么要放置5min？

3. 试液中加入甲基红指示剂，如呈红色需用NaOH标准滴定溶液滴定至橙色，说明什么问题？

4. 本法中加入甲醛的作用是什么？为什么需使用中性甲醛？甲醛未经中和对测定结果有何影响？

5. 若试样为$NH_4NO_3$、$NH_4Cl$或$NH_4HCO_3$，是否都可以用本法测定？为什么？

6. 若用此法测定$NH_4NO_3$试样，所得结果以含氮量表示时，此含氮量中是否包括$NO_3^-$中的氮？

7. 甲醛中为什么常含有少量甲酸？

8. 如何计算铵盐试样中的氨含量？

9. 尿素$CO(NH_2)_2$能否用甲醛法测定，应如何测定？

10. 试样中若含有$Fe^{3+}$，对测定有什么影响？

11. 用NaOH标准溶液中和$(NH_4)_2SO_4$样品中的游离酸时，能否选酚酞作为指示剂？为什么？

 **相关链接**

甲醛法准确度稍差，其优点是简单快速，故在生产上应用较多。此法适用于单纯含$NH_4^+$样品（化肥）的含量测定。但样品中不能有钙镁或其他重金属离子存在。

甲醛法也可用于测定有机物中的氮，但需先将它转化为铵盐，然后再进行测定。

蒸馏法：在铵盐如$NH_4Cl$、$(NH_4)_2SO_4$等试样中加入过量碱，加热，使氨蒸馏出来。蒸出的氨用$H_3BO_3$溶液吸收。然后用标准酸溶液滴定硼酸吸收液。用甲基红-溴甲酚绿混合指示剂，终点为粉红色（绿-蓝灰色-粉红色）。

$NH_3$还可以用过量的酸标准溶液吸收，以甲基橙或甲基红为指示液，用碱标准滴定溶液回滴剩余的酸。

# 实验十六　饼干中 $Na_2CO_3$、$NaHCO_3$ 含量的测定

## 一、实验目的

1. 掌握双指示剂法测定饼干 $Na_2CO_3$、$NaHCO_3$ 含量的原理及方法。
2. 培养学生理论联系实际的应用能力。

## 二、实验原理

$Na_2CO_3$、$NaHCO_3$ 混合溶液用 HCl 标准滴定溶液滴定到第一化学计量点，pH 为 8.32，用酚酞或酚红百里酚蓝混合指示液。若用混合指示液并以相同浓度 $NaHCO_3$ 为参比液滴定，误差可达 0.5%。第二化学计量点 pH 为 3.89，用甲基橙为指示液。

反应式如下：

$$CO_3^{2-} + H^+ \longrightarrow HCO_3^-$$
$$HCO_3^- + H^+ \longrightarrow CO_2 + H_2O$$

## 三、试剂

1. HCl 标准滴定溶液，$c(HCl) = 0.1mol/L$。
2. 酚酞指示液（10g/L 乙醇溶液）。
3. 甲基橙指示液（1g/L 水溶液）。
4. 饼干试样。

## 四、实验步骤

准确称取 5.0g 饼干，用不含 $CO_2$ 的去离子水溶解，定量转移到 250mL 容量瓶中，并稀释至刻度，摇匀，静置。小心用移液管移取 50mL 上层清液（或滤液）于 250mL 锥形瓶中，加入酚酞指示液 3～5 滴，用 0.1mol/L HCl 标准滴定溶液滴定至淡粉色刚刚褪色。记录 HCl 标准滴定溶液消耗的体积 $V_1$；再加甲基橙指示剂 2 滴，继续用 HCl 标准滴定溶液滴定至橙色，记录 HCl 标准滴定溶液消耗的体积 $V_2$。

## 五、计算公式

$$w(Na_2CO_3) = \frac{c(HCl) \times 2V_1 \times 10^{-3} M\left(\frac{1}{2}Na_2CO_3\right)}{m \times \frac{25}{250}} \times 100\%$$

$$w(NaHCO_3) = \frac{c(HCl)(V_2 - V_1) \times 10^{-3} M(NaHCO_3)}{m \times \frac{25}{250}} \times 100\%$$

式中　$c(HCl)$——HCl 标准滴定溶液的浓度，mol/L；

　　　$V_1$——酚酞终点消耗 HCl 标准滴定溶液的体积，mL；

　　　$V_2$——甲基橙终点消耗 HCl 标准滴定溶液的体积，mL；

$M\left(\frac{1}{2}Na_2CO_3\right)$——$\frac{1}{2}Na_2CO_3$ 的摩尔质量，g/mol；

　$M(NaHCO_3)$——$NaHCO_3$ 的摩尔质量，g/mol。

## 六、思考题

1. 为什么要用不含 $CO_2$ 的去离子水溶解饼干试样？
2. $Na_2CO_3$、$NaHCO_3$ 含量的测定在饼干的质量检验中有何意义？

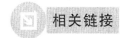

**相关链接**

　　膨松剂在饼干、糕点的加工中普遍应用。$NaHCO_3$ 是常用的碱性膨松剂，运用膨松剂使所加工的食品形成致密多孔组织而蓬松酥口。碳酸氢钠分解后残留碳酸钠，而使成品呈碱性，影响口味，使用不当还会使成品表面呈黄色斑点。因此，$Na_2CO_3$、$NaHCO_3$ 是饼干质量检验指标之一。

# 实验十七　阿司匹林药片中乙酰水杨酸含量的测定

## 一、实验目的

　　1. 掌握用酸碱滴定法测定乙酰水杨酸的原理和方法。

　　2. 学习试样的处理方法及中性乙醇溶液的配制。

　　3. 熟练滴定分析操作技术。

## 二、实验原理

　　阿司匹林（乙酰水杨酸）是常用的解热镇痛药，它属于芳酸酯类药物。在乙酰水杨酸的分子结构中含有羧基，可作为一元酸（$pK_a = 3.5$），故可用 NaOH 标准滴定溶液直接滴定，测定其含量。

　　反应式为：

$$\text{（苯环）—COOH／—OCOCH}_3 + \text{NaOH} \longrightarrow \text{（苯环）—COONa／—OCOCH}_3 + H_2O$$

　　乙酰水杨酸中的乙酰基很容易水解生成乙酸和水杨酸（$pK_{a_1} = 3.0$，$pK_{a_2} = 13.45$），由此反应可知，用 NaOH 标准溶液滴定时，NaOH 还会与其水解产物反应，使分析结果偏高。乙酰水杨酸的水解反应为：

$$\text{（苯环）—COOH／—OCOCH}_3 + H_2O \longrightarrow \text{（苯环）—COOH／—OH} + CH_3COOH$$

　　为防止乙酰基水解，可根据阿司匹林微溶于水、易溶于乙醇的性质，在中性乙醇溶液中（$10℃$时），用 NaOH 标准滴定溶液滴定可以得到满意的结果。

## 三、试剂

　　1. NaOH 标准滴定溶液，$c(\text{NaOH}) = 0.1\text{mol/L}$。

　　2. 酚酞指示液（10g/L 乙醇溶液）。

　　3. 乙醇（95%）。

　　4. 冰。

　　5. 阿司匹林试样。

## 四、实验步骤

　　1. 试样的准备：将阿司匹林药片在研钵中研细后精确称量 1g，置于洁净干燥的 250mL 锥形瓶中。

　　2. 中性乙醇溶液的配制：量取 60mL 的乙醇溶液于烧杯中，加 1～2 滴酚酞指示液，用 0.1mol/L NaOH 标准滴定溶液滴至微红色，盖上表面皿，将此中性乙醇溶液冷至 10℃ 以下备用。

　　3. 乙酰水杨酸含量的测定：量取 20mL 冷的中性乙醇溶液于上述称好试样的锥形瓶中，使试样充分溶解，在低于 10℃ 的温度下，用 0.1mol/L NaOH 标准滴定溶液滴定到微红色，30s 不褪色即为终点。平行测定 3 次，计算药片中乙酰水杨酸的含量。

## 五、数据处理

$$w(乙酰水杨酸) = \dfrac{c(NaOH)V(NaOH) \times 10^{-3} \times M\left(\begin{smallmatrix} \text{—COOH} \\ \text{—OCOCH}_3 \end{smallmatrix}\right)}{m} \times 100\%$$

式中      $c(NaOH)$——NaOH 标准滴定溶液的浓度，mol/L；

        $V(NaOH)$——NaOH 标准滴定溶液消耗的体积，mL；

$M\left(\begin{smallmatrix} \text{—COOH} \\ \text{—OCOCH}_3 \end{smallmatrix}\right)$——乙酰水杨酸的摩尔质量，g/mol；

        $m$——阿司匹林试样的质量，g。

## 六、注意事项

该实验控制温度是关键。可将装有中性乙醇溶液的烧杯放入盛有冰块的大烧杯中，以控制实验温度。

## 七、思考题

1. 阿司匹林药片研细，准确称取后为什么要放在干燥的锥形瓶中？如锥形瓶中有水会有什么影响？

2. 量取 20mL 冷的中性乙醇溶液，应选用何种容器？

3. 实验步骤中每份试样称取 1g，是怎样求得的？如果称取的是乙酰水杨酸纯试样则应称取多少克？

4. 若阿司匹林水解后，用 NaOH 标准溶液滴定时结果偏高，为什么？

> **相关链接**

乙酰水杨酸在干燥空气中稳定，在潮湿空气中缓缓水解成水杨酸和乙酸。能溶于乙醇、乙醚和氯仿，微溶于水，在氢氧化碱溶液或碳酸碱溶液中能溶解，但同时分解。

乙酰水杨酸（阿司匹林）用于治疗发热、头痛、神经痛、肌肉痛、风湿热、急性风湿性关节炎及类风湿性关节炎。还可用于治疗痛风，预防心肌梗死、动脉血栓、动脉粥样硬化等。

目前合成阿司匹林方法主要有：酸催化法、碱催化法、无机氧化物及盐类催化法、分子筛催化法、维生素 C 催化法。其中以浓硫酸为催化剂合成阿司匹林，操作简单，收率也高。其流程如下：

$$\boxed{\text{水杨酸，醋酸酐}} \xrightarrow[2\text{min}]{\text{浓硫酸摇匀}} \xrightarrow[\text{左右}]{70℃} \xrightarrow[15\text{min}]{\text{冷却}} \xrightarrow[\text{洗涤}]{\text{抽滤}} \boxed{\text{粗产物}} \xrightarrow[\text{沸石}]{\text{乙酸乙酯}} \xrightarrow[\text{回流}]{\text{加热}} \xrightarrow{\text{趁热过滤}} \xrightarrow[\text{抽滤}]{\text{冷却}} \xrightarrow[\text{干燥}]{\text{洗涤}}$$

$$\boxed{\text{乙酰水杨酸}} \longrightarrow \text{测熔点}$$

# 实验十八   蛋壳中碳酸钙含量的测定

## 一、实验目的

1. 了解试样的处理方法（如粉碎，过筛等）。

2. 掌握返滴定的测定原理和方法。

3. 熟练滴定分析操作技术。

## 二、实验原理

蛋壳的主要成分为 $CaCO_3$，将其研碎并加入已知浓度的过量 HCl 标准溶液，即发生下述反应：

$$CaCO_3 + 2H^+ \longrightarrow Ca^{2+} + CO_2\uparrow + H_2O$$

过量的 HCl 溶液用 NaOH 标准溶液返滴定，由加入 HCl 的物质的量与返滴定所消耗的

NaOH 的物质的量之差，即可求得试样中 CaCO$_3$ 的含量。

### 三、试剂

1. HCl 标准滴定溶液 $c(HCl)$ ＝0.1mol/L。
2. NaOH 标准滴定溶液 $c(NaOH)$ ＝0.1mol/L。
3. 甲基橙（1g/L）。

### 四、实验步骤

将蛋壳去内膜并洗净，烘干后研碎，使其通过 80～100 目的标准筛，准确称取 3 份 0.1g 此试样，分别置于 250mL 锥形瓶中，用滴定管逐滴加入 HCl 标准溶液 40.00mL 并放置 30min。加入甲基橙指示剂，以 NaOH 标准滴定溶液返滴定其中过量的 HCl 至溶液由红色刚刚变为黄色即为终点。计算蛋壳试样中 CaCO$_3$ 的质量分数。

### 五、数据处理

$$w(CaCO_3) = \frac{\left[c(HCl)V(HCl) - c(NaOH)V(NaOH)\right] \times 10^{-3} M\left(\frac{1}{2}CaCO_3\right)}{m} \times 100\%$$

式中　$c(HCl)$——HCl 标准滴定溶液的浓度，mol/L；

$\quad\quad V(HCl)$——HCl 标准滴定溶液消耗的体积，mL；

$\quad c(NaOH)$——NaOH 标准滴定溶液的浓度，mol/L；

$\quad V(NaOH)$——NaOH 标准滴定溶液消耗的体积，mL；

$M\left(\frac{1}{2}CaCO_3\right)$——$\frac{1}{2}CaCO_3$ 的摩尔质量，g/mol；

$\quad\quad m$——蛋壳试样的质量，g。

### 六、思考题

1. 研碎后的蛋壳试样为什么要通过标准筛？
2. 为什么向试样中加入 HCl 溶液时要逐滴加入？加入 HCl 溶液后为什么要放置 30min 后再以 NaOH 返滴定？
3. 本实验能否使用酚酞指示剂？

 相关链接

蛋壳粉的综合利用：因为蛋壳粉含钙高达 34.9%、磷 2.2%，并含有粗蛋白 12%。所以可用于生产食品用钙强化剂。如制成柠檬酸钙、乳酸钙等。由于原料是无毒的生物组织，所以生产工艺比较简单，产品质量好，杂质含量少。

蛋壳在日常生活中还有许多妙用呢！如新鲜蛋壳中的蛋白与水的混合液，可以用来擦玻璃或家具，能增加光泽；将碎蛋壳和醋一同放入带有污垢的瓶子里用力摇动，即可将污垢去掉；将蛋壳放置在花木植穴的四周，能供给花木根部养分，对花木生长起促进作用。

## 实验十九　硼酸纯度的测定（强化法）

### 一、实验目的

1. 掌握强化法测定硼酸的原理和方法。
2. 熟悉硼酸试样的干燥方法。
3. 熟练滴定分析操作技术。

### 二、实验原理

硼酸是一种极弱的酸（$K_a = 5.7 \times 10^{-10}$），因此不能直接用 NaOH 标准溶液滴定。但硼

酸能与一些多元醇如甘油（丙三醇）、甘露醇等配位而生成较强的配位酸，这种配位酸的离解常数为 $10^{-6}$ 左右，因此就可以用碱标准滴定溶液滴定。

甘油和硼酸反应如下：

$$2 \begin{array}{c} H_2C-OH \\ HC-OH \\ H_2C-OH \end{array} + H_3BO_3 \longrightarrow H \left[ \begin{array}{c} H_2C-O \\ HC-O \end{array} B \begin{array}{c} O-CH_2 \\ O-CH \\ H_2C-OH \ HO-CH_2 \end{array} \right] + 3H_2O$$

滴定反应为：

$$H \left[ \begin{array}{c} H_2C-O \\ HC-O \end{array} B \begin{array}{c} O-CH_2 \\ O-CH \\ H_2C-OH \ HO-CH_2 \end{array} \right] + NaOH \longrightarrow Na \left[ \begin{array}{c} H_2C-O \\ HC-O \end{array} B \begin{array}{c} O-CH_2 \\ O-CH \\ H_2C-OH \ HO-CH_2 \end{array} \right] + H_2O$$

化学计量点时 pH 为 9 左右，可用酚酞或百里酚酞作指示剂。

### 三、试剂

1. NaOH 标准滴定溶液，$c(NaOH) = 0.1mol/L$。

2. 酚酞指示剂液（10g/L 乙醇溶液）。

3. 中性甘油：甘油与水按 1+1 体积比混合，用胶帽滴管吸取几滴保留。在混合液中加 2 滴酚酞指示液，用 NaOH 标准滴定溶液滴至淡粉红色，再用中性甘油混合液滴至恰好无色，备用。

4. 硼酸试样。

### 四、实验步骤

准确称取硼酸试样 0.2g（预先置硫酸干燥器中干燥），加入中性甘油 20mL，微热使其溶解，迅速放冷至室温，加酚酞指示液 2 滴，用 $c(NaOH)=0.1mol/L$ NaOH 标准滴定溶液滴至溶液显浅粉红色，再加 3mL 中性甘油，粉红色不消失即为终点。平行测定 3 次。（国标方法是用 NaOH 标准滴定溶液电位滴定至 pH 为 9.0）。

### 五、数据处理

$$w(H_3BO_3) = \frac{c(NaOH)V(NaOH) \times 10^{-3} M(H_3BO_3)}{m} \times 100\%$$

式中　$c(NaOH)$——NaOH 标准滴定溶液浓度，mol/L；

$\quad V(NaOH)$——NaOH 标准滴定溶液体积，mL；

$\quad M(H_3BO_3)$——$H_3BO_3$ 摩尔质量，g/mol；

$\quad m$——试样质量，g。

### 六、注意事项

加入 3mL 中性甘油后，如浅粉红色消失，需继续滴定。再加甘油混合液，反复操作至溶液浅粉红色不再消失为止，通常加两次甘油即可。

### 七、思考题

1. $H_3BO_3$ 能否直接用 NaOH 标准滴定溶液滴定？本实验为什么叫强化法？

2. 除甘油外，还有哪些物质能使 $H_3BO_3$ 强化？

3. 使 $H_3BO_3$ 强化为什么需使用中性甘油？怎样制得中性甘油？

4. 本实验中用 NaOH 标准溶液滴至溶液显淡粉色后，为什么还要再加 5mL 中性甘油，以浅粉红色不消失为终点？

5. 比较下列两种操作方法，说明哪种操作分析结果是正确的？为什么？

(1) 以酚酞作指示剂，用 NaOH 标准滴定溶液滴定 0.1mol/L 的 $H_3BO_3$ 溶液 10.00mL。

（2）移取 0.1mol/L 的 $H_3BO_3$ 溶液 10.00mL，加 10mL 水、10mL 中性甘油，加热、放冷，加 3 滴酚酞指示液，用 NaOH 标准滴定溶液滴至微红色不再消失。

 **相关链接**

常温下，硼酸为白色鳞片状晶体，微溶于冷水，在热水中溶解度明显增大，是由于温度升高硼酸中的部分氢键断裂所致。硼酸大量用于搪瓷和玻璃工业，还可以作防腐剂、医药消毒剂、润滑剂等。

# 实验二十　二氧化硅含量测定（氟硅酸钾滴定法）

## 一、实验目的

1. 掌握氟硅酸钾法测定二氧化硅含量的原理。
2. 学习沉淀、过滤、洗涤操作技术。

## 二、实验原理

硅酸盐试样用氢氧化钾在银坩埚（或镍坩埚）中熔融分解。使难溶性硅酸盐转化为易溶性硅酸盐。在酸（硝酸）性溶液中，偏硅酸钾与氢氟酸作用，生成六氟硅酸钾沉淀。沉淀经过滤、洗涤，再水解。水解产物氢氟酸用氢氧化钠标准滴定溶液滴定。

反应式为：

$$SiO_2 + 2KOH \longrightarrow K_2SiO_3 + H_2O$$
$$K_2SiO_3 + 6KF + 6HNO_3 \longrightarrow 6KNO_3 + K_2SiF_6 \downarrow + 3H_2O$$
$$K_2SiF_6 + 3H_2O \longrightarrow 2KF + H_2SiO_3 + 4HF$$
$$HF + NaOH \longrightarrow NaF + H_2O$$

## 三、试剂

1. 乙醇（95%）。
2. 氢氧化钾（固体）。
3. 硝酸（1.42g/mL）。
4. 氯化钾（固体）。
5. 氟化钾溶液（15%）：称取 15g 氟化钾于烧杯中，用蒸馏水溶解并稀释至 100mL，保存在塑料瓶。
6. 氯化钾乙醇溶液（5%）：称取 5g 氯化钾溶于 50mL 蒸馏水中，再加 95% 的乙醇 50mL。
7. 溴麝香草酚蓝-酚红混合指示液（0.1%）：称取溴麝香草酚蓝和酚红指示液各 50mg，溶于 100mL20% 乙醇中混匀，滴加 0.1mol/L 氢氧化钠溶液，致使混合指示液呈紫红色。
8. 氢氧化钠标准滴定溶液 $c(\text{NaOH}) = 0.2\text{mol/L}$。

## 四、实验步骤

称取 2.5g 粒状氢氧化钾置于银坩埚中，再准确称取硅酸盐试样 0.1～0.2g（准确至 0.0002g）置于银坩埚中的氢氧化钾之上，滴加 2～3 滴无水乙醇，盖上坩埚盖，稍留缝隙，置于具备保温套的电炉（或高温炉中）上低温熔融 10min，再把温度升至 600～650℃ 熔融 3～5min（熔融过程中要经常摇动坩埚）。当试样熔好后，取下坩埚并使之旋转致使熔融物附着于坩埚内壁。冷却后，取下坩埚盖，坩埚中的熔融物用少量蒸馏水浸取，并小心地移入 300mL 塑料烧杯中，用蒸馏水洗净银坩埚与坩埚盖，把洗液全部移入塑料烧杯中，沿杯壁一次加入 17mL 浓硝酸，此时试液体积约为 40mL，冷至室温，加入 1～2g 氯化钾，用塑料棒搅拌，再缓慢加入 15% 氟化钾 10mL，搅拌 1min，静置 3～5min。用塑料漏斗以快速滤纸过滤，用氯化钾乙醇溶液（5%）洗涤塑料烧杯及过滤 2～3 次。

将沉淀连同滤纸移入原塑料烧杯中，沿杯壁内周加入 5% 氯化钾-乙醇溶液 10mL，再加溴麝香草酚蓝-酚红混合指示液 10～15 滴，仔细、迅速地滴加 0.2mol/L 的氢氧化钠溶液中和沉淀、滤纸及杯壁上的残留酸，边滴边搅拌，擦洗杯壁捣碎滤纸至紫红色出现不再消失为止，立即加入经中和过的沸蒸馏水 200～250mL，再补加溴麝香草酚蓝-酚红混合指示液 5～10 滴，用 0.2mol/L 的氢氧化钠标准滴定溶液滴定至试液由黄色变为微紫红不消失即为终点。记录消耗氢氧化钠标准滴定溶液的体积。

### 五、数据处理

$$w(SiO_2) = \frac{c(NaOH)V(NaOH) \times 10^{-3} M\left(\frac{1}{4}SiO_2\right)}{m} \times 100\%$$

式中  $c(NaOH)$——氢氧化钠标准滴定溶液浓度，mol/L；

$\quad\quad V(NaOH)$——滴定时消耗氢氧化钠标准滴定溶液的体积，mL；

$\quad\quad m$——试样的质量，g；

$M\left(\frac{1}{4}SiO_2\right)$—— $\frac{1}{4}SiO_2$ 的摩尔质量，g/mol。

### 六、注意事项

1. 为了使 $K_2SiF_6$ 定量地沉淀，除保证有适当过量的 $K^+$、$F^-$ 外，酸度对 $K_2SiF_6$ 沉淀影响较大，当沉淀酸度（硝酸环境）大于 3mol/L 时，$K_2SiF_6$ 溶解增大，沉淀不完全，使结果偏低；当沉淀酸度小于 3mol/L 时，沉淀虽然完全，但有 $K_3AlF_6$ 沉淀产生，致使结果偏高。所以要使 $K_2SiF_6$ 定量沉淀而其他离子不产生沉淀，酸度最好维持在 3mol/L 左右的硝酸环境中，能得到满意的结果。

2. 中和游离酸是实验的关键，要把沉淀纸、杯壁所带的游离酸中和完全，但不能产生局部过浓现象，因为碱局部过浓，会使 $K_2SiF_6$ 分解，致使结果偏低。

3. $K_2SiF_6$ 水解反应是吸热反应，所以水解温度必须大于 70℃。温度低于 70℃，水解不完全；滴定终点温度高于 90℃，混合指示液的颜色变化不明显，即指示不灵敏，终点难于观察，易滴过终点至结果偏高。

4. 铝干扰测定，在本操作中采用钾盐不用钠盐，用硝酸而不用盐酸，这样操作中就能消除铝的干扰。因为 $K_3AlF_6$ 在盐酸中溶解度小，在硝酸中溶解度大，而 $Na_3AlF_6$ 在硝酸中溶解度小于 $K_3AlF_6$。所以，在操作中不要引入钠盐，在 3mol/L 硝酸中进行沉淀就能消除铝的干扰。

5. 因为 $K_2SiF_6$ 水解产物有 $HF(K_a = 6.6 \times 10^{-4})$ 和 $H_2SiO_3$（$K_{a_1} = 1.7 \times 10^{-10}$，$K_{a_2} = 1.6 \times 10^{-12}$），用氢氧化钠滴定时 HF 首先被滴定，化学计量点 pH=7.5～8.3，而 $H_2SiO_3$ 在 pH>8 时才开始被滴定，因此最好选用 pH=7.5～8 的变色点的指示剂，可消除硅酸对滴定的干扰。所以，通常选用溴麝香草酚蓝-酚红指示剂。当指示剂在酸性中为黄色，pH=7.2时为绿色，pH=7.5 为紫色，所以用碱滴定时试液为紫色即为终点。

6. 试液中加入浓硝酸时会产生硅胶白色沉淀。当加入氟化钾后硅胶很快就会转变为 $K_2SiF_6$ 沉淀，对测定无影响。

7. 本次实验用浓 $HNO_3$ 要注意安全。

### 七、思考题

1. 硅酸盐试样用氢氧化钾熔融时，为什么要在银坩埚或镍坩埚中进行？

2. 为什么加入固体 KCl 后，要用塑料棒搅拌，静置后再用塑料漏斗过滤？

3. 为什么在该实验中，采用钾盐而不用钠盐，用硝酸而不用盐酸？

4. 该实验的关键操作是什么？

5. 控制酸度最好维持在 3mol/L 左右的硝酸环境中，有何意义？

 **相关链接**

硅酸盐是硅酸盐类的总称，二氧化硅是硅酸盐的主要成分。天然硅酸盐包括硅酸岩石和硅酸盐矿物等，它在自然界分布较广，约占地壳量的四分之三。在工业上常见的有滑石、云母、石棉、黏土等。人造硅酸盐指以天然硅酸盐为原料，经加工而制得的工业产品，如水玻璃、玻璃、陶瓷、水泥、耐火材料等。硅酸盐的分析就是对其中二氧化硅和金属氧化物的分析。

# 实验二十一　食醋中总酸度的测定（设计实验）

## 一、实验目的

1. 巩固所学的基础理论知识、基本操作技能和基本实验方法。

2. 考查学生对所学知识的运用能力。

## 二、设计实验要求

1. 实验原理（反应式、测定方法、滴定方式、指示剂及终点现象）。

2. 需用的仪器（规格、数量）、试剂（浓度及配制方法）。

3. 实验步骤。

4. 结果计算。

5. 实验数据处理（列表），并求平均偏差。

要求独立完成实验，并对实验结果加以讨论，完成实验报告。

## 三、注意事项

1. 食醋的主要组分是乙酸，此外还含有少量其他弱酸如乳酸等。以酚酞作指示剂，用 NaOH 标准溶液滴定，测出的是食醋中的总酸量，以乙酸（g/100mL）来表示。

2. 食醋中乙酸的含量一般为 3%～5%，浓度较大时，滴定前要适当稀释。稀释会使食醋本身颜色变浅，便于观察终点颜色变化。也可以选择白醋作试样。

3. $CO_2$ 的存在干扰测定，因此稀释食醋试样用的蒸馏水应经过煮沸。

# 实验二十二　醋酸钠含量的测定（非水滴定）

## 一、实验目的

1. 掌握弱碱物质的非水滴定原理。

2. 掌握非水滴定用结晶紫作指示剂判断终点。

3. 掌握高氯酸标准滴定溶液的配制和标定方法。

## 二、实验原理

许多弱酸、弱碱，当它们的 $cK_a < 10^{-8}$ 或 $cK_b < 10^{-8}$ 时，不能直接滴定。有些有机酸或碱在水中溶解度很小，也不能直接滴定。为了解决这些问题，可以采用非水滴定，如乙酸钠在水溶液中是一种很弱的碱（$K_b = 5.6 \times 10^{-10}$），无法用酸标准滴定溶液直接滴定测其含量，但以冰醋酸作为溶剂，用高氯酸为滴定剂，结晶紫（或甲基紫）为指示剂，则能准确滴定。

由溶液紫色消失，初现蓝色为终点。在冰醋酸中高氯酸的酸性最强，所以常用高氯酸的冰醋酸溶液作标准滴定溶液。

由于 $HClO_4$ 的浓溶液仅含 $HClO_4$ 70%～72%，还含有不少水分，水的存在影响质子的转移，也影响滴定终点的观察，因此在配制标准溶液时应加入一定量的醋酐以除去水分。

$HClO_4$ 的冰醋酸溶液可用邻苯二甲酸氢钾作基准物，在冰醋酸溶液中进行标定。

反应式为：

标定时以甲基紫或结晶紫为指示剂，由紫色变蓝色为滴定终点。

### 三、试剂

1. 高氯酸-冰醋酸标准滴定溶液，$c(HClO_4)＝0.1mol/L$。
2. 结晶紫-冰醋酸溶液（5g/L）。
3. 冰醋酸。
4. 邻苯二甲酸氢钾（基准物质）。
5. 无水 NaAc 试样。

### 四、实验步骤

1. $c(HClO_4)＝0.1mol/L$ 高氯酸-冰醋酸标准滴定溶液的配制。量取 2mL 高氯酸，在搅拌下注入 125mL 冰醋酸中，混匀。在室温下滴加 5mL 醋酸酐，搅拌至溶液均匀。冷却后用冰醋酸稀释至 250mL，摇匀。

2. 高氯酸-冰醋酸标准滴定溶液标定。准确称取 0.4g 于 105～110℃烘至恒重的基准物质邻苯二甲酸氢钾，置于干燥锥形瓶中，加入 17mL 冰醋酸，温热溶解。加 1～2 滴结晶紫指示剂，用配好的高氯酸溶液滴定至溶液由紫色变为蓝色（微带紫色）为终点，记录高氯酸-冰醋酸溶液体积。

3. 醋酸钠含量的测定

准确称取 0.2g 无水 NaAc 试样，置于洁净且干燥的锥形瓶中。加入 20mL 冰醋酸，温热使之溶解，冷却至室温，加入 1～2 滴结晶紫指示剂，用高氯酸-冰醋酸标准滴定溶液滴定。当溶液紫色消失，刚好出现蓝色为终点，记录标准滴定溶液消耗的体积。平行测定 3 次，计算试样中醋酸钠的含量。

### 五、数据处理

$$w(NaAc)=\frac{c(HClO_4)V(HClO_4)\times10^{-3}M(NaAc)}{m}\times100\%$$

式中　$c(HClO_4)$——高氯酸-冰醋酸标准滴定溶液浓度，mol/L；

　　　$V(HClO_4)$——滴定时消耗高氯酸-冰醋酸标准滴定溶液体积，mL；

　　　$M(NaAc)$——NaAc 的摩尔质量，g/mol；

　　　$m$——NaAc 试样的质量，g。

### 六、注意事项

1. 标定高氯酸-冰醋酸标准滴定溶液时的温度应与使用该标准溶液滴定时的温度相同。
2. 非水滴定过程中不能带入水。烧杯、量筒等仪器均要干燥。
3. 终点观察要准确，紫色消失刚好出现蓝色时为滴定终点。但其蓝色要稳定，如果出现绿色，则滴定过量。

### 七、思考题

1. 配制高氯酸-冰醋酸滴定剂为什么要加入醋酐？加入醋酐时有何现象？需如何加入？

2.说明 NaAc 在水溶液中不能用酸碱滴定法测其含量，但可采用非水滴定法测定的原理。

3.非水滴定过程中，如带入水分，会有哪些影响？

 **相关链接**

醋酸钠主要用于印染工业、医药、照相、电镀、化学试剂及有机合成，专用于热水袋、热宝、暖脚宝、暖水袋、电热水袋、固体酒精的生产，也可用作酯化剂、防腐剂，鞣革、照相 X 射线底片定影剂及电镀等原料。

## 职业技能鉴定模拟题

**一、判断题**

1.强酸滴定弱碱达到化学计量点时 pH＞7。（　　）

2.电离平衡常数 $K_a$ 和 $K_b$ 的大小与弱电解质的浓度有关，浓度越小，$K_a$ 或 $K_b$ 越大。（　　）

3.在一定温度下弱酸、弱碱的解离平衡常数不随弱电解质浓度变化而变化。（　　）

4.酸平衡常数除了受温度的影响以外还受浓度的影响。（　　）

5.在纯水中加入一些酸，则溶液中的 $c(OH^-)$ 与 $c(H^+)$ 的乘积增大了。（　　）

6.弱酸的电离度越大，其酸性越强。（　　）

7.HCl 溶解于水中表现为强酸性，而溶解于冰醋酸中却表现为弱酸性。（　　）

8.氨溶解于水中表现为弱碱性，而溶解于冰醋酸中仍表现为弱碱性。（　　）

9.已知在一定温度下，HAc 的 $K_a=1.8\times10^{-5}$，则 0.1mol/L HAc 溶液的 pH 为 2.54。（　　）

10.$c(H_2C_2O_4)=1.0$mol/L 的 $H_2C_2O_4$ 溶液，其氢离子浓度为 2.0mol/L。（　　）

11.NaAc 溶解于水中，溶液的 pH 大于 7。（　　）

12.用 0.1000mol/L NaOH 溶液滴定 0.1000mol/L HAc 溶液，化学计量点时溶液的 pH 小于 7。（　　）

13.盐酸标准滴定溶液可用精制的草酸标定。（　　）

14.多元酸能否分步滴定，可从其二级浓度常数 $K_{a_1}$ 与 $K_{a_2}$ 的比值判断，当 $K_{a_1}/K_{a_2}>10^5$ 时，可基本断定能分步滴定。（　　）

15.强酸滴定弱碱时，只有当 $cK_a\geq10^{-8}$，此弱碱才能用标准酸溶液直接目视滴定。（　　）

16.$H_2C_2O_4$ 的两步离解常数为 $K_{a_1}=5.6\times10^{-2}$，$K_{a_2}=5.1\times10^{-5}$，因此不能分步滴定。（　　）

17.用标准溶液 HCl 滴定 $CaCO_3$ 时，在化学计量点时，$n(CaCO_3)=2n(HCl)$。（　　）

18.双指示剂法测定混合碱含量，已知试样消耗标准滴定溶液盐酸的体积 $V_1>V_2$，则混合碱的组成为 $Na_2CO_3+NaOH$。（　　）

19.用双指示剂法分析混合碱时，如其组成是纯的 $Na_2CO_3$ 则 HCl 消耗量 $V_1$ 和 $V_2$ 的关系是 $V_1>V_2$。（　　）

20.双指示剂法测混合碱的特点是变色范围窄、变色敏锐。（　　）

21.酸碱溶液浓度越小，滴定曲线化学计量点附近的滴定突跃越大，可供选择的指示剂越多。（　　）

22.在酸碱质子理论中，$NH_3$ 的共轭酸是 $NH_4^+$。（　　）

23.根据酸碱质子理论，只要能给出质子的物质就是酸，只要能接受质子的物质就是碱。（　　）

24.酸碱质子理论中接受质子的是酸。（　　）

25.酸碱质子理论认为，$H_2O$ 既是一种酸，又是一种碱。（　　）

26.在水溶液中无法区别盐酸和硝酸的强弱。（　　）

27.非水滴定中，$H_2O$ 是 HCl、$H_2SO_4$、$HNO_3$ 等的拉平性溶剂。（　　）

28.非水溶液酸碱滴定时，溶剂若为碱性，所用的指示剂可以是中性红。（　　）

29.酸碱滴定法测定有机弱碱，当碱性很弱（$K_b<10^{-8}$）时可采用非水溶剂。（　　）

30.酸碱滴定中有时需要用颜色变化明显的、变色范围较窄的指示剂即混合指示剂。（　　）

31.酸碱物质有几级电离，就有几个突跃。（　　）

二、选择题

1. 已知 $K_b(NH_3) = 1.8 \times 10^{-5}$，则其共轭酸的 $K_a$ 值为（    ）。
   A. $1.8 \times 10^{-9}$    B. $1.8 \times 10^{-10}$    C. $5.6 \times 10^{-10}$    D. $5.6 \times 10^{-5}$

2. 测得某种新合成的有机酸的 $pK_a$ 值为 12.35，其 $K_a$ 值应表示为（    ）。
   A. $4.467 \times 10^{-13}$    B. $4.5 \times 10^{-13}$    C. $4.46 \times 10^{-13}$    D. $4.4666 \times 10^{-13}$

3. 已知 $H_3PO_4$ 的 $pK_{a_1}$，$pK_{a_2}$，$pK_{a_3}$ 分别为 2.12，7.20，12.36，则 $PO_4^{3-}$ 的 $pK_b$ 为（    ）。
   A. 11.88    B. 6.80    C. 1.74    D. 2.12

4. 用 0.1mol/L HCl 滴定 0.1mol/L NaOH 时的 pH 突跃范围是 9.7～4.3，用 0.01mol/L HCl 滴定 0.01mol/L NaOH 的 pH 突跃范围是（    ）。
   A. 9.7～4.3    B. 8.7～4.3    C. 8.7～5.3    D. 10.7～3.3

5. 0.1mol/L 的下列溶液中，酸性最强的是（    ）。
   A. $H_3BO_3$（$K_a = 5.8 \times 10^{-10}$）      B. $NH_3 \cdot H_2O$（$K_b = 1.8 \times 10^{-5}$）
   C. 苯酚（$K_a = 1.1 \times 10^{-10}$）      D. HAc（$K_a = 1.8 \times 10^{-5}$）

6. pH=5 和 pH=3 的两种盐酸以 1+2 体积比混合，混合溶液的 pH 是（    ）。
   A. 3.17    B. 10.1    C. 5.3    D. 8.2

7. 若以冰醋酸作溶剂，四种酸：（1）$HClO_4$；（2）$HNO_3$；（3）HCl；（4）$H_2SO_4$ 的强度顺序应为（    ）。
   A. 2，4，1，3    B. 1，4，3，2    C. 4，2，3，1    D. 3，2，4，1

8. 物质的量浓度相同的下列阴离子的水溶液，（    ）碱性最强。
   A. $CN^-$（$K_{HCN} = 6.2 \times 10^{-10}$）      B. $S^{2-}$（$K_{HS^-} = 7.1 \times 10^{-15}$，$K_{H_2S} = 1.3 \times 10^{-7}$）
   C. $HCOO^-$（$K_{HCOOH} = 1.7 \times 10^{-4}$）      D. $CH_3COO^-$（$K_{HAc} = 1.8 \times 10^{-5}$）

9. 物质的量浓度相同的下列物质的水溶液，其 pH 最高的是（    ）。
   A. $Na_2CO_3$    B. NaAc    C. $NH_4Cl$    D. NaCl

10. 将 0.2mol/L HA（$K_a = 1.0 \times 10^{-5}$）与 0.2mol/L HB（$K_a = 1.0 \times 10^{-9}$）等体积混合，混合后溶液的 pH 为（    ）。
    A. 3.00    B. 3.15    C. 3.30    D. 4.15

11. pH=3，$K_a = 6.2 \times 10^{-5}$ 的某弱酸溶液，其酸的浓度 $c$ 为（    ）。
    A. 16.1mol/L    B. 0.2mol/L    C. 0.1mol/L    D. 0.02mol/L

12. 0.10mol/L 的 HAc 溶液的 pH 为（    ）。（$K_a = 1.8 \times 10^{-5}$）
    A. 4.74    B. 2.88    C. 5.30    D. 1.80

13. 若弱酸 HA 的 $K_a = 1.0 \times 10^{-5}$，则其 0.10mol/L 溶液的 pH 为（    ）。
    A. 2.00    B. 3.00    C. 5.00    D. 6.00

14. 人体血液的 pH 总是维持在 7.35～7.45，这是由于（    ）。
    A. 人体内含有大量水分      B. 血液中的 $HCO_3^-$ 和 $H_2CO_3$ 起缓冲作用
    C. 血液中含有一定量的 $Na^+$    D. 血液中含有一定量的 $O_2$

15. 用 0.1000mol/L HCl 滴定 30.00mL 同浓度的某一元弱碱溶液，当加入滴定剂的体积为 15.00mL 时，pH 为 8.7，则该一元弱碱的 $pK_b$ 是（    ）。
    A. 5.3    B. 8.7    C. 4.3    D. 10.7

16. $K_b = 1.8 \times 10^{-5}$，计算 0.1mol/L $NH_3$ 溶液的 pH（    ）。
    A. 2.87    B. 2.22    C. 11.13    D. 11.78

17. 某弱碱 MOH 的 $K_b = 1 \times 10^{-5}$，则其 0.1mol/L 水溶液的 pH 为（    ）。
    A. 3.0    B. 5.0    C. 9.0    D. 11.0

18. $NH_4^+$ 的 $K_a = 1 \times 10^{-9.26}$，则 0.10mol/L $NH_3$ 水溶液的 pH 为（    ）。
    A. 9.26    B. 11.13    C. 4.74    D. 2.87

19. 0.083mol/L 的 HAc 溶液的 pH 是（    ）。（$pK_{a,HAc} = 4.76$）
    A. 2.0    B. 2.9    C. 2.00    D. 2.92

20. $0.04mol/L$ $H_2CO_3$ 溶液的 pH 为（　　）。（$K_{a_1}=4.3\times10^{-7}$，$K_{a_2}=5.6\times10^{-11}$）

A. 4.73　　B. 5.61　　C. 3.89　　D. 7.00

21. $H_2C_2O_4$ 的 $K_{a_1}=5.9\times10^{-2}$，$K_{a_2}=6.4\times10^{-5}$，则其 $0.10mol/L$ 溶液的 pH 为（　　）。

A. 2.71　　B. 1.11　　C. 12.89　　D. 11.29

22. $0.1mol/L$ $NH_4Cl$ 溶液的 pH 为（　　）。（氨水的 $K_b=1.8\times10^{-5}$）

A. 5.13　　B. 6.13　　C. 6.87　　D. 7.0

23. 用 $c(HCl)=0.1mol/L$ HCl 溶液滴定 $c(NH_3)=0.1mol/L$ 氨水溶液化学计量点时溶液的 pH 为（　　）。

A. 等于 7.0　　B. 小于 7.0　　C. 等于 8.0　　D. 大于 7.0

24. 用 $0.1mol/L$ NaOH 滴定 $0.1mol/L$ HAc（$pK_a=4.7$）时的 pH 突跃范围为 7.7～9.7，由此可以推断用 $0.1mol/L$ NaOH 滴定 $pK_a$ 为 3.7 的 $0.1mol/L$ 某一元酸的 pH 突跃范围为（　　）。

A. 6.7～8.7　　B. 6.7～9.7　　C. 8.7～10.7　　D. 7.7～10.7

25. 用酸碱滴定法测定工业醋酸中的乙酸含量，应选择的指示剂是（　　）。

A. 酚酞　　B. 甲基橙　　C. 甲基红　　D. 甲基红-亚甲基蓝

26. 已知 $0.1mol/L$ 一元弱酸 HR 溶液的 pH=5.0，则 $0.1mol/L$ 共轭碱 NaR 溶液的 pH 为（　　）。

A. 9.0　　B. 10.0　　C. 11.0　　D. 12.0

27. 已知 $0.10mol/L$ 一元弱酸 HB 溶液的 pH=3.0，则 $0.10mol/L$ 共轭碱 NaB 溶液的 pH 是（　　）。

A. 11.0　　B. 9.0　　C. 8.5　　D. 9.5

28. $0.5mol/L$ HAc 溶液与 $0.1mol/L$ NaOH 溶液等体积混合，混合溶液的 pH 为（　　）。（$pK_{a,HAc}=4.76$）

A. 2.5　　B. 13　　C. 7.8　　D. 4.1

29. 用 $0.1000mol/L$ NaOH 标准溶液滴定 $20.00mL$ $0.1000mol/L$ HAc 溶液，达到化学计量点时，其溶液的 pH（　　）。

A. <7　　B. >7　　C. =7　　D. 不确定

30. 已知 $K_{HAc}=1.75\times10^{-5}$，$0.20mol/L$ 的 NaAc 溶液 pH 为（　　）。

A. 2.72　　B. 4.97　　C. 9.03　　D. 11.27

31. 用 $0.1mol/L$ NaOH 滴定 $0.1mol/L$ 的甲酸（$pK_a=3.74$），适用的指示剂为（　　）。

A. 甲基橙（3.46）　　B. 百里酚蓝（1.65）　　C. 甲基红（5.00）　　D. 酚酞（9.1）

32. 下列有关 $Na_2CO_3$ 在水溶液中质子条件的叙述，正确的是（　　）。

A. $[H^+]+2[Na^+]+[HCO_3^-]=[OH^-]$　　B. $[H^+]+2[H_2CO_3]+[HCO_3^-]=[OH^-]$

C. $[H^+]+[H_2CO_3]+[HCO_3^-]=[OH^-]$　　D. $[H^+]+[HCO_3^-]=[OH^-]+2[CO_3^{2-}]$

33. $c(Na_2CO_3)=0.10mol/L$ 的 $Na_2CO_3$ 水溶液的 pH 是（　　）。（$K_{a_1}=4.2\times10^{-7}$、$K_{a_2}=5.6\times10^{-11}$）

A. 11.63　　B. 8.70　　C. 2.37　　D. 5.60

34. $0.31mol/L$ 的 $Na_2CO_3$ 的水溶液 pH 是（　　）。（$pK_{a_1}=6.38$，$pK_{a_2}=10.25$）

A. 6.38　　B. 10.25　　C. 8.85　　D. 11.87

35. $0.10mol/L$ $Na_2S$ 溶液的 pH 为（　　）。（$H_2S$ 的 $K_{a_1}$，$K_{a_2}$ 分别为 $1.3\times10^{-7}$，$7.1\times10^{-15}$）

A. 4.50　　B. 1.03　　C. 9.50　　D. 12.97

36. 用 $0.1000mol/L$ NaOH 标准溶液滴定同浓度的 $H_2C_2O_4$（$K_{a_1}=5.9\times10^{-2}$，$K_{a_2}=6.4\times10^{-5}$）时，有（　　）滴定突跃，应选用（　　）指示剂。

A. 二个，甲基橙（$pK_{HIn}=3.40$）　　B. 二个，甲基红（$pK_{HIn}=5.00$）

C. 一个，溴百里酚蓝（$pK_{HIn}=7.30$）　　D. 一个，酚酞（$pK_{HIn}=9.10$）

37. 以 NaOH 滴定 $H_3PO_4$（$K_{a_1}=7.5\times10^{-3}$，$K_{a_2}=6.2\times10^{-8}$，$K_{a_3}=5.0\times10^{-13}$）至生成 $NaH_2PO_4$ 时溶液的 pH 为（　　）。

A. 2.3　　B. 3.6　　C. 4.7　　D. 9.2

38. 以 NaOH 滴定 $H_3PO_4$（$K_{a_1}=7.5\times10^{-3}$，$K_{a_2}=6.2\times10^{-8}$，$K_{a_3}=5.0\times10^{-13}$）至生成 $Na_2HPO_4$ 时，溶液的 pH 应当是（　　）。

A. 4.33　　B. 12.30　　C. 9.75　　D. 7.21

39. 已知 $H_3PO_4$ 的 $pK_{a_1}=2.12$，$pK_{a_2}=7.20$，$pK_{a_3}=12.36$。0.10mol/L $Na_2HPO_4$ 溶液的 pH 约为（　　）。

A. 4.7　　B. 7.3　　C. 10.1　　D. 9.8

40. 有 A、B、C 三瓶同体积同浓度的 $H_2C_2O_4$、$NaHC_2O_4$、$Na_2C_2O_4$，用 HCl、NaOH、$H_2O$ 调节至相同的 pH 和同样的体积，此时溶液中的 $[HC_2O_4^-]$ 比较（　　）。

A. A 最小　　B. B 最大　　C. C 最小　　D. 三瓶相同

41. 欲配制 0.5000mol/L 盐酸溶液，现有 0.4920mol/L 的盐酸 1000mL。问需要加入 1.0210mol/L 的盐酸（　　）mL。

A. 1.526　　B. 15.26　　C. 152.6　　D. 15.36

42. 可用于直接配制标准溶液的是（　　）。

A. $KMnO_4$(A.R.)　　B. $K_2Cr_2O_7$(A.R.)　　C. $Na_2S_2O_3 \cdot 5H_2O$(A.R.)　　D. NaOH(A.R.)

43. 配制 0.1mol/L NaOH 标准溶液，下列配制错误的是（　　）。[$M(NaOH)=40g/mol$]

A. 将 NaOH 配制成饱和溶液，贮于聚乙烯塑料瓶中，密封放置至溶液清亮，取清液 5mL 注入 1L 不含 $CO_2$ 的水中摇匀，贮于无色试剂瓶中

B. 将 4.02g NaOH 溶于 1L 水中，加热搅拌，贮于磨口瓶中

C. 将 4g NaOH 溶于 1L 水中，加热搅拌，贮于无色试剂瓶中

D. 将 2g NaOH 溶于 500mL 水中，加热搅拌，贮于无色试剂瓶中

44. 配制好的氢氧化钠标准溶液贮存于（　　）中。

A. 棕色橡皮塞试剂瓶　　B. 白色橡皮塞试剂瓶　　C. 白色磨口塞试剂瓶　　D. 试剂瓶

45. 在干燥器中通过干燥的硼砂用来标定盐酸其结果有何影响（　　）。

A. 偏高　　B. 偏低　　C. 无影响　　D. 不能确定

46. 以下基准试剂使用前干燥条件不正确的是（　　）。

A. 无水 $Na_2CO_3$ 270～300℃　　B. ZnO 800℃　　C. $CaCO_3$ 800℃　　D. 邻苯二甲酸氢钾 105～110℃

47. 下列基准物质的干燥条件正确的是（　　）。

A. $H_2C_2O_4 \cdot 2H_2O$ 放在空的干燥器中　　B. NaCl 放在空的干燥器中

C. $Na_2CO_3$ 在 105～110℃电烘箱中　　D. 邻苯二甲酸氢钾在 500～600℃的电烘箱中

48. 双指示剂法测混合碱，加入酚酞指示剂时，消耗 HCl 标准滴定溶液体积为 15.20mL；加入甲基橙作指示剂，继续滴定又消耗了 HCl 标准溶液 25.72mL，那么溶液中存在（　　）。

A. $NaOH+Na_2CO_3$　　B. $Na_2CO_3+NaHCO_3$　　C. $NaHCO_3$　　D. $Na_2CO_3$

49. 某碱液为 NaOH 和 $Na_2CO_3$ 的混合液，用 HCl 标准滴定溶液滴定，先以酚酞为指示剂，耗去 HCl 溶液 $V_1$(mL)，继续以甲基橙为指示剂，又耗去 HCl 溶液 $V_2$(mL)。$V_1$ 与 $V_2$ 的关系是（　　）。

A. $V_1=V_2$　　B. $V_1=2V_2$　　C. $V_1>V_2$　　D. $V_1<V_2$

50. 用 HCl 滴定 $NaOH+Na_2CO_3$ 混合碱到达第一化学计量点时溶液 pH 约为（　　）。

A. $>7$　　B. $<7$　　C. $=7$　　D. $<5$

51. 以甲基橙为指示剂标定含有 $Na_2CO_3$ 的 NaOH 标准溶液，用该标准溶液滴定某酸以酚酞为指示剂，则测定结果（　　）。

A. 偏高　　B. 偏低　　C. 不变　　D. 无法确定

52. 用双指示剂法测由 $Na_2CO_3$ 和 $NaHCO_3$ 组成的混合碱，达到计量点时，所需盐酸标准溶液体积关系为（　　）。

A. $V_1<V_2$　　B. $V_1>V_2$　　C. $V_1=V_2$　　D. 无法判断

53. 欲配制 pH=5.0 缓冲溶液应选用的一对物质是（　　）。

A. HAc($K_a=1.8\times10^{-5}$)-NaAc　　B. HAc-$NH_4Ac$

C. $NH_3 \cdot H_2O$($K_b=1.8\times10^{-5}$)-$NH_4Cl$　　D. $KH_2PO_4$-$Na_2HPO_4$

54. 配制 pH=7 的缓冲溶液时，选择最合适的缓冲对是（　　）。[$K_a$(HAc)$=1.8\times10^{-5}$；$K_b$($NH_3$)$=1.8\times10^{-5}$；$H_2CO_3$ $K_{a_1}=4.2\times10^{-7}$，$K_{a_2}=5.6\times10^{-11}$；$H_3PO_4$ $K_{a_1}=7.6\times10^{-3}$，$K_{a_2}=6.3\times10^{-8}$，$K_{a_3}=$

$4.4 \times 10^{-13}$ ]

A. HAc-NaAc　　　B. $NH_3$-$NH_4Cl$　　　C. $NaH_2PO_4$-$Na_2HPO_4$　　　D. $NaHCO_3$-$Na_2CO_3$

55. $H_2PO_4^-$ 的共轭碱是（　　）。

A. $HPO_4^{2-}$　　　B. $PO_4^{3-}$　　　C. $H_3PO_4$

56. 按质子理论，$Na_2HPO_4$ 是（　　）。

A. 中性物质　　　B. 酸性物质　　　C. 碱性物质　　　D. 两性物质

57. 欲配制 pH＝5 的缓冲溶液，应选用下列（　　）共轭酸碱对。

A. $NH_2OH^{2+}$-$NH_2OH$（$NH_2OH$ 的 $pK_b=3.38$）　　　B. HAc-$Ac^-$（HAc 的 $pK_a=4.74$）

C. $NH_4^+$-$NH_3 \cdot H_2O$（$NH_3 \cdot H_2O$ 的 $pK_b=4.74$）　　　D. HCOOH-$HCOO^-$（HCOOH 的 $pK_a=3.74$）

58. 按酸碱质子理论，下列物质中（　　）是酸。

A. NaCl　　　B. $Fe(H_2O)_6^{3+}$　　　C. $NH_3$　　　D. $H_2N$-$CH_2COO^-$

59. 下列对碱具有拉平效应的溶剂为（　　）。

A. HAc　　　B. $NH_3 \cdot H_2O$　　　C. 吡啶　　　D. $Na_2CO_3$

60. 为区分 HCl，$HClO_4$，$H_2SO_4$，$HNO_3$ 四种酸的强度大小，可采用的溶剂是（　　）。

A. 水　　　B. 吡啶　　　C. 冰醋酸　　　D. 液氨

61. 在非水溶剂中滴定弱碱时，常用的溶剂是（　　）。

A. 甲醇　　　B. 甲酸　　　C. 丁胺　　　D. 苯

62. 碱性很弱的胺类，用酸碱滴定法测定时，常选用（　　）溶剂。

A. 碱性　　　B. 酸性　　　C. 中性　　　D. 惰性

63. 下列不能用于非水滴定的溶剂是（　　）。

A. 甲醇　　　B. 水　　　C. 乙醇　　　D. 乙酸

64. 非水滴定法测定糖精钠所用指示剂是（　　）。

A. 亚甲蓝　　　B. 溴酚蓝　　　C. 结晶紫　　　D. 酚酞

# 第五章
# 配位滴定法

配位滴定法是利用形成配合物的反应进行滴定的方法。目前，所谓的配位滴定主要是指以 EDTA（乙二胺四乙酸）为滴定剂的配位滴定法。在配位滴定中，溶液酸度是主要测定条件，因此在实验中要严格控制溶液酸度。

 ## 第一节 标准滴定溶液的制备

EDTA 难溶于水，通常采用其二钠盐（$Na_2H_2Y \cdot 2H_2O$）配制标准滴定溶液。乙二胺四乙酸二钠盐是白色微晶粉末，易溶于水，经提纯后可作为基准物质，直接配制成标准溶液。但提纯方法较为复杂，故在工厂和实验室中该标准溶液常用间接方法配制。即先把 EDTA 配成接近所需浓度的溶液，然后用基准物质标定。

### 实验二十三　EDTA 标准滴定溶液的配制与标定❶

#### 一、实验目的
1. 掌握间接法配制 EDTA 标准滴定溶液的原理和方法。
2. 熟悉铬黑 T（EBT）、二甲酚橙指示剂溶液和钙指示剂的配制方法、应用条件和终点颜色判断。
3. 提高平行测定的精密度。

#### 二、实验原理
用金属锌或 ZnO 基准物标定，溶液酸度控制在 pH＝10 的 $NH_3$-$NH_4Cl$ 缓冲溶液中，以铬黑 T（EBT）作指示剂直接滴定。终点由红色变为纯蓝色；或将溶液酸度控制在 pH 为 5～10 的六亚甲基四胺缓冲溶液中，以二甲酚橙（XO）作指示剂直接滴定，终点由紫红色变为亮黄色。

用 $CaCO_3$ 基准物标定时，溶液酸度应控制在 pH≥10，用钙指示剂，终点由红色变为

---

❶　参照 GB/T 6001—2002。

蓝色。

### 三、试剂

1. EDTA 二钠盐（$Na_2H_2Y \cdot 2H_2O$）。

2. HCl（20%）。

3. 氨水（1+1）。

4.（$CH_2$）$_6N_4$（六亚甲基四胺）（300g/L）。

5. $NH_3$-$NH_4Cl$ 缓冲溶液（pH=10）。配制：称取固体 $NH_4Cl$ 5.4g，加水 20mL，加浓氨水 35mL，溶解后，以水稀释成 100mL，摇匀备用。

6. 铬黑 T　称取 0.25g 固体铬黑 T，2.5g 盐酸羟胺，以 50mL 无水乙醇溶解。

7. 基准试剂氧化锌，ZnO 基准物质在 900℃ 灼烧至恒重。

### 四、实验步骤

1. $c$(EDTA)=0.02mol/L EDTA 溶液的配制

称取 4g 分析纯 $Na_2H_2Y \cdot 2H_2O$ 试剂，溶于 300mL 水中，加热溶解，冷却后转移至试剂瓶中，稀释至 500mL，充分摇匀，待标定。

2. $c$(EDTA)=0.02mol/L EDTA 溶液的标定

准确称取 0.42g（如何计算？）灼烧至恒重的工作基准试剂氧化锌，用少量水湿润，加 3mL 盐酸溶液（20%）溶解，移入 250mL 容量瓶中，稀释至刻度，摇匀。取 35.00～40.00mL，加 70mL 水，用氨水溶液调节溶液 pH 至 7～8，加 10mL 氨-氯化铵缓冲溶液及 5 滴铬黑 T 指示液，用配制好的 EDTA 溶液滴定至溶液由紫色变为纯蓝色。平行测定 3 次，同时做空白试验。

### 五、数据处理

$$c(\text{EDTA}) = \frac{m \times \dfrac{V_1}{250} \times 1000}{(V_2 - V_3)M}$$

式中　$c$(EDTA)——EDTA 标准溶液的浓度，mol/L；

$\qquad m$——氧化锌的质量，g；

$\qquad V_1$——氧化锌溶液的体积，mL；

$\qquad V_2$——乙二胺四乙酸二钠溶液的体积，mL；

$\qquad V_3$——空白试验乙二胺四乙酸二钠溶液的体积，mL；

$\qquad M$——氧化锌的摩尔质量，g/mol[$M$(ZnO)=81.39]。

### 六、注意事项

1. 市售 $Na_2H_2Y \cdot 2H_2O$ 有粉末状和结晶型两种，粉末状的易溶解，结晶型的在水中溶解得较慢，可加热使其溶解。

2. 滴加氨水（1+1）调整溶液酸度时要逐滴加入，且边加边摇动锥形瓶，防止滴加过量，以出现浑浊为限。滴加过快时，可能会使浑浊立即消失，误以为还没有出现浑浊。

3. 加入 $NH_3$-$NH_4Cl$ 缓冲溶液后应尽快滴定，不宜放置过久。

### 七、思考题

1. EDTA 标准滴定溶液通常使用乙二胺四乙酸二钠，而不使用乙二胺四乙酸，为什么？

2. 用氨水调节溶液 pH 时，先出现白色沉淀，后又溶解，解释现象，并写出反应方程式。

3. 为什么在调节溶液 pH 为 7～8 以后，再加入 $NH_3$-$NH_4Cl$ 缓冲溶液？

4. 以 HCl 溶液溶解 $CaCO_3$ 基准物时，操作中应注意些什么？为什么？

5. 用 $Ca^{2+}$ 标准溶液标定 EDTA，写出 EDTA 对 $Ca^{2+}$ 滴定度的计算式。

6. EDTA 的浓度分别为 0.02mol/L、0.1mol/L、0.05mol/L 时，用氧化锌为基准物质标定的操作过程有什么不同，为什么？

 **相关链接**

1. 标定 EDTA 标准滴定溶液的基准试剂很多，如纯金属 Bi、Cu、Pb、Mg、Ni 等，其纯度应在 99.99% 以上，金属表面的氧化膜，应先用酸洗去，再用水或乙醇清洗，烘干。金属氧化物或其盐类也可作基准物，如 ZnO、$CaCO_3$、MgO、$MgSO_4 \cdot 7H_2O$ 等，使用前应作预处理，如重结晶、烘干或灼烧等。

2. 以氧化锌为基准物质标定 EDTA：$c(EDTA) = 0.1mol/L$；$c(EDTA) = 0.05mol/L$。

按下表的规定量称取工作基准试剂氧化锌，用少量水润湿，加 2mL 盐酸溶液（20%）溶解，加 100mL 水，用氨水溶液调节溶液 pH 为 7~8，加 10mL 氨-氯化铵缓冲溶液及 5 滴铬黑 T 指示液，用配制好的 ED-TA 滴定至溶液由紫色变为纯蓝色。平行测定 3 次，同时做空白试验。

| 乙二胺四乙酸二钠标准滴定溶液的浓度[$c(EDTA)$]/(mol/L) | 工作基准试剂氧化锌的质量 $m$/g |
| --- | --- |
| 0.1 | 0.3 |
| 0.05 | 0.15 |

按下式计算：

$$c(EDTA) = \frac{m \times 1000}{(V_1 - V_2)M}$$

## 第二节　配位滴定法的应用

由于在配位滴定中可采用直接滴定法、返滴定法、置换滴定法和间接滴定法的不同滴定方式，从而扩大了配位滴定法的应用范围。

直接滴定法：操作简便、迅速、引入误差少，结果较准确，目前约有 40 种以上的金属可用直接法滴定。

返滴定法：当被测离子在滴定的 pH 下与 EDTA 反应缓慢；采用直接滴定时没有合适指示剂，或对指示剂有封闭作用；被测离子在滴定下发生水解又找不到合适的辅助剂，可采用返滴定法。

置换滴定法：利用置换反应置换出一定物质的量的金属离子或 EDTA，然后进行滴定的方法。

间接滴定法：有些金属离子和非金属离子不与 EDTA 配位或配合物不稳定，可采用间接滴定法。

### 实验二十四　自来水总硬度的测定（钙镁含量的测定）

#### 一、实验目的
1. 掌握用配位滴定法直接测定水中硬度的原理和方法。
2. 掌握水中硬度的表示方法。
3. 掌握钙指示剂的应用条件。
4. 提高平行测定的精密度。

#### 二、实验原理
水硬度的测定分为钙镁总硬度和分别测定钙和镁硬度两种，前者是测定钙镁总量，后者是分别测定钙和镁的含量。

水的总硬度测定，用 $NH_3$-$NH_4Cl$ 缓冲溶液控制水样 pH＝10，以铬黑 T 为指示剂，用三乙醇胺掩蔽 $Fe^{2+}$、$Al^{3+}$ 等共存离子，用 $Na_2S$ 消除 $Cu^{2+}$、$Pb^{2+}$ 等离子的影响，用 EDTA 标准溶液直接滴定 $Ca^{2+}$ 和 $Mg^{2+}$，终点时溶液由红色变为纯蓝色。

钙硬度测定，用 NaOH 调节水试样 pH＝12，$Mg^{2+}$ 形成 $Mg(OH)_2$ 沉淀，用 EDTA 标准溶液直接滴定 $Ca^{2+}$，采用钙指示剂，终点时溶液由红色变为蓝色。

镁硬度则可由总硬度与钙硬度之差求得。

### 三、试剂

1. 水试样（自来水）。

2. EDTA 标准滴定溶液 $c(EDTA)＝0.02mol/L$。

3. 铬黑 T。

4. 刚果红试纸。

5. $NH_3$-$NH_4Cl$ 缓冲溶液（pH＝10）。

6. 钙指示剂。

7. NaOH 溶液（4mol/L）。配制：160g 固体 NaOH 溶于 500mL 水中，冷却至室温，稀释至 1000mL。

8. HCl 溶液（1＋1）。

9. 三乙醇胺（200g/L）。

10. $Na_2S$ 溶液（20g/L）。

### 四、实验步骤

1. 总硬度的测定

用 50mL 移液管移取水试样 50.00mL，置于 250mL 锥形瓶中，加 1～2 滴 HCl 酸化（用刚果红试纸检验变蓝紫色），煮沸数分钟赶除 $CO_2$。冷却后，加入 3mL 三乙醇胺溶液、5mL $NH_3$-$NH_4Cl$ 缓冲溶液、1mL $Na_2S$ 溶液、3 滴铬黑 T 指示剂溶液，立即用 $c(EDTA)＝0.02mol/L$ 的 EDTA 标准滴定溶液滴定至溶液由红色变为纯蓝色即为终点，记下 EDTA 标准滴定溶液的体积 $V_1$。平行测定 3 次，取平均值计算水样的总硬度。

2. 钙硬度的测定

用 50mL 移液管移取水试样 50.00mL，置于 250mL 锥形瓶中，加入刚果红试纸（pH＝3～5，颜色由蓝变红）一小块。加入盐酸酸化，至试纸变蓝紫色为止。煮沸 2～3min，冷却至 40～50℃，加入 4mol/L NaOH 溶液 4mL，再加少量钙指示剂，以 $c(EDTA)＝0.02mol/L$ 的 EDTA 标准滴定溶液滴定至溶液由红色变为蓝色即为终点，记下 EDTA 标准滴定溶液的体积 $V_2$。平行测定 3 次，取平均值计算水样的钙硬度。

### 五、数据处理

$$\rho_{总}(CaCO_3)＝\frac{c(EDTA)V_1M(CaCO_3)}{V}×10^3$$

$$硬度(°)＝\frac{c(EDTA)V_1M(CaO)}{V×10}×10^3$$

$$\rho_{钙}(CaCO_3)＝\frac{c(EDTA)V_2M(CaCO_3)}{V}×10^3$$

式中　$\rho_{总}(CaCO_3)$——水样的总硬度，mg/L；

$\rho_{钙}(CaCO_3)$——水样的钙硬度，mg/L；

　　　　$c$(EDTA)——EDTA 标准滴定溶液的浓度，mol/L；

　　　　　　$V_1$——测定总硬度时消耗 EDTA 标准滴定溶液的体积，L；

　　　　　　$V_2$——测定钙硬度时消耗 EDTA 标准滴定溶液的体积，L；

　　　　　　　$V$——水样的体积，L；

　　$M$(CaCO$_3$)——CaCO$_3$ 摩尔质量，g/mol；

　　　$M$(CaO)——CaO 摩尔质量，g/mol。

## 六、注意事项

1. 滴定速度不能过快，接近终点时要慢，以免滴定过量。

2. 加入 Na$_2$S 后，若生成的沉淀较多，将沉淀过滤。

## 七、思考题

1. 测定钙硬度时为什么加盐酸？加盐酸应注意什么？

2. 根据本实验分析结果，评价该水试样的水质。

3. 以测定 Ca$^{2+}$ 为例，写出终点前后的各反应式。说明指示剂颜色变化的原因。

4. 若某试液中仅有 Ca$^{2+}$，能否用铬黑 T 作指示剂？如果可以，说明测定方法。

 **相关链接**

　　世界各国表示水的硬度的方法不尽相同，中国目前采用的表示方法主要有两种，一种是以每升水中所含CaCO$_3$的质量（mg/L 或 mmol/L）表示，另一种是以每升水中含 10mg CaO 为 1 度（1°）表示。

　　表 5-1 是一些国家水硬度的换算关系（以 CaCO$_3$ 表示）。

表 5-1　一些国家水硬度换算关系

| 硬度单位 | mmol/L | 德国硬度 | 法国硬度 | 英国硬度 | 美国硬度 |
|---|---|---|---|---|---|
| 1mmol/L | 1.00000 | 2.8040 | 5.0050 | 3.5110 | 50.050 |
| 1 德国硬度 | 0.35663 | 1.0000 | 1.7848 | 1.2521 | 17.848 |
| 1 法国硬度 | 0.19982 | 0.5603 | 1.0000 | 0.7015 | 10.000 |
| 1 英国硬度 | 0.28483 | 0.7987 | 1.4255 | 1.0000 | 14.255 |
| 1 美国硬度 | 0.01998 | 0.0560 | 0.1000 | 0.0702 | 1.000 |

　　日常应用中，水质分类见表 5-2。

表 5-2　水质分类

| 总硬度 | 0°~4° | 4°~8° | 8°~16° | 16°~25° | 25°~40° | 40°~60° | 60°以上 |
|---|---|---|---|---|---|---|---|
| 水质 | 很软水 | 软水 | 中硬水 | 硬水 | 高硬水 | 超硬水 | 特硬水 |

## 实验二十五　钙制剂中钙含量的测定

### 一、实验目的

1. 掌握钙制剂的溶样方法。

2. 掌握配位滴定法测定钙含量的原理和方法。

3. 掌握铬蓝黑 R 指示剂的应用条件和终点颜色判断。

4. 提高平行测定的精密度。

### 二、实验原理

　　钙制剂一般用酸溶解，并加入少量三乙醇胺，以消除 Fe$^{3+}$ 等离子的干扰，调节 pH＝

12～13，以铬蓝黑 R 作指示剂，指示剂与钙生成红色的配合物，当用 EDTA 滴定至计量点时，游离出指示剂，溶液呈现蓝色。

### 三、试剂

1. EDTA 溶液（0.01mol/L）。

2. $CaCO_3$ 标准溶液 $c(CaCO_3)$＝0.01mol/L。配制：准确称取基准物质 $CaCO_3$0.25g 左右，先以少量水润湿，再逐滴小心加入 6mol/L HCl，至 $CaCO_3$ 完全溶解，定量转入 250mL 容量瓶中，以水稀释至刻度，并计算其浓度。

3. NaOH（5mol/L）。

4. HCl（6mol/L）。

5. 三乙醇胺（200g/L）。

6. 铬蓝黑 R 乙醇溶液（5g/L）。

### 四、实验步骤

1. EDTA 标准滴定溶液的标定

用移液管移取 25.00mL $CaCO_3$ 标准溶液 3 份，分别放于 250mL 锥形瓶中，加入 2mL NaOH 溶液、铬蓝黑 R 指示液 2～3 滴，用待标定的 EDTA 溶液滴定至溶液由红色变为蓝色即为终点，根据滴定用去 EDTA 溶液的体积和 $CaCO_3$ 标准溶液的体积、浓度，计算 EDTA 标准滴定溶液的浓度。

2. 钙制剂中钙的测定

准确称取钙制剂（视含量多少而定，本实验以葡萄糖酸钙为例）2g 左右，加 6mol/L HCl 5mL，加热溶解完全后，定量转移到 250mL 容量瓶中，用水稀释至刻度，摇匀。

用移液管移取上述试液 25.00mL，加三乙醇胺溶液 5mL，加 5mol/L NaOH 5mL，加水 25mL，摇匀，加铬蓝黑 R 指示液 3～4 滴，用 0.01mol/L EDTA 标准滴定溶液滴定至溶液由红色变为蓝色即为终点，记下消耗 EDTA 的体积。平行测定 3 次，取平均值计算钙制剂中钙的含量。

### 五、数据处理

$$w(Ca) = \frac{c(EDTA)V(EDTA) \times 10^{-3} M(Ca)}{m \times \dfrac{25}{250}} \times 100\%$$

式中　$w(Ca)$——钙制剂中钙的含量（质量分数），％；

　　$c(EDTA)$——EDTA 标准滴定溶液浓度，mol/L；

　　$V(EDTA)$——EDTA 标准滴定溶液体积，mL；

　　　$M(Ca)$——Ca 的摩尔质量，g/mol；

　　　　　$m$——样品的质量，g。

### 六、注意事项

钙制剂视钙含量多少而确定称量范围。有色有机钙因颜色干扰无法辨别终点，应先进行消化处理。牛奶、钙奶均为乳白色，终点颜色变化不太明显，接近终点时再补加 2～3 滴指示液。

### 七、思考题

1. 简述铬蓝黑 R 的变色原理。

2. 计算钙制剂含量为 40％、10％左右的称量范围。

3. 拟定牛奶和钙奶等液体钙制剂的测定方法。

钙与身体健康息息相关，钙除成骨以支撑身体外，还参与人体的代谢活动，它是细胞的主要阳离子，还是人体最活跃的元素之一。缺钙可导致儿童佝偻病、青少年发育迟缓、孕妇高血压、老年人的骨质疏松症。缺钙还可引起神经病、糖尿病、外伤流血不止等多种过敏性疾病，补钙越来越被人们所重视，因此，许多钙制剂应运而生。对钙制剂中钙的含量，除采用 EDTA 法进行直接测定外，还有许多其他测定方法。

## 实验二十六　铝盐中铝含量的测定

### 一、实验目的

1. 掌握置换滴定法测定铝盐中铝含量的原理和方法。
2. 掌握二甲酚橙指示剂的应用条件和终点颜色判断。
3. 了解复杂试样的分析方法，提高分析问题、解决问题的能力。

### 二、实验原理

$Al^{3+}$ 与 EDTA 的配合反应比较缓慢，需加过量的 EDTA 并加热煮沸才能反应完全，$Al^{3+}$ 对二甲酚橙指示剂有封闭作用，酸度不高时 $Al^{3+}$ 又要水解，所以不能直接滴定，采用置换滴定法测定。

在 pH 为 3~4 的条件下，在铝盐试液中加入过量的 EDTA 溶液，加热煮沸使 $Al^{3+}$ 配位完全。调节溶液 pH 为 5~6，以二甲酚橙为指示剂，用锌盐（或铝盐）标准滴定溶液滴定剩余的 EDTA。然后，加入过量 $NH_4F$，加热煮沸，置换出与 $Al^{3+}$ 配位的 EDTA，再用锌盐（或铝盐）标准滴定溶液滴定至溶液由黄色变为紫红色即为终点。有关反应如下：

$$H_2Y^{2-} + Al^{3+} \longrightarrow AlY^- + 2H^+$$
$$H_2Y^{2-}（剩余）+ Zn^{2+} \longrightarrow ZnY^{2-} + 2H^+$$
$$H_2Y^{2-}（置换生成）+ Zn^{2+} \longrightarrow ZnY^{2-} + 2H^+$$

### 三、试剂

1. 盐酸 (1+1)。
2. EDTA 标准滴定溶液 $c(EDTA) = 0.02mol/L$。
3. $Zn^{2+}$ 标准滴定溶液 $c(Zn^{2+}) = 0.02mol/L$。
4. 百里酚蓝指示剂 (1g/L)，用 20% 乙醇溶解。
5. 二甲酚橙水溶液 (2g/L)。
6. 氨水 (1+1)。
7. 六亚甲基四胺溶液 (20%)，$20g(CH_2)_6N_4$ 溶于少量水中，稀释至 100mL。
8. 固体 $NH_4F$。
9. 铝盐试样（如工业硫酸铝）。

### 四、实验内容

准确称取铝盐试样 0.5~1.0g，加少量盐酸 (1+1) 及 50mL 水溶解，定量转入 100mL 容量瓶中稀释至刻度。

用移液管移取试液 10.00mL 于锥形瓶中，加水 20mL 及 $c(EDTA) = 0.02mol/L$ ED-TA 标准溶液 30mL，加 4~5 滴百里酚蓝指示剂，用氨水中和恰好成黄色（pH 为 3~3.5），煮沸后，加六亚甲基四胺溶液 10mL，使 pH 为 5~6。用力振荡，用水冷却，加二甲酚橙指示剂溶液 2 滴，用 $c(Zn^{2+}) = 0.02mol/L$ $Zn^{2+}$ 标准溶液滴定至溶液由黄色变为紫红色（不计体积），加 $NH_4F$ 1~2g，加热煮沸 2min，冷却，用 $c(Zn^{2+})=0.02mol/L$ $Zn^{2+}$ 标准滴定溶液滴定至溶液由黄色变为紫红色为终点，记下 $Zn^{2+}$ 标准溶液体积。平行测定 3 次，取平均值计算铝盐试样中铝的含量。

### 五、数据处理

$$w(Al)=\frac{c(Zn^{2+})V(Zn^{2+})\times10^{-3}M(Al)}{m\times\dfrac{10}{100}}\times100\%$$

式中    $w(Al)$——铝盐试样铝的含量（质量分数），%；

       $c(Zn^{2+})$——$Zn^{2+}$ 标准滴定溶液的浓度，mol/L；

       $V(Zn^{2+})$——$Zn^{2+}$ 标准滴定溶液的体积，mL；

     $M(Al)$——Al 的摩尔质量，g/mol；

         $m$——铝盐试样的质量，g。

### 六、思考题

1. 测定过程中，为什么要两次加热？

2. 什么叫置换滴定法？测定 $Al^{3+}$ 为什么要用置换滴定法？能否采用直接滴定法？

3. 第一次用锌盐标准滴定溶液滴定 EDTA，为什么不记体积？若此时锌盐溶液过量，对分析结果有何影响？

4. 若试样为工业硫酸铝，如何计算硫酸铝的含量？写出计算式。

5. 置换滴定法中所使用的 EDTA 溶液，要不要标定？为什么？

6. 可否采用 PAN 指示剂代替二甲酚橙指示剂？滴定终点的颜色如何变化？

 **相关链接**

由于 $Al^{3+}$ 与 EDTA 配合缓慢，通常也采用返滴定法测定铝。即加入定量且过量的 EDTA 标准溶液，在 pH≈3.5 煮沸几分钟，使 $Al^{3+}$ 与 EDTA 配位完全，然后调 pH＝5~6，以二甲酚橙为指示剂，用 $Zn^{2+}$ 盐标准滴定溶液返滴定过量的 EDTA 而得到铝的含量。但是，返滴定法测定铝缺乏选择性，所有能与 EDTA 形成稳定配合物的离子都干扰。对于合金、硅酸盐、水泥和炉渣等复杂试样中铝的测定，往往采用置换滴定法以提高选择性。用置换滴定法测定铝，若试样中含 $Ti^{4+}$、$Zr^{4+}$、$Sn^{4+}$ 等离子时，也会发生与 $Al^{3+}$ 相同的置换反应而干扰 $Al^{3+}$ 的测定。这时，就要采用掩蔽的方法，把上述干扰离子掩蔽掉，例如，用苦杏仁酸掩蔽 $Ti^{4+}$ 等。

# 实验二十七 保险丝中铅含量的测定

### 一、实验目的

1. 掌握合金的溶样方法。

2. 进一步了解掩蔽剂在配位滴定中的应用。

3. 掌握配位滴定测定铅的原理和方法。

4. 提高平行测定的精密度。

### 二、实验原理

一般的保险丝主要成分为铅及少量的 Cu、Sb 等元素，用酸溶解后，在配位滴定中都能与 EDTA 形成配合物。在酸性溶液中采用硫脲掩蔽 $Cu^{2+}$，$NH_4F$ 掩蔽 $Sb^{3+}$，六亚甲基四胺调节试液 pH＝5~6，二甲酚橙为指示剂，用 EDTA 标准滴定溶液直接滴定 $Pb^{2+}$，终点溶液由红色变为亮黄色。

### 三、试剂

1. EDTA 标准滴定溶液 $c(\text{EDTA})=0.01\text{mol/L}$。
2. $HNO_3$（5mol/L）。
3. 二甲酚橙指示液（5g/L）。
4. 六亚甲基四胺（200g/L）。
5. $NH_4F$（固体）。
6. 硫脲（固体）。

### 四、实验步骤

称取保险丝试样 0.5g，加 5mol/L $HNO_3$ 20mL，加热微沸至溶解完全，冷却至室温，定量转入 250mL 容量瓶中，用水稀释至刻度，摇匀。

用移液管移取上述试液 25.00mL 于 250mL 锥形瓶中，加水 20mL，$NH_4F$ 1g，硫脲 1g，加热至 60～70℃，保温 2min，冷却至室温，加入二甲酚橙指示液 2～3 滴，滴加六亚甲基四胺溶液，使溶液呈现稳定的紫红色，再过量 5mL，用 0.01mol/L EDTA 标准滴定溶液滴定至溶液由红色变为亮黄色即为终点，记下消耗 EDTA 标准滴定溶液的体积。平行测定 3 次，取平均值计算保险丝中铅的含量。

### 五、数据处理

$$w(\text{Pb})=\frac{c(\text{EDTA})V(\text{EDTA})\times10^{-3}M(\text{Pb})}{m\times\dfrac{25}{250}}\times100\%$$

式中　$w(\text{Pb})$——保险丝中铅的含量（质量分数），%；

　　$c(\text{EDTA})$——EDTA 标准滴定溶液浓度，mol/L；

　　$V(\text{EDTA})$——EDTA 标准滴定溶液体积，mL；

　　$M(\text{Pb})$——Pb 的摩尔质量，g/mol；

　　　　$m$——样品的质量，g。

### 六、思考题

1. 滴加六亚甲基四胺溶液，溶液呈现稳定的紫红色后，为什么再过量 5mL？
2. 溶解保险丝时能否使用 HCl 和 $H_2SO_4$，为什么？

**⊡ 相关链接**

铅和可溶性铅盐都有毒。铅的中毒作用虽然缓慢，但会逐渐积累在体内，一旦表现中毒，较难治疗。它对人体的神经系统、造血系统都有严重危害。典型症状是食欲不振、精神倦怠和头疼。

含铅废水一般采用石灰沉淀法，使废水中的铅生成 $Pb(OH)_2$、$PbCO_3$ 沉淀而被除去。铅的有机化合物可用强酸性阳离子交换树脂除去。国家允许铅的最高排放浓度为 1.0mg/L（以 Pb 计）。

## 实验二十八　铅、铋混合液中铅、铋含量的连续测定

### 一、实验目的

1. 掌握控制酸度提高 EDTA 选择性的方法。
2. 掌握用 EDTA 标准滴定溶液进行连续滴定的原理和方法。
3. 提高平行测定的精密度。

### 二、实验原理

混合离子常用控制酸度法、掩蔽法进行连续测定。可根据有关副反应系数论证对它们分

别滴定的可能性。

$Bi^{3+}$、$Pb^{2+}$ 均能与 EDTA 形成稳定的 1:1 配合物，$lgK$ 分别为 27.94 和 18.04。由于两者的 $lgK$ 相差很大，故可利用酸效应，控制不同的酸度，用 EDTA 连续滴定 $Bi^{3+}$ 和 $Pb^{2+}$。

在 $Bi^{3+}$ 和 $Pb^{2+}$ 混合溶液中，首先调节溶液的 pH=1，以二甲酚橙为指示剂，$Bi^{3+}$ 与指示剂形成紫红色配合物（$Pb^{2+}$ 在此条件下不会与二甲酚橙形成有色配合物），用 EDTA 标准滴定溶液滴定 $Bi^{3+}$，当溶液由紫红色恰变为黄色，即为滴定 $Bi^{3+}$ 的终点。

在滴定 $Bi^{3+}$ 后的溶液中，加入六亚甲基四胺溶液，调节溶液 pH 为 5～6，此时 $Pb^{2+}$ 与二甲酚橙形成紫红色配合物，溶液再次呈现紫红色，然后用 EDTA 标准滴定溶液继续滴定，当溶液由紫红色恰转变为黄色时，即为滴定 $Pb^{2+}$ 的终点。

### 三、试剂

1. EDTA 标准滴定溶液 $c(EDTA) = 0.02mol/L$。

2. 二甲酚橙指示液（2g/L）。

3. 六亚甲基四胺缓冲溶液（20%）。

4. 硝酸（0.1mol/L；2mol/L）。

5. NaOH 溶液 2mol/L。配制：称取 8g NaOH，溶于水，稀释至 100mL。

6. 精密 pH 试纸。

7. $Bi^{3+}$、$Pb^{2+}$ 混合液（各约 0.02mol/L）。配制：称取 $Pb(NO_3)_2$ 6.6g、$Bi(NO_3)_3$ 9.7g，放入已盛有 30mL $HNO_3$ 的烧杯中，在电炉上微热溶解后，稀释至 1000mL。

### 四、实验内容

1. $Bi^{3+}$ 的测定

用移液管移取 25.00mL $Bi^{3+}$、$Pb^{2+}$ 混合液于 250mL 锥形瓶中，用 NaOH 溶液和 $HNO_3$ 调节试液的酸度至 pH=1，然后加入 1～2 滴二甲酚橙指示液，这时溶液呈紫红色，用 EDTA 标准滴定溶液滴定，当溶液由紫红色恰变为黄色即为滴定 $Bi^{3+}$ 的终点。记下消耗的 EDTA 标准滴定溶液体积。

2. $Pb^{2+}$ 的测定

在滴定 $Bi^{3+}$ 后的溶液中，滴加六亚甲基四胺溶液，至呈现稳定的紫红色后，再过量加入 5mL，此时溶液的 pH 约 5～6。用 EDTA 标准滴定溶液滴定，当溶液由紫红色恰变为黄色即为滴定 $Pb^{2+}$ 的终点。记下消耗 EDTA 标准滴定溶液的体积。

平行测定 3 次，分别计算混合液中 $Bi^{3+}$、$Pb^{2+}$ 的含量（以 g/L 表示）。

### 五、数据处理

$$\rho(Bi^{3+}) = \frac{c(EDTA)V_1M(Bi)}{V}$$

$$\rho(Pb^{2+}) = \frac{c(EDTA)V_2M(Pb)}{V}$$

式中　$\rho(Bi^{3+})$——混合液中 $Bi^{3+}$ 的含量，g/L；

$\rho(Pb^{2+})$——混合液中 $Pb^{2+}$ 的含量，g/L；

$c(EDTA)$——EDTA 标准滴定溶液的浓度，mol/L；

$V_1$——滴定 $Bi^{3+}$ 时消耗 EDTA 标准滴定溶液的体积，mL；

$V_2$——滴定 $Pb^{2+}$ 时消耗 EDTA 标准滴定溶液的体积，mL；

$V$——所取试液的体积，mL；

$M(\text{Bi})$——Bi 的摩尔质量，g/mol；

$M(\text{Pb})$——Pb 的摩尔质量，g/mol。

### 六、注意事项

1. 调节试液的酸度至 pH=1 时，可用精密 pH 试纸检验，但是，为了避免检验时试液被带出而引起损失，可先用一份试液做调节试验，再按加入的 NaOH 量调节溶液的 pH 后，进行滴定。

2. 滴定速度不宜过快，终点控制要恰当。

### 七、思考题

1. 用 EDTA 连续滴定多种金属离子的条件是什么？

2. 描述连续滴定 $Bi^{3+}$、$Pb^{2+}$ 过程中，锥形瓶中颜色变化的情形以及颜色变化的原因？

3. 二甲酚橙指示剂使用的 pH 范围是多少？本实验如何控制溶液的 pH？

4. EDTA 测定 $Bi^{3+}$、$Pb^{2+}$ 混合液时，为什么要在 pH=1 时滴定 $Bi^{3+}$？酸度过高或过低对滴定结果有何影响？

5. 本实验中，能否先在 pH 为 5～6 的溶液中测定 $Pb^{2+}$ 的含量，然后再调整 pH=1 时测定 $Bi^{3+}$ 的含量？

> ### ↪ 相关链接
>
> 配位滴定法连续测定混合液中的 Bi 和 Pb，该实验产生的废液如果直接排放对环境和人体的危害极大，而且还浪费了宝贵的资源。为此可先采用如下方法对废液处理后，再直接回收并循环使用。
>
> (1) 对集中铅、铋连续测定后的废液，每次取 2500mL 于 3000mL 大烧杯中，在电炉加热到近沸后取下，在搅拌时趁热加入 2 mol/L $Na_2S$ 溶液至废液的 pH 12.5～13.0，充分搅拌后静置沉淀（也可再搅拌两次），由于溶液中存在着六亚甲基四胺盐和钠等强电解质，硫化物会很快沉淀，其上层清液呈紫红色，是二甲酚橙指示剂在碱性条件下的颜色。
>
> (2) 倾去上层清液后，再每次用 1500mL 左右的自来水以倾泻法洗涤产生的硫化物沉淀 3 次，再用少量的去离子水清洗 2 次，最后使硫化物沉淀和水的体积在 1500mL 左右，待沉淀被水充分洗涤后，再加入浓 $HNO_3$ 14mL，加热至黑色硫化物完全溶解，然后加热煮沸 2min，驱除氮氧化合物，冷却后过滤，最后将滤液稀释至 830mL 即可。
>
> 值得注意的是该法再生后的混合溶液酸度恰好在 EDTA 滴定 Bi 所需的 pH 0.7～1 的范围内，这样不必再用氢氧化钠中和，直接可供下一次做实验时重复使用，而且该法铅、铋回收率均在 99% 以上，是一种保护环境、节约资源的好方法。

## 实验二十九 镍盐中镍含量的测定

### 一、实验目的

1. 掌握 EDTA 返滴定法测定镍的原理和方法。

2. 熟悉以 PAN 为指示剂滴定终点的正确判断。

3. 学习 PAN 指示液的配制方法。

4. 提高平行测定的精密度。

### 二、实验原理

$Ni^{2+}$ 与 EDTA 配位进行缓慢，可用返滴定法测定 $Ni^{2+}$。在 $Ni^{2+}$ 溶液中加入过量的 EDTA 标准溶液，调节 pH=5，加热煮沸使 $Ni^{2+}$ 与 EDTA 配位完全。过量的 EDTA 用 $CuSO_4$ 标准溶液回滴，PAN 作指示剂，终点时溶液由绿色变为蓝紫色。反应如下：

$$Ni^{2+} + H_2Y^{2-} \longrightarrow NiY^{2-} + 2H^+$$

$$H_2Y^{2-} + Cu^{2+} \longrightarrow CuY^{2-} + 2H^+$$

（蓝色）

$$PAN + Cu^{2+} \longrightarrow Cu\text{-}PAN$$

（黄色） （红色）

### 三、仪器药品

1. EDTA 标准溶液 $c(\text{EDTA}) = 0.02\text{mol/L}$。

2. 氨水（1+1）。氨水与水按 1:1 体积比混合。

3. 稀 $H_2SO_4$（6mol/L）。

4. HAc-$NH_4Ac$ 缓冲溶液。称取 $NH_4Ac$ 20.0g，以适量水溶解，加 HAc（1+1）5mL，稀释至 100mL。

5. 硫酸铜（$CuSO_4 \cdot 5H_2O$）固体。

6. PAN 指示剂（1g/L）。配制：0.10g PAN 溶于乙醇，用乙醇稀释至 100mL。

7. 刚果红试纸。

### 四、实验步骤

1. $c(\text{CuSO}_4) = 0.02\text{mol/L}$ 溶液的配制

称取 1.25g $CuSO_4 \cdot 5H_2O$，溶于少量稀 $H_2SO_4$ 中，转入 250mL 容量瓶中，用水稀释至刻度，摇匀、待标定。

2. $CuSO_4$ 标准滴定溶液的标定

从滴定管放出 25.00mL EDTA 标准溶液于 250mL 锥形瓶中，加入 50mL 水，加入 20mL HAc-$NH_4Ac$ 缓冲溶液，煮沸后立即加入 10 滴 PAN 指示液，迅速用待标定的 $CuSO_4$ 溶液滴定至溶液呈紫红色为终点，记下消耗 $CuSO_4$ 溶液的体积。平行滴定 3 次，取平均值计算 $CuSO_4$ 标准滴定溶液的浓度。

3. 镍盐中镍的测定

准确称取镍盐试样（相当于含 Ni 在 30mg 以内）于小烧杯中，加水 50mL，溶解并定量转入 100mL 容量瓶中，用水稀释至刻度，摇匀。用移液管吸取 10.00mL 置于锥形瓶中，加入 $c(\text{EDTA}) = 0.02\text{mol/L}$ EDTA 标准溶液 30.00mL，用氨水（1+1）调节使刚果红试纸变红，加 HAc-$NH_4Ac$ 缓冲溶液 20mL，煮沸后立即加入 10 滴 PAN 指示剂，迅速用 $CuSO_4$ 标准滴定溶液滴定至溶液由绿色变为蓝紫色即为终点。记下消耗 $CuSO_4$ 标准滴定溶液的体积。平行测定 3 次，取平均值计算镍盐试样中镍的含量。

### 五、数据处理

$$c(\text{CuSO}_4) = \frac{c(\text{EDTA})V(\text{EDTA})}{V(\text{CuSO}_4)}$$

式中 $c(\text{CuSO}_4)$——$CuSO_4$ 标准滴定溶液的浓度，mol/L；

$c(\text{EDTA})$——EDTA 标准溶液的浓度，mol/L；

$V(\text{CuSO}_4)$——标定时消耗 $CuSO_4$ 标准滴定溶液的体积，mL；

$V(\text{EDTA})$——标定时所用 EDTA 标准溶液的体积，mL。

$$w(\text{Ni}) = \frac{[c(\text{EDTA})V(\text{EDTA}) - c(\text{CuSO}_4)V(\text{CuSO}_4)] \times 10^{-3}M(\text{Ni})}{m \times \frac{1}{10}} \times 100\%$$

式中 $w(\text{Ni})$——镍盐试样中镍的含量（质量分数），%；

$c(\text{EDTA})$——EDTA 标准溶液的浓度，mol/L；

$V(\text{EDTA})$——测定时加入 EDTA 标准溶液的体积，mL；

$c(\text{CuSO}_4)$——CuSO$_4$ 标准滴定溶液的浓度，mol/L；

$V(\text{CuSO}_4)$——测定时消耗 CuSO$_4$ 标准滴定溶液的体积，mL；

$M(\text{Ni})$——Ni 的摩尔质量，g/mol；

$m$——试样的质量，g。

### 六、思考题

1. 用 EDTA 测定镍的含量为什么要采用返滴定法？

2. 用 PAN 为指示液测定 Ni$^{2+}$，滴定终点为什么从绿色变为蓝紫色？用反应式表示。

3. Ni$^{2+}$ 试液加入 EDTA 后，在加热前为什么要加入氨水（NH$_3$·H$_2$O）使刚果红试纸变红？此时 pH 是多少？

4. 为什么刚果红试纸变红后加 HAc-NH$_4$Ac 缓冲溶液？

5. Ni$^{2+}$ 试液加入 EDTA 后，煮沸的目的是什么？为什么需迅速滴定？

6. 什么叫僵化现象？

**相关链接**

金属镍几乎没有急性毒性，一般的镍盐毒性也较低，但羰基镍却能产生很强的毒性。羰基镍以蒸气形式迅速由呼吸道吸收，也能由皮肤少量吸收，前者是作业环境中毒物侵入人体的主要途径。当接触高浓度羰基镍时会发生急性化学肺炎，最终出现肺水肿和呼吸道循环衰竭而致死亡。人的镍中毒特有症状是皮肤炎、呼吸器官障碍及呼吸道癌。

## 职业技能鉴定模拟题

### 一、判断题

1. 氨羧配位体有氨氮和羧氧两种配位原子，能与金属离子 1∶1 形成稳定的可溶性配合物。（　　　）

2. 金属指示剂的僵化现象是指滴定时终点没有出现。（　　　）

3. 氨羧配位剂能与多数金属离子形成稳定的可溶性配合物的原因是含有配位能力很强的氨氮和羧氧两种配位原子。（　　　）

4. EDTA 溶于酸度很高的溶液中，可再接受两个 H$^+$ 形成 H$_6$Y$^{2+}$，相当于一个六元酸，有六级离解常数。（　　　）

5. 分析室常用的 EDTA 水溶液呈弱酸性。（　　　）

6. 当 EDTA 溶解于酸度较高的溶液中时，它就相当于六元酸。（　　　）

7. 溶液的 pH 越小，金属离子与 EDTA 配位反应能力越低。（　　　）

8. 乙二胺四乙酸（EDTA）是一种四元酸，它在水溶液中有 7 种存在型体，分别是 Y$^{4-}$、HY$^{3-}$、H$_2$Y$^{2-}$、H$_3$Y$^-$、H$_4$Y、H$_5$Y$^+$、H$_6$Y$^{2+}$。（　　　）

9. EDTA 与金属离子配位时，不论金属离子是几价，大多数都是以 1∶1 的关系配合。（　　　）

10. 在配位滴定中，通常用 EDTA 的二钠盐，这是因为 EDTA 的二钠盐比 EDTA 溶解度小。（　　　）

11. EDTA 与金属离子形成的配合物均无色。（　　　）

12. 在只考虑酸效应的配位反应中，酸度越大形成配合物的条件稳定常数越大。（　　　）

13. 酸效应和其他组分（N 和 L）效应是影响配位平衡的主要因素。（　　　）

14. 配位滴定中 pH≥12 时可不考虑酸效应，此时配合物的条件稳定常数与绝对稳定常数相等。（　　　）

15. EDTA 滴定某金属离子有一允许的最高酸度（pH），溶液的 pH 再增大就不能准确滴定该金属离子了。（　　　）

16. EDTA 酸效应系数 $\alpha_{Y(H)}$ 随溶液中 pH 变化而变化；pH 低，则 $\alpha_{Y(H)}$ 值高，对配位滴定有利。（　　）

17. 滴定各种金属离子的最低 pH 与其对应 $\lg K_稳$ 绘成的曲线，称为 EDTA 的酸效应曲线。（　　）

18. 用 EDTA 滴定混合 M 和 N 金属离子的溶液，如果 ΔpM＝±0.2，Et<±0.5％且 M 与 N 离子浓度相等时，$\Delta\lg K\geqslant5$ 即可判定 M、N 离子可利用控制酸度来进行分步滴定。（　　）

19. 能直接进行配位滴定的条件是 $cK_稳\geqslant10^5$。（　　）

20. 酸效应曲线的作用就是查找各种金属离子所需的滴定最低酸度。（　　）

21. EDTA 配位滴定时的酸度，根据 $\lg c_M K'_{MY}\geqslant6$ 就可以确定。（　　）

22. 对于稳定常数较小的金属离子只有通过提高溶液的 pH 才能滴定，且 pH 越高滴定越完全。（　　）

23. 配位滴定时，经计算推导的判据 $\Delta\lg K\geqslant5$ 与配位滴定的具体情况以及对准确度的要求无关，是不变的。（　　）

24. 金属指示剂是指示金属离子浓度变化的指示剂。（　　）

25. 游离金属指示剂本身的颜色一定要和与金属离子形成的颜色有差别。（　　）

26. 金属离子指示剂应用的条件是 $K'_{MIn}>K'_{MY}$。（　　）

27. 钙指示剂配制成固体使用是因为其易发生封闭现象。（　　）

28. 金属离子指示剂 $H_3In$ 与金属离子的配合物为红色，它的 $H_2In$ 呈蓝色，其余存在形式均为橙红色，则该指示剂适用的酸度范围为 $pK_{a_1}<pH<pK_{a_2}$。（　　）

29. 用 EDTA 测定 $Ca^{2+}$、$Mg^{2+}$ 总量时，以铬黑 T 作指示剂，pH 应控制在 pH＝12。（　　）

30. 铬黑 T 指示剂在 pH＝7～11 范围使用，其目的是为减少干扰离子的影响。（　　）

31. 在配位滴定中，要准确滴定 M 离子而 N 离子不干扰满足 $\lg K_{MY}-\lg K_{NY}\geqslant5$。（　　）

32. 用 EDTA 法测定试样中的 $Ca^{2+}$ 和 $Mg^{2+}$ 含量时，先将试样溶解，然后调节溶液 pH 为 5.5～6.5，并进行过滤，目的是去除 Fe、Al 等干扰离子。（　　）

33. 用 EDTA 测定水的硬度，在 pH＝10.0 时测定的是 $Ca^{2+}$ 的总量。（　　）

34. 当溶液中 $Bi^{3+}$、$Pb^{2+}$ 浓度均为 $10^{-2}$ mol/L 时，可以选择滴定 $Bi^{3+}$。（已知：$\lg K_{BiY}=27.94$，$\lg K_{PbY}=18.04$）。（　　）

35. 掩蔽剂的用量过量太多，被测离子也可能被掩蔽而引起误差。（　　）

36. 若被测金属离子与 EDTA 配合反应速度慢，则一般可采用置换滴定方式进行测定。（　　）

37. 在测定水硬度的过程中，加入 $NH_3-NH_4Cl$ 是为了保持溶液酸度基本不变。（　　）

38. 滴定 $Ca^{2+}$、$Mg^{2+}$ 总量时要控制 pH≈10，而滴定 $Ca^{2+}$ 分量时要控制 pH 为 12～13。若 pH>13 时测 $Ca^{2+}$ 则无法确定终点。（　　）

39. 在同一溶液中如果有两种以上金属离子只有通过控制溶液的酸度方法才能进行配位滴定。（　　）

40. 两种离子共存时，通过控制溶液酸度选择性滴定被测金属离子应满足的条件是 $\lg K'_{MY}-\lg K'_{NY}\geqslant5$。（　　）

41. 金属指示剂的封闭是由于指示剂与金属离子生成的配合物过于稳定造成的。（　　）

42. EDTA 的有效浓度 [Y] 与酸度有关，它随着溶液 pH 增大而增大。

**二、选择题**

1. pH≥12 时，一般认为 $\alpha_{Y(H)}$（　　）。

A. ≥1　　B. ＝1　　C. ≥0　　D. ＝0

2. 标定 EDTA 溶液时，加入六亚甲基四胺溶液的作用是（　　）。

A. 缓冲溶液　　B. 指示剂　　C. 掩蔽干扰离子　　D. 消除指示剂封闭

3. 国家标准规定的标定 EDTA 溶液的基准试剂是（　　）。

A. MgO　　B. ZnO　　C. Zn 片　　D. Cu 片

4. 用 EDTA 测定 $SO_4^{2-}$ 时，应采用的方法是（　　）。

A. 直接滴定　　B. 间接滴定　　C. 连续滴定　　D. 返滴定

5. 配制 EDTA 标准溶液用自来水，在直接滴定中将使测定结果（　　）。

A. 偏大　　B. 偏小　　C. 不影响　　D. 大小不确定

6. 用碳酸钙基准物质标定 EDTA 时，用（　　）作指示剂。

A. 二甲酚橙　　B. 铬黑 T　　C. 钙指示剂　　D. 六亚甲基四胺

7. 产生金属指示剂的封闭现象是因为（　　）。

A. 指示剂不稳定　　B. MIn 溶解度小　　C. $K'_{MIn} < K'_{MY}$　　D. $K'_{MIn} > K'_{MY}$

8. 产生金属指示剂的僵化现象是因为（　　）。

A. 指示剂不稳定　　B. MIn 溶解度小　　C. $K'_{MIn} < K'_{MY}$　　D. $K'_{MIn} > K'_{MY}$

9. 用含有少量 $Ca^{2+}$、$Mg^{2+}$ 的纯水配制 EDTA 溶液，然后于 pH＝5.5 时，以二甲酚橙为指示剂，用标准锌溶液标定 EDTA 的浓度，最后在 pH＝10.0 时，用上述 EDTA 溶液滴定试样中 $Ni^{2+}$ 的含量，对测定结果的影响是（　　）。

A. 偏高　　B. 偏低　　C. 没影响　　D. 不能确定

10. 用含有少量 $Ca^{2+}$ 的蒸馏水配制 EDTA 溶液，于 pH＝5.0 时，用锌标准溶液标定 EDTA 溶液的浓度，然后用上述 EDTA 溶液，于 pH＝10.0 时，滴定试样中 $Ca^{2+}$ 的含量，问对测定结果有无影响（　　）。

A. 基本上无影响　　B. 偏高　　C. 偏低　　D. 不能确定

11. 以配位滴定法测定 $Pb^{2+}$ 时，消除 $Ca^{2+}$、$Mg^{2+}$ 干扰最简便的方法是（　　）。

A. 配位掩蔽法　　B. 控制酸度法　　C. 沉淀分离法　　D. 解蔽法

12. 某溶液主要含有 $Ca^{2+}$、$Mg^{2+}$ 及少量 $Al^{3+}$、$Fe^{3+}$，今在 pH＝10 时加入三乙醇胺后，用 EDTA 滴定，用铬黑 T 为指示剂，则测出的是（　　）的含量。

A. $Mg^{2+}$　　B. $Ca^{2+}$、$Mg^{2+}$　　C. $Al^{3+}$、$Fe^{3+}$　　D. $Ca^{2+}$、$Mg^{2+}$、$Al^{3+}$、$Fe^{3+}$

13. 在 $Fe^{3+}$、$Al^{3+}$、$Ca^{2+}$、$Mg^{2+}$ 的混合液中，用 EDTA 法测定 $Fe^{3+}$、$Al^{3+}$ 的含量，消除 $Ca^{2+}$、$Mg^{2+}$ 干扰，最简便的方法是（　　）。

A. 沉淀分离　　B. 控制酸度　　C. 配位掩蔽　　D. 离子交换

14. 测定水中钙硬时，$Mg^{2+}$ 的干扰用（　　）消除。

A. 控制酸度法　　B. 配位掩蔽法　　C. 氧化还原掩蔽法　　D. 沉淀掩蔽法

15. 下列不属于用掩蔽消除干扰的方法是（　　）。

A. 配位掩蔽　　B. 沉淀掩蔽　　C. 氧化还原掩蔽　　D. 预先分离

16. 采用返滴定法测定 $Al^{3+}$ 的含量时，欲在 pH＝5.5 的条件下以某一金属离子的标准溶液返滴定过量的 EDTA，此金属离子标准溶液最好选用（　　）。

A. $Ca^{2+}$　　B. $Pb^{2+}$　　C. $Fe^{3+}$　　D. $Mg^{2+}$

17. EDTA 法测定水的总硬度是在 pH＝（　　）的缓冲溶液中进行。

A. 7　　B. 8　　C. 10　　D. 12

18. 用 EDTA 滴定法测定 $Ag^+$，采用的滴定方法是（　　）。

A. 直接滴定法　　B. 返滴定法　　C. 置换滴定法　　D. 间接滴定法

19. 配制 EDTA 标准溶液用自来水，在直接滴定中将使测定结果（　　）。

A. 偏大　　B. 偏小　　C. 不影响　　D. 大小不确定

20. 已知在 pH＝9 时，$\lg\alpha_{Y(H)} = 1.29$，$K_{CaY} = 10.69$，则条件稳定常数为（　　）。

A. $10^{1.29}$　　B. $10^{-9.40}$　　C. $10^{9.40}$　　D. $10^{10.69}$

21. 实验表明 EBT 应用于配位滴定中的最适宜的酸度是（　　）。

A. pH < 6.3　　B. pH = 9~10.5　　C. pH > 11　　D. pH = 7~11

22. 若用 EDTA 测定 $Zn^{2+}$ 时，$Cr^{3+}$ 干扰，为消除影响，应采用的方法是（　　）。

A. 控制酸度　　B. 配位掩蔽　　C. 氧化还原掩蔽　　D. 沉淀掩蔽

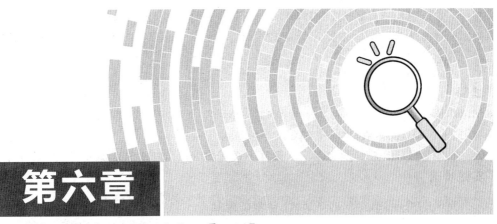

# 第六章
# 氧化还原滴定法

氧化还原滴定法是以氧化还原反应为基础的滴定分析方法。利用氧化还原滴定法，不仅可以测定本身具有氧化性或还原性物质的含量，而且也可用于测定那些本身虽无氧化还原性质，但却能与具有氧化还原性的物质发生定量反应的物质的含量，因此其应用非常广泛，通常可用于无机物和有机物含量的直接测定或间接测定。

本章主要介绍高锰酸钾法、重铬酸钾法、碘量法、溴酸钾法中标准溶液的制备及氧化还原滴定法的应用。

## 第一节　标准滴定溶液的制备

氧化还原滴定法中的滴定剂在滴定反应中作为氧化剂或还原剂。作为滴定剂，要求在空气中保持稳定，因此用作滴定剂的还原剂不多，如 $Na_2S_2O_3$、$FeSO_4$ 等。而以氧化剂作为滴定剂的情况较多，如用氧化剂 $KMnO_4$、$K_2Cr_2O_7$、$I_2$、$KBrO_3$、$Ce(SO_4)_2$ 等作为滴定剂。

### 实验三十　$KMnO_4$ 标准滴定溶液的配制与标定

#### 一、实验目的
1. 掌握 $KMnO_4$ 标准滴定溶液的配制和贮存方法。
2. 掌握用 $Na_2C_2O_4$ 为基准物质标定 $KMnO_4$ 溶液浓度的原理和方法。
3. 掌握 $KMnO_4$ 标准滴定溶液的配制和标定的操作技术和有关计算。

#### 二、实验原理
固体 $KMnO_4$ 试剂常含少量杂质，主要有二氧化锰，其他杂质如氯化物、硫酸盐、硝酸盐、氯酸盐等。$KMnO_4$ 溶液不稳定，在放置过程中由于自身分解、见光分解、蒸馏水中微量还原性物质与 $MnO_4^-$ 反应析出 $MnO(OH)_2$ 沉淀等作用致使溶液浓度发生改变。因此，不能用直接法制备 $KMnO_4$ 标准滴定溶液，而采用间接法（即标定法）。

在酸度为 $0.5 \sim 1mol/L$ 的 $H_2SO_4$ 酸性溶液中，以 $Na_2C_2O_4$ 为基准物标定 $KMnO_4$ 溶液，反应式为：

$$5C_2O_4^{2-} + 2MnO_4^- + 16H^+ \longrightarrow 2Mn^{2+} + 10CO_2 \uparrow + 8H_2O$$

以 $KMnO_4$ 自身为指示剂。由标定反应式可知，$Na_2C_2O_4$ 和 $KMnO_4$ 的基本单元分别为 $\frac{1}{2}Na_2C_2O_4$ 和 $\frac{1}{5}KMnO_4$。

### 三、试剂

1. $KMnO_4$ 固体。

2. 基准试剂 $Na_2C_2O_4$，在 $105\sim110℃$ 烘至恒重。

3. （$8+92$）$H_2SO_4$ 溶液。配制在不断搅拌下缓慢将 $8mL$ 浓 $H_2SO_4$ 加入到 $92mL$ 水中。

### 四、实验步骤

1. $c(\frac{1}{5}KMnO_4) = 0.1mol/L$ 的 $KMnO_4$ 溶液的配制

称取 $3.3g$ 高锰酸钾，溶于 $1050mL$ 水中，缓缓煮沸 $15min$，冷却，于暗处放置两周，用已处理过的 $P_{16}$ 微孔玻璃坩埚过滤。贮存于棕色瓶中。

过滤高锰酸钾溶液所使用的 $P_{16}$ 微孔玻璃坩埚，预先应以同样的高锰酸钾溶液缓缓煮沸 $5min$。贮存高锰酸钾溶液的棕色试剂瓶也要用高锰酸钾溶液洗涤 $2\sim3$ 次。

2. $c(\frac{1}{5}KMnO_4) = 0.1mol/L$ 的 $KMnO_4$ 溶液的标定

称取 $0.25g$ 于 $105\sim110℃$ 电烘箱中干燥至恒重的工作基准试剂草酸钠，置于 $250mL$ 锥形瓶中，加入 $100mL$ 硫酸溶液（$8+92$）使其溶解。用配制好的高锰酸钾溶液滴定，注意，每加入一滴 $KMnO_4$ 溶液后，褪色较慢，要等粉红色褪去后才能加下一滴，滴定逐渐加快。近终点时加热至 $65\sim75℃$，再缓慢滴定至溶液呈粉红色，并保持 $30s$ 不褪即为终点。平行测定 3 次，同时做空白实验。

### 五、数据处理

高锰酸钾标准滴定溶液的浓度按下式计算：

$$c(\frac{1}{5}KMnO_4) = \frac{m \times 1000}{(V_1 - V_2)M(\frac{1}{2}Na_2C_2O_4)}$$

式中　$c(\frac{1}{5}KMnO_4)$——高锰酸钾标准滴定溶液的浓度，$mol/L$；

$\qquad m$——基准物草酸钠的质量，$g$；

$\qquad V_1$——滴定时消耗高锰酸钾标准滴定溶液的体积，$mL$；

$\qquad V_2$——空白试验时消耗高锰酸钾标准滴定溶液的体积，$mL$；

$M(\frac{1}{2}Na_2C_2O_4)$——以 $\frac{1}{2}Na_2C_2O_4$ 为基本单元的草酸钠的摩尔质量，$66.999g/mol$。

### 六、注意事项

1. 为使配制的高锰酸钾溶液浓度达到欲配制浓度，通常称取稍多于理论用量的固体 $KMnO_4$。例如配制 $c(\frac{1}{5}KMnO_4) = 0.1mol/L$ 的高锰酸钾标准滴定溶液 $500mL$，理论上应称取固体 $KMnO_4$ 质量为 $1.58g$，实际称取 $KMnO_4$ $1.6\sim1.7g$。

2. 标定好的 $KMnO_4$ 溶液在放置一段时间后，若发现有沉淀析出，应重新过滤并标定。

3. 当滴定到稍微过量的 $KMnO_4$ 在溶液中呈粉红色并保持 $30s$ 不褪色时即为终点。放置时间较长时，空气中还原性物质及尘埃可能落入溶液中使 $KMnO_4$ 缓慢分解，溶液颜色逐渐消失。$KMnO_4$ 可被觉察的最低浓度约为 $2 \times 10^{-6}$ mol/L ［相当于 100mL 溶液中加入 $c\left(\frac{1}{5}KMnO_4\right) = 0.1$ mol/L 的 $KMnO_4$ 溶液 0.01mL］。

4. 按照 GB/T 601—2002，标定 $c(\frac{1}{5}KMnO_4) = 0.1$ mol/L 的 $KMnO_4$ 溶液称取 $Na_2C_2O_4$ 基准物 0.25g，学生实际实验中，可称取 $Na_2C_2O_4$ 基准物 $0.15 \sim 0.20$g。

5. 高锰酸钾溶液易分解，洒落在实验台面及地面上的溶液要及时擦去。

### 七、思考题

1. 配制 $KMnO_4$ 溶液时，为什么要将 $KMnO_4$ 溶液煮沸一定时间或放置数天？为什么要冷却放置后过滤，能否用滤纸过滤？

2. $KMnO_4$ 溶液应装于哪种滴定管中，为什么？说明读取滴定管中 $KMnO_4$ 溶液体积的正确方法。总结读取滴定管中溶液体积的两种方法，各适合什么情况？

3. 装 $KMnO_4$ 溶液的锥形瓶、烧杯或滴定管，放置久后壁上常有棕色沉淀物，它是什么？怎样才能洗净？

4. 用 $Na_2C_2O_4$ 基准物质标定 $KMnO_4$ 溶液的浓度，其标定条件有哪些？为什么用 $H_2SO_4$ 调节酸度？可否用 HCl 或 $HNO_3$？酸度过高、过低或温度过高、过低对标定结果有何影响？

5. 在酸性条件下，以 $KMnO_4$ 溶液滴定 $Na_2C_2O_4$ 时，开始紫色褪去较慢，后来褪去较快，为什么？

6. $KMnO_4$ 滴定法中常用什么物质作指示剂，如何指示滴定终点？

7. 若用 $(NH_4)_2Fe(SO_4)_2 \cdot 6H_2O$ 为基准物质标定 $KMnO_4$ 溶液，试写出反应式和 $KMnO_4$ 溶液浓度的计算公式。

### 📄 相关链接

高锰酸钾为暗紫色有光泽的结晶体，相对密度 2.703，在空气中稳定，在 240℃分解，易溶于碱液，溶于水，遇还原剂易褪色，遇浓酸即分解放出游离氧，遇盐酸放出氯气。25℃，在水中溶解度 7.00g/100mL（$KMnO_4$ 的质量浓度）。高锰酸钾用作分析试剂、氧化剂、杀菌剂，用于有机合成和漂白纤维等。高锰酸钾为强氧化剂，应避光密封保存。

标定 $KMnO_4$ 溶液的基准物质有很多，如 $Na_2C_2O_4$、$H_2C_2O_4 \cdot 2H_2O$、$(NH_4)_2C_2O_4$、$FeSO_4 \cdot 7H_2O$、$(NH_4)_2Fe(SO_4)_2 \cdot 6H_2O$、$As_2O_3$ 和纯铁丝等。其中，$Na_2C_2O_4$ 较常用，因为它容易提纯，性质稳定，不含结晶水，在 $105 \sim 110$℃烘干 2h 后冷却，即可使用。

## 实验三十一　$K_2Cr_2O_7$ 标准滴定溶液的配制与标定❶

### 一、实验目的

1. 掌握直接法配制 $K_2Cr_2O_7$ 标准滴定溶液的方法、原理、操作技术和计算。
2. 掌握间接法配制 $K_2Cr_2O_7$ 标准滴定溶液的方法、原理、操作技术和计算。

### 二、实验原理

$K_2Cr_2O_7$ 标准滴定溶液可以用基准试剂 $K_2Cr_2O_7$ 直接配制。基准试剂 $K_2Cr_2O_7$ 经预处理后，用直接法配制标准滴定溶液。

当用非基准试剂 $K_2Cr_2O_7$ 时，必须用间接法配制。在一定量 $K_2Cr_2O_7$ 溶液中加入过量

---

❶ 参照 GB/T 601—2002。

KI 溶液及硫酸溶液，生成的 $I_2$ 用 $Na_2S_2O_3$ 标准溶液滴定。反应式为：

$$Cr_2O_7^{2-}+6I^-+14H^+\longrightarrow 2Cr^{3+}+3I_2+7H_2O$$

$$I_2+2S_2O_3^{2-}\longrightarrow 2I^-+S_4O_6^{2-}$$

以淀粉指示剂确定终点。由标定反应式可知，$K_2Cr_2O_7$ 和 $Na_2S_2O_3$ 的基本单元分别为 $\frac{1}{6}$ $K_2Cr_2O_7$ 和 $Na_2S_2O_3$。

### 三、试剂

1. 基准物质 $K_2Cr_2O_7$ 于 120℃烘干至恒重。
2. $K_2Cr_2O_7$ 固体。
3. KI 固体（分析纯）。
4. $H_2SO_4$ 溶液（20%）。
5. $c(Na_2S_2O_3)=0.1mol/L$ 的 $Na_2S_2O_3$ 标准滴定溶液。
6. 淀粉指示液（10g/L）。

### 四、实验步骤

1. 直接法配制 $c\left(\frac{1}{6}K_2Cr_2O_7\right)=0.1mol/L$ 的 $K_2Cr_2O_7$ 标准滴定溶液

准确称取基准物质 $K_2Cr_2O_7$ 1.2～1.4g，放于小烧杯中，加入少量水，加热溶解，定量转入 250mL 容量瓶中，用水稀释至刻度，摇匀，计算其准确浓度。

2. 间接法配制 $c\left(\frac{1}{6}K_2Cr_2O_7\right)=0.1mol/L$ 的 $K_2Cr_2O_7$ 标准滴定溶液

（1）配制　称取 2.5g 重铬酸钾于烧杯中，加 200mL 水溶解，转入 500mL 试剂瓶。每次用少量水冲洗烧杯多次，转入试剂瓶，稀释至 500mL。

（2）标定　用滴定管准确量取 30.00～35.00mL 重铬酸钾溶液于碘量瓶中，加 2g KI 及 20mL $H_2SO_4$ 溶液，立即盖好瓶塞，摇匀，用水封好瓶口，于暗处放置 10min。打开瓶塞，冲洗瓶塞及瓶颈，加 150mL 水，用 $c(Na_2S_2O_3)=0.1mol/L$ 的 $Na_2S_2O_3$ 标准滴定溶液滴定至浅黄色，加 3mL 淀粉指示液，继续滴定至溶液由蓝色变为亮绿色。记录消耗 $Na_2S_2O_3$ 标准滴定溶液的体积。平行测定 3 次，同时做空白试验。

### 五、数据处理

直接法配制 $K_2Cr_2O_7$ 溶液，浓度计算：

$$c\left(\frac{1}{6}K_2Cr_2O_7\right)=\frac{m(K_2Cr_2O_7)}{M\left(\frac{1}{6}K_2Cr_2O_7\right)V(K_2Cr_2O_7)\times10^{-3}}$$

式中　$c\left(\frac{1}{6}K_2Cr_2O_7\right)$——$K_2Cr_2O_7$ 标准滴定溶液的浓度，mol/L；

$m(K_2Cr_2O_7)$——称取基准试剂 $K_2Cr_2O_7$ 的质量，g；

$M\left(\frac{1}{6}K_2Cr_2O_7\right)$——$\frac{1}{6}K_2Cr_2O_7$ 的摩尔质量，g/mol $\left[M(\frac{1}{6}K_2CrO_7)=49.031\right]$；

$V(K_2Cr_2O_7)$——$K_2Cr_2O_7$ 标准滴定溶液的体积，mL。

间接法配制 $K_2Cr_2O_7$ 溶液，浓度计算：

$$c\left(\frac{1}{6}K_2Cr_2O_7\right)=\frac{c(Na_2S_2O_3)V(Na_2S_2O_3)}{V(K_2Cr_2O_7)-V_0}$$

式中　$c\left(\dfrac{1}{6}K_2Cr_2O_7\right)$——$K_2Cr_2O_7$ 标准滴定溶液的浓度，mol/L；

　　　　$c(Na_2S_2O_3)$——$Na_2S_2O_3$ 标准滴定溶液的浓度，mol/L；

　　　　$V(Na_2S_2O_3)$——滴定消耗 $Na_2S_2O_3$ 标准滴定溶液的体积，mL；

　　　　$V(K_2Cr_2O_7)$——$K_2Cr_2O_7$ 标准滴定溶液的体积，mL；

　　　　　$V_0$——空白试验消耗 $Na_2CO_3$ 标准滴定溶液的体积，mL。

### 六、注意事项

间接法配制 $K_2Cr_2O_7$ 标准滴定溶液中，$Na_2S_2O_3$ 标准溶液滴定至浅黄色，颜色应尽量浅，但注意不要过量。

### 七、思考题

1. 什么规格的试剂可以用直接法配制 $K_2Cr_2O_7$ 标准溶液？如何配制 $c\left(\dfrac{1}{6}K_2Cr_2O_7\right)=$ 0.1000mol/L 的 $K_2Cr_2O_7$ 标准溶液 200mL？

2. 间接法配制 $K_2Cr_2O_7$ 标准滴定溶液，标定时用水封碘量瓶口的目的是什么？于暗处放置 10min 的目的是什么？

3. 用间接碘量法标定 $K_2Cr_2O_7$ 溶液的原理是什么？标定时，淀粉指示剂何时加入？如果加入过早或过晚会产生哪些影响？

> **相关链接**

重铬酸钾易溶于水，水溶液呈酸性，不溶于乙醇，有强氧化性，应密封保存。20℃，在水中溶解度 10.7g/100mL。重铬酸钾用于鞣制皮革、绘画染料、搪瓷工业着色、制造火柴、媒染剂、有机合成，用作氧化剂。重铬酸钾为剧毒强氧化剂，其溶液或滴定废液不能随意排放。

$K_2Cr_2O_7$ 法实验产生的废液中均含有铬，其中主要以 $Cr^{3+}$ 和 $Cr(Ⅵ)$ 形式存在，它们是有毒有害的离子，如果直接排放，会造成严重的环境污染。在铬的化合物中，以 $Cr(Ⅵ)$ 毒性最强，可在酸性条件下，在含铬废液中加入亚铁盐，使六价铬还原为三价铬后，再加入碱使其转化为难溶的氢氧化铬沉淀分离。反应式为：

$$Cr_2O_7^{2-}+6Fe^{2+}+14H^+\longrightarrow 2Cr^{3+}+6Fe^{3+}+7H_2O$$
$$Cr^{3+}+3OH^-\longrightarrow Cr(OH)_3\downarrow$$

## 实验三十二　硫代硫酸钠标准滴定溶液的配制与标定❶

### 一、实验目的

1. 掌握硫代硫酸钠标准滴定溶液配制、标定的操作技术和保存方法。
2. 掌握以 $K_2Cr_2O_7$ 为基准物标定 $Na_2S_2O_3$ 的基本原理和操作技术。

### 二、实验原理

固体 $Na_2S_2O_3\cdot 5H_2O$ 试剂一般都含有少量杂质，如 $Na_2SO_3$、$Na_2SO_4$、$Na_2CO_3$、NaCl 和 S 等，并且放置过程中易风化，因此不能用直接法配制标准滴定溶液。$Na_2S_2O_3$ 溶液由于受水中微生物的作用、空气中二氧化碳的作用、空气中 $O_2$ 的氧化作用，光线及微量的 $Cu^{2+}$、$Fe^{3+}$ 等作用不稳定，容易分解。

以基准物 $K_2Cr_2O_7$ 标定 $Na_2CO_3$ 的反应式为：

---

❶　参照 GB/T 601—2002。

$$Cr_2O_7^{2-} + 6I^- + 14H^+ \longrightarrow 2Cr^{3+} + 3I_2 + 7H_2O$$
$$I_2 + 2S_2O_3^{2-} \longrightarrow 2I^- + S_4O_6^{2-}$$

以淀粉指示剂确定终点。由标定反应式可知，$K_2Cr_2O_7$ 和 $Na_2S_2O_3$ 的基本单元分别为 $\frac{1}{6}$ $K_2Cr_2O_7$ 和 $Na_2S_2O_3$。

### 三、试剂

1. $Na_2S_2O_3 \cdot 5H_2O$ 或无水硫代硫酸钠（分析纯固体试剂）。

2. $K_2Cr_2O_7$ 固体，工作基准试剂（基准物质），使用前在 120℃±2℃ 的电烘箱中干燥至恒重。

3. $K_2Cr_2O_7$ 标准滴定溶液，$c(\frac{1}{6}K_2Cr_2O_7) = 0.1mol/L$。

4. KI（分析纯固体试剂）。

5. $H_2SO_4$ 溶液（20%）。

6. 淀粉指示液，10g/L。配制：称取 1.0g 可溶性淀粉放入小烧杯中，加水 10mL，使成糊状，在搅拌下倒入 90mL 沸水中，微沸 2min，冷却后转移至 100mL 试剂瓶中，贴好标签。

### 四、实验步骤

1. $c(Na_2S_2O_3) = 0.1mol/L$ 的硫代硫酸钠标准滴定溶液的配制

称取 26g 结晶硫代硫酸钠（$Na_2S_2O_3 \cdot 5H_2O$）（或 16g 无水硫代硫酸钠），加 0.2g 无水碳酸钠，溶于 1000mL 水中，缓缓煮沸 10min，冷却。放置两周后过滤，待标定。

2. $c(Na_2S_2O_3) = 0.1mol/L$ 的硫代硫酸钠标准滴定溶液的标定

称取 0.18g 于 120℃±2℃ 干燥至恒重的工作基准试剂重铬酸钾，置于碘量瓶中，加入 25mL 水，摇动使其全溶〔或移取 $c(\frac{1}{6}K_2Cr_2O_7) = 0.1mol/L$ 的 $K_2Cr_2O_7$ 标准溶液 25.00mL〕，加 2g 碘化钾及 20mL 硫酸溶液（20%），盖上瓶塞轻轻摇匀，以少量水封住瓶口，于暗处放置 10min。取出用洗瓶冲洗瓶塞和瓶颈内壁，加 150mL 煮沸并冷却后的蒸馏水稀释，用待标定的 $Na_2S_2O_3$ 标准滴定溶液滴定，至溶液出现淡黄绿色时，加 2mL 10g/L 的淀粉溶液，继续滴定至溶液由蓝色变为亮绿色即为终点。记录消耗 $Na_2S_2O_3$ 标准滴定溶液的体积。平行测定 3 次，同时做空白试验。

### 五、数据处理

$$c(Na_2S_2O_3) = \frac{m(K_2Cr_2O_7)}{M\left(\frac{1}{6}K_2Cr_2O_7\right)[V(Na_2S_2O_3) - V_0] \times 10^{-3}}$$

或

$$c(Na_2S_2O_3) = \frac{c\left(\frac{1}{6}K_2Cr_2O_7\right)V(K_2Cr_2O_7)}{V(Na_2S_2O_3)}$$

式中 $c(Na_2S_2O_3)$——硫代硫酸钠标准滴定溶液的浓度，mol/L；

$m(K_2Cr_2O_7)$——基准物质 $K_2Cr_2O_7$ 的质量，g；

$M\left(\frac{1}{6}K_2Cr_2O_7\right)$——以 $\frac{1}{6}K_2Cr_2O_7$ 为基本单元的 $K_2Cr_2O_7$ 的摩尔质量，49.03g/mol；

$V(Na_2S_2O_3)$——滴定消耗 $Na_2S_2O_3$ 标准滴定溶液的体积，mL；

$V(K_2Cr_2O_7)$——$K_2Cr_2O_7$ 标准滴定溶液的体积，mL；

$V_0$——空白试验消耗 $Na_2S_2O_3$ 标准滴定溶液的体积，mL。

### 六、注意事项

1. 配制 $Na_2S_2O_3$ 溶液时，需要用新煮沸（除去 $CO_2$ 和杀死细菌）并冷却了的蒸馏水，或将 $Na_2S_2O_3$ 试剂溶于蒸馏水中，煮沸 10min 后冷却，加入少量 $Na_2CO_3$ 使溶液呈碱性，以抑制细菌生长。

2. 配好的溶液贮存于棕色试剂瓶中，放置两周后进行标定。硫代硫酸钠标准溶液不宜长期贮存，使用一段时间后要重新标定，如果发现溶液变浑浊或析出硫，应过滤后重新标定，或弃去再重新配制溶液。

3. 用 $Na_2S_2O_3$ 滴定生成的 $I_2$ 时应保持溶液呈中性或弱酸性。所以常在滴定前用蒸馏水稀释，降低酸度。通过稀释，还可以减少 $Cr^{3+}$ 绿色对终点的影响。

4. 滴定至终点后，经过 5～10min，溶液又会出现蓝色，这是由于空气氧化 $I^-$ 所引起的，属正常现象。若滴定到终点后，很快又转变为 $I_2$-淀粉的蓝色，则可能是由于酸度不足或放置时间不够使 $K_2Cr_2O_7$ 与 KI 的反应未完全，此时应弃去重做。

### 七、思考题

1. 配制 $c(Na_2S_2O_3)=0.1mol/L$ 的硫代硫酸钠溶液 500mL，应称取多少克 $Na_2S_2O_3$ · $5H_2O$ 或 $Na_2S_2O_3$？

2. 配制 $Na_2S_2O_3$ 溶液时，为什么需用新煮沸的蒸馏水？为什么将溶液煮沸 10min？为什么常加入少量 $Na_2CO_3$？为什么放置两周后标定？

3. 在碘量法中为什么使用碘量瓶而不使用普通锥形瓶？

4. 标定 $Na_2S_2O_3$ 溶液时，每份应称取基准物 $K_2Cr_2O_7$ 多少克？

5. 标定 $Na_2S_2O_3$ 溶液时，滴定到终点时，溶液放置一会儿又重新变蓝，为什么？

6. 标定 $Na_2S_2O_3$ 溶液时，为什么淀粉指示剂要在临近终点时才加入？指示剂加入过早对标定结果有何影响？

7. $Na_2S_2O_3$ 溶液受空气中 $CO_2$ 作用发生什么变化？写出反应式。这种作用对该溶液浓度有何影响？

 相关链接

标定 $Na_2S_2O_3$ 溶液的基准物质很多，如 $K_2Cr_2O_7$、$KIO_3$、$KBrO_3$ 及升华法制得的纯 $I_2$ 等。除 $I_2$ 外，其他物质都是在酸性溶液中与 KI 作用析出 $I_2$，用 $Na_2S_2O_3$ 溶液滴定，以淀粉为指示剂。其中 $K_2Cr_2O_7$ 是最常用的基准物。

## 实验三十三　碘标准滴定溶液的配制与标定[❶]

### 一、实验目的

1. 掌握碘标准滴定溶液的配制方法和保存方法。

2. 掌握碘标准滴定溶液的标定方法、基本原理、反应条件和操作技术。

### 二、实验原理

碘可以通过升华法制得纯试剂，但因其升华及对天平有腐蚀性，故不宜用直接法配制 $I_2$ 标准溶液而采用间接法。

可以用基准物质 $As_2O_3$ 来标定 $I_2$ 溶液。$As_2O_3$ 难溶于水，可溶于碱溶液中，与 NaOH

---

❶　参照 GB/T 601—2002。

反应生成亚砷酸钠，用 $I_2$ 溶液进行滴定。反应式为：

$$As_2O_3 + 6NaOH \longrightarrow 2Na_3AsO_3 + 3H_2O$$

$$Na_3AsO_3 + I_2 + H_2O \rightleftharpoons Na_3AsO_4 + 2HI$$

该反应为可逆反应，在中性或微碱性溶液中（$pH \approx 8$），反应能定量地向右进行，可加固体 $NaHCO_3$ 以中和反应生成的 $H^+$，保持 $pH = 8$ 左右。在酸性溶液中，反应向左进行，即 $AsO_4^{3-}$ 氧化 $I^-$ 析出 $I_2$。由标定反应式可知，$As_2O_3$ 和 $I_2$ 的基本单元分别为 $\frac{1}{4}As_2O_3$ 和 $\frac{1}{2}I_2$。

也可以用 $Na_2S_2O_3$ 标准溶液"比较"，用 $I_2$ 溶液滴定一定体积的 $Na_2S_2O_3$ 标准溶液。反应为：

$$I_2 + 2S_2O_3^{2-} \longrightarrow 2I^- + S_4O_6^{2-}$$

以淀粉为指示剂，终点由无色到蓝色。

### 三、试剂

1. 固体试剂 $I_2$（分析纯）。
2. 固体试剂 KI（分析纯）。
3. 固体试剂 $NaHCO_3$（分析纯）。
4. 固体试剂 $As_2O_3$，基准物质，在硫酸干燥器中干燥至恒重。
5. NaOH 溶液，$c(NaOH) = 1mol/L$。
6. $H_2SO_4$ 溶液，$c\left(\frac{1}{2}H_2SO_4\right) = 1mol/L$。
7. 淀粉指示液（10g/L）。
8. 酚酞指示液（10g/L）。
9. 硫代硫酸钠标准滴定溶液，$c(Na_2S_2O_3) = 0.1mol/L$。

### 四、实验步骤

1. 配制 $c\left(\frac{1}{2}I_2\right) = 0.1mol/L$ 的碘溶液 500mL

称取 6.5g $I_2$ 放于小烧杯中，再称取 17g KI，准备蒸馏水 500mL，将 KI 分 4~5 次放入装有 $I_2$ 的小烧杯中，每次加水 5~10mL，用玻璃棒轻轻研磨，使碘逐渐溶解，溶解部分转入棕色试剂瓶中，如此反复直至碘片全部溶解为止。用水多次清洗烧杯并转入试剂瓶中，剩余的水全部加入试剂瓶中稀释，盖好瓶盖，摇匀，待标定。

以下两种标定方法可以任选其一。由于 $As_2O_3$ 为剧毒物，实际工作中常用已知浓度的 $Na_2S_2O_3$ 标准溶液标定 $I_2$。

2. 标定

（1）用 $As_2O_3$ 标定 $I_2$ 溶液

称取 0.15g 基准物质 $As_2O_3$（称准至 0.0001g），放于 250mL 碘量瓶中，加入 4mL NaOH 溶液 [$c(NaOH) = 1mol/L$] 溶解，加 50mL 水，加 2 滴酚酞指示液（10g/L），用硫酸溶液 [$c(\frac{1}{2}H_2SO_4) = 1mol/L$] 滴定至恰好无色。加 3g $NaHCO_3$ 及 3mL 淀粉指示液（10g/L）。用配好的碘溶液滴定至呈浅蓝色。记录消耗 $I_2$ 溶液的体积 $V_1$。平行标定 3 次，同时做空白试验。

由于 $As_2O_3$ 为剧毒物，实际工作中常用已知浓度的 $Na_2S_2O_3$ 标准溶液标定 $I_2$。

（2）用 $Na_2S_2O_3$ 标准溶液"比较"

用滴定管准确放出配制好的碘溶液 30～35mL，置于碘量瓶中，加水 150mL（15～20℃），用硫代硫酸钠标准滴定溶液 $[c(Na_2S_2O_3)=0.1mol/L]$ 滴定，近终点时（此时溶液为浅黄色）加 2mL 淀粉指示液（10g/L），继续滴定至溶液蓝色刚好消失即为终点。记录消耗 $I_2$ 标准滴定溶液的体积 $V_2$。平行标定 3 次。

同时做水消耗碘的空白试验：取 250mL 水（15～20℃），加 0.05～0.20mL 配制好的碘溶液及 2mL 淀粉指示液（10g/L），用硫代硫酸钠标准滴定溶液 $[c(Na_2S_2O_3)=0.1mol/L]$ 滴定至溶液蓝色刚好消失即为终点。

### 五、数据处理

$$c\left(\frac{1}{2}I_2\right)=\frac{m(As_2O_3)}{M\left(\frac{1}{4}As_2O_3\right)(V-V_0)\times10^{-3}}$$

式中　　$c(\frac{1}{2}I_2)$——$I_2$ 标准滴定溶液的浓度，mol/L；

$m(As_2O_3)$——称取基准物质 $As_2O_3$ 的质量，g；

$M(\frac{1}{4}As_2O_3)$——以 $\frac{1}{4}As_2O_3$ 为基本单元的 $As_2O_3$ 的摩尔质量，49.460g/mol；

$V$——滴定消耗 $I_2$ 标准滴定溶液的体积，mL；

$V_0$——空白试验消耗 $I_2$ 标准滴定溶液的体积，mL。

用 $Na_2S_2O_3$ 标准溶液"比较"时，碘标准滴定溶液浓度计算：

$$c\left(\frac{1}{2}I_2\right)=\frac{c(Na_2S_2O_3)(V_1-V_2)}{V_3-V_4}$$

式中　　$c(Na_2S_2O_3)$——硫代硫酸钠标准滴定溶液的浓度，mol/L；

$V_1$——滴定消耗硫代硫酸钠标准滴定溶液的体积，mL；

$V_2$——空白试验消耗硫代硫酸钠标准滴定溶液的体积，mL；

$V_3$——量取碘溶液的体积，mL；

$V_4$——空白试验中加入的碘溶液的体积，mL。

### 六、注意事项

按照 GB/T 601—2002，标定 $c(\frac{1}{2}I_2)=0.1mol/L$ 的碘标准滴定溶液时，称取三氧化二砷基准物 0.18g，学生实际实验中，可称取三氧化二砷基准物 0.15g。学生实际实验中，推荐使用硫代硫酸钠比较法标定碘溶液。

### 七、思考题

1. $I_2$ 溶液应装在何种滴定管中？为什么？

2. 配制 $I_2$ 溶液时，为什么要加 KI？

3. 配制 $I_2$ 溶液时，为什么要在溶液非常浓的情况下将 $I_2$ 与 KI 一起研磨，当 $I_2$ 和 KI 溶解后才能用水稀释？如果过早地稀释会发生什么情况？

4. 以 $As_2O_3$ 为基准物标定 $I_2$ 溶液为什么加 NaOH？其后为什么用 $H_2SO_4$ 中和？滴定前为什么加 $NaHCO_3$？

**相关链接**

在碘量法实验中，常产生大量的多种含碘废液。而碘和碘化钾两种试剂是碘量法的常用试剂，同时，碘化钾又是比较贵重的化学试剂。利用含碘废液来提取碘或制备碘化钾，既可以为实验室节省试剂，"变废为宝"，又能使学生在做实验的同时养成积极动脑思考的好习惯，使学生树立科学正确的思维方法，培养学生善于发现问题，灵活运用学过的知识解决问题的能力和动手操作能力。

含碘废液中碘常以 $I_2$、$I^-$、CuI 沉淀等形式存在。回收碘的方法通常是将含碘废液转化为 $I^-$ 后，用沉淀法富集后再选择适当的氧化剂氧化，使碘以 $I_2$ 形式析出，再用升华法提纯 $I_2$。

实验室中利用 $Na_2SO_3$ 将废液中碘还原为 $I^-$，再加入 $CuSO_4$ 与 $I^-$ 反应形成 CuI 沉淀。反应式为：

$$I_2 + SO_3^{2-} + H_2O \longrightarrow 2I^- + SO_4^{2-} + 2H^+$$

$$2I^- + 2Cu^{2+} + SO_3^{2-} + H_2O \longrightarrow 2CuI\downarrow + SO_4^{2-} + 2H^+$$

然后用浓 $HNO_3$ 氧化 CuI，析出 $I_2$，反应式为：

$$2CuI + 8HNO_3 \longrightarrow 2Cu(NO_3)_2 + 4NO_2\uparrow + 4H_2O + I_2$$

制取 KI 时，可以将已制备的 $I_2$ 与铁粉反应生成 $Fe_3I_8$，再与 $K_2CO_3$ 反应，过滤除去 $Fe_3O_4$，将滤液蒸发、浓缩、结晶后即制得 KI 晶体。反应式为：

$$3Fe + 4I_2 \longrightarrow Fe_3I_8$$

$$Fe_3I_8 + 4K_2CO_3 \longrightarrow 8KI + 4CO_2\uparrow + Fe_3O_4\downarrow$$

# 实验三十四　溴标准滴定溶液的制备

## 一、实验目的

1. 掌握 $KBrO_3$-$KBr$ 标准滴定溶液的配制方法。

2. 掌握间接碘量法标定 $KBrO_3$-$KBr$ 标准滴定溶液的基本原理，有关计算和操作技术。

## 二、实验原理

溴酸钾法是用 $Br_2$ 作氧化剂测定物质含量的方法。因为 $Br_2$ 极易挥发，溶液很不稳定，故常用 $KBrO_3$-$KBr$ 标准滴定溶液代替 $Br_2$ 标准滴定溶液，其中 $KBrO_3$ 是准确量，$KBr$ 是过量的。$KBrO_3$-$KBr$ 标准滴定溶液在酸性溶液中生成 $Br_2$，与过量的 $KI$ 作用析出 $I_2$，用 $Na_2S_2O_3$ 标准滴定溶液滴定。反应式如下：

$$BrO_3^- + 5Br^- + 6H^+ \longrightarrow 3Br_2 + 3H_2O$$

$$Br_2 + 2I^- \longrightarrow I_2 + 2Br^-$$

$$I_2 + 2S_2O_3^- \longrightarrow 2I^- + S_4O_6^{2-}$$

以淀粉指示液确定终点。由标定反应式可知，$Br_2$ 和 $Na_2S_2O_3$ 的基本单元分别为 $\frac{1}{2}Br_2$ 和 $Na_2S_2O_3$。

## 三、试剂

1. 固体 $KBrO_3$（分析纯）。

2. 固体 $KBr$（分析纯）。

3. 固体 $KI$（分析纯）。

4. 盐酸溶液（20%）。

5. $Na_2S_2O_3$ 标准滴定溶液，$c(Na_2S_2O_3) = 0.1mol/L$。

6. 淀粉指示液（10g/L）。

### 四、实验步骤

1. $c(\frac{1}{2}Br_2)=0.1mol/L$ 的溴溶液 500mL

称取 1.4～1.5g（称准至 0.1g）$KBrO_3$ 和 6g KBr 放于烧杯中，每次加入少量水溶解 $KBrO_3$ 和 KBr，溶液转入试剂瓶中，至全部溶解。用少量水冲洗烧杯，洗涤液一并转入试剂瓶中，最后稀释至 500mL，摇匀，备用。

2. 溴溶液的标定

用滴定管准确加入 $c(\frac{1}{2}Br_2)=0.1mol/L$ 的溴溶液 30.00～35.00mL 于 250mL 碘量瓶中，加入 2gKI 及 5mL 盐酸溶液（20%），立即盖紧碘量瓶瓶塞，摇匀，用水封好瓶口，于暗处放置 5～10min，打开瓶塞，冲洗瓶塞、瓶颈及瓶内壁，加入 150mL 水（15～20℃），立即用 $c(Na_2S_2O_3)=0.1mol/L$ 的 $Na_2S_2O_3$ 标准滴定溶液滴定，至溶液呈浅黄色时加淀粉指示液 2mL（10g/L），继续滴定至蓝色恰好消失即为终点。记录消耗 $Na_2S_2O_3$ 标准滴定溶液的体积。平行标定 3 次，同时做空白试验。

### 五、数据处理

$$c\left(\frac{1}{2}Br_2\right)=\frac{c(Na_2S_2O_3)(V-V_0)}{V(Br_2)}$$

式中　$c(\frac{1}{2}Br_2)$——溴标准溶液的浓度，mol/L；

$\qquad c(Na_2S_2O_3)$——$Na_2S_2O_3$ 标准滴定溶液的浓度，mol/L；

$\qquad\qquad\quad V$——滴定消耗 $Na_2S_2O_3$ 标准滴定溶液的体积，mL；

$\qquad\qquad\quad V_0$——空白试验消耗 $Na_2S_2O_3$ 标准滴定溶液的体积，mL；

$\qquad\quad V(Br_2)$——量取的溴溶液的准确体积，mL。

### 六、思考题

1. 配制 $c(\frac{1}{2}Br_2)=0.1mol/L$ 的溴溶液 500mL，称取 $KBrO_3$ 的质量如何计算？$KBrO_3$ 的基本单元是什么？

2. 说明实验过程中各阶段溶液颜色及溶液颜色产生的原因。

3. 淀粉指示液为什么要在滴定至溶液呈黄色时加入？

 相关链接

在实际工作中为了方便和减少误差，可不必标定其准确浓度，只是在实验的同时做空白试验即可。

## 第二节　氧化还原滴定法的应用

氧化还原反应机理比较复杂，常伴随着副反应的发生或因条件不同而生成不同产物，有一些反应速度较慢。因此，在应用氧化还原反应进行滴定分析时，要创造适当的滴定条件，使其符合滴定分析的基本要求。

## 实验三十五　过氧化氢含量的测定

### 一、实验目的

1. 掌握过氧化氢试液的称取方法和操作技术。
2. 掌握高锰酸钾直接滴定法测定过氧化氢含量的基本原理、方法和计算。
3. 理解氧化还原滴定法中的自动催化作用。
4. 熟悉高锰酸钾法的终点判断。

### 二、实验原理

在酸性溶液中 $H_2O_2$ 是强氧化剂，但遇到强氧化剂 $KMnO_4$ 时，又表现为还原剂。因此，可以在酸性溶液中用 $KMnO_4$ 标准滴定溶液直接滴定测得 $H_2O_2$ 的含量。反应式为：

$$5H_2O_2 + 2MnO_4^- + 6H^+ \longrightarrow 2Mn^{2+} + 8H_2O + 5O_2 \uparrow$$

以 $KMnO_4$ 自身为指示剂。由标定反应式可知，$KMnO_4$ 和 $H_2O_2$ 的基本单元分别为 $\frac{1}{5}KMnO_4$ 和 $\frac{1}{2}H_2O_2$。

### 三、试剂

1. $KMnO_4$ 标准滴定溶液，$c\left(\frac{1}{5}KMnO_4\right) = 0.1mol/L$。
2. $H_2SO_4$ 溶液，$c(H_2SO_4) = 3mol/L$。
3. 双氧水试样。

### 四、实验步骤

准确量取 2mL（或准确称取 2g）30% 过氧化氢试样，注入装有 200mL 蒸馏水的 250mL 容量瓶中，平摇一次，稀释至刻度，充分摇匀。

用移液管准确移取上述试液 25.00mL，放于锥形瓶中，加 3mol/L $H_2SO_4$ 溶液 20mL，用 $c\left(\frac{1}{5}KMnO_4\right) = 0.1mol/L$ 的 $KMnO_4$ 标准滴定溶液滴定（注意滴定速度！），至溶液微红色保持 30s 不褪色即为终点。记录消耗 $KMnO_4$ 标准滴定溶液体积。平行测定 3 次。

### 五、数据处理

$$\rho(H_2O_2) = \frac{c\left(\frac{1}{5}KMnO_4\right)V(KMnO_4) \times 10^{-3} \times M\left(\frac{1}{2}H_2O_2\right)}{V \times \frac{25}{250}} \times 1000$$

式中　$\rho(H_2O_2)$——过氧化氢的质量浓度，g/L；

　$c\left(\frac{1}{5}KMnO_4\right)$——$KMnO_4$ 标准滴定溶液的浓度，mol/L；

　$V(KMnO_4)$——滴定时消耗 $KMnO_4$ 标准滴定溶液的体积，mL；

　$M\left(\frac{1}{2}H_2O_2\right)$——$\frac{1}{2}H_2O_2$ 的摩尔质量，17.01g/mol；

　　　$V$——测定时量取的过氧化氢试液体积，mL。

　或

$$w(\mathrm{H_2O_2}) = \dfrac{c\left(\dfrac{1}{5}\mathrm{KMnO_4}\right)V(\mathrm{KMnO_4}) \times 10^{-3} \times M\left(\dfrac{1}{2}\mathrm{H_2O_2}\right)}{m \times \dfrac{25}{250}} \times 100\%$$

式中　$w(\mathrm{H_2O_2})$——过氧化氢的质量分数，%；

$\qquad m$——过氧化氢试样质量，g；

$c\left(\dfrac{1}{5}\mathrm{KMnO_4}\right)$——$\mathrm{KMnO_4}$ 标准滴定溶液的浓度，mol/L；

$V(\mathrm{KMnO_4})$——滴定时消耗 $\mathrm{KMnO_4}$ 标准滴定溶液的体积，mL；

$M\left(\dfrac{1}{2}\mathrm{H_2O_2}\right)$——$\dfrac{1}{2}\mathrm{H_2O_2}$ 的摩尔质量，17.01g/mol。

### 六、注意事项

1. 滴定反应前可加入少量 $\mathrm{MnSO_4}$ 催化 $\mathrm{H_2O_2}$ 与 $\mathrm{KMnO_4}$ 的反应。

2. 若工业产品 $\mathrm{H_2O_2}$ 中含有稳定剂如乙酰苯胺，也消耗 $\mathrm{KMnO_4}$ 使 $\mathrm{H_2O_2}$ 测定结果偏高。如遇此情况，应采用碘量法或铈量法进行测定。

3. 工业过氧化氢的测定参考国家标准 GB 1616—2003《工业过氧化氢》，其中规定了工业过氧化氢的质量指标，如表 6-1 所示。

表 6-1　工业过氧化氢的质量指标要求

| 项　　目 | 指　　标 | | | | | |
|---|---|---|---|---|---|---|
| | 27.5% | | 30% | 35% | 50% | 70% |
| | 优等品 | 合格品 | | | | |
| 过氧化氢的质量分数/% ≥ | 27.5 | 27.5 | 30.0 | 35.0 | 50.0 | 70.0 |
| 游离酸(以 $\mathrm{H_2SO_4}$ 计)的质量分数/% ≤ | 0.040 | 0.050 | 0.040 | 0.040 | 0.040 | 0.050 |
| 不挥发物的质量分数/% ≤ | 0.08 | 0.10 | 0.08 | 0.08 | 0.08 | 0.12 |
| 稳定度/% ≥ | 97.0 | 90.0 | 97.0 | 97.0 | 97.0 | 97.0 |
| 总碳(以 C 计)的质量分数/% ≤ | 0.030 | 0.040 | 0.025 | 0.025 | 0.035 | 0.050 |
| 硝酸盐(以 $\mathrm{NO_3^-}$ 计)的质量分数/% ≤ | 0.020 | 0.020 | 0.020 | 0.020 | 0.025 | 0.030 |

注：过氧化氢的质量分数、游离酸、不挥发物、稳定度为强制性要求。

### 七、思考题

1. $\mathrm{H_2O_2}$ 与 $\mathrm{KMnO_4}$ 反应较慢，能否通过加热溶液来加快反应速率？为什么？

2. 用 $\mathrm{KMnO_4}$ 法测定 $\mathrm{H_2O_2}$ 时，能否用 $\mathrm{HNO_3}$、HCl 或 HAc 调节溶液的酸度？为什么？

3. 若试样中 $\mathrm{H_2O_2}$ 的质量分数为 3%，应如何进行测定？

### 📄 相关链接

过氧化氢 (hydrogen peroxide) 纯品为无色透明稠厚液体，相对密度 1.463，熔点 -0.43℃，沸点 152℃，能与水任意混溶，有氧化性。过氧化氢不稳定，遇微量杂质则迅速分解，保存中能自行分解：

$$2\mathrm{H_2O_2} \longrightarrow 2\mathrm{H_2O} + \mathrm{O_2}\uparrow$$

工业产品又称其为双氧水，一般为 30% 或 3% 的水溶液，由于 $\mathrm{H_2O_2}$ 不稳定，常加入乙酰苯胺等作为稳定剂。$\mathrm{H_2O_2}$ 为两性物质，既可作为氧化剂又可作为还原剂，$\mathrm{H_2O_2}$ 还具有杀菌、消毒、漂白等作用，常用作分析试剂、氧化剂、漂白剂等。$\mathrm{H_2O_2}$ 对皮肤有腐蚀性，有微量杂质存在易引起分解爆炸，应在塑料瓶中密封保存。

GB/T 6684—2002 中规定了化学试剂 30% 过氧化氢的分析方法，GB 1616—2003 中规定了工业过氧化氢的分析方法。

## 实验三十六　绿矾中 FeSO₄·7H₂O 含量的测定

### 一、实验目的

1. 掌握用 $KMnO_4$ 标准滴定溶液直接测定绿矾中 $FeSO_4 \cdot 7H_2O$ 含量的基本原理、方法和计算。

2. 熟练掌握 $KMnO_4$ 法滴定终点的确定。

### 二、实验原理

绿矾试样用稀硫酸溶液溶解，用 $KMnO_4$ 标准滴定溶液直接滴定 $Fe^{2+}$ 试液，反应式为：

$$5Fe^{2+} + MnO_4^- + 8H^+ \longrightarrow 5Fe^{3+} + Mn^{2+} + 4H_2O$$

以 $KMnO_4$ 自身为指示剂。由测定反应式可知，$KMnO_4$ 和 $FeSO_4 \cdot 7H_2O$ 的基本单元分别为 $\frac{1}{5}KMnO_4$ 和 $FeSO_4 \cdot 7H_2O$。

### 三、试剂

1. $KMnO_4$ 标准滴定溶液，$c\left(\frac{1}{5}KMnO_4\right) = 0.1\,mol/L$。

2. $H_2SO_4$ 溶液，$c\left(\frac{1}{2}H_2SO_4\right) = 2\,mol/L$。配制：28mL 浓 $H_2SO_4$ 缓缓注入 200mL 蒸馏水中，边加边搅拌，稀释至 500mL。

3. 磷酸。

4. 绿矾试样。

### 四、实验步骤

准确称取绿矾试样 0.6~0.7g，放于 250mL 锥形瓶中，加入 $c\left(\frac{1}{2}H_2SO_4\right) = 2\,mol/L$ 的 $H_2SO_4$ 溶液 15mL，浓磷酸 2mL 及煮沸并冷却的蒸馏水 50mL，轻摇使样品溶解，立即以 $c\left(\frac{1}{5}KMnO_4\right) = 0.1\,mol/L$ 的 $KMnO_4$ 标准滴定溶液滴定至溶液呈淡粉红色并保持 30s 不褪为终点。记录消耗 $KMnO_4$ 标准滴定溶液的体积。平行测定 3 次。

### 五、数据处理

$$w(FeSO_4 \cdot 7H_2O) = \frac{c\left(\frac{1}{5}KMnO_4\right)V(KMnO_4) \times 10^{-3} \times M(FeSO_4 \cdot 7H_2O)}{m} \times 100\%$$

式中　　$w(FeSO_4 \cdot 7H_2O)$ ——$FeSO_4 \cdot 7H_2O$ 的质量分数，%；

$c\left(\frac{1}{5}KMnO_4\right)$ ——$KMnO_4$ 标准滴定溶液的浓度，mol/L；

$V(KMnO_4)$ ——滴定消耗 $KMnO_4$ 标准滴定溶液的体积，mL；

$M(FeSO_4 \cdot 7H_2O)$ ——$FeSO_4 \cdot 7H_2O$ 的摩尔质量，g/mol；

$m$ ——绿矾试样的质量，g。

### 六、思考题

1. 以 $c\left(\frac{1}{5}KMnO_4\right) = 0.1\,mol/L$ 的 $KMnO_4$ 标准滴定溶液测定 $FeSO_4 \cdot 7H_2O$ 的含量时，每份绿矾试样的称样量应约为多少克？通过计算说明。

2. 说明实验中加入 $H_2SO_4$ 和 $H_3PO_4$ 的目的。

 **相关链接**

　　硫酸亚铁（ferrous sulfate）俗称绿矾（green vitriol）或铁矾（iron vitriol）。浅蓝绿色结晶，在干燥的空气中易风化，在潮湿空气中易氧化为碱式硫酸高铁而变成黄色。56.6℃时变为四水盐，65℃时变为一水盐，300℃失去全部结晶水成为白色粉末，无水 $FeSO_4$ 与水作用又重新变为蓝绿色。$FeSO_4 \cdot 7H_2O$ 能溶于水及甘油，不溶于乙醇。具有还原性，常用作分析试剂。

# 实验三十七　水中化学耗氧量的测定（$KMnO_4$ 法）

## 一、实验目的

1. 掌握化学耗氧量的基本概念、表示方法。

2. 掌握 $KMnO_4$ 返滴定法测定水中化学耗氧量的基本原理和操作技术。

## 二、实验原理

　　酸性介质中利用 $KMnO_4$ 氧化性氧化需氧有机物测定 COD 含量。实验中加入过量的 $KMnO_4$ 标准滴定溶液，与需氧有机物充分反应后，再加入过量 $Na_2C_2O_4$ 标准溶液，用 $KMnO_4$ 标准滴定溶液回滴。反应式为：

$$2MnO_4^- + 5C_2O_4^{2-} + 16H^+ \longrightarrow 2Mn^{2+} + 10CO_2 \uparrow + 8H_2O$$

以高锰酸钾自身为指示剂。由标定反应式可知，$KMnO_4$ 和 $Na_2C_2O_4$ 的基本单元分别为 $\frac{1}{5}KMnO_4$ 和 $\frac{1}{2}Na_2C_2O_4$。

## 三、试剂

1. 高锰酸钾标准滴定溶液，$c\left(\frac{1}{5}KMnO_4\right) = 0.01mol/L$。

2. 硫酸溶液，1+3，配制时趁热滴加 $KMnO_4$ 溶液至微红色。

3. 基准物质 $Na_2C_2O_4$，在 105～110℃烘干。

## 四、实验步骤

1. 配制 $c\left(\frac{1}{2}Na_2C_2O_4\right) = 0.01mol/L$ 的草酸钠标准溶液 250mL

　　准确称取基准物质 $Na_2C_2O_4$ 约 1.7g，放于小烧杯中，加少量水溶解，定量转移至 250mL 容量瓶中，用蒸馏水稀释定容，摇匀。移取上述溶液 25.00mL 放于 250mL 容量瓶中，用蒸馏水稀释定容，摇匀。

　　2. 化学耗氧量的测定

　　取水样 100.00mL，加 5mL(1+3) 的硫酸溶液，自滴定管准确加入 $c\left(\frac{1}{5}KMnO_4\right) = 0.01mol/L$ 的高锰酸钾溶液 10.00mL（$V_1$）。立即放在沸水浴中加热 30min，趁热加 10.00mL $c\left(\frac{1}{2}Na_2C_2O_4\right) = 0.01mol/L$ 的草酸钠标准溶液，立即用高锰酸钾标准滴定溶液滴到浅粉色，保持 30s 不褪即为终点。记录消耗高锰酸钾标准滴定溶液的体积（$V_2$），则所用去的 $KMnO_4$ 标准滴定溶液总体积 $V(KMnO_4) = V_1 + V_2$。

　　3. $KMnO_4$ 校正系数 K 的测定

　　在上述滴定溶液中，加热至约 70℃，准确加入 10.00mL $c\left(\frac{1}{2}Na_2C_2O_4\right) = 0.01mol/L$ 的

草酸钠标准溶液，立即用高锰酸钾标准滴定溶液滴到浅粉色，保持 30s 不褪色即为终点，记录消耗的 KMnO$_4$ 标准滴定溶液体积 $V_3$。则每毫升 KMnO$_4$ 标准滴定溶液相当于 Na$_2$C$_2$O$_4$ 标准溶液的体积（mL）为：

$$K = 10.00/V_3$$

平行测定两次。

## 五、数据处理

$$c\left(\frac{1}{2}\text{Na}_2\text{C}_2\text{O}_4\right) = \frac{m\left(\frac{1}{2}\text{Na}_2\text{C}_2\text{O}_4\right) \times \frac{25}{250}}{M\left(\frac{1}{2}\text{Na}_2\text{C}_2\text{O}_4\right) \times 250 \times 10^{-3}}$$

式中 $c\left(\frac{1}{2}\text{Na}_2\text{C}_2\text{O}_4\right)$——草酸钠标准溶液的浓度，mol/L；

$m\left(\frac{1}{2}\text{Na}_2\text{C}_2\text{O}_4\right)$——称取的基准物质 Na$_2$C$_2$O$_4$ 的质量，g；

$M\left(\frac{1}{2}\text{Na}_2\text{C}_2\text{O}_4\right)$——以 $\frac{1}{2}$Na$_2$C$_2$O$_4$ 为基本单元的 Na$_2$C$_2$O$_4$ 的摩尔质量，g/mol。

化学耗氧量（O$_2$，mg/L）的计算：

$$\text{COD} = \frac{[(V_1 + V_2)K - 10.00]c\left(\frac{1}{2}\text{Na}_2\text{C}_2\text{O}_4\right) \times 8}{100} \times 1000$$

式中 $V_1 + V_2$——测定水样时用去 KMnO$_4$ 标准滴定溶液总体积，mL；

10.00——测定水样时，加入的 Na$_2$C$_2$O$_4$ 标准溶液的体积，mL；

$c\left(\frac{1}{2}\text{Na}_2\text{C}_2\text{O}_4\right)$——草酸钠标准溶液的浓度，mol/L；

8——以 $\frac{1}{4}$O$_2$ 为基本单元时 O$_2$ 的摩尔质量，g/mol。

## 六、思考题

1. 水样中加入高锰酸钾溶液煮沸时，如果褪到无色，说明了什么？应如何进行处理？

2. 为配制 $c\left(\frac{1}{2}\text{Na}_2\text{C}_2\text{O}_4\right) = 0.01$mol/L 的草酸钠标准溶液 250mL，计算需称取基准物质 Na$_2$C$_2$O$_4$ 0.1675g，本实验为何先称取 1.7g，配制成一定体积的溶液后再进行稀释？

3. 按照本次实验步骤，在计算分析结果时，是否要已知高锰酸钾溶液的准确浓度？为什么？

4. 如果已知 KMnO$_4$ 和 Na$_2$C$_2$O$_4$ 两种溶液的准确浓度而未做 $K$ 值的测定，试总结 COD 的计算公式。

5. 本实验中需用的 KMnO$_4$ 溶液可以用实验 "KMnO$_4$ 标准滴定溶液的配制与标定" 中配制的 KMnO$_4$ 标准滴定溶液稀释，如何稀释？

### ▣ 相关链接

化学耗氧量又称化学需氧量，简称 COD(chemical oxygen demand)，是度量水体受还原性物质（主要是有机物）污染程度的综合性指标。它是指水体中还原性物质所消耗的氧化剂的量，换算成氧的质量浓度表示（以 O$_2$，mg/L 表示）。

该法适用于地表水、饮用水和生活污水 COD 的测定。以 KMnO$_4$ 滴定法测得的化学耗氧量，以往称为

$COD_{Mn}$，现在称为"高锰酸钾指数"（GB 11892—1989）。

# 实验三十八　氯化钙中钙含量的测定

## 一、实验目的

1. 掌握 $KMnO_4$ 间接滴定法测定氯化钙中钙含量的基本原理、方法和计算。
2. 熟悉实验过程中各步条件的控制。
3. 了解沉淀分离法消除杂质干扰的方法。
4. 掌握沉淀分离法的操作技术。
5. 初步理解均匀沉淀法的概念。

## 二、实验原理

在弱酸性溶液中，$Ca^{2+}$ 与 $C_2O_4^{2-}$ 形成 $CaC_2O_4$ 沉淀，过滤、洗涤后，用 $H_2SO_4$ 溶解，生成的 $H_2C_2O_4$ 用 $KMnO_4$ 标准滴定溶液滴定，以 $KMnO_4$ 自身为指示剂。从而间接测得钙的含量。

$$Ca^{2+} + C_2O_4^{2-} \longrightarrow CaC_2O_4 \downarrow$$

$$CaC_2O_4 + 2H^+ \longrightarrow Ca^{2+} + H_2C_2O_4$$

$$2MnO_4^- + 5H_2C_2O_4 + 6H^+ \longrightarrow 2Mn^{2+} + 10CO_2 \uparrow + 8H_2O$$

由测定反应式可知，$KMnO_4$ 和 Ca 的基本单元分别为 $\frac{1}{5}KMnO_4$ 和 Ca。

## 三、试剂

1. HCl 溶液，$c(HCl) = 6mol/L$。
2. $(NH_4)_2C_2O_4$ 溶液（0.25mol/L）。
3. 甲基红指示液（0.1％）。
4. 氨水溶液（$NH_3 \cdot H_2O$，5％）。
5. $CaCl_2$ 溶液（0.1mol/L）。
6. $H_2SO_4$ 溶液（10％）。
7. $KMnO_4$ 标准滴定溶液，$c\left(\frac{1}{5}KMnO_4\right) = 0.1mol/L$。
8. 氯化钙试样。

## 四、实验步骤

1. 试样溶解和沉淀

准确称取氯化钙样品 0.2～0.3g 两份，分别放入 250mL 烧杯中，加入 20mL 蒸馏水，小心加入 10mL 6mol/L HCl 溶液使钙盐全部溶解。再加入 35mL 0.25mol/L（$NH_4)_2C_2O_4$ 溶液，用蒸馏水稀释至 100mL，加入 3～4 滴甲基红指示剂，加热至 75～80℃，然后在不断搅拌下，逐滴加入 5％$NH_3 \cdot H_2O$ 至溶液由红色恰好变为橙色为止（pH 为 4.5～5.5）。逐渐生成 $CaC_2O_4$ 沉淀。继续在水浴上加热陈化 30min。

2. 沉淀的过滤和洗涤

沉淀的过滤和洗涤都用倾注法。陈化后的沉淀在定量滤纸上过滤。每次过滤将沉淀保留在原烧杯中尽量少地转移到滤纸上，过滤后，用蒸馏水洗涤烧杯中沉淀几次，倾注过滤，洗涤至滤液无 $C_2O_4^{2-}$ 为止（用 $CaCl_2$ 检验）。

### 3. 沉淀的溶解和滴定

过滤和洗涤后，将带有沉淀的滤纸转移至原沉淀烧杯中，用 50mL 10% $H_2SO_4$ 溶解沉淀，搅拌使滤纸上的沉淀溶解，然后把溶液稀释至 100mL，加热至 $70\sim85\,^\circ\mathrm{C}$，趁热用 $KMnO_4$ 标准滴定溶液滴定至粉红色在 30s 内不褪即为终点，记录消耗 $KMnO_4$ 标准滴定溶液的体积。

### 五、数据处理

$$w(\mathrm{Ca})=\frac{c\left(\frac{1}{5}\mathrm{KMnO_4}\right)V(\mathrm{KMnO_4})\times10^{-3}\times M\left(\frac{1}{2}\mathrm{Ca}\right)}{m}\times100\%$$

式中　$w(\mathrm{Ca})$——氯化钙试样中 Ca 的质量分数，%；

$c\left(\frac{1}{5}\mathrm{KMnO_4}\right)$——$KMnO_4$ 标准滴定溶液的浓度，mol/L；

$V(\mathrm{KMnO_4})$——滴定消耗 $KMnO_4$ 标准滴定溶液的体积，mL；

$M\left(\frac{1}{2}\mathrm{Ca}\right)$——以 $\frac{1}{2}$Ca 为基本单元的 Ca 的摩尔质量，g/mol；

$m$——氯化钙试样的质量，g。

### 六、注意事项

1. 洗涤沉淀时为了获得纯净的 $CaC_2O_4$ 沉淀，必须严格控制酸度条件（pH 为 $4.5\sim5.5$），pH 过低有可能沉淀不完全，pH 过高可能造成 $Ca(OH)_2$ 沉淀和碱式 $CaC_2O_4$ 沉淀。

2. 由于 $CaC_2O_4$ 沉淀溶解度较大，用蒸馏水洗涤要少量多次，每次洗涤应将溶液全部转移至滤纸中过滤。

### 七、思考题

1. 如果沉淀洗涤不干净，对沉淀结果有何影响？
2. 溶解样品时用 HCl，而滴定时用 $H_2SO_4$ 溶解并控制酸度，这是为什么？
3. 分析本实验误差的来源。

▣ 相关链接

氯化钙（calcium chloride）为白色立方晶体，相对密度 $d_4^{25}2.15$，沸点高于 1600℃。易溶于水并放出大量热；溶于乙醇、丙酮和乙酸。合成时首先得六水合物或二水合物，经脱水处理得无水氯化钙。

氯化钙常用作分析试剂、干燥剂、脱水剂等。用于防冻液。

## 实验三十九　软锰矿中二氧化锰含量的测定

### 一、实验目的

1. 掌握 $KMnO_4$ 返滴定法测定软锰矿中二氧化锰含量的基本原理、操作技术和计算。
2. 掌握软锰矿的溶样方法。

### 二、实验原理

在酸性溶液中，将 $MnO_2$ 和过量的 $Na_2C_2O_4$ 加热溶解，然后用 $KMnO_4$ 标准滴定溶液返滴定剩余的 $C_2O_4^{2-}$，以 $KMnO_4$ 自身为指示剂。从而测得 $MnO_2$ 的含量。反应式为：

$$MnO_2+C_2O_4^{2-}+4H^+\longrightarrow Mn^{2+}+2CO_2\uparrow+2H_2O$$
$$2MnO_4^-+5C_2O_4^{2-}（剩余）+16H^+\longrightarrow2Mn^{2+}+10CO_2\uparrow+8H_2O$$

由测定反应式可知，$KMnO_4$ 和 $MnO_2$ 的基本单元分别为 $\frac{1}{5}KMnO_4$ 和 $\frac{1}{2}MnO_2$。

### 三、试剂

1. $Na_2C_2O_4$ 固体。

2. $H_2SO_4$ 溶液，$c(H_2SO_4)=3mol/L$。

3. $KMnO_4$ 标准滴定溶液，$c\left(\frac{1}{5}KMnO_4\right)=0.1mol/L$。

4. 软锰矿试样。

### 四、实验步骤

准确称取软锰矿试样约 0.5g，放入 400mL 烧杯中，再准确称取固体 $Na_2C_2O_4$ 约 0.7g，放入同一烧杯中，加入 25mL 蒸馏水，再加入 3mol/L $H_2SO_4$ 溶液 50mL，盖上表面皿，徐徐加热至试样全部溶解（无 $CO_2$ 气体生成，残渣内无黑色颗粒为止）。冲洗表面皿，将溶液用蒸馏水稀释至 200mL，加热至 75～85℃，趁热用 $c\left(\frac{1}{5}KMnO_4\right)=0.1mol/L$ 的 $KMnO_4$ 标准滴定溶液滴定至粉红色在 30s 内不褪即为终点，记录消耗 $KMnO_4$ 标准滴定溶液的体积。平行测定 3 次。

### 五、数据处理

$$w(MnO_2)=\frac{\left[\dfrac{m(NaC_2O_4)}{M\left(\frac{1}{2}Na_2C_2O_4\right)}-c\left(\frac{1}{5}KMnO_4\right)V(KMnO_4)\times10^{-3}\right]M\left(\frac{1}{2}MnO_2\right)}{m}\times100\%$$

式中　$w(MnO_2)$——$MnO_2$ 的质量分数，%；

　　　$m(Na_2C_2O_4)$——$Na_2C_2O_4$ 的质量，g；

　　　$M\left(\frac{1}{2}Na_2C_2O_4\right)$——以 $\frac{1}{2}Na_2C_2O_4$ 为基本单元的 $Na_2C_2O_4$ 的摩尔质量，g/mol；

　　　$c\left(\frac{1}{5}KMnO_4\right)$——$KMnO_4$ 标准滴定溶液的浓度，mol/L；

　　　$V(KMnO_4)$——滴定时消耗 $KMnO_4$ 标准滴定溶液的体积，mL；

　　　$M\left(\frac{1}{2}MnO_2\right)$——以 $\frac{1}{2}MnO_2$ 为基本单元的 $MnO_2$ 的摩尔质量；g/mol；

　　　　$m$——软锰矿试样的质量，g。

### 六、思考题

1. 溶解样品时能否用 HCl？为什么？

2. 试样加 $Na_2C_2O_4$，加酸和水溶解时为什么要缓慢加热？若加热至沸腾对分析结果有何影响？

3. 试样溶解完全的标志是什么？若试样溶解不完全，对分析结果有何影响？

4. 试样溶解后，用 $KMnO_4$ 标准溶液滴定前为什么要稀释？滴定时，溶液温度过低或过高对分析结果有何影响？

### 🔲 相关链接

软锰矿的主要成分是二氧化锰（manganese dioxide）。二氧化锰不溶于水、硝酸、冷硫酸及丙酮；有过氧化氢或草酸存在时，能溶于稀硫酸或硝酸；渐溶于冷盐酸放出氯气而成氯化锰；在热浓硫酸中放出氧而成硫酸锰。与苛性碱和氧化剂共熔放出二氧化碳而成高锰酸盐，有强氧化性；与有机物或硫及硫化物、磷及磷化物等摩擦或共热，能引起燃烧或爆炸。

在干电池的制造中，二氧化锰的消耗量很大。过去直接使用高质量的天然软锰矿，据 1976 年统计，年消耗量已达 $50×10^4$ t。由于矿源问题，近年来采用电解法大量生产"人造二氧化锰"，此法以碳酸锰矿为原料，用硫酸转化为硫酸锰。

## 实验四十　植物油氧化值的测定

### 一、实验目的
1. 了解油脂氧化值的概念和表示方法。
2. 掌握返滴定法测定油脂氧化值的基本原理和操作技术。
3. 掌握测定植物油氧化值的试样处理方法。

### 二、实验原理
用 $KMnO_4$ 返滴定法测定氧化酸败馏出物。试样加水一起蒸馏，馏出液加入过量的 $KMnO_4$ 标准溶液，氧化酸败馏出物。趁热加入过量 $H_2C_2O_4$ 标准溶液，反应完全后，再用 $KMnO_4$ 标准溶液滴定过量的 $H_2C_2O_4$ 溶液，根据消耗 $KMnO_4$ 标准滴定溶液的体积，计算被测物质的含量。

$$2MnO_4^- + 5H_2C_2O_4 + 6H^+ \longrightarrow 2Mn^{2+} + 10CO_2 \uparrow + 8H_2O$$

由测定反应可知，$KMnO_4$ 和 $H_2C_2O_4$ 的基本单元分别为 $\frac{1}{5}KMnO_4$ 和 $\frac{1}{2}H_2C_2O_4$。

### 三、试剂
1. $H_2SO_4$ 溶液，3mol/L 及 20%。

2. $KMnO_4$ 标准滴定溶液，$c\left(\frac{1}{5}KMnO_4\right) = 0.02mol/L$。

3. $H_2C_2O_4$ 标准溶液，$c\left(\frac{1}{2}H_2C_2O_4\right) = 0.02mol/L$。

4. 植物油试样。

### 四、实验步骤
准确称取食用油样品 20g，置于 250mL 蒸馏烧瓶中，加 100mL 温热蒸馏水，加入防止爆沸的碎瓷片（沸石）数粒，加热蒸馏，蒸馏速度 10mL/min，馏出物收集于 50mL 容量瓶中。蒸馏出溶液接近 50mL 时，停止蒸馏，用蒸馏水稀释至刻度，摇匀。

用移液管移取馏出液 5.00mL，放于 250mL 锥形瓶内，加水 10mL、20% $H_2SO_4$ 10mL，自滴定管准确加入 $c\left(\frac{1}{5}KMnO_4\right) = 0.02mol/L$ 的 $KMnO_4$ 标准溶液 50.00mL，加热煮沸 5～10min，氧化酸败馏出物，趁热加入 $c\left(\frac{1}{5}H_2C_2O_4\right) = 0.02mol/L$ 的 $H_2C_2O_4$ 标准溶液 50.00mL，再用 $KMnO_4$ 标准溶液滴定过量的 $H_2C_2O_4$，至出现浅粉红色 30s 不褪即为终点，记录消耗 $KMnO_4$ 标准滴定溶液的体积。同时做空白试验。

### 五、数据处理

$$植物油氧化值(O_2,mg/100g) = \frac{c\left(\frac{1}{5}KMnO_4\right)(V-V_0)\times 8}{m\times\frac{5}{50}}\times 100$$

式中　$c\left(\frac{1}{5}KMnO_4\right)$——$KMnO_4$ 标准滴定溶液的浓度，mol/L；

$V$——测定试样时消耗 $KMnO_4$ 标准滴定溶液的总体积，mL；

$V_0$——空白试验时消耗 $KMnO_4$ 标准滴定溶液的总体积，mL；

8——氧的摩尔质量，g/mol；

$m$——称取植物油试样的质量，g。

### 六、注意事项

1. 本实验步骤中要用 $KMnO_4$ 标准溶液滴定过量的 $H_2C_2O_4$，因此，在标定 $KMnO_4$ 溶液时，可以用基准物质 $H_2C_2O_4$ 来标定。

2. 本实验中使用的 $KMnO_4$ 标准溶液浓度较低，可以采用以下方法配制和标定。

（1）配制  0.3g $KMnO_4$ 于 500mL 烧杯中，加 520mL 水溶解，盖上表皿，煮沸后在水浴上保温 1h。冷却至室温，用 $P_{16}$ 微孔玻璃坩埚或玻璃纤维过滤于棕色瓶中（微孔玻璃坩埚应预先以同样的 $KMnO_4$ 溶液缓缓煮沸 5min，棕色瓶用此溶液洗涤 2~3 次）。

（2）标定  准确称取基准物质 $H_2C_2O_4 \cdot 2H_2O$ 0.35~0.45g 于小烧杯中，加入 30mL 水溶解，定量转入 250mL 容量瓶中，稀释定容，摇匀。移取 25.00mL 上述溶液于锥形瓶中，加 3mol/L $H_2SO_4$ 溶液 10mL，加热至 75~85℃（开始冒蒸汽），趁热用 $KMnO_4$ 溶液滴定至呈粉红色，30s 不褪色即为终点，终点时温度不低于 65℃。记录消耗 $KMnO_4$ 溶液的体积。

3. 测定试样时，加入一定量 $KMnO_4$ 标准溶液煮沸 5~10min 后，一定要趁热加 $H_2C_2O_4$，使反应在热溶液中进行。

### 七、思考题

1. 本实验中空白试验的作用是什么？$H_2C_2O_4$ 溶液的浓度是否要准确？

2. 基准物质在使用前通常要进行预处理，试举出几个实例。

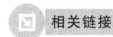 **相关链接**

油脂氧化值表示植物油酸败程度，用以判断植物油新鲜程度，是食用植物油质量指标之一，规定为 100g 油脂和蒸汽一起馏出的酸败油脂分解物氧化时所需氧的毫克数。

## 实验四十一  $K_2Cr_2O_7$ 法测定硫酸亚铁铵中亚铁含量

### 一、实验目的

1. 掌握 $K_2Cr_2O_7$ 法测定亚铁盐中亚铁含量的基本原理、操作技术和计算。

2. 学习使用二苯胺磺酸钠指示剂判断滴定终点的方法。

### 二、实验原理

在硫酸酸性溶液中，$K_2Cr_2O_7$ 与 $Fe^{2+}$ 反应的反应式为：

$$Cr_2O_7^{2-} + 6Fe^{2+} + 14H^+ \longrightarrow 2Cr^{3+} + 6Fe^{3+} + 7H_2O$$

用二苯胺磺酸钠作为指示剂，溶液由无色经绿色到蓝紫色即为终点。由测定反应式可知，$K_2Cr_2O_7$ 和 $Fe^{2+}$ 的基本单元分别为 $\frac{1}{6}K_2Cr_2O_7$ 和 $Fe^{2+}$。

### 三、试剂

1. 二苯胺磺酸钠指示剂，0.2%。配制：称取 0.5g 二苯胺磺酸钠，溶于 100mL 水中，加入 2 滴浓硫酸，混匀，存放于棕色试剂瓶中。

2. $c\left(\frac{1}{6}K_2Cr_2O_7\right) = 0.1mol/L$ 的 $K_2Cr_2O_7$ 标准滴定溶液。

3. $H_3PO_4$ 溶液（85%）。

4. $H_2SO_4$ 溶液（20%）。

5. 固体 $(NH_4)_2SO_4 \cdot FeSO_4 \cdot 6H_2O$ 试样。

### 四、实验步骤

准确称取 $1\sim1.5g$ $(NH_4)_2SO_4 \cdot FeSO_4 \cdot 6H_2O$ 样品，置于 250mL 烧杯中，加入 50mL 无氧水（新煮沸并冷却的蒸馏水）使其溶解，10mL 20% $H_2SO_4$ 溶液，再加入 $5\sim6$ 滴二苯胺磺酸钠指示剂，摇匀后用 $c\left(\dfrac{1}{6}K_2Cr_2O_7\right)=0.1\text{mol/L}$ 的 $K_2Cr_2O_7$ 标准滴定溶液滴定，至溶液出现深绿色时，加 5.0mL 85% $H_3PO_4$ 溶液，继续滴至溶液呈紫色或蓝紫色。记录消耗 $K_2Cr_2O_7$ 标准滴定溶液的体积。平行测定 3 次。

### 五、数据处理

硫酸亚铁铵中亚铁含量计算：

$$w(Fe^{2+}) = \dfrac{c\left(\dfrac{1}{6}K_2Cr_2O_7\right)V(K_2Cr_2O_7)\times10^{-3}\times M(Fe^{2+})}{m\times\dfrac{25}{250}}\times100\%$$

式中　$w(Fe^{2+})$——硫酸亚铁铵中亚铁的质量分数，%；

$c\left(\dfrac{1}{6}K_2Cr_2O_7\right)$——$K_2Cr_2O_7$ 标准滴定溶液的浓度，mol/L；

$V(K_2Cr_2O_7)$——滴定时消耗 $K_2Cr_2O_7$ 标准滴定溶液的体积，mL；

$M(Fe^{2+})$——$Fe^{2+}$ 的摩尔质量，g/mol；

$m$——称取硫酸亚铁铵试样质量，g。

### 六、思考题

1. 本实验中加入 $H_3PO_4$ 的作用是什么？

2. 以二苯胺磺酸钠指示剂为例，说明氧化还原指示剂的变色原理。

3. 试样为什么要用无氧水溶解及稀释？

> **相关链接**

硫酸亚铁铵（ammonium ferrous sulfate hexahydrate）中亚铁含量测定还可以用 $KMnO_4$ 法。

二苯胺磺酸钠变色点的电位位于滴定曲线的下端，指示剂变色时只能氧化 91% 左右的 $Fe^{2+}$。因此，为了减少误差，必须在滴定前加入 NaF 或 $H_3PO_4$，与反应中不断生成的 $Fe^{3+}$ 形成无色配合物，以降低 $Fe^{3+}/Fe^{2+}$ 电对的电位，使滴定突跃范围增大，$K_2Cr_2O_7$ 与 $Fe^{2+}$ 之间的反应更完全，二苯胺磺酸钠指示剂较好地在突跃范围内显色，消除指示剂终点误差，并使 $Fe^{3+}$ 的黄色被消除，有利于终点颜色的观察。

## 实验四十二　铁矿石中铁含量的测定（无汞法）

### 一、实验目的

1. 掌握铁矿石试样的分解方法和操作技术。

2. 掌握 $SnCl_2$-$TiCl_3$-$K_2Cr_2O_7$ 测铁法即无汞测铁法测定铁矿石中铁含量的基本原理和操作技术。

### 二、实验原理

试样用盐酸加热溶解，在热溶液中，用 $SnCl_2$ 还原大部分 $Fe^{3+}$，然后以钨酸钠为指示剂，用 $TiCl_3$ 溶液定量还原剩余部分 $Fe^{3+}$，当 $Fe^{3+}$ 全部还原为 $Fe^{2+}$ 后，过量 1 滴 $TiCl_3$ 溶液使钨酸钠还原为蓝色的五价钨的化合物（俗称"钨蓝"），使溶液呈蓝色，滴加 $K_2Cr_2O_7$ 溶液使钨蓝刚好褪色。溶液中的 $Fe^{2+}$ 在硫、磷混酸介质中，以二苯胺磺酸钠为指示剂，用 $K_2Cr_2O_7$ 标准溶液滴定至紫色为终点。主要反应如下：

1. 试样溶解

$$Fe_2O_3 + 6HCl \longrightarrow 2FeCl_3 + 3H_2O$$
$$FeCl_3 + Cl^- \longrightarrow [FeCl_4]^-$$
$$FeCl_3 + 3Cl^- \longrightarrow [FeCl_6]^{3-}$$

2. $Fe^{3+}$ 的还原

$$2Fe^{3+} + Sn^{2+} \longrightarrow 2Fe^{2+} + Sn^{4+}$$
$$Fe^{3+} + Ti^{3+} \longrightarrow Fe^{2+} + Ti^{4+}$$

3. 滴定

$$6Fe^{2+} + Cr_2O_7^{2-} + 14H^+ \longrightarrow 6Fe^{3+} + 2Cr^{3+} + 7H_2O$$

由测定反应式可知，$K_2Cr_2O_7$ 和 $Fe^{2+}$ 的基本单元分别为 $\frac{1}{6}K_2Cr_2O_7$ 和 $Fe^{2+}$。

### 三、试剂

1. 铁矿石试样。

2. 浓 HCl 溶液（1.19g/mL）。

3. HCl 溶液（1+1 及 1+4）。

4. $SnCl_2$ 溶液（10%，即 100g/L）。配制：取 10g $SnCl_2 \cdot 2H_2O$ 溶于 100mL 盐酸（1+1）中（临用前配制）。

5. $TiCl_3$ 溶液（15g/L）。配制：取 10mL $TiCl_3$ 试剂溶液，用盐酸（1+4）稀释至 100mL，存放于棕色试剂瓶中（临用前配制）。

6. $Na_2WO_4$ 溶液（10%，即 100g/L）。配制：取 10g $Na_2WO_4$ 溶于 95mL 水中，加 5mL 磷酸，混匀，存放于棕色试剂瓶中。

7. 硫、磷混酸溶液。配制：在搅拌下将 100mL 浓硫酸缓缓加入到 250mL 水中，冷却后加入 150mL 磷酸，混匀。

8. 二苯胺磺酸钠指示液，2g/L。配制：称取 0.5g 二苯胺磺酸钠，溶于 100mL 水中，加入 2 滴浓硫酸，混匀，存放于棕色试剂瓶中。

9. $K_2Cr_2O_7$ 标准滴定溶液，$c\left(\frac{1}{6}K_2Cr_2O_7\right) = 0.1mol/L$。

### 四、实验步骤

铁矿石试样预先在 120℃烘箱中烘 1～2h，取出在干燥器中冷却至室温。准确称取 0.2～0.3g 试样于 250mL 锥形瓶中，加几滴蒸馏水，摇动使试样润湿，加 10mL 浓 HCl，盖上表面皿，缓缓加热使试样溶解（残渣为白色或近于白色 $SiO_2$），此时溶液为橙黄色，用少量水冲洗表面皿，加热近沸。

趁热小心滴加 $SnCl_2$ 溶液至溶液呈浅黄色（$SnCl_2$ 不宜过量），冲洗瓶内壁，加 10mL 水、1mL $Na_2WO_4$ 溶液，滴加 $TiCl_3$ 溶液至刚好出现钨蓝。再加水约 60mL，放置 10～20s，用 $K_2Cr_2O_7$ 标准溶液滴至恰呈无色（不计读数）。加入 10mL 硫、磷混酸溶液和 4～5 滴二苯胺磺酸钠指示液，立即用 $K_2Cr_2O_7$ 标准滴定溶液滴定至溶液呈稳定的紫色即为终点。记录消耗 $K_2Cr_2O_7$ 标准滴定溶液的体积。平行测定 2 次。

平行试样可以同时溶解，但溶解完全后，应每还原一份试样，立即滴定，以免 $Fe^{2+}$ 被空气中的氧氧化。

### 五、数据处理

铁矿石中总铁含量为：

$$w(Fe) = \frac{c\left(\frac{1}{6}K_2Cr_2O_7\right)V(K_2Cr_2O_7) \times 10^{-3} \times M(Fe)}{m} \times 100\%$$

式中　　$w(Fe)$——铁矿石中铁的质量分数，%；

$c\left(\frac{1}{6}K_2Cr_2O_7\right)$——$K_2Cr_2O_7$ 标准滴定溶液的浓度，mol/L；

$V(K_2Cr_2O_7)$——滴定消耗 $K_2Cr_2O_7$ 标准滴定溶液的体积，mL；

$M(Fe)$——Fe 的摩尔质量，55.85g/mol；

$m$——铁矿石试样的质量，g。

### 六、注意事项

1. 加入 $SnCl_2$ 不能过量，否则使测定结果偏高。如不慎过量，可滴加 2% $KMnO_4$ 溶液使试液呈浅黄色。

2. $Fe^{2+}$ 在磷酸介质中极易被氧化，必须在"钨蓝"褪色后 1min 内立即滴定，否则测定结果偏低。

### 七、思考题

1. 用 $SnCl_2$ 还原溶液中 $Fe^{3+}$ 时，$SnCl_2$ 过量溶液呈什么颜色，对分析结果有何影响？

2. 为什么不能直接使用 $TiCl_3$ 还原 $Fe^{3+}$，而先用 $SnCl_2$ 还原溶液中大部分 $Fe^{3+}$，然后再用 $TiCl_3$ 还原？能否只用 $SnCl_2$ 还原而不用 $TiCl_3$？

3. 用 $K_2Cr_2O_7$ 标准滴定溶液滴定 $Fe^{2+}$ 之前，为什么要加硫、磷混酸？

> **相关链接**

关于铁矿石中全铁的测定，参考国家标准 GB/T 6730.5—2007《铁矿石　全铁含量的测定　三氯化钛还原法》和 GB/T 2463—2008《硫铁矿和硫精矿中全铁含量的测定　硫酸铈容量法和重铬酸钾容量法》，其中，用三氯化钛还原后再用重铬酸钾滴定是一种无汞测铁法。

## 实验四十三　水中化学耗氧量的测定（$K_2Cr_2O_7$ 法）

### 一、实验目的

1. 掌握 $K_2Cr_2O_7$ 法测定水中化学耗氧量的基本原理、操作方法和计算。

2. 掌握氧化还原指示剂的应用。

3. 熟练回流操作技术。

### 二、实验原理

在硫酸酸性溶液中，用一定量的 $K_2Cr_2O_7$ 将水样中的还原性物质（主要是有机物）氧化，过量的 $K_2Cr_2O_7$ 溶液以试亚铁灵为指示剂，用硫酸亚铁铵标准滴定溶液滴定。反应式为：

$$Cr_2O_7^{2-} + 6Fe^{2+} + 14H^+ \longrightarrow 2Cr^{3+} + 6Fe^{3+} + 7H_2O$$

由测定反应可知，$K_2Cr_2O_7$ 和 $Fe^{2+}$ 的基本单元分别为 $\frac{1}{6}K_2Cr_2O_7$ 和 $Fe^{2+}$。

### 三、试剂

1. 水样。

2. $K_2Cr_2O_7$ 标准溶液，$c\left(\frac{1}{6}K_2Cr_2O_7\right)=0.2500\text{mol/L}$。配制：称取 $6.1288\text{g}(\pm0.0002\text{g})$ $K_2Cr_2O_7$ 溶于水中，定量移入 500mL 容量瓶中，用水稀释至刻度，摇匀。

3. 浓硫酸。

4. 固体硫酸银试剂。

5. 硫酸银-硫酸溶液。配制：于 1000mL 浓硫酸中加入 10g 硫酸银，放置 1~2d，不断摇动使其溶解。

6. 硫酸汞（结晶状）。

7. 试亚铁灵指示剂。配制：称取 1.49g 邻菲啰啉（$C_{12}H_8N_2\cdot H_2O$），0.695g 硫酸亚铁（$FeSO_4\cdot 7H_2O$）溶于水中，稀释至 100mL，贮存于棕色试剂瓶中。

8. 硫酸亚铁铵标准滴定溶液，$c\left[(NH_4)_2Fe(SO_4)_2\cdot 6H_2O\right]=0.10\text{mol/L}$。可以用基准物质硫酸亚铁铵以直接法配制，或使用非基准试剂以间接法配制。

（1）直接法　准确称取 19.5g 基准物质硫酸亚铁铵 $\left[(NH_4)_2Fe(SO_4)_2\cdot 6H_2O\right]$，加入少量水溶解，加入 10mL 浓硫酸，冷却，定量转入 500mL 容量瓶中，用水稀释至刻度，摇匀。

硫酸亚铁铵标准滴定溶液浓度为：

$$c\left[(NH_4)_2Fe(SO_4)_2\cdot 6H_2O\right]=\frac{m}{MV\times 10^{-3}}$$

式中　$m$——称取基准物质硫酸亚铁铵的质量，g；

　　　$M$——$(NH_4)_2Fe(SO_4)_2\cdot 6H_2O$ 的摩尔质量，392.13g/mol；

　　　$V$——配制硫酸亚铁铵标准滴定溶液的体积，mL。

（2）间接法

① 配制。称取 19.5g 硫酸亚铁铵 $(NH_4)_2Fe(SO_4)_2\cdot 6H_2O$，加入少量水溶解，加入 10mL 浓硫酸，冷却，稀释至 500mL，摇匀。临用前用 $K_2Cr_2O_7$ 标准滴定溶液标定。

② 标定。吸取 10.00mL $K_2Cr_2O_7$ 标准溶液于锥形瓶中，用水稀释至 7100mL，缓慢加入 30mL 浓硫酸，冷却后加滴试亚铁灵指示剂，用硫酸亚铁铵标准滴定溶液滴定。溶液由黄色经蓝绿色至刚转变为红褐色为止。记录消耗硫酸亚铁铵标准滴定溶液的体积。

硫酸亚铁铵标准滴定溶液浓度为：

$$c\left[(NH_4)_2Fe(SO_4)_2\cdot 6H_2O\right]=\frac{c\left(\frac{1}{6}K_2Cr_2O_7\right)V_1}{V_2}$$

式中　$c\left(\frac{1}{6}K_2Cr_2O_7\right)$——$K_2Cr_2O_7$ 标准溶液的浓度，mol/L；

　　　$V_1$——标定时移取 $K_2Cr_2O_7$ 标准溶液的体积，mL；

　　　$V_2$——滴定时消耗硫酸亚铁铵标准滴定溶液的体积，mL。

### 四、实验步骤

准确吸取 20.00mL 均匀水样，置于 250mL 磨口锥形瓶中，准确加入 10.00mL $K_2Cr_2O_7$ 标准溶液及数粒防爆沸玻璃珠，连接磨口回流冷凝管，从冷凝管上口慢慢加入 30mL 硫酸银-硫酸溶液，轻轻摇动锥形瓶使溶液混匀，加热回流 2h。

冷却后，先用少量蒸馏水冲洗冷凝器内壁，取下锥形瓶，用蒸馏水稀释至约 140mL，加入 3 滴试亚铁灵指示剂，用硫酸亚铁铵标准溶液滴定，溶液由黄色经蓝绿色至刚转变为红褐色为止。记录消耗硫酸亚铁铵标准滴定溶液的体积，$V_3$。

同时以 20.00mL 蒸馏水代替水样做空白试验、记录空白滴定时消耗硫酸亚铁铵标准滴定溶液的体积 $V_0$。

### 五、数据处理

$$COD(O_2, mg/L) = \frac{(V_0 - V_3)c[(NH_4)_2Fe(SO_4)_2 \cdot 6H_2O] \times 8}{V} \times 1000$$

式中　　　　　　　　$V_0$——空白试验消耗硫酸亚铁铵标准滴定溶液的体积，mL；

$V_3$——滴定水样消耗硫酸亚铁铵标准滴定溶液的体积，mL；

$c[(NH_4)_2Fe(SO_4)_2 \cdot 6H_2O]$——硫酸亚铁铵标准滴定溶液的浓度，mol/L；

$8$——以 $\frac{1}{4}O_2$ 为基本单元时 $O_2$ 的摩尔质量，g/mol；

$V$——水样的体积，mL。

测定结果一般保留 3 位有效数字，对 COD 值小的水样，当计算出 COD 值小于 10mg/L 时，应表示为"COD<10mg/L"。

### 六、注意事项

1. 化学耗氧量的测定结果受实验条件的影响较大。如氧化剂的浓度、反应液的酸度和温度、试剂加入顺序及反应时间等条件对测定结果均有影响，必须严格按操作步骤进行。

2. 干扰离子主要有 $Cl^-$ 和 $NO_2^-$ 两种离子，可加入硫酸汞和氨基磺酸分别消除。反应式为：

$$6HCl + K_2Cr_2O_7 + 4H_2SO_4 \longrightarrow Cr_2(SO_4)_3 + K_2SO_4 + 7H_2O + 3Cl_2$$

$$Hg^{2+} + 3Cl^- \longrightarrow [HgCl_3]^-$$

$$NH_2SO_3H + HNO_2 \longrightarrow H_2SO_4 + H_2O + N_2 \uparrow$$

水样氯离子含量大于 30mg/L 时，取水样 50.00mL，加 0.4g 硫酸汞和 5mL 浓硫酸，摇匀。待硫酸汞溶解后，再加入 25.00mL $K_2Cr_2O_7$ 标准溶液、75mL 硫酸银-硫酸溶液和数粒玻璃珠，回流。

$NO_2^-$ 的干扰，可按每毫克亚硝酸氮加入 10mg 氨基磺酸来消除。

3. 在滴定前需要将溶液稀释，否则酸度太大使终点颜色变化不明显。

4. 回流过程中若溶液颜色变绿，说明水样的化学耗氧量太高，需将水样适当稀释后重新测定。若水样化学耗氧量太低，则可以用较低浓度的重铬酸钾和硫酸亚铁铵标准溶液进行测定。

5. 若水样含易挥发有机物，在加入硫酸银-硫酸溶液时，应从冷凝器顶端慢慢加入，防止其挥发损失。

6. 根据 GB/T 11914—1989，在特殊情况下，需要测定的试料在 10.0～50.0mL 之间，试剂的体积或质量按表 6-2 作相应的调整。

7. 根据 GB/T 11914—1989，本标准适用于各种类型的含 COD 值大于 30mg/L 的水样，对未经稀释的水样的测定上限为 700mg/L。

表 6-2　不同取样量采用的试剂用量

| 样品量 /mL | $c(\frac{1}{6}K_2Cr_2O_7) = 0.250mol/L$ 的 $K_2Cr_2O_7$ 溶液体积/mL | $V(Ag_2SO_4\text{-}H_2SO_4)$ /mL | $m(Hg_2SO_4)$ /g | $c[(NH_4)_2Fe(SO_4)_2 \cdot 6H_2O]$ /(mol/L) | 滴定前体积 /mL |
|---|---|---|---|---|---|
| 10.0 | 5.0 | 15 | 0.2 | 0.05 | 70 |
| 20.0 | 10.0 | 30 | 0.4 | 0.10 | 140 |
| 30.0 | 15.0 | 45 | 0.6 | 0.15 | 210 |
| 40.0 | 20.0 | 60 | 0.8 | 0.20 | 280 |
| 50.0 | 25.0 | 75 | 1.0 | 0.25 | 350 |

### 七、思考题

1. 说明本实验做空白试验的意义。

2. 测定中加入硫酸银-硫酸溶液的目的是什么？

 **相关链接**

重铬酸钾法对有机物的氧化比较完全，适用于各种水样中化学耗氧量的测定，尤其对污染程度较高的水样，不适合用高锰酸钾法，而选择重铬酸钾法。以 $K_2Cr_2O_7$ 滴定法测得的化学耗氧量，称为 $COD_{Cr}$。本节实验中用返滴定法测定化学耗氧量。

$K_2Cr_2O_7$ 法测定水中化学耗氧量最低检出浓度为 50mg/L，测定上限为 400mg/L。该法主要缺点是 $Cr(VI)$、$Cr^{3+}$、$Hg^{2+}$ 等离子可以造成污染。

关于 $K_2Cr_2O_7$ 法测定水中的化学耗氧量，参考国家标准 GB/T 11914—1989《水质　化学需氧量的测定　重铬酸钾法》。

# 实验四十四　漂白粉中有效氯的测定

### 一、实验目的

1. 了解漂白粉的一些性质。

2. 掌握间接碘量法测定漂白粉中有效氯的基本原理和操作技术。

3. 熟悉碘量瓶的使用方法。

### 二、实验原理

漂白粉试样溶于稀硫酸溶液中，加过量的 KI 反应析出 $I_2$，再调节溶液近中性，用 $Na_2S_2O_3$ 标准溶液滴定。反应式为：

$$ClO^- + 2I^- + 2H^+ \longrightarrow I_2 + Cl^- + H_2O$$
$$ClO_2^- + 4I^- + 4H^+ \longrightarrow 2I_2 + Cl^- + 2H_2O$$
$$ClO_3^- + 6I^- + 6H^+ \longrightarrow 3I_2 + Cl^- + 3H_2O$$
$$I_2 + 2S_2O_3^{2-} \longrightarrow 2I^- + S_4O_6^{2-}$$

以淀粉为指示剂，终点由蓝色到无色。由测定反应式可知，$Na_2S_2O_3$ 和 Cl 的基本单元分别为 $Na_2S_2O_3$ 和 Cl。

### 三、试剂

1. 漂白粉试样。

2. $H_2SO_4$ 溶液，$c(H_2SO_4) = 3mol/L$。

3. KI 固体，分析纯。

4. 淀粉溶液（5g/L）。配制：称取 0.5g 可溶性淀粉放入小烧杯中，加水 10mL，使成糊状，在搅拌下倒入 90mL 沸水中，微沸 2min，冷却后转移至 100mL 试剂瓶中，贴好标签。

5. 硫代硫酸钠标准滴定溶液，$c(Na_2S_2O_3) = 0.1mol/L$。

### 四、实验步骤

准确称取漂白粉试样 6g 于小烧杯中，用玻璃棒研磨。加少量水搅拌调成均匀浆状物，定量移入 250mL 容量瓶中，稀至刻线，摇匀。

移取试液 25.00mL 置于 250mL 碘量瓶中，加入 3mol/L $H_2SO_4$ 溶液 10mL，加 KI 试剂 3g，加水 100mL，用 $c(Na_2S_2O_3) = 0.1mol/L$ 的硫代硫酸钠标准滴定溶液滴定至浅黄色，加

3mL 5g/L 的淀粉溶液，继续滴定至溶液蓝色消失即为终点。记录消耗 $Na_2S_2O_3$ 标准滴定溶液的体积。平行测定 3 次。

### 五、数据处理

$$w(Cl) = \frac{c(Na_2S_2O_3)V(Na_2S_2O_3) \times 10^{-3} \times M(Cl)}{m \times \frac{25}{250}} \times 100\%$$

式中　$w(Cl)$——有效氯的质量分数，%；

$c(Na_2S_2O_3)$——硫代硫酸钠标准滴定溶液的浓度，mol/L；

$V(Na_2S_2O_3)$——滴定消耗 $Na_2S_2O_3$ 标准滴定溶液的体积，mL；

　　$M(Cl)$——Cl 的摩尔质量，g/mol；

　　　　$m$——称取漂白粉试样的质量，g。

### 六、注意事项

1. 称量试样时一定要加上称量瓶盖，防止试样对天平的腐蚀。

2. 试液加酸后即产生次氯酸盐，次氯酸盐不稳定，要及时分析。

### 七、思考题

1. 漂白粉的主要成分有哪些？其中"有效氯"是指什么？说明间接碘量法测定有效氯的基本原理。

2. 用硫代硫酸钠标准滴定溶液滴定之前，为什么要将溶液稀释？

**相关链接**

　　漂白粉是一种成分复杂的混合物，化学成分主要是次氯酸钙和碱式氯化钙的混合物，大致是 $3Ca(OCl)Cl \cdot Ca(OH)_2 \cdot nH_2O$，一般用 $Ca(OCl)Cl$ 来表示它的分子式。漂白粉（或次氯酸盐）的漂白作用主要是基于次氯酸（HClO）的氧化性，而 $Ca(ClO)_2$ 可以说只是潜在的强氧化剂，使用时必须加酸，使之转变为 HClO 后才能有强氧化性，发挥其漂白、消毒作用。

　　漂白粉被广泛应用在工业、农业、食品工业以及水源消毒，容器、瓜果、蔬菜等消毒方面。漂白粉对呼吸系统有损害，与易燃物混合易引起燃烧、爆炸。

　　GB/T 10666—2008 中规定了次氯酸钙（漂粉精）的分析方法。

## 实验四十五　维生素 C 片中抗坏血酸含量的测定

### 一、实验目的

1. 掌握直接碘量法测定维生素 C 的基本原理、操作技术和计算。

2. 掌握直接碘量法滴定终点的判断。

3. 熟练滴定分析操作技术，提高平行测定的精密度。

### 二、实验原理

以煮沸过的冷蒸馏水溶解试样，用醋酸调节溶液酸度，用 $I_2$ 标准滴定溶液直接滴定。

以淀粉指示剂确定终点。由测定反应式可知，维生素 C（$V_c$，$C_6H_8O_6$）和 $I_2$ 的基本单元分别为 $\frac{1}{2}C_6H_8O_6$ 和 $\frac{1}{2}I_2$。

### 三、试剂

1. 维生素 C 试样。

2. 醋酸溶液，$c(\text{HAc})=2\text{mol/L}$。配制：冰醋酸 60mL，用蒸馏水稀释至 500mL。

3. $\text{I}_2$ 标准溶液，$c\left(\frac{1}{2}\text{I}_2\right)=0.1\text{mol/L}$。

4. 淀粉指示液（5g/L）。

### 四、实验步骤

准确称取维生素 C 试样约 0.2g（若试样为粒状或片状各取 1 粒或 1 片），放于 250mL 锥形瓶中，加入新煮沸过的冷蒸馏水 100mL，醋酸溶液 10mL，轻摇使之溶解。加淀粉指示液 2mL，立即用 $\text{I}_2$ 标准滴定溶液滴定至溶液恰呈蓝色不褪为终点。记录消耗 $\text{I}_2$ 标准滴定溶液的体积。平行测定 3 次。

### 五、数据处理

$$w(\text{Vc})=\frac{c\left(\frac{1}{2}\text{I}_2\right)V(\text{I}_2)\times10^{-3}\times M\left(\frac{1}{2}\text{Vc}\right)}{m}\times100\%$$

式中　$w(\text{Vc})$——试样中维生素 C 的质量分数，%；

　　　$c\left(\frac{1}{2}\text{I}_2\right)$——$\text{I}_2$ 标准滴定溶液的浓度，mol/L；

　　　　$V(\text{I}_2)$——$\text{I}_2$ 标准滴定溶液的体积，mL；

　　　　　$m$——称取维生素 C 试样的质量，g；

$M\left(\frac{1}{2}\text{Vc}\right)$——以 $\frac{1}{2}\text{Vc}$ 为基本单元的维生素 C 的摩尔质量，g/mol。

平行测定的相对平均偏差≤0.5%。

### 六、思考题

1. 测定维生素 C 含量时，溶解试样为什么要用新煮沸并冷却的蒸馏水？
2. 测定维生素 C 含量时，为什么要在醋酸酸性溶液中进行？

### 相关链接

维生素 C 又称丙种维生素，有预防和治疗坏血病促进身体健康的作用，所以又称抗坏血酸（ascorbic acid），简称 Vc，分子式为 $C_6H_8O_6$，相对分子质量 176.13，其结构式为：

抗坏血酸主要有还原型（L-ascorbic acid）和脱氢型两种，广泛存在于植物组织中，在新鲜水果、蔬菜中含量较多，是氧化还原酶之一，本身易被氧化，但在有些条件下又是一种抗氧化剂。试剂维生素 C 在分析化学中常用作掩蔽剂和还原剂。维生素 C（还原型）为白色或略带黄色的无臭结晶或结晶性粉末（药用维生素 C 常带糖衣），在空气中极易被氧化变黄。味酸，易溶于水或醇，水溶液呈酸性反应，有显著的还原性，尤其在碱性溶液中更易被氧化，在弱酸（如 HAc）条件下较稳定。维生素 C 中的烯二醇基 $\left[\begin{array}{c}-\text{C}=\text{C}-\\ |\ \ \ |\\ \text{OH OH}\end{array}\right]$ 具有还原性，能被 $\text{I}_2$ 氧化为二酮基 $\left[\begin{array}{c}-\text{C}\ \ \text{C}-\\ \|\ \ \|\\ \text{O}\ \ \text{O}\end{array}\right]$，故可用直接碘量法测定其含量。

$$\underset{\text{还原型抗坏血酸（L-抗坏血酸）}}{\overset{\text{HO—C=C—OH}}{\underset{\text{HO OH}}{\text{H}_2\text{C—CH—CH}}\overset{\text{}}{\text{C=O}}}} + I_2 \longrightarrow \underset{\text{脱氢型（氧化型）抗坏血酸}}{\overset{\text{O=C—C=O}}{\underset{\text{HO OH}}{\text{H}_2\text{C—CH—CH}}\overset{\text{}}{\text{C=O}}}} + 2HI$$

维生素 C 开始氧化为还原型抗坏血酸（有生理作用），如进一步水解则生成 2,3-二酮古乐糖酸，失去生理作用。

$$\underset{\text{HO O}}{\overset{\text{O=C—C=O}}{\text{H}_2\text{C—CH—CH}}\overset{}{\text{C=O}}} \xrightarrow{\text{H}_2\text{O}} \underset{\text{OH OH}}{\overset{\text{OH O O O}}{\text{H}_2\text{C—CH—CH}}\overset{}{\text{C—C—C}}}\overset{}{\underset{\text{OH}}{}}$$

GB/T 15347—1994 中规定了化学试剂抗坏血酸的分析方法，GB 14754—93 中规定了食品添加剂维生素 C（抗坏血酸）的分析方法，均采用直接碘量法。GB/T 12143.3—89 中规定了果蔬汁饮料中 L-抗坏血酸的测定方法，采用乙醚萃取法。

维生素 C 的测定方法较多，如分光光度法（2,6-二氯靛酚法、2,4-二硝基苯肼法等）、荧光分光光度法、碘量法等。

# 实验四十六  硫化钠总还原能力的测定

## 一、实验目的
1. 了解硫化钠中还原性物质的组成。
2. 掌握返滴定法测定硫化钠总还原能力的基本原理、方法和计算。
3. 熟练碘量瓶的操作。

## 二、实验原理
将硫化钠试样溶解后，滴加到过量 $I_2$ 的酸性溶液中，其中 $Na_2S$、$Na_2SO_3$ 及 $Na_2S_2O_3$ 等均被 $I_2$ 氧化，反应为：

$$S^{2-} + I_2 \longrightarrow S + 2I^-$$
$$SO_3^{2-} + I_2 + H_2O \longrightarrow SO_4^{2-} + 2I^- + 2H^+$$
$$2S_2O_3^{2-} + I_2 \longrightarrow S_4O_6^{2-} + 2I^-$$

过量的 $I_2$ 用 $Na_2S_2O_3$ 标准滴定溶液回滴，以淀粉指示剂确定终点。由测定反应式可知，$Na_2S$、$I_2$ 和 $Na_2S_2O_3$ 的基本单元分别为 $Na_2S$、$\frac{1}{2}I_2$ 和 $Na_2S_2O_3$。

## 三、试剂
1. $Na_2S$ 试样。
2. $Na_2S_2O_3$ 标准滴定溶液，$c(Na_2S_2O_3) = 0.1mol/L$。
3. $I_2$ 标准溶液，$c\left(\frac{1}{2}I_2\right) = 0.1mol/L$。
4. HCl 溶液，$c(HCl) = 6mol/L$。
5. 淀粉指示液，5g/L。

## 四、实验步骤
准确称取 10g 硫化钠试样，置于小烧杯中，加水溶解，转入 500mL 容量瓶中，加水稀释至刻度，摇匀。

在碘量瓶中，加入 50.00mL $c\left(\frac{1}{2}I_2\right) = 0.1mol/L$ 的 $I_2$ 标准溶液，200mL 蒸馏水（温度不

超过 10℃）及 6mL 6mol/L HCl 溶液。在摇动下准确滴加 25.00mL Na$_2$S 试样溶液，然后用 $c$(Na$_2$S$_2$O$_3$)＝0.1mol/L 的 Na$_2$S$_2$O$_3$ 标准滴定溶液滴定至呈浅黄色，加 3mL 淀粉指示液，继续滴定至溶液蓝色刚好消失为终点。记录消耗 Na$_2$S$_2$O$_3$ 标准滴定溶液的体积。平行测定 3 次。

**五、数据处理**

$$w(Na_2S)=\frac{\left[c\left(\frac{1}{2}I_2\right)V(I_2)-c(Na_2S_2O_3)V(Na_2S_2O_3)\right]\times10^{-3}\times M(Na_2S)}{m\times\frac{25}{250}}\times100\%$$

式中　$w(Na_2S)$——试样中 Na$_2$S 的质量分数，％；

$c\left(\frac{1}{2}I_2\right)$——I$_2$ 标准溶液的浓度，mol/L；

$V(I_2)$——加入 I$_2$ 标准溶液的体积，mL；

$c(Na_2S_2O_3)$——Na$_2$S$_2$O$_3$ 标准滴定溶液的浓度，mol/L；

$V(Na_2S_2O_3)$——滴定消耗 Na$_2$S$_2$O$_3$ 标准滴定溶液的体积，mL；

$m$——称取硫化钠试样的质量，g；

$M(Na_2S)$——Na$_2$S 的摩尔质量，g/mol。

**六、思考题**

1. 碘量法测定硫化钠时，为什么先加 I$_2$ 标准溶液和 HCl 溶液，而后再滴加 Na$_2$S 试样溶液？

2. 说明测定硫化钠总还原能力的基本原理。

 **相关链接**

硫化钠中常含有 Na$_2$SO$_3$ 及 Na$_2$S$_2$O$_3$ 等还原性物质，它们与 Na$_2$S 一样，也能与 I$_2$ 反应。因此，用碘量法滴定时，测得的是试样中各种还原性物质的总还原能力。

# 实验四十七　注射液中葡萄糖含量的测定（碘量法）

**一、实验目的**

1. 熟练 I$_2$ 标准溶液和 Na$_2$S$_2$O$_3$ 标准溶液的配制和标定方法。

2. 掌握碘量法测定葡萄糖含量的方法和操作技术。

3. 掌握液体试剂的称样方法。

**二、实验原理**

碘与 NaOH 作用可生成次碘酸钠（NaIO），葡萄糖（C$_6$H$_{12}$O$_6$）能定量地被次碘酸钠氧化成葡萄糖酸（C$_6$H$_{12}$O$_7$）。在酸性条件下，未与葡萄糖作用的次碘酸钠可转变成碘（I$_2$）析出，用 Na$_2$S$_2$O$_3$ 标准滴定溶液滴定析出的 I$_2$，以淀粉为指示剂。

其反应如下：

1. I$_2$ 与 NaOH 作用

$$I_2+2NaOH\longrightarrow NaIO+NaI+H_2O$$

2. C$_6$H$_{12}$O$_6$ 与 NaIO 定量作用

$$C_6H_{12}O_6+NaIO\longrightarrow C_6H_{12}O_7+NaI$$

3. 总反应式

$$I_2+C_6H_{12}O_6+2NaOH\longrightarrow C_6H_{12}O_7+2NaI+H_2O$$

4. $C_6H_{12}O_6$ 作用完后，剩下未作用的 NaIO 在碱性条件下发生歧化反应

$$3NaIO \longrightarrow NaIO_3 + 2NaI$$

5. 在酸性条件下

$$NaIO_3 + 5NaI + 6HCl \longrightarrow 3I_2 + 6NaCl + 3H_2O$$

6. 析出过量的 $I_2$ 可用 $Na_2S_2O_3$ 标准滴定溶液滴定

$$I_2 + 2Na_2S_2O_3 \longrightarrow Na_2S_4O_6 + 2NaI$$

由以上反应式可以看出：葡萄糖与 $Na_2S_2O_3$ 之间反应的化学计量比为 1:2，以此计算葡萄糖注射液中葡萄糖含量。

### 三、试剂

1. HCl 溶液，$c(HCl) = 2mol/L$。

2. NaOH 溶液，$c(NaOH) = 0.2mol/L$。

3. $Na_2S_2O_3$ 标准滴定溶液，$c(Na_2S_2O_3) = 0.05mol/L$。

4. $I_2$ 标准溶液，$c\left(\dfrac{1}{2}I_2\right) = 0.05mol/L$。配制：称取 1.6g $I_2$ 于小烧杯中，加 6g KI，先加入约 30mL 水，用玻璃棒搅拌，待 $I_2$ 完全溶解后，稀释至 250mL，摇匀，置于棕色瓶中，放置暗处。

5. 淀粉指示液，5g/L。

6. KI 固体。

### 四、实验步骤

1. $I_2$ 溶液的标定

移取 25.00mL($V_1$) $I_2$ 溶液于 250mL 碘量瓶中，加 100mL 水稀释，用已标定好的 $Na_2S_2O_3$ 标准溶液滴定至草黄色，加入 2mL 淀粉溶液，继续滴定至蓝色刚好消失，即为终点。记录消耗的 $Na_2S_2O_3$ 标准溶液的体积 $V_2$。

2. 葡萄糖含量的测定

移取 2.50mL 5% 葡萄糖注射液放于 250mL 容量瓶中，准确稀释至刻度定容，摇匀后移取 25.00mL 于碘量瓶中，准确加入 $c\left(\dfrac{1}{2}I_2\right) = 0.05mol/L$ 的 $I_2$ 标准溶液 25.00mL，慢慢滴加 0.2mol/L 的 NaOH 溶液，边加边摇，直至溶液呈淡黄色。加碱的速度不能过快，否则生成的 NaIO 来不及氧化葡萄糖，使测定结果偏低。盖好碘量瓶塞，在暗处放置 10~15min，加 2mol/L 的 HCl 溶液 6mL 使成酸性，立即用 $Na_2S_2O_3$ 标准滴定溶液滴定，至溶液呈浅黄色时，加入淀粉溶液 3mL，继续滴定至蓝色消失即为终点，记下消耗 $Na_2S_2O_3$ 标准滴定溶液的体积。计算注射液中葡萄糖的质量浓度（g/L）。平行测定 3 次。

### 五、数据处理

$$c\left(\frac{1}{2}I_2\right) = \frac{c(Na_2S_2O_3)V_2}{V_1}$$

$$\rho(C_6H_{12}O_6) = \frac{\left[c\left(\dfrac{1}{2}I_2\right)V(I_2) - c(Na_2S_2O_3)V(Na_2S_2O_3)\right]M\left(\dfrac{1}{2}C_6H_{12}O_6\right)}{2.50 \times \dfrac{25}{250}}$$

式中　$\rho(C_6H_{12}O_6)$——葡萄糖注射液中葡萄糖的质量浓度，g/L；

$c\left(\dfrac{1}{2}I_2\right)$——以 $\dfrac{1}{2}I_2$ 为基本单元的 $I_2$ 标准溶液的浓度，mol/L；

$$V(I_2)——测定试样时加入的 I_2 标准溶液的体积，mL；$$

$$c(Na_2S_2O_3)——Na_2S_2O_3 标准滴定溶液的浓度，mol/L；$$

$$V(Na_2S_2O_3)——测定试样时消耗 Na_2S_2O_3 标准滴定溶液的体积，mL；$$

$$M\left(\frac{1}{2}C_6H_{12}O_6\right)——以 \frac{1}{2}C_6H_{12}O_6 为基本单元的葡萄糖的摩尔质量，90.08g/mol；$$

$$2.50——试液的体积，mL。$$

### 六、思考题

1. 试分析本实验误差的主要来源。
2. 淀粉指示液加入过早对测定结果有什么影响？

 **相关链接**

糖类的定量方法主要有物理方法和化学方法。测定葡萄糖含量的物理方法有：相对密度法、折光法、旋光法等；化学方法有斐林试剂氧化法和碘量法等。

葡萄糖（glucose）分子式 $C_6H_{12}O_6$，结构式为：

$$
\begin{array}{c}
H-C=O \\
H-C-OH \\
HO-C-H \\
H-C-OH \\
H-C-OH \\
CH_2OH
\end{array}
$$

相对分子质量 180.16，葡萄糖分子中醛基和醇羟基都具有还原性，用次碘酸钠和斐林试剂氧化时，可产生不同的氧化产物。

## 实验四十八　胆矾中 $CuSO_4 \cdot 5H_2O$ 含量的测定

### 一、实验目的

1. 了解胆矾的组成和基本性质。
2. 掌握间接碘量法测定胆矾中 $CuSO_4 \cdot 5H_2O$ 含量的基本原理、操作技术和计算。
3. 熟练滴定分析操作技术，提高平行测定的精密度。

### 二、实验原理

将胆矾试样溶解后，加入过量 KI，反应析出的 $I_2$ 用 $Na_2S_2O_3$ 标准溶液滴定，反应为：

$$2Cu^{2+} + 4I^- \longrightarrow 2CuI\downarrow + I_2$$

$$2S_2O_3^{2-} + I_2 \longrightarrow S_4O_6^{2-} + 2I^-$$

以淀粉指示剂确定终点。由测定反应式可知，$CuSO_4 \cdot 5H_2O$ 和 $Na_2S_2O_3$ 的基本单元分别为 $CuSO_4 \cdot 5H_2O$ 和 $Na_2S_2O_3$。

### 三、试剂

1. $c(H_2SO_4)=1mol/L$ 的 $H_2SO_4$ 溶液。
2. KI 溶液，$\rho(KI)=100g/L$（使用前配制）即 10% 溶液。

3. KSCN 溶液，$\rho(KSCN)=100g/L$ 即 10%溶液。

4. $NH_4HF_2$ 溶液，$\rho(NH_4HF_2)=200g/L$ 即 20%溶液。

5. $c(Na_2S_2O_3)=0.1mol/L$ 的 $Na_2S_2O_3$ 标准滴定溶液。

6. 淀粉指示液（5g/L）。

### 四、实验步骤

准确称取胆矾试样 $0.5\sim0.6g$，置于碘量瓶中，加 $1mol/L$ $H_2SO_4$ 溶液 5mL、蒸馏水 100mL 使其溶解，加 20% $NH_4HF_2$ 溶液 10mL、10% KI 溶液 10 mL，迅速盖上瓶塞，摇匀。放置 3min，此时出现 CuI 白色沉淀。

打开碘量瓶塞，用少量水冲洗瓶塞及瓶内壁，立即用 $c(Na_2S_2O_3)=0.1mol/L$ 的 $Na_2S_2O_3$ 标准滴定溶液滴定至呈浅黄色，加 3mL 淀粉指示液，继续滴定至浅蓝色，再加 10% KSCN 溶液 10mL，继续用 $Na_2S_2O_3$ 标准滴定溶液滴定至蓝色刚好消失为终点。此时溶液为米色的 CuSCN 悬浮液。记录消耗 $Na_2S_2O_3$ 标准滴定溶液的体积。平行测定两次。

### 五、数据处理

$$w(CuSO_4 \cdot 5H_2O)=\frac{c(Na_2S_2O_3)V(Na_2S_2O_3)\times10^{-3}\times M(CuSO_4 \cdot 5H_2O)}{m}\times100\%$$

式中　$w(CuSO_4 \cdot 5H_2O)$——试样中 $CuSO_4 \cdot 5H_2O$ 的质量分数，%；

$c(Na_2S_2O_3)$——$Na_2S_2O_3$ 标准滴定溶液的浓度，mol/L；

$V(Na_2S_2O_3)$——滴定消耗 $Na_2S_2O_3$ 标准滴定溶液的体积，mL；

$M(CuSO_4 \cdot 5H_2O)$——$CuSO_4 \cdot 5H_2O$ 的摩尔质量，g/mol；

$m$——称取胆矾试样的质量，g。

### 六、注意事项

1. 加 KI 必须过量，使生成 CuI 沉淀的反应更为完全，并使 $I_2$ 形成 $I_3^-$ 增大 $I_2$ 的溶解性，提高滴定的准确度。

2. 由于 CuI 沉淀表面吸附 $I_3^-$，使结果偏低。为了减少 CuI 对 $I_3^-$ 的吸附，可在临近终点时加入 KSCN，使 CuI 沉淀转化为溶解度更小的 CuSCN 沉淀。使吸附的释放出来，以防结果偏低。$SCN^-$ 只能在临近终点时加入，否则 $SCN^-$ 有可能直接将 $Cu^{2+}$ 还原成 $Cu^+$，使结果偏低。

$$CuI+KSCN\longrightarrow CuSCN\downarrow+KI$$
$$6Cu^{2+}+7SCN^-+4H_2O\longrightarrow 6CuSCN\downarrow+SO_4^{2-}+CN^-+8H^+$$

3. 为防止铜盐水解，试液需加 $H_2SO_4$（不能加 HCl，避免形成 $[CuCl_3]^-$、$[CuCl_4]^{2-}$ 配合物）。控制 pH 在 $3.0\sim4.0$ 之间，酸度过高，则 $I^-$ 易被空气中的氧氧化为 $I_2$（$Cu^{2+}$ 催化此反应），使结果偏高。

4. $Fe^{3+}$ 对测定有干扰，因 $Fe^{3+}$ 将 $I^-$ 氧化成 $I_2$，使结果偏高。

$$2Fe^{3+}+2I^-\longrightarrow 2Fe^{2+}+I_2$$

可加入 $NH_4HF_2$ 与 $Fe^{3+}$ 形成稳定的 $[FeF_6]^{3-}$ 配离子，消除 $Fe^{3+}$ 的干扰。

5. 用碘量法测定铜时，最好用纯铜标定 $Na_2S_2O_3$ 溶液，以抵消方法的系统误差。

### 七、思考题

1. 已知 $\varphi^\ominus(Cu^{2+}/Cu^+)=0.159V$，$\varphi^\ominus(I_3^-/I^-)=0.545V$，为何本实验中 $Cu^{2+}$ 却能氧化 $I^-$ 成为 $I_2$？

2. 测定铜含量时，加入 KI 为何要过量？

3. 本实验中加入 KSCN 的作用是什么？应在何时加入？为什么？

4. 本实验中加入 $NH_4HF_2$ 的作用是什么？

5. 间接碘量法一般选择中性或弱酸性条件。而本实验测定铜含量时，要加入 $H_2SO_4$，为什么？能否加 HCl？为什么？酸度过高对分析结果有何影响？

6. 间接碘量法误差的主要来源有哪些？应如何避免？

7. 利用 $K_{sp}$ 值说明 $CuI \longrightarrow CuSCN$ 沉淀的转化原理。

### 相关链接

硫酸铜（cupric sulfate）俗称胆矾（salzburg vitriol）；蓝矾（blue vitriol）；孔雀石（blue stone）；结晶硫酸铜（copper sulfate crystal），为蓝色透明结晶，相对密度 2.29，在空气中微风化。易溶于水，水溶液呈酸性；溶于甲醇、甘油；微溶于乙醇。加热时失水，依次成为三水盐（30℃时）、一水盐（110℃时），258℃时失去全部结晶水成为白色粉末状无水硫酸铜。

硫酸铜常用作分析试剂、无机农药。有毒，应密封保存。

# 实验四十九　食盐中含碘量的测定

## 一、实验目的

1. 掌握含碘食盐中含碘量的测定原理、操作方法和计算。

2. 掌握浓度较低的 $Na_2S_2O_3$ 标准溶液的配制及标定方法。

3. 熟练滴定分析操作技术。

## 二、实验原理

在酸性溶液中，试样中的碘酸根氧化碘化钾析出 $I_2$，用 $Na_2S_2O_3$ 标准滴定溶液滴定，测定食盐中碘离子含量，反应式如下：

$$IO_3^- + 5I^- + 6H^+ \longrightarrow 3I_2 + 3H_2O$$

$$I_2 + 2S_2O_3^{2-} \longrightarrow 2I^- + S_4O_6^{2-}$$

由测定反应式可知，$Na_2S_2O_3$ 的基本单元为 $Na_2S_2O_3$。

## 三、试剂

1. $KIO_3$ 标准溶液，$c\left(\dfrac{1}{6}KIO_3\right) = 0.002mol/L$。配制：准确称取 1.4g（准至 0.0002g）于 $(110 \pm 2)$℃烘至恒重的基准物 $KIO_3$，加水溶解，于 1000mL 容量瓶中定容。用移液管吸取 2.50mL 放于 500mL 容量瓶中，加水稀释定容，得浓度为 $c\left(\dfrac{1}{6}KIO_3\right) = 0.002mol/L$ 的 $KIO_3$ 标准溶液。其准确浓度为：

$$c\left(\frac{1}{6}KIO_3\right) = \frac{m(KIO_3)}{M\left(\frac{1}{6}KIO_3\right)V \times 10^{-3}} \times \frac{2.50}{500}$$

式中　$c\left(\dfrac{1}{6}KIO_3\right)$——$KIO_3$ 标准溶液的准确浓度，mol/L；

　　　　$m(KIO_3)$——称取基准物 $KIO_3$ 试样的质量，g；

　　　　$M\left(\dfrac{1}{6}KIO_3\right)$——以 $\dfrac{1}{6}KIO_3$ 为基本单元的 $KIO_3$ 的摩尔质量，g/mol；

　　　　$V$——第一步定容时溶液的体积，mL。

2. $Na_2S_2O_3 \cdot 5H_2O$（分析纯）。

3. 固体 NaOH（分析纯）。

4. 磷酸溶液，$c(H_3PO_4) = 1mol/L$。配制：量取 17mL 85% 磷酸，加水稀释至 250mL。

5. KI 溶液 [5%（新配制）]。

6. 淀粉指示液 [0.5%（新配制）]。

7. 加碘酸钾食盐试样。

### 四、测定步骤

1. $c(Na_2S_2O_3) = 0.002mol/L$ 的 $Na_2S_2O_3$ 标准溶液的配制与标定

① 配制。称取 2.5g $Na_2S_2O_3 \cdot 5H_2O$ 及 0.1g NaOH，溶解于 500mL 无 $CO_2$ 的水中，贮于棕色瓶。取上层清液 50.00mL 于棕色瓶中，用无 $CO_2$ 的水稀释至 500mL，备用。

② 标定。吸取 10.00mL $c\left(\dfrac{1}{6}KIO_3\right) = 0.002mol/L$ 的 $KIO_3$ 标准溶液于 250mL 碘量瓶中，加约 80mL 水、2mL 1mol/L 磷酸，摇匀后加 5mL 5%KI 溶液，立即用 $Na_2S_2O_3$ 标准滴定溶液滴定，至溶液呈浅黄色时，加 5mL 0.5% 淀粉溶液，继续滴定至蓝色恰好消失为止，记录消耗 $Na_2S_2O_3$ 标准滴定溶液的体积。

$Na_2S_2O_3$ 标准滴定溶液对 $I^-$ 的滴定度为：

$$T = \frac{c\left(\dfrac{1}{6}KIO_3\right) M\left(\dfrac{1}{6}I^-\right) \times 10 \times 1000}{V}$$

式中　　$T$——$Na_2S_2O_3$ 标准滴定溶液对 $I^-$ 的滴定度，$\mu g/mL$；

$c\left(\dfrac{1}{6}KIO_3\right)$——$KIO_3$ 标准溶液的浓度，mol/L；

$M\left(\dfrac{1}{6}I^-\right)$——以 $\dfrac{1}{6}I^-$ 为基本单元的 $I^-$ 的摩尔质量，g/mol；

$V$——滴定时消耗 $Na_2S_2O_3$ 标准滴定溶液的体积，mL；

10——$KIO_3$ 标准溶液的取样量，mL。

2. 食盐中含碘量的测定

称取 10g 均匀加碘食盐（准确至 0.01g），置于 250mL 碘量瓶中，加约 80mL 蒸馏水溶解。加 2mL 1mol/L 磷酸溶液和 5mL 5%KI 溶液，用 $Na_2S_2O_3$ 标准滴定溶液滴定至溶液呈浅黄色时，加入 5mL 0.5% 淀粉溶液，继续滴定至蓝色恰好消失为止，记录所用 $Na_2S_2O_3$ 标准滴定溶液的体积。平行测定 3 次。

### 五、数据处理

碘离子含量按下式计算：

$$碘含量（以 I 计，\mu g/g）= \frac{TV(Na_2S_2O_3)}{m}$$

式中　　$T$——$Na_2S_2O_3$ 标准滴定溶液对 $I^-$ 的滴定度，$\mu g/mL$；

$V(Na_2S_2O_3)$——滴定时消耗 $Na_2S_2O_3$ 标准滴定溶液的体积，mL；

$m$——食盐试样的质量，g。

### 六、注意事项

本方法适用于加 $KIO_3$ 的食盐试样中碘的测定。

### 七、思考题

1. 本实验中能否用锥形瓶代替碘量瓶？为什么？

2. 食盐中含碘量的测定中，加入磷酸溶液的目的是什么？

3. 为什么溶液呈浅黄色时加入 5mL 0.5%淀粉溶液？过早加入有什么影响？

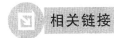　**相关链接**

　　碘是一种智力元素，是人类生命活动不可缺少的元素之一。人体内的碘可以维持甲状腺的正常功能，缺碘会导致人的一系列疾病的产生，如智力下降、甲状腺肿大等。因而在人们的日常生活中，每天摄入一定量的碘是很有必要的，可以通过食物摄入，而将碘加入食盐中是一个很有效的方法。以往，通常是将 KI 加入食盐中，因 KI 易挥发，现在食盐中加入 $KIO_3$ 以达到补碘的目的。国家标准规定食盐中碘含量（以 I 计）为 $(35\pm15)\mu g/g$（$20\sim50\mu g/g$）。

　　GB 5461—2000 中规定了食用盐标准。GB/T 13025.7—2012 中规定了制盐工业通用试验方法，碘离子的测定。其中测定碘离子方法有容量法和光度法（专用碘量仪测定）。容量法包括直接滴定法（间接碘量法）、氧化还原滴定法（为仲裁法）。

# 实验五十　过氧乙酸含量的测定

## 一、实验目的

1. 了解过氧乙酸的基本性质、使用和贮存注意事项。

2. 掌握间接碘量法测定过氧乙酸含量的基本原理和操作技术。

## 二、实验原理

　　在酸性条件下，过氧乙酸中含有的过氧化氢（$H_2O_2$）用高锰酸钾标准溶液滴定，然后用间接碘量法测定过氧乙酸的含量。反应方程式如下：

$$2KMnO_4 + 3H_2SO_4 + 5H_2O_2 \longrightarrow 2MnSO_4 + K_2SO_4 + 5O_2 + 8H_2O$$

$$2KI + 2H_2SO_4 + CH_3COOOH \longrightarrow 2KHSO_4 + CH_3COOH + H_2O + I_2$$

$$I_2 + 2Na_2S_2O_3 \longrightarrow 2NaI + Na_2S_4O_6$$

　　使用淀粉为指示剂。由测定反应式可知，$CH_3COOOH$ 和 $Na_2S_2O_3$ 的基本单元分别为 $\frac{1}{2}CH_3COOOH$ 和 $Na_2S_2O_3$。

## 三、试剂

1. 硫酸溶液（1+9）。

2. 碘化钾溶液（100g/L）。

3. 硫酸锰溶液（100g/L）。

4. 钼酸铵溶液（30g/L）。

5. 高锰酸钾标准滴定溶液，$c\left(\frac{1}{5}KMnO_4\right)=0.1mol/L$（自己配制和标定）。

6. 硫代硫酸钠标准滴定溶液，$c(Na_2S_2O_3)=0.1mol/L$（自己配制和标定）。

7. 淀粉指示液（10g/L）。

## 四、测定步骤

　　称取约 0.5g 试样（或称取相当于含过氧乙酸约 0.07g 的试样），精确至 0.0001g，置于预先盛有 50mL 水、5mL 硫酸溶液和 3 滴硫酸锰溶液并已冷却至 4℃的碘量瓶中，摇匀，用高锰酸钾标准滴定溶液滴定至溶液呈稳定的浅粉色。记录消耗高锰酸钾标准滴定溶液的体积。立即加入 10mL 碘化钾溶液和 3 滴钼酸铵溶液，盖好碘量瓶塞，轻轻摇匀，用水封好瓶口，于暗处放置 5~10min，打开瓶塞，冲洗瓶塞及瓶颈，用硫代硫酸钠标准滴定溶液滴定，接近终点时（溶液呈淡黄色）加入 1mL 淀粉指示液，继续滴定至蓝色消失，并保持 30s 不变为终点。记录消耗硫代硫酸钠标准滴定溶液的体积。平行测定两次。

### 五、数据处理

过氧化氢的质量分数：

$$w(H_2O_2) = \frac{c\left(\frac{1}{5}KMnO_4\right)V(KMnO_4)\times0.001\times M\left(\frac{1}{2}H_2O_2\right)}{m}\times100\%$$

过氧乙酸的质量分数：

$$w(CH_3COOOH) = \frac{c(Na_2S_2O_3)V(Na_2S_2O_3)\times10^{-3}\times M\left(\frac{1}{2}CH_3COOOH\right)}{m}\times100\%$$

式中　　　$w(H_2O_2)$——过氧化氢的质量分数，%；

$w(CH_3COOOH)$——过氧乙酸的质量分数，%；

$c\left(\frac{1}{5}KMnO_4\right)$——$KMnO_4$ 标准滴定溶液的浓度，mol/L；

$V(KMnO_4)$——滴定时消耗 $KMnO_4$ 标准滴定溶液的体积，mL；

$M\left(\frac{1}{2}H_2O_2\right)$——以 $\frac{1}{2}H_2O_2$ 为基本单元的过氧化氢摩尔质量，17.01g/mol；

$m$——试样质量，g；

$c(Na_2S_2O_3)$——硫代硫酸钠标准滴定溶液的浓度，mol/L；

$V(Na_2S_2O_3)$——滴定时消耗硫代硫酸钠标准滴定溶液的体积，mL；

$M\left(\frac{1}{2}CH_3COOOH\right)$——以 $\frac{1}{2}CH_3COOOH$ 为 基 本 单 元 的 过 氧 乙 酸 摩 尔 质 量，38.03g/mol。

取两次平行测定结果的算术平均值为测定结果，两次平行测定结果之差不得大于 0.3%。

### 六、注意事项

1. 本测定方法适用于以过氧化氢和乙酸为原料生产的过氧乙酸中主成分过氧乙酸含量的测定。

2. 分析测定的样品和使用的部分试剂具有毒性或腐蚀性，操作时必须注意安全。若不慎溅到皮肤上应立即用水冲洗，严重者应立即治疗。

3. 过氧乙酸在保存过程中由于分解作用、氧化还原作用等可能使其中的过氧乙酸含量、过氧化氢含量发生变化。

### 七、思考题

1. 过氧乙酸分析过程中应注意哪些问题？

2. 间接碘量法中 KI 与被测物质反应时，为何用水封住瓶口？反应后打开瓶塞时为何用水冲洗瓶塞及瓶颈？

3. 谈谈本实验在预防 SARS 传染中的实际意义。

### ▣ 相关链接

过氧乙酸（peracetic acid）也叫过醋酸。分子式 $C_2H_4O_3$；结构简式 $CH_3COOOH$；相对分子质量 76.05（按 2001 年国际相对原子质量）。

商品过氧乙酸为无色液体，加入稳定剂会呈淡黄色，有强烈刺激性气味，并带有醋酸味。过氧乙酸为强氧化剂，对皮肤有强烈腐蚀作用。一般地，商品过氧乙酸是 $40\%$ 的乙酸溶液，含有水、过氧化氢和微量硫酸。溶于水、乙醇、乙醚和硫酸。加热至 $110℃$ 时强烈爆炸。密度（$20℃$）$1.15g/cm^3$。因此，应密封并在阴凉处保存。

过氧乙酸主要用作消毒剂、杀菌剂，漂白剂（如纸、油脂、淀粉、织物等的漂白），杀虫剂以及在有机合成中作为氧化剂和环氧化剂。过氧乙酸杀菌作用强，杀菌范围广，并能在低温保持良好的杀菌能力，是推广使用的杀菌消毒剂。在杀菌过程中开始挥发，杀菌后不留异味，分解成醋酸、水和氧，认为其对人体无害，但要注意是否含有过氧化氢的残留物。

最新国家标准 GB 19108—2008。

# 实验五十一 苯酚含量的测定

## 一、实验目的

1. 掌握溴量法测定苯酚含量的基本原理、操作技术和计算。

2. 了解空白试验的方法、作用和实际意义。

## 二、实验原理

试样中加入过量的溴标准溶液，在酸性介质中，$KBrO_3$ 与 $KBr$ 反应生成 $Br_2$，$Br_2$ 与苯酚作用生成三溴苯酚，过量的 $Br_2$ 与 $KI$ 作用析出 $I_2$，用 $Na_2S_2O_3$ 标准滴定溶液滴定。反应如下。

1. 溴取代

$$BrO_3^- + 5Br^- + 6H^+ \longrightarrow 3Br_2 + 3H_2O$$

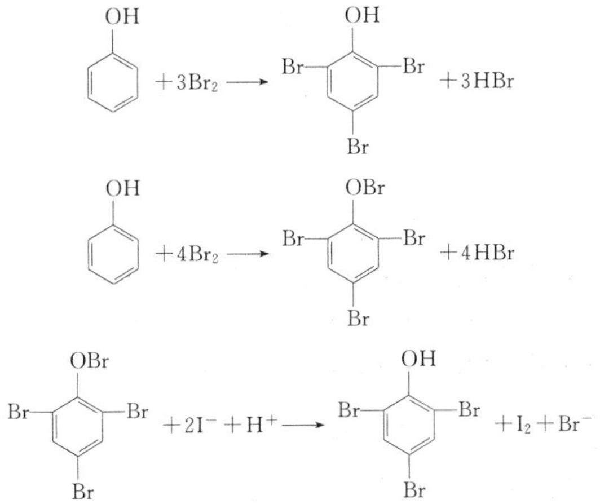

2. 剩余 $Br_2$ 与 $KI$ 作用

$$Br_2 + 2I^- \longrightarrow I_2 + 2Br^-$$

3. 滴定

$$I_2 + 2S_2O_3^{2-} \longrightarrow 2I^- + S_4O_6^{2-}$$

以淀粉指示液确定终点。由测定反应式可知，苯酚 $C_6H_5OH$ 和 $Na_2S_2O_3$ 的基本单元分别为 $\frac{1}{6}C_6H_5OH$ 和 $Na_2S_2O_3$。

## 三、试剂

1. 苯酚试样。

2. $NaOH$ 溶液（$10\%$）。

3. 溴标准滴定溶液，$c\left(\frac{1}{2}Br_2\right)=0.1mol/L$。

4. 浓盐酸。

5. KI 溶液 [100g/L（10%）]。

6. 氯仿。

7. $Na_2S_2O_3$ 标准滴定溶液，$c(Na_2S_2O_3)=0.1mol/L$。

8. 淀粉指示液（5g/L）。

## 四、实验步骤

准确称取苯酚试样 0.2～0.3g（称准至 0.0001g），放于盛有 5mL 10% NaOH 溶液的 250mL 烧杯中，加入少量蒸馏水溶解。仔细将溶液转入 250mL 容量瓶中，用少量水洗涤烧杯数次，定量移入容量瓶中，以水稀释至刻度，充分摇匀。

用移液管吸取试液 25.00mL，放于 250mL 碘量瓶中，用滴定管准确加入 $c\left(\frac{1}{2}Br_2\right)=0.1mol/L$ 的溴标准滴定溶液 30.00～35.00mL，微开碘量瓶塞，加入浓盐酸 5mL，立即盖紧瓶塞，振摇 5～10min，用水封好瓶口，于暗处放置 15min，此时生成白色三溴苯酚沉淀和 $Br_2$。微开碘量瓶塞，加入 10% 的 KI 溶液 10mL，盖紧瓶塞，充分振摇后，加氯仿 2mL，摇匀。打开瓶塞，冲洗瓶塞、瓶颈及瓶内壁，立即用 $c(Na_2S_2O_3)=0.1mol/L$ 的 $Na_2S_2O_3$ 标准滴定溶液滴定，至溶液呈浅黄色时加淀粉指示液 5mL，继续滴定至蓝色恰好消失即为终点。记录消耗 $Na_2S_2O_3$ 标准滴定溶液的体积。

同时做空白试验：以蒸馏水 25.00mL 代替试液按上述步骤进行试验，记录消耗 $Na_2S_2O_3$ 标准滴定溶液的体积。

## 五、数据处理

$$w(C_6H_5OH)=\frac{c(Na_2S_2O_3)(V_0-V)M\left(\frac{1}{6}C_6H_5OH\right)\times0.001}{m\times\frac{25}{250}}\times100\%$$

式中　$w(C_6H_5OH)$——试样中苯酚的质量分数，%；

$\qquad c(Na_2S_2O_3)$——$Na_2S_2O_3$ 标准滴定溶液的浓度，mol/L；

$\qquad V_0$——空白试验消耗 $Na_2S_2O_3$ 标准滴定溶液的体积，mL；

$\qquad V$——滴定苯酚试样时消耗 $Na_2S_2O_3$ 标准滴定溶液的体积，mL；

$M\left(\frac{1}{6}C_6H_5OH\right)$——以 $\frac{1}{6}C_6H_5OH$ 为基本单元时 $C_6H_5OH$ 的摩尔质量，g/mol；

$\qquad m$——苯酚试样的质量，g。

## 六、注意事项

1. 苯酚在水中溶解度较小，加入 NaOH 溶液后，与苯酚生成易溶于水的苯酚钠。

2. 实验操作中应尽量避免 $Br_2$ 的挥发损失。$KBrO_3$-KBr 标准溶液遇酸即迅速产生游离 $Br_2$，$Br_2$ 易挥发，因此加 HCl 溶液和 KI 溶液时，应微开瓶塞使溶液沿瓶塞流入。

3. 本实验加入的 $KBrO_3$-KBr 标准溶液是过量的，在酸性介质中生成 $Br_2$，与苯酚反应后，剩余的 $Br_2$ 不能用 $Na_2S_2O_3$ 标准滴定溶液直接滴定。因为 $Na_2S_2O_3$ 易被 $Br_2$、$Cl_2$ 等较强氧化剂非定量地氧化为 $SO_4^{2-}$。所以加过量 KI 与 $Br_2$ 作用生成 $I_2$，再用 $Na_2S_2O_3$ 标准滴定溶液滴定。

## 七、思考题

1. 空白试验有哪些作用？说明本实验中空白试验的作用。

2. 本实验中使用的 $KBrO_3$-$KBr$ 标准溶液是否需要标定出准确浓度？为什么？

3. 本实验中先加试样，再加 $KBrO_3$-$KBr$ 标准溶液，后加盐酸，为什么要这样做？

4. 实验中加入氯仿的作用是什么？氯仿层应是什么颜色？

5. 说明实验过程每一步应出现的现象。

### 相关链接

　　苯酚（phenol）别名羟基苯（hydroxy benzene）、石炭酸（carbolic acid；phenic acid），是无色或淡红色细长针状结晶或结晶性块状，见光或露置于空气中逐渐变为深褐色。苯酚微溶于冷水，溶于热水，水溶液呈弱酸性反应；易溶于乙醇、三氯甲烷、乙醚等有机溶剂；几乎不溶于石油醚。熔点 42℃，沸点 181.75℃，相对密度 $d_{20}^{20}1.0722$。在医药和有机工业上是重要原料。

　　苯酚有刺激性和腐蚀性，有特殊臭味。长期吸入苯酚蒸气可引起苯酚虚脱症（肾炎），苯酚试剂应密封避光保存。

# 实验五十二　胱氨酸含量的测定

## 一、实验目的

1. 了解胱氨酸的性质和测定方法。

2. 掌握溴量法测定胱氨酸含量的基本原理、操作技术和计算。

## 二、实验原理

　　溴标准溶液在酸性溶液中生成 $Br_2$，与胱氨酸试样定量反应完全后，加入过量的 $KI$ 与剩余的 $Br_2$ 作用析出 $I_2$，用 $Na_2S_2O_3$ 标准滴定溶液滴定。反应式如下：

$$BrO_3^- + 5Br^- + 6H^+ \longrightarrow 3Br_2 + 3H_2O$$

$$(SCH_2CHNH_2COOH)_2 + 5Br_2 + 6H_2O \longrightarrow 2HO_3SCH_2CHNH_2COOH + 10HBr$$

$$Br_2 + 2I^- \longrightarrow I_2 + 2Br^-$$

$$I_2 + 2S_2O_3^{2-} \longrightarrow 2I^- + S_4O_6^{2-}$$

以淀粉指示液确定终点。由标定反应式可知，$Br_2$ 和 $Na_2S_2O_3$ 的基本单元分别为 $\frac{1}{2}Br_2$ 和 $Na_2S_2O_3$。

## 三、试剂

1. NaOH 溶液（40g/L）。配制：称取 20g NaOH 固体于烧杯中，加水溶解后，稀释至 500mL，贮存在试剂瓶中，用橡皮塞塞紧瓶口。

2. 溴标准滴定溶液，$c\left(\frac{1}{2}Br_2\right)=0.1mol/L$。

3. 浓盐酸。

4. KI 固体。

5. $Na_2S_2O_3$ 标准滴定溶液，$c(Na_2S_2O_3)=0.1mol/L$。

6. 淀粉指示液（5g/L）。

7. 胱氨酸样品，在 115℃烘干，置广口瓶内，于干燥器内保存。

## 四、实验步骤

　　准确称取胱氨酸试样 0.1g，精确至 0.0001g，置于碘量瓶中，加入 3mL 40g/L NaOH 溶液及 3mL 水溶解，再加 30mL 水，50mL $c\left(\frac{1}{2}Br_2\right)=0.1mol/L$ 的溴标准溶液，10mL 盐

酸，立即密封，振摇 5min，放置 10min，于冰浴中冷却，加 2g KI，振摇溶解，于暗处放置 10min，用 $c(Na_2S_2O_3)＝0.1mol/L$ $Na_2S_2O_3$ 标准滴定溶液滴定，当溶液由棕红色变为淡黄色时，加入 3mL 淀粉指示液，继续滴定至溶液蓝色刚好消失即为终点。记录消耗 $Na_2S_2O_3$ 标准滴定溶液的体积。平行测定 3 次。同时做空白试验。

## 五、数据处理

$$w＝\frac{(V_1－V_2)c\times0.02403}{m}\times100\%$$

式中　$w$——L-胱氨酸的质量分数，%；

　　　　$V_1$——空白试验消耗 $Na_2S_2O_3$ 标准滴定溶液的体积，mL；

　　　　$V_2$——测定试样消耗 $Na_2S_2O_3$ 标准滴定溶液的体积，mL；

　　　　$c$——$Na_2S_2O_3$ 标准滴定溶液的浓度，mol/L；

0.02403——以 $\frac{1}{10}C_6H_{12}N_2O_4S_2$ 为基本单元的 L-胱氨酸的毫摩尔质量，g/mmol；

　　　　$m$——试样的质量，g。

## 六、思考题

1. 测定胱氨酸时为什么不能用 $Br_2$ 直接滴定？

2. 试分析溴量法测定胱氨酸时误差的主要来源。

3. 说明本实验中空白试验的作用。

4. 本实验中使用的溴标准溶液是否需要标定出准确浓度？为什么？

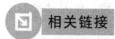 **相关链接**

L-胱氨酸 [L-cystine，L-3,3′-二硫双（2-氨基丙酸）] 又称双-$\beta$-硫代丙氨酸或 L-膀胱氨基酸。分子式 $C_6H_{12}N_2O_4S_2$，结构式为：

$$
\begin{array}{c}
\hspace{2.5cm}NH_2 \\
\hspace{1cm}|\hspace{1.1cm}| \\
S\!-\!CH_2\!-\!C\!-\!COOH \\
\hspace{2cm}| \\
\hspace{2cm}H \\
\hspace{2.5cm}NH_2 \\
\hspace{1cm}|\hspace{1.1cm}| \\
S\!-\!CH_2\!-\!C\!-\!COOH \\
\hspace{2cm}| \\
\hspace{2cm}H
\end{array}
$$

L-胱氨酸是白色结晶或结晶性粉末，溶于酸及碱（如稀盐酸或氢氧化钠溶液），微溶于水，不溶于乙醇、乙醚、苯和三氯甲烷。

药典中规定胱氨酸含量测定用凯氏定氮法。本节实验中用溴量法按 GB/T 1296—1992 测定 L-胱氨酸。

## 实验五十三　药品 $FeSO_4$ 含量的测定（设计实验）

### 一、目的

1. 巩固氧化还原滴定法的基本理论知识、基本操作技能和实验方法。

2. 深入了解氧化还原滴定法在实际中的应用。

3. 初步培养学生能够根据被测试样的性质，正确选择分析方法、设计分析方案的能力。

### 二、要求

学生独立设计实验方案，其主要内容有如下几点。

1. 方法、原理（测定条件、反应式、指示剂）。

2. 完成实验需用的仪器（名称、规格、数量）和试剂（规格、浓度、配制方法及标准溶液浓度的标定方法）。

3. 实验步骤（试样的称取或量取方法、实验过程及各步实验条件、加入试液及现象、加入的指示剂及终点颜色变化、注意事项等）。

4. 实验记录（数据列表格，表格应有名称、表格中各项目应有相应的单位）。

5. 结果计算。

6. 问题讨论。

学生在实验前设计实验方案，交教师审阅批准后才可进行实验。要求独立完成实验，并写出完整的实验报告，交教师批阅。

### 三、提示

可以参考实验"绿矾中 $FeSO_4 \cdot 7H_2O$ 含量的测定"及实验" $K_2Cr_2O_7$ 法测定硫酸亚铁铵中亚铁含量"。

## 职业技能鉴定模拟题

**一、判断题**

1. 用高锰酸钾滴定时，从开始就快速滴定，因为 $KMnO_4$ 不稳定。（　　）

2. 高锰酸钾在配制时要称量稍多于理论用量，原因是存在的还原性物质与高锰酸钾反应。（　　）

3. 高锰酸钾法滴定分析，在弱酸性条件下滴定。（　　）

4. $KMnO_4$ 滴定草酸时，加入第一滴 $KMnO_4$ 时，颜色消失很慢，这是由于溶液中还没有生成能使反应加速进行的 $Mn^{2+}$。（　　）

5. $KMnO_4$ 标准溶液测定 $MnO_2$ 含量，用的是直接滴定法。（　　）

6. 由于 $KMnO_4$ 具有很强的氧化性，所以 $KMnO_4$ 法只能用于测定还原性物质。（　　）

7. 溶液酸度越高，$KMnO_4$ 氧化能力越强，与 $Na_2C_2O_4$ 反应越完全，所以用 $Na_2C_2O_4$ 标定 $KMnO_4$ 时，溶液酸度越高越好。（　　）

8. $K_2Cr_2O_7$ 标准溶液常采用直接配制法。（　　）

9. 高锰酸钾法在强酸性下进行，其酸为 $HNO_3$。（　　）

10. 用高锰酸钾法测定 $H_2O_2$ 时，需通过加热来加速反应。（　　）

11. 高锰酸钾是一种强氧化剂，介质不同，其还原产物也不一样。（　　）

12. 配制好的 $KMnO_4$ 溶液要盛放在棕色瓶中保护，如果没有棕色瓶应放在避光处保存。（　　）

13. 配制碘溶液时应先将碘溶于较浓的 KI 溶液中，再加水稀释。（　　）

14. 直接碘量法以淀粉为指示剂滴定时，指示剂须在接近终点时加入，终点是从蓝色变为无色。（　　）

15. 应用直接碘量法时，需要在接近终点前加淀粉指示剂。（　　）

16. 碘法测铜，加入 KI 起三个作用：还原剂、沉淀剂和配位剂。（　　）

17. 用碘量法测定铜盐中铜的含量时，除加入足够过量的 KI 外、还要加入少量 KSCN，目的是提高滴定的准确度。（　　）

18. 间接碘量法中淀粉指示剂的加入都应在近终点。（　　）

19. 间接碘量法要求暗处静置，是为防止 $I^-$ 被氧化。（　　）

20. 间接碘量法加入 KI 一定要过量，淀粉指示剂要在接近终点时加入。（　　）

21. 标定 $I_2$ 溶液时，既可以用 $Na_2S_2O_3$ 滴定 $I_2$ 溶液，也可以用 $I_2$ 滴定 $Na_2S_2O_3$ 溶液，且都采用淀粉指示剂。这两种情况下加入淀粉指示剂的时间是相同的。（　　）

22. 用间接碘量法测定试样时，最好在碘量瓶中进行，并应避免阳光照射，为减少 $I^-$ 与空气接触，滴定时不宜过度摇动。（　　）

23. 间接碘量法能在酸性溶液中进行。（　　）

24. 由于 $K_2Cr_2O_7$ 容易提纯，干燥后可作为基准物直接配制标准液，不必标定。（　　）

25. 在用草酸钠标定高锰酸钾溶液时，溶液加热的温度不得超过 45℃。（　　）

26. $KMnO_4$ 标准滴定溶液是直接配制的。（　　）

27. 由于 $KMnO_4$ 性质稳定，可作基准物直接配制成标准溶液。（　　）

28. 用基准试剂 $Na_2C_2O_4$ 标定 $KMnO_4$ 溶液时，需将溶液加热至 $75 \sim 85℃$ 进行滴定，若超过此温度，会使测定结果偏高。（　　）

29. $Na_2S_2O_3$ 标准滴定溶液是用 $K_2Cr_2O_7$ 直接标定的。（　　）

30. 配制好的 $Na_2S_2O_3$ 应立即标定。（　　）

31. 标定 EDTA 的基准物有 $ZnO$、$CaCO_3$、$MgO$ 等。（　　）

32. 配制 $I_2$ 标准溶液时，加入 KI 的目的是增大 $I_2$ 的溶解度以降低 $I_2$ 的挥发性和提高淀粉指示剂的灵敏度。（　　）

33. 在配制 $Na_2S_2O_3$ 标准溶液时，要用煮沸后冷却的蒸馏水配制，为了赶除水中的 $CO_2$。（　　）

34. 配制 $I_2$ 溶液时要滴加 KI。（　　）

35. 在滴定时，$KMnO_4$ 溶液要放在碱式滴定管中。（　　）

36. 反应 $H_3AsO_4 + 2I^- + 2H^+ \longrightarrow H_3AsO_3 + I_2 + H_2O$，$\varphi^{\ominus}(H_3AsO_4/H_3AsO_3) = 0.56V$，$\varphi^{\ominus}(I_2/I^-) = 0.54V$，$c(H_3AsO_4) = c(H_3AsO_3) = 1mol/L$，若在溶液中加入 $NaHCO_3$，使 pH＝8，就能改变反应的方向。（　　）

37. $\varphi^{\ominus}(Cu^{2+}/Cu^+) = 0.17V$，$\varphi^{\ominus}(I_2/I^-) = 0.535V$，因此 $Cu^{2+}$ 不能氧化 $I^-$。（　　）

38. $2Cu^{2+} + Sn^{2+} \Longrightarrow 2Cu^+ + Sn^{4+}$ 的反应，增加 $Cu^{2+}$ 的浓度，反应从右向左进行。（　　）

39. 反应到达平衡时 $\varphi 1' - \varphi 2' \geqslant 0.4V$，则该反应可以用于氧化还原滴定分析。（　　）

40. 氧化还原反应次序是电极电位相差最大的两电对先反应。（　　）

41. 在氧化还原滴定中，往往选择强氧化剂作滴定剂，使得两电对的条件电位之差大于 0.4V，反应就能定量进行。（　　）

42. 提高反应溶液的温度能提高氧化还原反应的速率，因此在酸性溶液中用 $KMnO_4$ 滴定 $C_2O_4^{2-}$ 时，必须加热至沸腾才能保证正常滴定。（　　）

43. 压强对氧化还原反应的速率无影响。（　　）

44. 升高温度可以加快氧化还原反应速率，有利于滴定分析的进行。（　　）

45. 氧化还原反应中，两电对电极电位差值越大，反应速率越快。（　　）

46. 由于影响氧化还原反应速率的因素很多，所以才使得这类反应的速率较慢。（　　）

47. 欲提高 $Cr_2O_7^{2-} + 6I^- + 14H^+ \longrightarrow 2Cr^{3+} + 3I_2 + 7H_2O$ 的反应速率，可采用加热的方法。（　　）

48. 影响氧化还原反应速率的主要因素有反应物的浓度、酸度、温度和催化剂。（　　）

49. 升高温度，可提高反应速率，通常溶液的温度每增高 20℃，反应速度增大 2～3 倍。（　　）

**二、选择题**

1. 严格来说，根据能斯特方程电极电位与溶液中（　　）呈线性关系。

A. 离子浓度　　B. 离子浓度的对数　　C. 离子活度的对数　　D. 离子活度

2. 已知 $\varphi^{\ominus}(Fe^{3+}/Fe^{2+}) = 0.72V$，某一 $FeSO_4$ 的溶液，其中有 $10.5\%$ 的 $Fe^{2+}$ 被氧化为 $Fe^{3+}$，则此时 $\varphi^{\ominus}(Fe^{3+}/Fe^{2+}) = （　　）$。

A. 0.36　　B. 0.42　　C. 0.18　　D. 0.84

3. 在 $[Cr_2O_7^{2-}]$ 为 0.0100mol/L，$[Cr^{3+}]$ 为 0.00100mol/L，pH＝2.00 的溶液中，则电极的电极电位为（　　）。$[\varphi^{\ominus}(Cr_2O_7^{2-}/Cr^{3+}) = 1.33V]$

A. 1.09V　　B. −0.86V　　C. 1.37V　　D. −0.29V

4. 当增加反应的酸度时，氧化剂的电极电位会增大的是（　　）。

A. $FeCl_3$　　B. $I_2$　　C. $K_2Cr_2O_7$　　D. $Ce(SO_4)_2$

5. 当增加反应酸度时，氧化剂的电极电位会增大的是（　　）。

A. $Fe^{3+}$　　B. $I_2$　　C. $K_2Cr_2O_7$　　D. $Cu^{2+}$

6. 利用电极电位可判断氧化还原反应的性质，但它不能判别（　　）。

A. 氧化-还原反应速度　　B. 氧化还原反应方向

C. 氧化还原能力大小　　D. 氧化还原的完全程度

7. 在 $2Cu^{2+}+4I^-\Longrightarrow 2CuI\downarrow +I_2$ 中，$\varphi^{\ominus}(I_2/2I^-)=0.54V$，$\varphi^{\ominus}(Cu^{2+}/CuI)=0.86V$，$\varphi^{\ominus}(Cu^{2+}/CuI)>\varphi^{\ominus}(I_2/2I^-)$ 则反应方向向（  ）。

A. 右 　 B. 左 　 C. 不反应 　 D. 反应达到平衡时不移动

8. 反应 $2Fe^{3+}+Cu\Longrightarrow 2Fe^{2+}+Cu^{2+}$ 进行的方向为（  ）。[$\varphi^{\ominus}(Cu^{2+}/Cu)=0.337V$，$\varphi^{\ominus}(Fe^{3+}/Fe^{2+})=0.77V$]

A. 向左 　 B. 向右 　 C. 已达平衡 　 D. 无法判断

9. 已知 $\varphi(Fe^{3+}/Fe^{2+})=0.72V$，$\varphi(Sn^{4+}/Sn^{2+})=0.14V$，在同一体系中，其反应的还原产物是（  ）。

A. $Fe^{3+}$ 　 B. $Fe^{2+}$ 　 C. $Sn^{4+}$ 　 D. $Sn^{2+}$

10. 判断在酸性介质中 $2Fe^{3+}+Sn^{2+}\longrightarrow 2Fe^{2+}+Sn^{4+}$ 的反应方向（  ）。[$\varphi(Fe^{3+}/Fe^{2+})=0.72V$，$\varphi(Sn^{4+}/Sn^{2+})=0.14V$]

A. 不能判定 　 B. 从右向左 　 C. 从左向右 　 D. 不能反应

11. 当溶液的 $[H^+]=10^{-4}mol/L$ 时，下列反应 $AsO_4^{3-}+2I^-+2H^+\longrightarrow AsO_3^{3-}+H_2O+I_2$ 的进行方向（  ）。[$\varphi^{\ominus}(I_2/2I^-)=0.54V$，$\varphi^{\ominus}(AsO_4^{3-}/AsO_3^{3-})=0.56V$]

A. 向左 　 B. 向右 　 C. 反应达到平衡 　 D. 无法判断

12. 影响氧化还原反应平衡常数数值的因素是（  ）。

A. 反应物的浓度 　 B. 温度 　 C. 反应产物的浓度 　 D. 催化剂

13. 将 Ag-AgCl 电极 [$\varphi^{\ominus}(AgCl/Ag)=0.2222V$] 与饱和甘汞电极 [$\varphi^{\ominus}=0.2415V$] 组成原电池，电池反应的平衡常数为（  ）。

A. 4.9 　 B. 5.4 　 C. 4.5 　 D. 3.8

14. 在 $Sn^{2+}$、$Fe^{3+}$ 的混合溶液中，欲使 $Sn^{2+}$ 氧化为 $Sn^{4+}$ 而 $Fe^{2+}$ 不被氧化，应选择的氧化剂是（  ）。[$\varphi(Fe^{3+}/Fe^{2+})=0.72V$，$\varphi(Sn^{4+}/Sn^{2+})=0.14V$]

A. $KIO_3$ [$\varphi^{\ominus}(IO_3^-/I_2)=1.20V$] 　　　　 B. $H_2O_2$ [$\varphi^{\ominus}(H_2O_2/2OH^-)=0.88V$]

C. $HgCl_2$ [$\varphi^{\ominus}(HgCl_2/Hg_2Cl_2)=0.63V$] 　 D. $SO_3^{2-}$ [$\varphi^{\ominus}(SO_3^{2-}/S)=-0.66V$]

15. 在一般情况下，只要两电对的电极电位之差（  ），该氧化还原反应就可用于滴定分析。

A. $\geqslant 0.30V$ 　 B. $\leqslant 0.30V$ 　 C. $\geqslant 0.40V$ 　 D. $\leqslant 0.40V$

16. 提高氧化还原反应的速率可采取的措施是（  ）。

A. 减少反应物浓度 　 B. 增加温度 　 C. 加入指示剂 　 D. 加入配位剂

17. 对氧化还原反应速率没有什么影响的是（  ）。

A. 反应温度 　 B. 反应物的两电对电位之差 　 C. 反应物的浓度 　 D. 催化剂

18. 以下物质必须用间接法制备标准溶液的是（  ）。

A. NaOH 　 B. $K_2Cr_2O_7$ 　 C. $Na_2CO_3$ 　 D. ZnO

19. 可以用直接配制法配制的标准溶液是（  ）。

A. $H_2SO_4$ 　 B. 市售 $I_2$ 　 C. $Zn^{2+}$ 　 D. $NH_4SCN$

20. 标定 $I_2$ 标准溶液的基准物是（  ）。

A. $As_2O_3$ 　 B. $K_2Cr_2O_7$ 　 C. $Na_2CO_3$ 　 D. $H_2C_2O_4$

21. 容量分析标准溶液可用于（  ）。

A. 容量分析法测定物质的含量 　 B. 工作基准试剂的定值

C. 容量分析标准溶液的定值 　 D. 仪器分析中微量杂质分析的标准

22. 下列溶液中需要避光保存的是（  ）。

A. 氢氧化钾 　 B. 碘化钾 　 C. 氯化钾 　 D. 碘酸钾

23. 配制好的氢氧化钠标准溶液贮存于（  ）中。

A. 棕色橡胶塞试剂瓶 　 B. 白色橡胶塞试剂瓶 　 C. 白色磨口塞试剂瓶 　 D. 试剂瓶

24. 标定 $KMnO_4$ 时，第 1 滴加入没有褪色以前，不能加入第 2 滴，加入几滴后，方可加快滴定速度，原因是（  ）。

A. $KMnO_4$ 自身是指示剂，待有足够 $KMnO_4$ 时才能加快滴定速度

B. $O_2$ 为该反应催化剂，待有足够氧时才能加快滴定速度

C. $Mn^{2+}$ 为该反应催化剂, 待有足够 $Mn^{2+}$ 时才能加快滴定速度

D. $MnO_2$ 为该反应催化剂, 待有足够 $MnO_2$ 时才能加快滴定速度

25. 用草酸钠作基准物标定高锰酸钾标准溶液时, 开始反应速率慢, 稍后, 反应速率明显加快, 这是 (  ) 起催化作用。

A. $H^+$     B. $MnO_4^-$     C. $Mn^{2+}$     D. $CO_2$

26. 标定 $KMnO_4$ 常用的基准试剂是 (  )。

A. $Na_2C_2O_4$     B. $Fe$     C. $CuSO_4$     D. $H_2C_2O_4$

27. 用基准物 $Na_2C_2O_4$ 标定配制好的 $KMnO_4$ 溶液, 其终点颜色是 (  )。

A. 蓝色     B. 亮绿色     C. 紫色变为纯蓝色     D. 粉红色

28. 标定 $KMnO_4$ 标准溶液所需的基准物是 (  )。

A. $Na_2S_2O_3$     B. $K_2Cr_2O_7$     C. $Na_2CO_3$     D. $Na_2C_2O_4$

29. 既可用来标定 $NaOH$ 溶液, 也可用作标定 $KMnO_4$ 的物质为 (  )。

A. $H_2C_2O_4 \cdot 2H_2O$     B. $Na_2C_2O_4$     C. $HCl$     D. $H_2SO_4$

30. 在用 $Na_2C_2O_4$ 标定 $KMnO_4$ 时, 终点颜色保持 (  ) 不变。

A. 1min     B. 30s     C. 2min     D. 45s

31. 用 $H_2C_2O_4 \cdot 2H_2O$ 标定 $KMnO_4$ 溶液时, 溶液的温度一般不超过 (  ), 以防 $H_2C_2O_4$ 的分解。

A. 60℃     B. 75℃     C. 40℃     D. 85℃

32. 能用于标定 $Na_2S_2O_3$ 溶液的物质有 (  )。

A. $K_2Cr_2O_7$ (A. R. )     B. $KMnO_4$ (A. R. )     C. $I_2$ (A. R. )     D. $KBrO_3$ (A. R. )

33. 以 $K_2Cr_2O_7$ 为基准物质标定 $Na_2S_2O_3$ 溶液, 应选用的指示剂是 (  )。

A. 酚酞     B. 二甲酚橙     C. 淀粉     D. 二苯胺磺酸钠

34. 氧化还原滴定中, 硫代硫酸钠的基本单元是 (  )。

A. $Na_2S_2O_3$     B. $\frac{1}{2}Na_2S_2O_3$     C. $\frac{1}{3}Na_2S_2O_3$     D. $\frac{1}{4}Na_2S_2O_3$

35. 标定 $I_2$ 标准溶液的基准物是 (  )。

A. $As_2O_3$     B. $K_2Cr_2O_7$     C. $Na_2CO_3$     D. $H_2C_2O_4$

36. 用间接碘量法测定 $BaCl_2$ 的纯度时, 先将 $Ba^{2+}$ 沉淀为 $Ba(IO_3)_2$, 洗涤后溶解并酸化, 加入过量的 $KI$, 然后用 $Na_2S_2O_3$ 标准溶液滴定, 则 $BaCl_2$ 与 $Na_2S_2O_3$ 的计量关系是 (  )。

A. 1:12     B. 1:6     C. 1:2     D. 6:1

37. 在含有少量 $Sn^{2+}$ 的 $FeSO_4$ 溶液中, 用 $K_2Cr_2O_7$ 法滴定 $Fe^{2+}$, 应先消除 $Sn^{2+}$ 的干扰, 宜采用 (  )。

A. 控制酸度法     B. 配合掩蔽法     C. 离子交换法     D. 氧化还原掩蔽法

38. 反应式 $2KMnO_4 + 3H_2SO_4 + 5H_2O_2 \longrightarrow K_2SO_4 + 2MnSO_4 + 5O_2 + 8H_2O$ 中, 氧化剂是 (  )。

A. $H_2O_2$     B. $H_2SO_4$     C. $KMnO_4$     D. $MnSO_4$

39. 在酸性介质中, 用 $KMnO_4$ 溶液滴定草酸盐溶液, 滴定应 (  )。

A. 在室温下进行     B. 将溶液煮沸后即进行

C. 将溶液煮沸, 冷至85℃进行     D. 将溶液加热到 $75\sim85$℃时进行

40. 重铬酸钾滴定法测铁, 加入 $H_3PO_4$ 的作用, 主要是 (  )。

A. 防止沉淀     B. 提高酸度     C. 降低 $Fe^{3+}/Fe^{2+}$ 电位, 使突跃范围增大     D. 防止 $Fe^{2+}$ 氧化

41. $KMnO_4$ 法测定软锰矿中 $MnO_2$ 的含量时, $MnO_2$ 与 $Na_2C_2O_4$ 的反应必须在热的 (  ) 条件下进行。

A. 酸性     B. 弱酸性     C. 弱碱性     D. 碱性

42. 下列物质中可以用氧化还原滴定法测定的是 (  )。

A. 草酸     B. 醋酸     C. 盐酸     D. 硫酸

43. 在高锰酸钾法测铁中, 一般使用硫酸而不是盐酸来调节酸度, 其主要原因是 (  )。

A. 盐酸强度不足     B. 硫酸可起催化作用     C. $Cl^-$ 可能与高锰酸钾作用     D. 以上均不对

44. 下列测定中, 需要加热的有 (  )。

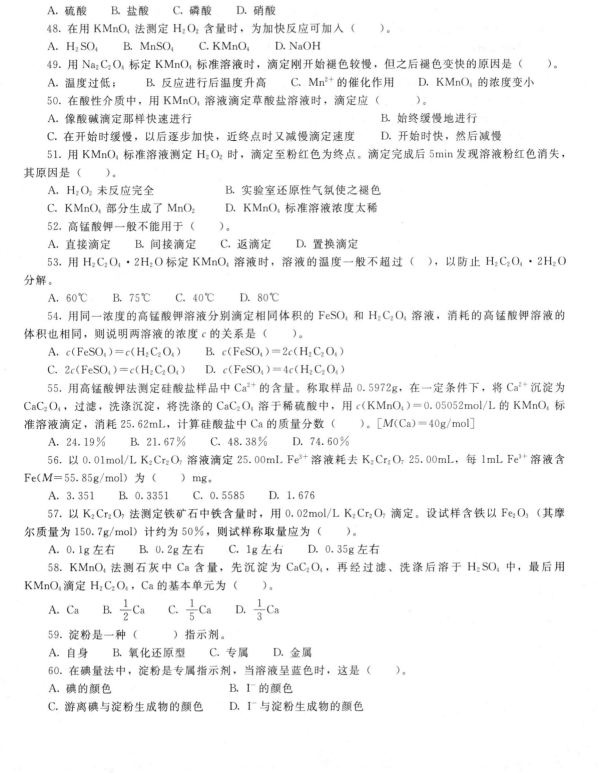

A. $KMnO_4$ 溶液滴定 $H_2O_2$　　B. $KMnO_4$ 溶液滴定 $H_2C_2O_4$

C. 银量法测定水中氯　　D. 碘量法测定 $CuSO_4$

45. 在高锰酸钾测定过氧化氢时，选择的介质条件（　　）。

A. 酸性　　B. 碱性　　C. 中性　　D. 任何酸性溶液

46. 高锰酸钾法应在强酸性溶液中进行，所用强酸是（　　）。

A. $H_2SO_4$　　B. $HNO_3$　　C. $HCl$　　D. $HClO_4$

47. $KMnO_4$ 滴定所需的介质是（　　）。

A. 硫酸　　B. 盐酸　　C. 磷酸　　D. 硝酸

48. 在用 $KMnO_4$ 法测定 $H_2O_2$ 含量时，为加快反应可加入（　　）。

A. $H_2SO_4$　　B. $MnSO_4$　　C. $KMnO_4$　　D. $NaOH$

49. 用 $Na_2C_2O_4$ 标定 $KMnO_4$ 标准溶液时，滴定刚开始褪色较慢，但之后褪色变快的原因是（　　）。

A. 温度过低；　　B. 反应进行后温度升高　　C. $Mn^{2+}$ 的催化作用　　D. $KMnO_4$ 的浓度变小

50. 在酸性介质中，用 $KMnO_4$ 溶液滴定草酸盐溶液时，滴定应（　　）。

A. 像酸碱滴定那样快速进行　　　　　　　　B. 始终缓慢地进行

C. 在开始时缓慢，以后逐步加快，近终点时又减慢滴定速度　　D. 开始时快，然后减慢

51. 用 $KMnO_4$ 标准溶液测定 $H_2O_2$ 时，滴定至粉红色为终点。滴定完成后 5min 发现溶液粉红色消失，其原因是（　　）。

A. $H_2O_2$ 未反应完全　　　　B. 实验室还原性气氛使之褪色

C. $KMnO_4$ 部分生成了 $MnO_2$　　D. $KMnO_4$ 标准溶液浓度太稀

52. 高锰酸钾一般不能用于（　　）。

A. 直接滴定　　B. 间接滴定　　C. 返滴定　　D. 置换滴定

53. 用 $H_2C_2O_4 \cdot 2H_2O$ 标定 $KMnO_4$ 溶液时，溶液的温度一般不超过（　　），以防止 $H_2C_2O_4 \cdot 2H_2O$ 分解。

A. 60℃　　B. 75℃　　C. 40℃　　D. 80℃

54. 用同一浓度的高锰酸钾溶液分别滴定相同体积的 $FeSO_4$ 和 $H_2C_2O_4$ 溶液，消耗的高锰酸钾溶液的体积也相同，则说明两溶液的浓度 $c$ 的关系是（　　）。

A. $c(FeSO_4) = c(H_2C_2O_4)$　　B. $c(FeSO_4) = 2c(H_2C_2O_4)$

C. $2c(FeSO_4) = c(H_2C_2O_4)$　　D. $c(FeSO_4) = 4c(H_2C_2O_4)$

55. 用高锰酸钾法测定硅酸盐样品中 $Ca^{2+}$ 的含量。称取样品 0.5972g，在一定条件下，将 $Ca^{2+}$ 沉淀为 $CaC_2O_4$，过滤，洗涤沉淀，将洗涤的 $CaC_2O_4$ 溶于稀硫酸中，用 $c(KMnO_4) = 0.05052mol/L$ 的 $KMnO_4$ 标准溶液滴定，消耗 25.62mL，计算硅酸盐中 Ca 的质量分数（　　）。$[M(Ca) = 40g/mol]$

A. 24.19%　　B. 21.67%　　C. 48.38%　　D. 74.60%

56. 以 0.01mol/L $K_2Cr_2O_7$ 溶液滴定 25.00mL $Fe^{3+}$ 溶液耗去 $K_2Cr_2O_7$ 25.00mL，每 1mL $Fe^{3+}$ 溶液含 $Fe(M = 55.85g/mol)$ 为（　　）mg。

A. 3.351　　B. 0.3351　　C. 0.5585　　D. 1.676

57. 以 $K_2Cr_2O_7$ 法测定铁矿石中铁含量时，用 0.02mol/L $K_2Cr_2O_7$ 滴定。设试样含铁以 $Fe_2O_3$（其摩尔质量为 150.7g/mol）计约为 50%，则试样称取量应为（　　）。

A. 0.1g 左右　　B. 0.2g 左右　　C. 1g 左右　　D. 0.35g 左右

58. $KMnO_4$ 法测石灰中 Ca 含量，先沉淀为 $CaC_2O_4$，再经过滤、洗涤后溶于 $H_2SO_4$ 中，最后用 $KMnO_4$ 滴定 $H_2C_2O_4$，Ca 的基本单元为（　　）。

A. Ca　　B. $\frac{1}{2}$Ca　　C. $\frac{1}{5}$Ca　　D. $\frac{1}{3}$Ca

59. 淀粉是一种（　　）指示剂。

A. 自身　　B. 氧化还原型　　C. 专属　　D. 金属

60. 在碘量法中，淀粉是专属指示剂，当溶液呈蓝色时，这是（　　）。

A. 碘的颜色　　　　　　B. $I^-$ 的颜色

C. 游离碘与淀粉生成物的颜色　　D. $I^-$ 与淀粉生成物的颜色

61. 碘量法滴定的酸度条件为（    ）。

A. 弱酸　　 B. 强酸　　 C. 弱碱　　 D. 强碱

62. 直接碘量法应控制的条件是（    ）。

A. 强酸性条件　　 B. 强碱性条件　　 C. 中性或弱酸性条件　　 D. 什么条件都可以

63. 碘量法测定黄铜中的铜含量，为除去 $Fe^{3+}$ 干扰，可加入（    ）。

A. 碘化钾　　 B. 氟化氢铵　　 C. $HNO_3$　　 D. $H_2O_2$

64. 在间接碘量法测定中，下列操作正确的是（    ）。

A. 边滴定边快速摇动　　　　　　 B. 加入过量 KI，并在室温和避免阳光直射的条件下滴定

C. 在 70～80℃恒温条件下滴定　　 D. 滴定一开始就加入淀粉指示剂

65. 碘量法测定 $CuSO_4$ 含量，试样溶液中加入过量的 KI，下列叙述其作用错误的是（    ）。

A. 还原 $Cu^{2+}$ 为 $Cu^+$　　 B. 防止 $I_2$ 挥发　　 C. 与 $Cu^+$ 形成 CuI 沉淀　　 D. 把 $CuSO_4$ 还原成单质 Cu

66. 间接碘量法要求在中性或弱酸性介质中进行测定，若酸度大高，将会（    ）。

A. 反应不定量　　 B. $I_2$ 易挥发　　 C. 终点不明显　　 D. $I^-$ 被氧化，$Na_2S_2O_3$ 被分解

67. 在间接碘量法中，加入淀粉指示剂的适宜时间是（    ）。

A. 滴定刚开始　　 B. 反应接近 60％时　　 C. 滴定近终点时　　 D. 反应近 80％时

# 第七章

# 沉淀滴定法

沉淀滴定法是以沉淀反应为基础的滴定分析方法。目前，比较有实际意义的是生成微溶性银盐的沉淀反应，以这类反应为基础的沉淀滴定法称为银量法。根据方法所用指示剂的不同，银量法分为莫尔法、佛尔哈德法、法扬司法。

## 第一节　标准滴定溶液的制备

在银量法中，$AgNO_3$、$NH_4SCN$ 是两种重要的标准溶液，由于 $AgNO_3$、$NH_4SCN$ 试剂中一般含有杂质，因此，实验室采用间接方法配制。

### 实验五十四　$AgNO_3$ 标准滴定溶液的配制与标定[1]

#### 一、实验目的
1. 掌握 $AgNO_3$ 溶液的配制与贮存方法。
2. 掌握以 NaCl 基准物质标定 $AgNO_3$ 溶液的基本原理、操作技术和计算。
3. 学会以 $K_2CrO_4$ 为指示剂判断滴定终点的方法。

#### 二、实验原理
$AgNO_3$ 标准滴定溶液可以用经过预处理的基准试剂 $AgNO_3$ 直接配制。但非基准试剂 $AgNO_3$ 中常含有杂质。如金属银、氧化银、游离硝酸、亚硝酸盐等，因此用间接法配制。先配成近似浓度的溶液后，用基准物质 NaCl 标定。

以 NaCl 作为基准物质，溶样后，在中性或弱碱性溶液中，用 $AgNO_3$ 溶液滴定 $Cl^-$，以 $K_2CrO_4$ 作为指示剂，反应式为：

$$Ag^+ + Cl^- \longrightarrow AgCl\downarrow\ (白色，K_{sp}=1.8\times10^{-10})$$

$$2Ag^+ + CrO_4^{2-} \longrightarrow Ag_2CrO_4\downarrow\ (砖红色，K_{sp}=2.0\times10^{-12})$$

达到化学计量点时，微过量的 $Ag^+$ 与 $CrO_4^{2-}$ 反应析出砖红色 $Ag_2CrO_4$ 沉淀，指示滴定终点。

---

❶　参照 GB/T 601—2002。

由标定反应式可知，$AgNO_3$ 和 $NaCl$ 的基本单元分别为 $AgNO_3$ 和 $NaCl$。

### 三、试剂

1. 固体试剂 $AgNO_3$（分析纯）。

2. 固体试剂 $NaCl$，基准物质，在 $500\sim600℃$ 灼烧至恒重。

3. $K_2CrO_4$ 指示液（$50g/L$，即 $5\%$）。配制：称取 $5gK_2CrO_4$，溶于少量水中，滴加 $AgNO_3$ 溶液至红色不褪，混匀。放置过夜后过滤，将滤液稀释至 $100mL$。

### 四、实验步骤

1. 配制 $c(AgNO_3)=0.1mol/L$ 溶液 $500mL$

称取 $8.5g\ AgNO_3$，溶于 $500mL$ 不含 $Cl^-$ 的蒸馏水中，贮存于带玻璃塞的棕色试剂瓶中，摇匀，置于暗处，待标定。

2. $AgNO_3$ 溶液的标定

准确称取基准试剂 $NaCl\ 0.12\sim0.15g$，放于锥形瓶中，加 $50mL$ 不含 $Cl^-$ 的蒸馏水溶解，加 $K_2CrO_4$ 指示液 $1mL$，在充分摇动下，用配好的 $AgNO_3$ 溶液滴定至溶液微呈红色即为终点。记录消耗 $AgNO_3$ 标准滴定溶液的体积。平行测定 3 次。

### 五、数据处理

$$c(AgNO_3)=\frac{m(NaCl)}{M(NaCl)V(AgNO_3)\times10^{-3}}$$

式中　$c(AgNO_3)$——$AgNO_3$ 标准滴定溶液的浓度，$mol/mL$；

　　　$m(NaCl)$——称取基准试剂 $NaCl$ 的质量，$g$；

　　　$M(NaCl)$——$NaCl$ 的摩尔质量，$58.44g/mol$；

　　　$V(AgNO_3)$——滴定时消耗 $AgNO_3$ 标准滴定溶液的体积，$mL$。

### 六、注意事项

1. $AgNO_3$ 试剂及其溶液具有腐蚀性，破坏皮肤组织，注意切勿接触皮肤及衣服。

2. 配制 $AgNO_3$ 标准溶液的蒸馏水应无 $Cl^-$，否则配成的 $AgNO_3$ 溶液会出现白色浑浊，不能使用。

3. 实验完毕后，盛装 $AgNO_3$ 溶液的滴定管应先用蒸馏水洗涤 $2\sim3$ 次后，再用自来水洗净，以免 $AgCl$ 沉淀残留于滴定管内壁。

### 七、思考题

1. 莫尔法标定 $AgNO_3$ 溶液，用 $AgNO_3$ 滴定 $NaCl$ 时，滴定过程中为什么要充分摇动溶液？如果不充分摇动溶液，对测定结果有何影响？

2. 莫尔法中，为什么溶液的 pH 需控制在 $6.5\sim10.5$？

3. 配制 $K_2CrO_4$ 指示液时，为什么要先加 $AgNO_3$ 溶液？为什么放置后要进行过滤？$K_2CrO_4$ 指示液的用量太大或太小对测定结果有何影响？

---

**◤** **相关链接**

在银量法中，要使用 $AgNO_3$ 标准溶液，在银量法的滴定废液中，含有大量的金属银，主要存在形式如 $Ag^+$、$AgCl$ 沉淀、$Ag_2CrO_4$ 沉淀及 $AgSCN$ 沉淀等。在废定影液中也含有大量金属银，主要以 $Ag(S_2O_3)_2^{3-}$ 配离子形式存在。银是贵重的金属之一，它属于重金属。如果将实验中产生的这些含银废液排放掉，不仅造成了经济上的巨大浪费，而且也带来了重金属对环境的污染，严重危害人的身体健康，此外，银氨溶液在适当的条件下还可转变成氮化银引起爆炸。因此，将含银废液中的银回收或制备常用试剂硝酸银是极有意义的。

工厂化验室或学校实验室中产生的含银废液其共同特点是银含量较低，需要进行富集，然后再提取、精制。从含银废液中提取金属银有很多途径，选择途径的依据是废液中银含量、存在形式及杂质性质等，因此一般选择处理方法前应了解废液的来源及基本组成情况。在此，我们选择推荐以下两种方法，它们具有仪器设备简单、成本低、效益高、无毒、不污染环境，操作简便等优点。

**一、银量法中产生的含银废液的处理**

1. 实验方案

$$废液 \xrightarrow{\text{盐酸或 NaCl+HNO}_3} \left\{\begin{array}{l}沉淀 \xrightarrow{\text{NH}_3 \cdot \text{H}_2\text{O}} \left\{\begin{array}{l}沉淀 \xrightarrow{\text{盐酸}} \left\{\begin{array}{l}沉淀（AgCl）\\ 滤液\end{array}\right.\\ 滤液\end{array}\right.\\ 滤液\end{array}\right.$$

$$AgCl \xrightarrow{\text{NH}_3 \cdot \text{H}_2\text{O}} Ag(NH_3)_2^+ \xrightarrow{\text{甲醛}} Ag\ 粉$$

$$Ag\ 粉 \xrightarrow{\text{(1+1) 硝酸}} 蒸发 \longrightarrow 结晶 \longrightarrow 烘干 \longrightarrow AgNO_3$$

2. 具体操作

（1）分离干扰离子，$Ag^+$ 生成 AgCl 沉淀

含银废液中，还常含有 $CrO_4^{2-}$、$Hg_2^{2+}$、$Pb^{2+}$ 等离子。向废液中加入盐酸酸化（也可加入 NaCl 同时加 $HNO_3$ 酸化），此时，$Ag_2CrO_4$ 沉淀溶解：

$$2Ag_2CrO_4 + 2H^+ \longrightarrow 4Ag^+ + Cr_2O_7^{2-} + H_2O$$

$Ag^+$、$Hg_2^{2+}$ 生成相应的氯化物沉淀，$PbCl_2$ 溶解度较大，故 $Pb^{2+}$ 部分沉淀：

$$Ag^+ + Cl^- \longrightarrow AgCl \downarrow$$
$$Hg_2^{2+} + 2Cl^- \longrightarrow Hg_2Cl_2 \downarrow$$
$$Pb^{2+} + 2Cl^- \longrightarrow PbCl_2 \downarrow$$

而 $CrO_4^{2-}$ 在酸溶液中以 $Cr_2O_7^{2-}$ 形式存在。过滤洗涤后，沉淀转入烧杯中，加入过量的 1∶1 氨水，AgCl 沉淀溶解，$Hg_2Cl_2$ 沉淀转化为 Hg 和 $HgNH_2Cl$ 沉淀，$PbCl_2$ 沉淀不溶：

$$AgCl + 2NH_3 \cdot H_2O \longrightarrow Ag(NH_3)_2Cl + 2H_2O$$
$$Hg_2Cl_2 + 2NH_3 \cdot H_2O \longrightarrow \underset{\text{（黑色）}}{Hg} \downarrow + \underset{\text{（白色）}}{HgNH_2Cl} \downarrow + NH_4Cl + 2H_2O$$

过滤除去沉淀，保留滤液，再向滤液中加入盐酸，使 $Ag^+$ 再次以 AgCl 沉淀形式析出，过滤、洗涤，保留沉淀。经过两次处理后，得到了较纯净的 AgCl 沉淀。

（2）单质银的制备

上述制得的 AgCl 沉淀中，加入（1+1）氨水使之全部溶解，再加甲醛溶液使之有银灰色沉淀出现。加热搅拌，缓慢加入 40% NaOH 溶液至上层液面呈透明，停止加热搅拌。过滤，所得沉淀用 2% $H_2SO_4$ 溶液洗涤，再用蒸馏水洗至中性，抽滤，得金属银粉末。

$$2Ag(NH_3)_2Cl + 2NaOH \longrightarrow Ag_2O \downarrow + 2NaCl + 4NH_3 + H_2O$$
$$Ag_2O + HCHO \longrightarrow 2Ag + HCOOH$$

（3）$AgNO_3$ 的制备

将上述金属银粉末转移至瓷蒸发皿中，加入（1+1）硝酸使粉末全部溶解。在电炉上加热蒸发至有晶形析出，停止加热，将瓷蒸发皿放在烘箱中，在 110℃ 下进行结晶，得 $AgNO_3$。

**二、废定影液的处理**

1. 实验方案

$$废液 \xrightarrow{\text{Na}_2\text{S}} Ag_2S \downarrow \xrightarrow{\text{高温灼烧}} Ag \downarrow$$

$$Ag \xrightarrow{\text{(1+1) 硝酸}} 蒸发 \longrightarrow 结晶 \longrightarrow 烘干 \longrightarrow AgNO_3$$

2. 具体操作

（1）分离干扰离子，$Ag^+$ 生成 $Ag_2S$ 沉淀

取 500～600mL 废定影液于 1000mL 烧杯中，加热至 30℃ 左右，加入 6mol/L NaOH 溶液调节 pH≈8。在不断搅拌下，加入 2mol/L $Na_2S$，生成 $Ag_2S$ 沉淀。

$$2Na_3Ag(S_2O_3)_2 + Na_2S \longrightarrow Ag_2S \downarrow + 4Na_2S_2O_3$$

用 $Pb(Ac)_2$ 试纸检查清液，若试纸变黑，说明 $Ag_2S$ 沉淀完全。用倾泻法分离上层清液，将 $Ag_2S$ 沉淀转

移至 250mL 烧杯中,用热水洗涤至无 $S^{2-}$ 为止。抽滤并将 $Ag_2S$ 沉淀转移至蒸发皿中,小火烘干,冷却,称量。

(2) 单质银的制备

$Ag_2S$ 沉淀经灼烧分解为 $Ag$:

$$Ag_2S + O_2 \longrightarrow 2Ag + SO_2$$

为降低灼烧温度,可加 $Na_2CO_3$ 与少量硼砂作为助熔剂。按 $Ag_2S:Na_2CO_3:Na_2B_4O_7 \cdot 10H_2O = 3:2:1$ 的比例称取 $Na_2CO_3$ 和硼砂,与 $Ag_2S$ 混合,研细后置于瓷坩埚中,在高温炉中灼烧 1h,小心取出坩埚,迅速将熔化的银倒出,冷却,然后在稀 $HCl$ 中煮沸,除去黏附在银表面上的盐类,干燥,称量。

(3) $AgNO_3$ 的制备

将上面制得的银溶解在 $(1+1)$ $HNO_3$ 溶液中,在蒸发皿中缓缓蒸发浓缩,冷却后过滤,用少量酒精洗涤,干燥,得 $AgNO_3$。

$$3Ag + 4HNO_3 \longrightarrow 3AgNO_3 + NO + 2H_2O$$

上述方法制得的 $AgNO_3$ 的纯度可用福尔哈德法测定。

# 实验五十五　　$NH_4SCN$ 标准滴定溶液的配制与标定[❶]

## 一、实验目的

1. 掌握 $NH_4SCN$ 溶液的配制方法。
2. 掌握用福尔哈德法标定 $NH_4SCN$ 溶液的基本原理、操作技术和计算。
3. 学会以铁铵矾为指示剂判断滴定终点的方法。

## 二、实验原理

$NH_4SCN$ 试剂一般含有杂质,如硫酸盐、氯化物等,纯度仅在 98% 以上,因此,$NH_4SCN$ 标准溶液要用间接法制备。即先配成近似浓度的溶液,再用基准物质 $AgNO_3$ 标定或用 $AgNO_3$ 标准溶液"比较"。标定方式可以采用佛尔哈德法的直接滴定法或返滴定法。直接滴定法以铁铵矾为指示剂,用配好的 $NH_4SCN$ 溶液滴定一定体积的 $AgNO_3$ 标准溶液,由 $[Fe(SCN)]^{2+}$ 配离子的红色指示终点。反应式为:

$$Ag^+ + SCN^- \longrightarrow AgSCN \downarrow (白色)$$

$$Fe^{3+} + SCN^- \longrightarrow [Fe(SCN)]^{2+} (红色)$$

指示剂浓度对滴定有影响,一般控制浓度 0.015mol/L 为宜,滴定时,溶液酸度应保持在 $0.1 \sim 1mol/L$。由标定反应式可知,$AgNO_3$ 和 $NH_4SCN$ 的基本单元分别为 $AgNO_3$ 和 $NH_4SCN$。

## 三、试剂

1. 固体试剂 $NH_4SCN$(分析纯)。
2. 固体试剂 $AgNO_3$ 基准物质,于硫酸干燥器中干燥至恒重。
3. $NH_4Fe(SO_4)_2$ 指示液(400g/L,即 40%)。配制:40g 硫酸高铁铵 $[NH_4Fe(SO_4)_2 \cdot 12H_2O]$ 溶于水中,加浓 $HNO_3$ 至溶液几乎无色,稀释至 100mL,混匀。装入小试剂瓶中,贴上标签。
4. 硝酸溶液 $(1+3)$。
5. $AgNO_3$ 标准滴定溶液,$c(AgNO_3) = 0.1mol/L$。

---

❶　参照 GB/T 601—2002。

### 四、实验步骤

1. 配制 $c(NH_4SCN)=0.1mol/L$ 溶液 500mL

称取 3.8g 硫氰酸铵，溶于 500mL 蒸馏水中，摇匀，待标定。

2. $NH_4SCN$ 溶液的标定

（1）用基准试剂 $AgNO_3$ 标定

准确称取基准试剂 $AgNO_3$ 0.5g（称准至 0.0001g），放于锥形瓶中，加 100mL 蒸馏水溶解，加 1mL 硫酸高铁铵指示液，10mL 硝酸溶液。在摇动下，用配好的 $NH_4SCN$ 标准滴定溶液滴定。终点前摇动溶液至完全清亮后，继续滴定至溶液呈浅红色保持 30s 不褪即为终点。记录消耗 $NH_4SCN$ 标准滴定溶液的体积。平行测定 3 次。

（2）用 $AgNO_3$ 标准溶液"比较"

用滴定管准确量取 $c(AgNO_3)=0.1mol/L$ 的 $AgNO_3$ 标准溶液 30～35mL，放于锥形瓶中。加 70mL 水，1mL 硫酸高铁铵指示液和 10mL 硝酸溶液。在摇动下，用配好的 $NH_4SCN$ 标准滴定溶液滴定。终点前摇动溶液至完全清亮后，继续滴定至溶液呈浅红色保持 30s 不褪即为终点。记录消耗 $NH_4SCN$ 标准滴定溶液的体积。平行测定 3 次。

### 五、数据处理

$$c(NH_4SCN)=\frac{m(AgNO_3)}{M(AgNO_3)V(NH_4SCN)\times 10^{-3}}$$

式中　$c(NH_4SCN)$——$NH_4SCN$ 标准滴定溶液的浓度，mol/L；

$m(AgNO_3)$——称取基准试剂 $AgNO_3$ 的质量，g；

$M(AgNO_3)$——$AgNO_3$ 的摩尔质量，169.9g/mol；

$V(NH_4SCN)$——滴定时消耗 $NH_4SCN$ 标准滴定溶液的体积，mL。

　　或

$$c(NH_4SCN)=\frac{c(AgNO_3)V_1(AgNO_3)}{V_2(NH_4SCN)}$$

式中　$c(AgNO_3)$——$AgNO_3$ 标准溶液的浓度，mol/L；

$V_1(AgNO_3)$——量取 $AgNO_3$ 标准溶液的体积，mL；

$V_2(NH_4SCN)$——滴定时消耗 $NH_4SCN$ 标准滴定溶液的体积，mL。

### 六、注意事项

由于 AgCl 沉淀显著地吸附 $Cl^-$，导致 $Ag_2CrO_4$ 沉淀过早的出现。因此，滴定时必须充分摇动，使被吸附的 $Cl^-$ 释放出来，以获得准确的结果。

### 七、思考题

1. 配制硫酸高铁铵指示液为什么要加酸？标定 $NH_4SCN$ 溶液时为什么还要加酸？

2. 福尔哈德法的滴定酸度条件是什么？能否在碱性条件下进行？

3. 盛装 $AgNO_3$ 标准溶液的滴定管，在使用完毕后应如何洗涤？

 **相关链接**

硫氰酸铵（ammonium thiocyanate）别名硫氰化铵。分子式 $NH_4SCN$，无色有光泽结晶，易潮解，熔点 149.6℃。易溶于水及乙醇；溶于丙酮及氨水；不溶于三氯甲烷。在水中溶解时吸收大量热，浓的水溶液遇光逐渐变成红色。

$NH_4SCN$ 常用作分析试剂。用于测定银、汞和微量铁。用于硫氰酸盐的合成、棉织品的印花等。

NH$_4$SCN 极毒，切忌入口。

 **第二节　沉淀滴定法的应用**

银量法可以利用直接滴定和返滴定法测定 Cl$^-$、Br$^-$、I$^-$、SCN$^-$ 和 Ag$^+$ 等离子的含量，以及一些含卤素的有机化合物。

### 实验五十六　水中氯离子含量的测定（莫尔法）

#### 一、实验目的

1. 掌握莫尔法测定水中氯离子含量的基本原理、操作技术和计算。

2. 学会用 K$_2$CrO$_4$ 指示液正确判断滴定终点。

#### 二、实验原理

在中性或弱碱性溶液中，以 K$_2$CrO$_4$ 为指示剂，用 AgNO$_3$ 标准滴定溶液直接滴定 Cl$^-$，其反应式为：

$$Ag^+ + Cl^- \longrightarrow AgCl \downarrow$$
$$2Ag^+ + CrO_4^{2-} \longrightarrow Ag_2CrO_4 \downarrow$$

#### 三、试剂

1. AgNO$_3$ 标准滴定溶液，$c(AgNO_3) = 0.1 mol/L$［可用 $c(AgNO_3) = 0.1 mol/L$ 的 AgNO$_3$ 标准溶液稀释］。

2. K$_2$CrO$_4$ 指示液，50g/L。

3. 水试样：自来水或天然水。

#### 四、实验步骤

准确吸取水试样 100.00mL 放于锥形瓶中，加入 K$_2$CrO$_4$ 指示液 2mL，在充分摇动下，以 $c(AgNO_3) = 0.01 mol/L$ 的 AgNO$_3$ 标准滴定溶液滴定至溶液呈微红色即为终点。记录消耗 AgNO$_3$ 标准滴定溶液的体积。平行测定 3 次。

#### 五、数据处理

$$\rho(Cl) = \frac{c(AgNO_3)V_1(AgNO_3)M(Cl)}{V_2} \times 1000$$

式中　$\rho(Cl)$——水试样中氯的质量浓度，mg/L；

　$c(AgNO_3)$——AgNO$_3$ 标准滴定溶液的浓度，mol/L；

$V_1(AgNO_3)$——滴定消耗 AgNO$_3$ 标准滴定溶液的体积，mL；

　$M(Cl)$——Cl 的摩尔质量，g/mol；

　　$V_2$——水试样的体积，mL。

#### 六、思考题

1. 莫尔法测定 Cl$^-$ 的酸度条件是什么？为什么？

2. 说明莫尔法测定 Cl$^-$ 的基本原理。

3. 在本实验中，可能有哪些离子干扰氯的测定？如何消除干扰？

4. 用莫尔法能否测定 I$^-$、SCN$^-$？为什么？

5. K$_2$CrO$_4$ 指示剂的加入量大小对测定结果会产生什么影响？

 **相关链接**

天然水中一般都含有氯化物，主要以钠、钙、镁的盐类存在。天然水用漂白粉消毒或加入凝聚剂 $AlCl_3$ 处理时也会带入一定量的氯化物，因此饮用水中常含有一定量的氯，一般要求饮用水中的氯化物不得超过 200mg/L。工业用水含有氯化物对锅炉、管道有腐蚀作用，化工原料用水中含有氯化物会影响产品质量。

GB/T 11896—89 中规定了水质氯化物的测定，硝酸银滴定法。

# 实验五十七　酱油中 NaCl 含量的测定（福尔哈德法）

## 一、实验目的

1. 掌握酱油试样的称量方法。
2. 掌握福尔哈德法标定 $AgNO_3$ 和 $NH_4SCN$ 标准溶液的原理和操作技术。
3. 掌握福尔哈德法测定酱油中 NaCl 含量的基本原理和操作技术。

## 二、实验原理

在 0.1～1mol/L 的 $HNO_3$ 介质中，加入过量的 $AgNO_3$ 标准溶液，加铁铵矾指示剂，用 $NH_4SCN$ 标准滴定溶液返滴定过量的 $AgNO_3$ 至出现 $[Fe(SCN)]^{2+}$ 红色指示终点。

$$Cl^- + Ag^+ \longrightarrow AgCl \downarrow$$
$$Ag^+ + SCN^- \longrightarrow AgSCN \downarrow$$
$$Fe^{3+} + SCN^- \longrightarrow [Fe(SCN)]^{2+}$$

## 三、试剂

1. $HNO_3$ 溶液，16mol/L（浓）和 6mol/L。
2. $AgNO_3$ 标准滴定溶液，$c(AgNO_3) = 0.02mol/L$。
3. 硝基苯或邻苯二甲酸二丁酯。
4. $NH_4SCN$ 标准滴定溶液，$c(NH_4SCN) = 0.02mol/L$。
5. 铁铵矾指示液（80g/L）。配制：称取 8g 硫酸高铁铵，溶解于少许水中，滴加浓硝酸至溶液几乎无色，用水稀释至 100mL，摇匀，装入小试剂瓶中，贴好标签。
6. 固体试剂 NaCl，基准物质，在 500～600℃灼烧至恒重。

## 四、实验步骤

1. 配制 $c(AgNO_3) = 0.02mol/L$ 的 $AgNO_3$ 溶液

称取 1.7g $AgNO_3$ 溶于 500mL 不含 $Cl^-$ 的蒸馏水中，也可以取 $c(AgNO_3) = 0.1mol/L$ 的 $AgNO_3$ 溶液 100mL 稀释至 500mL，将溶液贮存于带玻璃塞的棕色试剂瓶中，摇匀，放置于暗处，待标定。

2. 配制 $c(NH_4SCN) = 0.02mol/L$ 的 $NH_4SCN$ 溶液

取 $c(NH_4SCN) = 0.1mol/L$ 的 $NH_4SCN$ 溶液 100mL 稀释至 500mL，贮存于试剂瓶中，摇匀，待标定。

3. 福尔哈德法标定 $AgNO_3$ 溶液和 $NH_4SCN$ 溶液

（1）测定 $AgNO_3$ 溶液和 $NH_4SCN$ 溶液的体积比 $K$

由滴定管准确放出 20～25mL（$V_1$）$AgNO_3$ 溶液于锥形瓶中，加入 5mL 6mol/L $HNO_3$ 溶液，加 1mL 铁铵矾指示剂，在剧烈摇动下，用 $NH_4SCN$ 标准滴定溶液滴定，直至出现淡红色并继续振荡不再消失为止，记录消耗 $NH_4SCN$ 标准溶液的体积（$V_2$）。计算 1mL

$NH_4SCN$ 溶液相当于 $AgNO_3$ 溶液的毫升数（$K$）。

$$K = V_1 / V_2$$

（2）用福尔哈德法标定 $AgNO_3$ 溶液

准确称取 $0.25 \sim 0.3g$ 基准物质 NaCl，用水溶解，移入 250mL 容量瓶中，稀释定容，摇匀。准确吸取 25.00mL 于锥形瓶中，加入 5mL 6mol/L $HNO_3$ 溶液，在剧烈摇动下，由滴定管准确放出 $45 \sim 50mL$（$V_3$）$AgNO_3$ 溶液（此时生成 AgCl 沉淀），加入 1mL 铁铵矾指示剂，加入 5mL 硝基苯或邻苯二甲酸二丁酯，用 $NH_4SCN$ 溶液滴定至溶液出现淡红色，并在轻微振荡下不再消失为终点，记录消耗 $NH_4SCN$ 溶液的体积 $V_4$，平行测定 3 次。

4. 测定酱油中 NaCl 含量

准确称取酱油样品 5.00g，定量移入 250mL 容量瓶中，加蒸馏水稀至刻度，摇匀。准确移取酱油样品稀释溶液 10.00mL 置于 250mL 锥形瓶中，加水 50mL，加 6mol/L $HNO_3$ 15mL 及 0.02mol/L $AgNO_3$ 标准滴定溶液 25.00mL，再加邻苯二甲酸二丁酯 5mL，用力振荡摇匀。待 AgCl 沉淀凝聚后，加入铁铵矾指示剂 5mL，用 0.02mol/L $NH_4SCN$ 标准滴定溶液滴定至血红色终点。记录消耗的 $NH_4SCN$ 标准滴定溶液体积，平行测定 3 次。

**五、数据处理**

1. $AgNO_3$ 溶液的浓度计算

$$c(AgNO_3) = \frac{m(NaCl) \times \frac{25}{250}}{M(NaCl)(V_3 - V_4 K) \times 10^{-3}}$$

式中　$c(AgNO_3)$——$AgNO_3$ 标准滴定溶液的浓度，mol/L；

　　　　$m(NaCl)$——基准物的称样量，g；

　　　　$M(NaCl)$——NaCl 的摩尔质量，g/mol；

　　　　　　$V_3$——标定 $AgNO_3$ 溶液时加入的 $AgNO_3$ 标准溶液的体积，mL；

　　　　　　$V_4$——标定 $AgNO_3$ 溶液时滴定消耗 $NH_4SCN$ 标准溶液的体积，mL；

　　　　　　$K$——$AgNO_3$ 溶液和 $NH_4SCN$ 溶液的体积比。

2. $NH_4SCN$ 溶液的浓度计算

$$c(NH_4SCN) = c(AgNO_3)K$$

式中　$c(NH_4SCN)$——$NH_4SCN$ 标准溶液的浓度，mol/L；

　　　　$c(AgNO_3)$——$AgNO_3$ 标准滴定溶液的浓度，mol/L；

　　　　　　$K$——$AgNO_3$ 溶液和 $NH_4SCN$ 溶液的体积比。

3. 酱油中 NaCl 含量计算式

$$w(NaCl) = \frac{[c(AgNO_3)V(AgNO_3) - c(NH_4SCN)V(NH_4SCN)]}{5.00 \times \frac{10}{250}} \times 0.05845 \times 100\%$$

或

$$w(NaCl) = \frac{[c(AgNO_3)V(AgNO_3) - KV(NH_4SCN)]}{5.00 \times \frac{10}{250}} \times 0.05845 \times 100\%$$

式中　$w(NaCl)$——NaCl 的质量分数，%；

　　　$V(AgNO_3)$——测定试样时加入 $AgNO_3$ 标准滴定溶液的体积，mL；

$V(\text{NH}_4\text{SCN})$——测定试样时滴定消耗 $\text{NH}_4\text{SCN}$ 标准滴定溶液的体积，mL；

    0.05845——NaCl 毫摩尔质量，g/mmol；

$c(\text{AgNO}_3)$——$\text{AgNO}_3$ 标准滴定溶液的浓度，mol/L；

    $K$——$\text{AgNO}_3$ 溶液和 $\text{NH}_4\text{SCN}$ 溶液的体积比。

### 六、注意事项

1. 操作过程应避免阳光直接照射。

2. 返滴定法测定 $\text{Cl}^-$ 时，最好用返滴定法标定 $\text{AgNO}_3$ 溶液和 $\text{NH}_4\text{SCN}$ 溶液的浓度，以减小指示剂误差。

### 七、思考题

1. 用福尔哈德法标定 $\text{AgNO}_3$ 标准溶液和 $\text{NH}_4\text{SCN}$ 标准溶液的原理是什么？

2. 用福尔哈德法测定酱油中 NaCl 含量的酸度条件是什么？能否在碱性溶液中进行测定？为什么？

3. 用福尔哈德法测定 $\text{Cl}^-$ 时，加入邻苯二甲酸二丁酯或硝基苯有机溶剂的目的是什么？若测定 $\text{Br}^-$、$\text{I}^-$ 时是否需要加入硝基苯？硝基苯可以用什么试剂取代？

 **相关链接**

酱油（soysauce）中含有的 NaCl 浓度一般不能少于 $15\%$，太少起不到调味作用，且容易变质。如果太多，则味变苦，不鲜，感官指标不佳，影响产品质量。通常，酿造酱油中 NaCl 含量为 $18\%\sim20\%$。

酿造酱油国家标准为 GB 18186—2000，其中 NaCl 含量的测定用莫尔法。

## 实验五十八 碘化物纯度的测定（法扬斯法）

### 一、实验目的

1. 掌握法扬斯法测定卤化物的基本原理、方法和计算。

2. 掌握吸附指示剂的作用原理。

3. 学会以曙红为指示剂判断滴定终点的方法。

### 二、实验原理

在醋酸酸性溶液中，用 $\text{AgNO}_3$ 标准滴定溶液滴定碘化钠，以曙红作为指示剂，反应式为：

$$\text{Ag}^+ + \text{I}^- \longrightarrow \text{AgI}\downarrow\ （黄色）$$

达到化学计量点时，微过量的 $\text{Ag}^+$ 吸附到 AgI 沉淀的表面，进一步吸附指示剂阴离子使沉淀由黄色变为玫瑰红色指示滴定终点。

### 三、试剂

1. NaI 试样。

2. $\text{AgNO}_3$ 标准溶液，$c(\text{AgNO}_3)=0.1\text{mol/L}$。

3. 醋酸溶液（1mol/L）。

4. 曙红指示液，2g/L 的 $70\%$ 乙醇溶液或 5g/L 的钠盐水溶液。

### 四、实验步骤

准确称取 NaI 试样 0.2g，放于锥形瓶中，加 50mL 蒸馏水溶解，加 1mol/L 醋酸溶液 10mL，曙红指示液 2~3 滴，用 $\text{AgNO}_3$ 标准滴定溶液滴定至溶液由黄色变为玫瑰红色即为终点。记录消耗 $AgNO_3$ 标准滴定溶液的体积。平行测定 3 次。

**五、数据处理**

$$w(NaI) = \frac{c(AgNO_3)V(AgNO_3) \times 10^{-3} \times M(NaI)}{m} \times 100\%$$

式中　$w(NaI)$——碘化钠的质量分数，%；

　　$c(AgNO_3)$——$AgNO_3$ 标准滴定溶液的浓度，mol/L；

　　$V(AgNO_3)$——滴定时消耗 $AgNO_3$ 标准滴定溶液的体积，mL；

　　$M(NaI)$——NaI 的摩尔质量，g/mol；

　　　　$m$——称取 NaI 试样的质量，g。

**六、思考题**

1. 举例说明吸附指示剂的变色原理。

2. 说明在法扬斯法中，选择吸附指示剂的原则。

# 实验五十九　石灰石中钙含量的测定（设计实验）

**一、目的**

1. 巩固滴定分析法的基本理论知识、基本操作技能和基本实验方法。

2. 加深掌握滴定分析法在实际中的灵活运用。

3. 进一步培养学生能够根据被测试样的性质，正确选择分析方法、设计分析方案的能力。

**二、要求**（设计 3 种方法）

1. 方法、原理（测定方法、测定条件、反应式、指示剂）。

2. 实验需用的仪器（名称、规格、数量）和试剂（规格、浓度、配制方法及标准溶液浓度的标定方法）。

3. 实验步骤（试样的称取或量取方法、实验过程各步实验条件、加入试液及现象、加入的指示剂及终点颜色变化、注意事项等）。

4. 实验记录（数据列表格，表格应有名称，表格中各项目应有相应的单位）。

5. 结果计算。

6. 问题讨论。

学生在实验前设计实验方案，交教师审阅批准后才可进行实验。要求独立完成实验，并写出完整的实验报告，交教师批阅。

**三、提示**

在前几章，我们已经系统学习了酸碱滴定法、配位滴定法、氧化还原滴定法和沉淀滴定法 4 种滴定分析方法。本实验是在此基础上要求学生完成的设计实验，因此学生可以从 4 种滴定分析方法中任意选择测定石灰石中钙含量的方法。

一般来说，分析方法的选择原则之一就是考虑被测组分的性质，即试样是否具有酸碱性、配位性、氧化性或还原性以及是否能够生成沉淀等性质。只有充分了解了被测组分的性质，才可以正确选择测定方法。因此，学生要深入了解石灰石试样和被测组分钙的性质，据此选择合适的方法。

可以参考实验十九"蛋壳中碳酸钙含量的测定"、实验二十六"钙制剂中钙含量的测定"

及实验三十九"氯化钙中钙含量的测定"。

# 职业技能鉴定模拟题

## 一、判断题

1. 用福尔哈德法测定 $Ag^+$，滴定时必须剧烈摇动。用返滴定法测定 $Cl^-$ 时，也应该剧烈摇动。（　　）

2. 可以将 $AgNO_3$ 溶液放入在碱式滴定管进行滴定操作。（　　）

3. 在法扬司法中，为了使沉淀具有较强的吸附能力，通常加入适量的糊精或淀粉使沉淀处于胶体状态。（　　）

4. 福尔哈德法是以 $NH_4SCN$ 为标准滴定溶液，铁铵矾为指示剂，在稀硝酸溶液中进行滴定。（　　）

5. 已知 25℃时 $K_{sp}^{\ominus}(Ag_2CrO_4)=2.0\times10^{-12}$，$K_{sp}^{\ominus}(AgCl)=1.8\times10^{-10}$，则该温度下 AgCl 的溶解度大于 $Ag_2CrO_4$ 的溶解度。（　　）

6. 25℃时，$BaSO_4$ 的 $K_{sp}=1.1\times10^{-10}$，则 $BaSO_4$ 溶解度是 $1.2\times10^{-20}$ mol/L。（　　）

7. 在含有 0.01mol/L 的 $I^-$、$Br^-$、$Cl^-$ 溶液中，逐渐加入 $AgNO_3$ 试剂，先出现的沉淀是 AgI。$[K_{sp}(AgCl)>K_{sp}(AgBr)>K_{sp}(AgI)]$（　　）

8. 在分步沉淀中 $K_{sp}$ 小的物质总是比 $K_{sp}$ 大的物质先沉淀。（　　）

9. 相同浓度的 $CrO_4^{2-}$ 的试液中滴加硝酸银溶液时，首先生成 $Ag_2CrO_4$ 沉淀。由于 $K_{sp}^{\ominus}(Ag_2CrO_4)=2.0\times10^{-12}$ 小于 $K_{sp}^{\ominus}(AgCl)=1.8\times10^{-10}$，因此在 $CrO_4^{2-}$ 和 $Cl^-$ 浓度相等时，滴加硝酸盐，铬酸银首先沉淀下来。（　　）

10. 可以用硝酸银稀硝酸溶液鉴别出 $Cl^-$、$Br^-$ 和 $I^-$。（　　）

## 二、选择题

1. 莫尔法采用 $AgNO_3$ 标准溶液测定 $Cl^-$ 时，其滴定条件是（　　）。

A. pH=2.0～4.0　　B. pH=6.5～10.5　　C. pH=4.0～6.5　　D. pH=10.0～12.0

2. 用莫尔法测定纯碱中的氯化钠，应选择的指示剂是（　　）。

A. $K_2Cr_2O_7$　　B. $K_2CrO_4$　　C. $KNO_3$　　D. $KClO_3$

3. 基准物质 NaCl 在使用前预处理方法为（　　），再放于干燥器中冷却至室温。

A. 在 140～150℃烘干至恒重　　B. 在 270～300℃灼烧至恒重

C. 在 105～110℃烘干至恒重　　D. 在 500～600℃灼烧至恒重

4. 用福尔哈德法测定 $Cl^-$ 时，如果不加硝基苯（或邻苯二甲酸二丁酯），会使分析结果（　　）。

A. 偏高　　B. 偏低　　C. 无影响　　D. 可能偏高也可能偏低

5. 用氯化钠基准试剂标定 $AgNO_3$ 溶液浓度时，溶液酸度过大，会使标定结果（　　）。

A. 偏高　　B. 偏低　　C. 不影响　　D. 难以确定其影响

6. 下列测定过程中，哪些必须用力振荡锥形瓶？（　　）

A. 莫尔法测定水中氯　　　　B. 间接碘量法测定 $Cu^{2+}$ 浓度

C. 酸碱滴定法测定工业硫酸浓度　　D. 配位滴定法测定硬度

7. 下列说法正确的是（　　）。

A. 莫尔法能测定 $Cl^-$、$I^-$、$Ag^+$

B. 福尔哈德法能测定的离子有 $Cl^-$、$Br^-$、$I^-$、$SCN^-$、$Ag^+$

C. 福尔哈德法只能测定的离子有 $Cl^-$、$Br^-$、$I^-$、$SCN^-$

D. 沉淀滴定中吸附指示剂的选择，要求沉淀胶体微粒对指示剂的吸附能力应略大于对待测离子的吸附能力

8. 在下列滴定方法中，哪个不是沉淀滴定采用的方法？（　　）

A. 莫尔法　　B. 碘量法　　C. 福尔哈德法　　D. 法扬司法

9. 在含 $Cl^-$、$I^-$、$CrO_4^{2-}$ 的溶液中，三种离子的浓度均为 0.10mol/L，加入 $AgNO_3$ 溶液，沉淀的顺序为（　　）。$[K_{sp}(AgCl)=1.8\times10^{-10}$，$K_{sp}(AgBr)=5.0\times10^{-13}$，$K_{sp}(Ag_2CrO_4)=2.0\times10^{-12}]$

A. $Cl^-$、$Br^-$、$CrO_4^{2-}$　　B. $Br^-$、$Cl^-$、$CrO_4^{2-}$

C. $CrO_4^{2-}$、$Cl^-$、$Br^-$　　D. 三者同时沉淀

10. 莫尔法采用 $AgNO_3$ 标准溶液测定 $Cl^-$ 时，终点时不剧烈摇动锥形瓶则测定结果将（　　）。

A. 偏高　　B. 偏低　　C. 无影响　　D. 无法判断

11. 采用福尔哈德法测定水中 $Ag^+$ 含量时，终点颜色为（　　）。

A. 红色　　B. 纯蓝色　　C. 黄绿色　　D. 蓝紫色

12. 以铁铵钒为指示剂，用硫氰酸铵标准滴定溶液滴定银离子时，应在（　　）条件下进行。

A. 酸性　　B. 弱酸性　　C. 碱性　　D. 弱碱性

# 第八章
# 重量分析法

重量分析法不需要基准物质，通过直接沉淀和称量而测得物质的含量，其测定结果的准确度很高。尽管沉淀重量法的操作过程繁琐、时间较长，但由于它有不可替代的特点，目前在常量的 S、Ni、P、Si 等元素或其化合物的定量分析中还经常使用。

## 实验六十　氯化钡中结晶水含量的测定

### 一、实验目的
1. 掌握氯化钡中结晶水含量测定的方法与原理。
2. 掌握重量分析的基本操作技术。
3. 掌握恒重的操作条件。

### 二、实验原理
汽化法是通过加热或其他方法使试样中某种挥发组分逸出后，根据试样减轻的质量计算该组分的含量。例如：测定试样中湿存水或结晶水时，可将一定质量的试样在电热烘箱中加热烘干除去水分，试样减少的质量即为所含水分的质量。

### 三、仪器药品
1. 扁形称量瓶。
2. 电热烘箱。
3. 干燥器。
4. $BaCl_2 \cdot 2H_2O$ 试样。

### 四、实验步骤
取洗净的称量瓶，将瓶盖横放在瓶口上并留有缝隙，置于电热烘箱中，在 125℃下烘干 1.5～2h，取出放入干燥器中冷却至室温（约 30min），称量。再烘干一次（约 15min），冷却、称重。重复进行直至恒重（两次称量质量之差小于 0.2mg）。

在已恒重的称量瓶中放入氯化钡试样 1～2g，盖上瓶盖，准确称量。然后将瓶盖斜立在瓶口上，于 125℃下烘干 2h，取出，稍冷后放入干燥器中冷却至室温，称量。再烘干一次，冷却、称重，直至恒重。

### 五、数据处理

$$w(\mathrm{H_2O}) = \frac{m_1 - m_2}{m_样} \times 100\%$$

式中 $w(\mathrm{H_2O})$——水的质量分数，%；

$m_1$——烘干前氯化钡试样与称量瓶的质量，g；

$m_2$——烘干后氯化钡与称量瓶的质量，g；

$m_样$——试样的质量（烘干前氯化钡试样与称量瓶的质量减去称量瓶质量），g。

### 六、注意事项

1. 温度不要高于 125℃，否则 $BaCl_2$ 可能有部分挥发。

2. 在热的情况下，称量瓶盖子不要盖严，以免冷却后盖子不易打开。

3. 加热时间不能少于 1h。

### 七、思考题

1. 称量瓶为什么事先应烘干至恒重？若没有烘干至恒重对测定结果有何影响？

2. 试样烘干为什么也要恒重？

3. 重量分析中，如何进行恒重操作？

 **相关链接**

$BaCl_2 \cdot 2H_2O$ 白色结晶或粒状粉末，味苦咸，微有吸湿性。在 113℃ 时即失去结晶水，但放置在湿空气中又重新吸收两分子结晶水。易溶于水，溶于甲醇，几乎不溶于乙醇、乙酸乙酯和丙酮。中等毒性，半数致死量（大鼠，经口）为 118mg/kg（以无水物计）。用于测定硫酸盐和硒酸盐等，作软水剂，亦用于织物染色。无水氯化钡是白色单斜晶体，易吸湿。溶于水，微溶于盐酸和硝酸，极微溶于醇，毒性与 $BaCl_2 \cdot 2H_2O$ 同。作分析试剂用于测定硫酸盐和硒酸盐，还可作脱水剂。

注：半数致死量指能使动物个体数 50% 致死时的毒物量，或电离射线的射线量。

## 实验六十一　面粉中灰分含量的测定

### 一、实验目的

1. 掌握面粉中灰分含量测定的方法与原理。

2. 掌握直接灰化法测定灰分的操作技术。

3. 掌握高温炉的使用方法，坩埚的处理，样品炭化、灰化等基本操作技术。

### 二、实验原理

一定质量的面粉在高温灰化时，去除了有机质，保留面粉中原有的无机盐及少量有机化合物经燃烧后生成的无机物，样品质量发生改变，根据样品的失重，可计算面粉中的灰分含量。

### 三、仪器药品

1. 马弗炉。

2. 瓷坩埚。

3. 干燥器。

4. 恒温水浴。

5. HCl 溶液（1＋4）。

6. 醋酸镁乙醇溶液（20g/L）。

### 四、实验步骤

1. 坩埚的准备

将瓷坩埚用（1＋4）HCl 溶液煮沸 1～2h，洗净晾干后，置于 550℃马弗炉中灼烧至恒重。

2. 测定

① 准确称取约 2g 面粉于事先恒重的瓷坩埚中，准确加入 3.00mL 20g/L 醋酸镁乙醇溶液，使样品湿润，于水浴上蒸发过剩的乙醇。

② 将坩埚移放在电炉上，坩埚盖斜倚在坩埚口，进行炭化。注意控制电炉温度，避免样品着火燃烧，气流带走样品炭粒。

③ 炭化至无烟后，移入 550℃马弗炉炉口处，稍待片刻，再慢慢移入炉膛内，坩埚盖仍斜倚在坩埚口，关闭炉门。灼烧约 2h，将坩埚移至炉口，冷却至红热褪去，移入干燥器中冷却至室温，称量。灰分应呈白色或浅灰色。

④ 再将坩埚置于马弗炉中灼烧 30min，取出冷却、称量，如此反复直至恒重。

⑤ 同时作一空白试验。取另一已知准确质量的坩埚，准确加入 3.00mL 20g/L 醋酸镁乙醇溶液，于水浴上蒸干，电炉上炭化，再移入 550℃马弗炉中灼烧至恒重。计算 3.00mL 20g/L 醋酸镁乙醇溶液带来的灰分质量。

### 五、数据处理

$$w(\text{灰分}) = \frac{(m_3 - m_1) - (m_5 - m_4)}{m_2 - m_1} \times 100\%$$

式中　$w(\text{灰分})$——灰分的质量分数，％；

$m_1$——盛样品的空坩埚质量，g；

$m_2$——样品加空坩埚质量，g；

$m_3$——灼烧后样品残灰加空坩埚质量，g；

$m_4$——空白试验的空坩埚质量，g；

$m_5$——灼烧后空白残灰加空坩埚质量，g。

### 六、注意事项

1. 空坩埚恒重时，应连同盖子一同恒重。

2. 蒸发时应在水浴上加热，不能明火加热，否则样品会着火。

3. 注意避免样品着火燃烧。

4. 炭化灼烧时，应将坩埚盖斜倚在坩埚口。

### 七、思考题

1. 本实验中应如何准备空坩埚？

2. 为什么蒸发过程要在水浴上进行？

### 相关链接

所谓灰分，是指物质经高温灼烧后残留下来的灰。对于食品来说，它由大分子的有机物质和小分子的无机物质所组成，这些组分经高温加热时，发生一系列变化，有机成分挥发逸散，无机成分留在灰中。故食品中的灰分可视为食品中无机盐的总称。

无机盐是六大营养要素之一，是人类生命活动不可缺少的物质，要正确评价某食品的营养价值，其无机盐含量是一个评价指标。故测定灰分含量，在评价食品品质方面具有重要的意义。

## 实验六十二　复混肥料中钾含量的测定

### 一、实验目的

1. 进一步熟练、规范重量分析的基本操作技术。
2. 掌握用掩蔽剂分离干扰离子的原理及方法。
3. 进一步掌握晶形沉淀的条件。
4. 掌握微孔玻璃坩埚的使用与洗涤技术。

### 二、实验原理

在弱碱性介质中，以四苯硼酸钠溶液沉淀试样溶液中的钾离子，将沉淀过滤、干燥及称重。如试样中含有氰氨基化物或有机物时，可先加溴水和活性炭处理，为了防止其他阳离子干扰，可预先加入适量的乙二胺四乙酸（EDTA）二钠盐，使其他阳离子与乙二胺四乙酸二钠盐配位。

### 三、仪器药品

1. 烘箱，能维持（120±5）℃的温度。
2. $P_{16}$ 号微孔玻璃坩埚。
3. 15g/L 四苯硼酸钠溶液。配制：称取 15g 四苯硼酸钠溶于约 960mL 水中，加 4mL 400 g/L 氢氧化钠溶液和 100g/L 六水氯化镁溶液 20mL，搅拌 15min，静置后，用滤纸过滤。

该溶液贮存于棕色瓶或塑料瓶中，一般不超过 1 个月期限，如发现浑浊，使用前应过滤。

4. 乙二胺四乙酸（EDTA）二钠盐溶液，40g/L。
5. 氢氧化钠溶液（400g/L）。
6. 溴水溶液（50g/L）。
7. 四苯硼酸钠洗涤液（1.5g/L）。
8. 5g/L 酚酞乙醇溶液。配制：溶解 0.5g 酚酞于 100mL 95%（$\varphi$）乙醇中。
9. 活性炭，应不吸附或不释放钾离子。

### 四、实验步骤

1. 试样溶液的制备

称取含氧化钾约 400mg 的试样 2~5g（称准至 0.0002g），置于 250mL 锥形瓶中，加约 150mL 水，加热煮沸 30min，冷却，定量转移到 250mL 容量瓶中，用水稀释至刻度，混匀，用干燥滤纸过滤，弃去最初 50mL 滤液。

2. 试液处理

（1）试样不含氰氨基化物或有机物　吸取上述滤液 25.00mL，置于 200mL 烧杯中，加 EDTA 二钠盐溶液 20mL（含阳离子较多时可加 40mL），加 2~3 滴酚酞溶液，滴加氢氧化钠溶液至红色出现时，再过量 1mL，在良好的通风柜内缓慢加热煮沸 15min，然后放置冷却或用流水冷却至室温，再用氢氧化钠溶液调至红色。

（2）试样含有氰氨基化物或有机物　吸取上述滤液 25.00mL，置于 200~250mL 烧杯中，加入溴水溶液 5mL，将该溶液煮沸直至所有的溴水完全脱除为止（无溴颜色），若含有其他颜色，将溶液体积蒸发至小于 10mL，待溶液冷却后，加 0.5g 活性炭，充分搅拌使之吸附，然后过滤，并洗涤 3~5 次，每次用水约 5mL，收集全部滤液，加 EDTA 二钠盐溶液

20mL（含阳离子较多时加 40mL），以下步骤同（1）操作。

3. 沉淀及过滤

在不断搅拌下，于处理后的试样溶液［(1) 或（2)］中逐滴加入四苯硼酸钠溶液，加入量为每含 1mg 氧化钾加四苯硼酸钠溶液 0.5mL，并过量约 7mL，继续搅拌 1min，静置 15min 以上，用倾泻法将沉淀过滤于 120℃下预先恒重的 $P_{16}$ 号玻璃坩埚内，用四苯硼酸钠洗涤液洗涤沉淀 5～7 次，每次用量 5mL，最后用水洗涤 2 次，每次用量 5mL。

4. 干燥

将盛有沉淀的坩埚置于 120℃±5℃烘箱中，干燥 1.5h，然后放在干燥器内冷却，称重。

5. 空白试验

除不加试液外，实验步骤及实际用量均与上述步骤相同。

**五、数据处理**

$$w(K_2O) = \frac{\left[(m_2 - m_1) - (m_4 - m_3)\right] \times \dfrac{M(K_2O)}{2M\left[KB(C_6H_5)_4\right]}}{m_{样} \times \dfrac{25}{250}} \times 100\%$$

式中        $w(K_2O)$——$K_2O$ 的质量分数，%；

           $m_1$——空坩埚的质量，g；

           $m_2$——盛有沉淀的坩埚质量，g；

           $m_3$——空白试验中空坩埚的质量，g；

           $m_4$——空白试验中盛有沉淀的坩埚质量，g；

      $M(K_2O)$——$K_2O$ 的摩尔质量，g/mol；

$M\left[KB(C_6H_5)_4\right]$——$KB(C_6H_5)_4$ 的摩尔质量，g/mol；

           $m_{样}$——试样的质量，g。

**六、注意事项**

1. 不要将进行第一次干燥的坩埚（湿的）与第二次干燥的坩埚放入同一个烘箱中。

2. 做完实验及时将微孔玻璃坩埚洗净，若沉淀不易洗去，可用丙酮进一步清洗。

**七、思考题**

1. 试液中加入 EDTA 二钠盐溶液的作用是什么？

2. 沉淀剂四苯硼酸钠为什么要滴加？如果一次性倒入会引起什么现象？

3. 四苯硼酸钾沉淀为什么先用稀的四苯硼酸钠洗涤？最后为什么还需要用水洗涤两次？

4. 为什么洗涤液的用量每次都需控制在 5mL？

### ▣ 相关链接

N、P、K 是植物需要量最大的 3 种元素。作物生长所需的 N、P 可以通过化肥使用补给，空气含氮量达 78%，取之不尽，用之不竭。只要有能源就可以制造。我国的磷矿资源较丰富，唯有钾素矿产资源贫乏，我国农业所需钾肥有很大部分要靠进口。农业的集约化种植大幅度提高了农产品产量，同时加速了土壤有效钾素耗竭。补钾已成为农业优质高产高效必不可少的措施。开发新钾源已成为未来农业发展的重要工作。黄土性土壤中有大量的长石类含钾矿物，钾含量达到 20g/kg。将长石中的难溶性钾转化为可溶性钾，将从根本上解决我国土壤缺钾难题，它对我国农业持续发展有重要意义。

生物钾肥又称硅酸盐细菌制剂，是从土壤中分离，经过筛选、培养、工业化发酵，然后配入作物必需的微量元素，研制成的一种生物菌剂，能够盘活土壤钾肥存量，保护生态环境，提高化肥利用率，是发展绿色食品生产的重要肥料来源。因此大力推广生物钾肥，已成为开展科学施肥的当务之急。

# 实验六十三　硫酸镍中镍含量的测定

## 一、实验目的

1. 了解丁二酮肟镍重量法测定镍的原理和方法。
2. 掌握用玻璃坩埚过滤等重量分析法基本操作技术。

## 二、实验原理

丁二酮肟是二元弱酸（以 $H_2D$ 表示），离解平衡为

$$H_2D \underset{+H^+}{\overset{-H^+}{\rightleftharpoons}} HD^- \underset{+H^+}{\overset{-H^+}{\rightleftharpoons}} D^{2-}$$

其分子式为 $C_4H_8O_2N_2$，摩尔质量 116.2g/mol。研究表明，只有 $HD^-$ 状态才能在氨性溶液中与 $Ni^{2+}$ 发生沉淀反应：

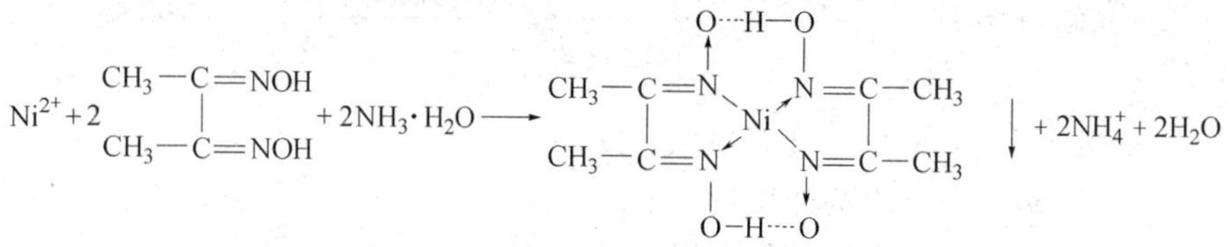

红色沉淀 $Ni(HD)_2$

经过滤、洗涤，在 120℃下烘干至恒重，称得丁二酮肟镍沉淀的质量计算 Ni 的质量分数。

本法沉淀介质的酸度为 pH 为 8～9 的碱性溶液。酸度大，生成 $H_2D$，使沉淀溶解度增大；酸度小，由于生成 $D^{2-}$，同样将增加沉淀的溶解度。氨浓度太高，会生成 $Ni^{2+}$ 的氨配合物。

丁二酮肟是一种高选择性的有机沉淀剂，它只与 $Ni^{2+}$、$Pd^{2+}$、$Fe^{2+}$ 生成沉淀。$Co^{2+}$、$Cu^{2+}$ 与其生成水溶性配合物，不仅会消耗 $H_2D$，且会引起共沉淀现象。若 $Co^{2+}$、$Cu^{2+}$ 含量高时，最好进行二次沉淀或预先分离。

由于 $Fe^{3+}$、$Al^{3+}$、$Cr^{3+}$、$Ti^{4+}$ 等离子在氨性溶液中生成氢氧化物沉淀，干扰测定，故在溶液加氨水前，需加入柠檬酸或酒石酸等配位剂，使其生成水溶性的配合物。

## 三、仪器药品

1. 一般实验室仪器。
2. 烘箱。
3. $P_{16}$ 号微孔玻璃坩埚。
4. $NH_4Cl$ 溶液（200g/L）。
5. $NH_3 \cdot H_2O$ 溶液（1+1）。
6. HCl 溶液（1+19）。
7. $HNO_3$ 溶液（2mol/L）。
8. $AgNO_3$ 溶液（0.1mol/L）。
9. 丁二酮肟乙醇溶液（10g/L）。
10. 酒石酸溶液（200g/L）。
11. 乙醇溶液（1+4）。

## 四、实验步骤

### 1. 空坩埚的准备

用水洗净两个坩埚，用真空泵抽 2min 以除去玻璃砂板中的水分，便于干燥。放进 130～150℃烘箱中，第一次干燥 1.5h，冷却 0.5h，以后每次干燥 1h，直至恒重。

### 2. 试样的溶解

准确称取 0.2g 试样于 400mL 烧杯中，加入 2mL HCl(1+19) 溶液，加 20mL 水溶解。

### 3. 沉淀及过滤

溶解后再加 150mL 水稀释，5mL 200g/L NH₄Cl 溶液，5mL 200g/L 酒石酸溶液。烧杯上加盖表面皿，加热至沸，取下，用水吹洗表面皿和杯壁，搅拌均匀，在不断搅拌下，于温度为 70～80℃时，缓慢加入 10g/L 丁二酮肟乙醇溶液（每 1mg $Ni^{2+}$ 约需 1mL 10g/L 的丁二酮肟溶液），最后再多加 20～30mL。但所加试剂的总量不要超过试液体积的 1/3，以免增大沉淀的溶解度。然后在不断搅拌下滴加 $NH_3 \cdot H_2O$(1+1) 溶液至 pH 为 8～9（用 pH 试纸检验），再过量 1～2mL。加盖表面皿，在 70～80℃水浴上陈化 30～40min。取下，稍冷后用倾泻法将沉淀过滤于微孔玻璃坩埚中，用 20g/L 酒石酸溶液洗涤烧杯和沉淀 8～10 次，再用温热水洗涤沉淀至无 $Cl^-$ 为止（检查 $Cl^-$ 时，可将滤液以稀 $HNO_3$ 酸化，用 $AgNO_3$ 检查）。

### 4. 干燥

将带有沉淀的微孔玻璃坩埚置于 130～150℃烘箱中烘 1h，冷却，称量，直至恒重为止。根据丁二酮肟镍的质量，计算试样中镍的含量。

实验完毕，微孔玻璃坩埚以稀盐酸洗涤干净。

## 五、数据处理

$$w(\text{Ni}) = \frac{(m_2 - m_1) \times \dfrac{M(\text{Ni})}{M[\text{Ni}(\text{HD})_2]}}{m_{样}} \times 100\%$$

式中　　　$w(\text{Ni})$——Ni 的质量分数，%；

　　　　　$m_1$——空坩埚的质量，g；

　　　　　$m_2$——盛有沉淀的坩埚质量，g；

　　　　　$M(\text{Ni})$——Ni 的摩尔质量，g/mol；

$M[\text{Ni}(\text{HD})_2]$——Ni (HD)₂ 的摩尔质量，g/mol；

　　　　　$m_{样}$——试样的质量，g。

## 六、注意事项

1. 过滤时溶液的量不要超过坩埚高度的 1/2。

2. 注意防止丁二酮肟沉淀析出。

## 七、思考题

1. 为了得到纯净的丁二酮肟镍沉淀，应选择和控制好哪些实验条件？

2. 重量法测定镍，也可将丁二酮肟镍灼烧成氧化镍称量（至恒重）。这与本方法相比较，哪种方法较为优越？为什么？

### 📖 相关链接

含 6 分子结晶水的硫酸镍的 α-型为蓝绿色四方结晶，在 533℃转变为 β-型绿色透明结晶。40℃时稳定，室温时成为蓝色不透明晶体。含 7 分子结晶水的硫酸镍为翠绿色透明结晶。有甜涩味。稍有风化性。约在

100℃时失去 5 分子结晶水成为一水合物，在 280℃时成黄绿色无水物。溶于水，微溶于乙醇、甲醇。半致死量（大鼠，腹腔）500mg/kg，有致癌可能性。常用作催化剂、媒染剂，也用于电镀、制造镍铂合金等。

# 实验六十四　铝盐中铝含量的测定

## 一、实验目的
1. 熟悉有机试剂在分析中的应用。
2. 进一步掌握微孔玻璃坩埚的使用与洗涤技术。

## 二、实验原理
试样溶解后，在 $HAc$-$NH_4Ac$ 缓冲溶液中，以 8-羟基喹啉将铝定量沉淀。

$$3 \quad \underset{OH}{\overset{N}{\bigcirc\bigcirc}} + Al^{3+} \longrightarrow Al(C_9H_6NO)_3 + 3H^+$$

此沉淀具有固定组成，经微孔玻璃坩埚过滤，在 120～140℃烘干后直接称量。

## 三、仪器药品
1. 烘箱。
2. $P_{16}$号微孔玻璃坩埚。
3. HCl 溶液（6mol/L）。
4. $NH_4Ac$ 溶液（2mol/L）。
5. 40g/L 8-羟基喹啉溶液。配制：将 4g 8-羟基喹啉溶于 5～6mL 冰醋酸中，加水稀释至 100mL，滴加氨水至出现浑浊，然后滴入醋酸使浑浊恰好溶解。

## 四、实验步骤
1. 空坩埚的准备

用水洗净两个坩埚，用真空泵抽 2min 以除去玻璃砂板中的水分，便于干燥。放进烘箱中，第一次干燥 1.5h，冷却 0.5h，以后每次干燥 1h，直至恒重。

2. 试样的溶解

准确称取一定质量的铝盐（含铝 0.15～0.20g），加水溶解后定容于 100mL 容量瓶中。

3. 沉淀及过滤

吸取上述溶液 25.00mL 于 400mL 烧杯中，加水稀释至 100mL，加入 5mL 6mol/L HCl 溶液，加入 30mL 40g/L 8-羟基喹啉溶液，加热至 70～80℃，在不断搅拌下滴加 2mol/L $NH_4Ac$ 溶液至沉淀不再析出，再过量 20mL（每份共用 $NH_4Ac$ 溶液约 40mL），此时沉淀上层清液应呈橙黄色。在水浴上陈化 30min 后趁热用倾泻法将沉淀过滤于微孔玻璃坩埚中，用热水洗涤 2 次，后用冷水洗涤至无 $Cl^-$。

4. 干燥

将盛有沉淀的坩埚置于烘箱中，120～140℃干燥直至恒重。

## 五、数据处理

$$w(Al) = \frac{(m_2 - m_1)\dfrac{M(Al)}{M[Al(C_9H_6NO)_3]}}{m_{样}} \times 100\%$$

式中　　$w(Al)$ ——Al 的质量分数，%；

$m_1$ ——空坩埚的质量，g；

$m_2$ ——盛有沉淀的坩埚质量，g；

$M(\text{Al})$——Al 的摩尔质量，g/mol；

$M[\text{Al}(C_9H_6NO)_3]$——Al $(C_9H_6NO)_3$ 的摩尔质量，g/mol；

$m_{样}$——试样的质量，g。

### 六、注意事项

1. 过滤时溶液的量不要超过坩埚高度的一半。

2. 应注意趁热过滤并用热水洗涤。

### 七、思考题

1. 试比较用氨水、8-羟基喹啉作沉淀剂测定铝含量的优缺点。

2. 为了得到纯净的 8-羟基喹啉铝沉淀，应注意控制好哪些条件？

 **相关链接**

8-羟基喹啉是医药、染料、农药中间体；可作为沉淀和分离金属离子的络合剂和萃取剂；还可作为防霉剂、工业防腐剂以及聚酯树脂、酚醛树脂和双氧水的稳定剂；另外，还是化学分析的配位滴定指示剂。

化妆品中最大允许含量为 0.3%（质量分数），防晒产品和 3 岁以下儿童用品（如爽身粉）禁用，并应在产品标签上注明"3 岁以下儿童禁用"。

## 职业技能鉴定模拟题

### 一、判断题

1. 无定形沉淀要在较浓的热溶液中进行沉淀，加入沉淀剂速度适当快。（    ）

2. 沉淀称量法测定中，要求沉淀式和称量式相同。（    ）

3. 共沉淀引入的杂质量，随陈化时间的增大而增多。（    ）

4. 由于混晶而带入沉淀中的杂质通过洗涤是不能除掉的。（    ）

5. 沉淀 $BaSO_4$ 应在热溶液中进行，然后趁热过滤。（    ）

6. 用洗涤液洗涤沉淀时，要少量、多次，为保证 $BaSO_4$ 沉淀的溶解损失不超过 0.1%，洗涤沉淀每次用 15～20mL 洗涤液。（    ）

7. 重量分析中使用的"无灰滤纸"，指每张滤纸的灰分重量小于 0.2mg。（    ）

8. 重量分析中当沉淀从溶液中析出时，其他某些组分被被测组分的沉淀带下来而混入沉淀之中这种现象称后沉淀现象。（    ）

9. 重量分析中对形成胶体的溶液进行沉淀时，可放置一段时间，以促使胶体微粒的胶凝，然后再过滤。（    ）

10. 根据同离子效应，可加入大量沉淀剂以降低沉淀在水中的溶解。（    ）

11. 沉淀称量法中的称量式必须具有确定的化学组成。（    ）

12. 在 $BaSO_4$ 饱和溶液中加入少量 $Na_2SO_4$ 将会使得 $BaSO_4$ 溶解度增大。（    ）

13. 为保证被测组分沉淀完全，沉淀剂应越多越好。（    ）

14. 向含 AgCl 固体的溶液中加适量的水使 AgCl 溶解又达平衡时，AgCl 溶度积不变，其溶解度也不变。（    ）

15. 对于难溶电解质来说，离子积和溶液积为同一个概念。（    ）

16. 沉淀 $BaSO_4$ 应在热溶液中后进行，然后趁热过滤。（    ）

17. 难溶电解质的溶度积常数越大，其溶解度就越大。（    ）

18. 沉淀反应中，当离子积 $<K_{sp}$ 时，从溶液中继续析出沉淀，直至建立新的平衡关系。（    ）

19. 当溶液中 $[Ag^+][Cl^-] \geqslant K_{sp}(\text{AgCl})$ 时，反应向着生成沉淀的方向进行。（    ）

20. 共沉淀引入的杂质量，随陈化时间的增大而增多。（    ）

21. 根据同离子效应，可加入大量沉淀剂以降低沉淀在水中的溶解。（    ）

22. 在含有 AgCl 沉淀的溶液中，加入 $NH_3 \cdot H_2O$，则 AgCl 沉淀会溶解。（    ）

23. 欲使沉淀溶解，应设法降低有关离子的浓度，保持 $Q_i < K_{sp}^{\ominus}$，沉淀即不断溶解，直至消失。（　　）

**二、选择题**

1. 有关影响沉淀完全的因素叙述错误的是（　　）。
A. 利用同离子效应，可使被测组分沉淀更完全　　B. 异离子效应的存在，可使被测组分沉淀完全
C. 配合效应的存在，将使被测离子沉淀不完全　　D. 温度升高，会增加沉淀的溶解损失

2. 在下列杂质离子存在下，以 $Ba^{2+}$ 沉淀 $SO_4^{2-}$ 时，沉淀首先吸附（　　）。
A. $Fe^{3+}$　　B. $Cl^-$　　C. $Ba^{2+}$　　D. $NO_3^-$

3. 用沉淀称量法测定硫酸根含量时，如果称量式是 $BaSO_4$，换算因数是（　　）。
A. 0.1710　　B. 0.4116　　C. 0.5220　　D. 0.6201

4. 以 $SO_4^{2-}$ 沉淀 $Ba^{2+}$ 时，加入适量过量的 $SO_4^{2-}$ 可以使 $Ba^{2+}$ 沉淀更完全，这是利用（　　）。
A. 同离子效应　　B. 酸效应　　C. 配位效应　　D. 异离子效应

5. 下列叙述中，哪一种情况适于沉淀 $BaSO_4$？（　　）
A. 在较浓的溶液中进行沉淀　　B. 在热溶液中及电解质存在的条件下沉淀
C. 进行陈化　　D. 趁热过滤、洗涤、不必陈化

6. 下列各条件中何者违反了非晶形沉淀的沉淀条件？（　　）
A. 沉淀反应易在较浓溶液中进行　　B、应在不断搅拌下迅速加沉淀剂
C. 沉淀反应宜在热溶液中进行　　D. 沉淀宜放置过夜，使沉淀陈化

7. 下列各条件中何者是晶形沉淀所要求的沉淀条件？（　　）
A. 沉淀作用在较浓溶液中进行　　B. 在不断搅拌下加入沉淀剂
C. 沉淀在冷溶液中进行　　D. 沉淀后立即过滤

8. 有利于减少吸附和吸留的杂质，使晶形沉淀更纯净的选项是（　　）。
A. 沉淀时温度应稍高　　B. 沉淀时在较浓的溶液中进行
C. 沉淀时加入适量电解质　　D. 沉淀完全后进行一定时间的陈化

9. 需要烘干的沉淀用（　　）过滤。
A. 定性滤纸　　B. 定量滤纸　　C. 玻璃砂芯漏斗　　D. 分液漏斗

10. 过滤 $BaSO_4$ 沉淀应选用（　　）。
A. 快速滤纸　　B. 中速滤纸　　C. 慢速滤纸　　D. $4^{\#}$ 玻璃砂芯坩埚

11. 过滤大颗粒晶体沉淀应选用（　　）。
A. 快速滤纸　　B. 中速滤纸　　C. 慢速滤纸　　D. $4^{\#}$ 玻璃砂芯坩埚

12. 如果吸附的杂质和沉淀具有相同的晶格，这就形成（　　）。
A. 后沉淀　　B. 机械吸留　　C. 包藏　　D. 混晶

13. 在进行沉淀的操作中，不属于形成晶形沉淀的操作有（　　）。
A. 在稀的和热的溶液中进行沉淀　　B. 在热的和浓的溶液中进行沉淀
C. 在不断搅拌下向试液逐滴加入沉淀剂　　D. 沉淀剂一次加入试液中

14. 下列关于沉淀吸附的一般规律，错误的是（　　）。
A. 离子价数高的比低的易吸附　　B. 离子浓度越大越易被吸附
C. 温度越高，越有利于吸附　　D. 能与构晶离子生成难溶盐沉淀的离子，优先被子吸附

15. 用重量法测定 $C_2O_4^{2-}$ 含量，在 $CaC_2O_4$ 沉淀中有少量草酸镁（$MgC_2O_4$）沉淀，会对测定结果（　　）。
A. 产生正误差　　B. 产生负误差　　C. 无法判断　　D. 对结果无影响

16. 在称量分析中，（　　）不是称量形式应具备的条件。
A. 摩尔质量大　　B. 组成与化学式相符
C. 不受空气中 $O_2$、$CO_2$ 及水的影响　　D. 与沉淀形式组成一致

17. 在重量分析中，下列叙述不正确的是（　　）。
A. 当定向速度大于聚集速度时，易形成晶形沉淀

B. 当定向速度大于聚集速度时，易形成非晶形沉淀

C. 定向速度是由沉淀物质的性质所决定

D. 聚集速度是由沉淀的条件所决定

18. 往 AgCl 沉淀中加入浓氨水，沉淀消失，这是因为（　　　）。

A. 盐效应　　　B. 同离子效应　　　C. 酸效应　　　D. 配位效应

19. 在重量分析中，影响弱酸盐沉淀溶解度的主要因素为（　　　）。

A. 水解效应　　　B. 酸效应　　　C. 盐效应　　　D. 同离子效应

20. 以 $SO_4^{2-}$ 沉淀 $Ba^{2+}$ 时，加入适量过量的 $SO_4^{2-}$ 可以使 $Ba^{2+}$ 沉淀更完全。这是利用（　　　）。

A. 同离子效应　　　B. 酸效应　　　C. 配位效应　　　D. 异离子效应

21. 在重量分析中能使沉淀溶解度减小的因素是（　　　）。

A. 酸效应　　　B. 盐效应　　　C. 同离子效应　　　D. 生成配合物

22. 为除去锅炉水垢中的硫酸钙，常采用的方法是用（　　　）来处理。

A. 加热　　　B. 浓盐酸　　　C. 碳酸钠溶液　　　D. 氯化钡溶液

23. 对于一难溶电解质 $A_nB_m(s) \rightleftharpoons nA^{m+} + mB^{n-}$ 要使沉淀从溶液中析出，则必须（　　　）。

A. $[A^{m+}]^n[B^{n-}]^m = K_{sp}$　　　B. $[A^{m+}]^n[B^{n-}]^m > K_{sp}$

C. $[A^{m+}]^n[B^{n-}]^m < K_{sp}$　　　D. $[A^{m+1}] > [B^{n-1}]$

24. 在含有 $PbCl_2$ 白色沉淀的饱和溶液中加入 KI 溶液，则最后溶液存在的是（　　　）。$[K_{sp}(PbCl_2) > K_{sp}(PbI_2)]$

A. $PbCl_2$ 沉淀　　　B. $PbCl_2$、$PbI_2$ 沉淀　　　C. $PbI_2$ 沉淀　　　D. 无沉淀

25. 若将 0.002mol/L 硝酸银溶液与 0.005mol/L 氯化钠溶液等体积混合则（　　　）。（$K_{sp} = 1.8 \times 10^{-10}$）

A. 无沉淀析出　　　B. 有沉淀析出　　　C. 难以判断

26. 难溶化合物 $Fe(OH)_3$ 离子积的表达式为（　　　）。

A. $K_{sp} = [Fe^{3+}][OH^-]$　　　B. $K_{sp} = [Fe^{3+}][3OH^-]$

C. $K_{sp} = [Fe^{3+}][3OH^-]^3$　　　D. $K_{sp} = [Fe^{3+}][OH^-]^3$

27. 已知 $CaC_2O_4$ 的溶解度为 $4.75 \times 10^{-5}$，则 $CaC_2O_4$ 的溶度积为（　　　）。

A. $9.50 \times 10^{-5}$　　　B. $2.38 \times 10^{-5}$　　　C. $2.26 \times 10^{-9}$　　　D. $2.26 \times 10^{-10}$

28. 25℃时 AgBr 在纯水中的溶解为 $7.1 \times 10^{-7}$ mol/L，则该温度下的 $K_{sp}^{\ominus}$ 值为（　　　）。

A. $8.8 \times 10^{-18}$　　　B. $5.6 \times 10^{-18}$　　　C. $3.5 \times 10^{-7}$　　　D. $5.04 \times 10^{-13}$

29. 已知 25℃时 $K_{sp}(BaSO_4) = 1.8 \times 10^{-10}$，计算在 400mL 的该溶液中由于沉淀的溶解而造成的损失为（　　　）g。

A. $6.5 \times 10^{-4}$　　　B. $1.2 \times 10^{-3}$　　　C. $3.2 \times 10^{-4}$　　　D. $1.8 \times 10^{-7}$

30. $K_{sp}^{\ominus}(AgCl) = 1.8 \times 10^{-10}$，AgCl 在 0.001mol/L NaCl 中的溶解度（mol/L）为（　　　）。

A. $1.8 \times 10^{-10}$　　　B. $1.34 \times 10^{-5}$　　　C. $9.0 \times 10^{-5}$　　　D. $1.8 \times 10^{-7}$

31. 在 AgCl 水溶液中，其 $[Ag^+] = [Cl^-] = 1.34 \times 10^{-5}$ mol/L，$K_{sp}$ 为 $1.8 \times 10^{-10}$，该溶液为（　　　）。

A. 氯化银沉淀溶解　　　B. 不饱和溶液　　　C. $[Ag^+] > [Cl^-]$　　　D. 饱和溶液

32. $Ag_2CrO_4$ 在 25℃时，溶解度为 $8.0 \times 10^{-5}$ mol/L，它的溶度积为（　　　）。

A. $5.1 \times 10^{-8}$　　　B. $6.4 \times 10^{-9}$　　　C. $2.0 \times 10^{-12}$　　　D. $1.3 \times 10^{-8}$C

# 第九章
## 定量分析中常用的分离方法

定量分析的试样通常是复杂物质，试样中其他组分的存在常常影响某些组分的定量测定，干扰严重时甚至使分析工作无法进行。这时必须根据试样的具体情况，采用适当的分离方法，把干扰组分分离除去，然后分别加以测定。而对于试样中的某些痕量组分，在进行分离的同时往往也就进行了必要的浓缩和富集，于是就便于进行测定。因此对于复杂物质的分析，分离和测定具有同样重要的意义。

分离不但是复杂物质分析中不可缺少的步骤，而且也是化工生产过程中经常应用的操作过程，如天然药物的萃取等。分离技术的发展往往有力地推动了化学、化工技术和生命科学的发展。

### 实验六十五　纯铜中铋的共沉淀分离与测定

**一、实验目的**

1. 掌握共沉淀分离测定纯铜中铋的方法与原理。

2. 熟练掌握非晶形沉淀的沉淀条件。

3. 进一步熟练用分液漏斗进行萃取分离的操作技术。

4. 掌握分光光度计的操作技术和标准曲线的绘制方法。

**二、实验原理**

以水合二氧化锰作载体共沉淀铋，与基体铜分离。

$MnO(OH)_2$ 是由 $MnSO_4$ 与 $KMnO_4$ 反应生成的：

$$2MnO_4^- + 3Mn^{2+} + 7H_2O \longrightarrow 5MnO(OH)_2 \downarrow + 4H^+$$

过滤分离之后，用 $H_2SO_4$-$H_2O_2$ 溶液溶解载体 $MnO(OH)_2$：

$$MnO(OH)_2 + H_2O_2 + 2H^+ \longrightarrow Mn^{2+} + O_2 + 3H_2O$$

在 $1\sim 2mol/L$ $H_2SO_4$ 介质中，$Bi^{3+}$ 与 KI 及马钱子碱形成三元配合物 $BHI \cdot BiI_3$（B 代表马钱子碱），被 $CHCl_3$ 萃取呈黄色进行光度测定或目视比色法测定。

$Cu^{2+}$、$Fe^{3+}$ 与 KI 作用析出 $I_2$ 影响测定，可加入硫脲或酒石酸消除干扰。

### 三、仪器药品

1. 分光光度计或目视比色管一套。

2. 分液漏斗 250mL。

3. 普通漏斗。

4. 定量滤纸。

5. $HNO_3$ 溶液 (1+1)。

6. $MnSO_4$ 溶液 (50g/L)。

7. $KMnO_4$ 溶液 (10g/L)。

8. 酒石酸溶液 (200g/L)。

9. $H_2SO_4$ 溶液 (1mol/L)。

10. 硫脲溶液 (100g/L)。

11. KI 溶液 (200g/L)。

12. 10g/L 马钱子碱溶液。配制：用 250g/L 柠檬酸溶液配制。

13. $CHCl_3$ (分析纯)。

14. $H_2SO_4$-$H_2O_2$ 溶液。配制：取浓 $H_2SO_4$ 35mL 慢慢加入到 465mL 水中，冷却后加入 15mL $H_2O_2$ $[w(H_2O_2)=30\%]$。

15. 无水硫酸钠固体。

16. 5$\mu$g/mL 铋标准溶液。配制：用优级铋盐配制，溶于 (1+9) 的硫酸介质中。

### 四、实验步骤

1. 溶解试样

准确称取试样 1g 左右，置于 400mL 烧杯中，加硝酸 (1+1)20mL，加热溶解，用水稀释至 200mL。

2. 共沉淀分离铋

将试液加热至沸，加入 50g/L $MnSO_4$ 溶液 4mL、10g/L $KMnO_4$ 溶液 3mL，煮沸 5min，静置澄清后用定量滤纸过滤，沉淀用热水洗涤数次，将沉淀冲洗于原烧杯中，用 10mL $H_2SO_4$-$H_2O_2$ 热溶液洗涤滤纸，溶液合并于原烧杯中，加热近沸，冷却，加 200g/L 酒石酸溶液 7mL，微热溶解其残渣，备作铋的测定之用。

3. 萃取比色测定铋

将所得铋溶液，以 15mL 1mol/L $H_2SO_4$ 溶液洗入分液漏斗中，加 100g/L 硫脲溶液 5mL、200g/L KI 溶液 4mL、10g/L 马钱子碱溶液 4mL，每加入一种试剂均需摇匀。准确地加入 10mL $CHCl_3$，振荡 1min，分层后将有机相分离于干烧杯中，加少许无水硫酸钠以除去水分，在 460nm 波长测定吸光度。同时做空白试验。

4. 标准曲线的绘制

取 5$\mu$g/mL 铋标准溶液 0mL、1.00mL、2.00mL、3.00mL、4.00mL、5.00mL 分别置于 100mL 烧杯中，蒸发至近干，加 200g/L 酒石酸溶液 7mL，按照以上萃取光度实验步骤，测定吸光度，并绘制标准曲线 (亦可用目视比色法代替标准曲线法)。

注：分光光度计、标准曲线由老师在实验前准备好，学生只需用待测液将比色皿润洗 3 次后装上待测液测出吸光度并从标准曲线上查出铋的质量。

### 五、数据处理

$$w(\text{Bi}) = \frac{m \times 10^{-6}}{m_{样}} \times 100\%$$

式中　$w(Bi)$——铋的质量分数，%；

　　　　$m$——从标准曲线上查出铋的质量，$\mu g$；

　　　　$m_{样}$——试样的质量，g。

## 六、注意事项

1. 需用热水洗涤二氧化锰载体。

2. 马钱子碱有毒。

3. 振荡过程中注意排气，排气时不要对准别人。

4. 有机相用于测定铋。

5. 一般纯铜含铋量规定在 0.002% 以下，所称样品中含铋量以在 $10\sim20\mu g$ 为宜。

## 七、思考题

1. 什么叫共沉淀？共沉淀有什么用途？

2. 水合二氧化锰是晶形沉淀还是无定形沉淀？沉淀时应注意哪些条件？

3. 加入酒石酸的目的是什么？

### ▣ 相关链接

　　铜是红棕色有光泽具延展性的金属，粉状的为浅玫瑰红色粉末。露置空气中颜色变暗，在湿空气中表面形成绿色的碱式碳酸盐。常用作还原剂，用于制备铜盐、合金。还可用于电镀。

　　铜有很高的延展性，十分容易进行加工。打个比方说，像一滴水那么大小的纯铜，可以拉成长达两公里的细丝，可以压制比床还大的几乎透明的铜箔，如果你吹一口气，它就能飘起来。可是铜有一个"倔脾气"，它不能"忍受"自己的身体中混进杂质。哪怕是混进了很少很少的杂质，它也会"消极怠工"。如混进了一些铅、锑、铋后，铜就变得很脆。铜中的杂质是如何"赶"出去的呢？在工业上常用的是电解法。

　　硫酸铜是一种重要的铜的化合物，它是天蓝色的晶体，能够杀菌。在农业上，人们常把硫酸铜跟石灰粉按一定比例混合起来，这种混合药液，叫做"波尔多液"。

　　关于波尔多液的发现，还有一段小故事。

　　在 1878 年，欧洲流行一种葡萄霜霉病，这种病十分厉害，许多葡萄园都颗粒无收。但在法国的波尔多城附近却发生了一件怪事情：有一家葡萄园中的葡萄树都生了病，可靠近马路两边的葡萄树，却平安无事。这个现象引起了波尔多大学教授米拉特的兴趣，他特地去拜访了葡萄园的园工。园工们笑着告诉他：马路两旁的葡萄，常常被一些贪吃的行人摘掉。为了防止行人偷吃葡萄，他们就往这些树上喷了一些石灰水，又喷了一些硫酸铜。这样之后，葡萄树就像斑白相间的金钱豹一样，行人见了，以为树害了什么病，就不敢再吃树上的葡萄了。于是米拉特根据这个线索钻研下去，经过几年持续不断的努力，终于在 1885 年制成了波尔多液，它有很强的杀菌能力，能杀死许多庄稼的敌人。由于这种混合液是在波尔多城发现的，并且从 1885 年起就在波尔多城普遍使用，所以人们就把它起名为"波尔多液"。

　　硫酸铜除了用来制造波尔多液之外，还有许多其他的用途。比如人们在游泳池中放入一些硫酸铜，可以杀死水中的各种病菌，在电解时，人们常用硫酸铜来作电解液。

　　糨糊是一种常用的东西，比方说，书破了，用糨糊一粘，就又好了，要是作业本掉了页，抹一些糨糊，也可以粘上去。这种糨糊一般都是用淀粉做的，只能用来粘书。如果你拿来两块铁片，它是怎么也粘不到一块去的。可是，还有一种奇妙的金属"糨糊"，它能把两块金属粘在一起。在铁片表面涂上这种"糨糊"，然后把它们压紧，过上两三天后，两块铁片就紧紧地粘在一起了。这种奇妙的"糨糊"是怎么做成的呢？人们先把磷酸和氢氧化铝混合加热，它们就变成了黏稠的液体，然后倒入氧化铜的粉末中，不断搅拌，就制成了黑色的金属"糨糊"。这种"糨糊"的黏合力十分惊人，它不但可以把两块金属粘在一起，还可以把陶瓷粘在一起，甚至还能把金属和陶瓷粘到一起。过去，车床刀具上的刀刃——硬质合金，是用焊接的方法焊上去的，焊接时温度很高，往往会降低刀的硬度，缩短使用寿命。而如果改用这种金属"糨糊"，不用加热就能牢牢地黏在一起，可以把刀具的使用寿命延长一倍。而且，这种金属"糨糊"的主要原料是氧化铜。成本十分低廉，只有铜焊成本的 1/10，这真是既省事又省料的好东西。

## 实验六十六　光度法测定环境水样中微量铅——萃取分离

### 一、实验目的

1. 掌握溶剂萃取分离的基本操作技术。
2. 了解双硫腙（又称二苯硫腙）萃取吸光光度法测定环境水样中铅的原理和方法。
3. 熟练掌握分光光度计的使用和标准曲线的绘制方法。

### 二、实验原理

铅是可在人体和动物组织中积蓄的有毒金属，其主要毒害效应是贫血症，神经机能失调和肾损伤，淡水中含铅 $0.06 \sim 120 \mu g/L$。世界卫生组织规定饮用水中铅最高含量不得超过 $100 \mu g/L$。

测定水质中铅有原子吸收法和双硫腙萃取吸光光度法，后者经萃取分离富集，选择性和灵敏度较高。该法基于在 pH 为 $8.5 \sim 9.5$ 的氨性柠檬酸盐-氰化物-盐酸羟胺的还原性介质中，铅与双硫腙形成可被三氯甲烷（或四氯化碳）萃取的淡红色双硫腙铅螯合物：

双硫腙（绿色）　　　　　　　　　　铅-双硫腙螯合物（淡红色）

有机相最大吸收波长为 510nm，摩尔吸光系数为 $6.7 \times 10^4 \text{L}/(\text{mol} \cdot \text{cm})$。加入盐酸羟胺是为了还原 $Fe^{3+}$ 及可能存在的其他氧化性物质，以免双硫腙被氧化。氰化物可掩蔽 $Ag^+$、$Hg^{2+}$、$Cu^{2+}$、$Zn^{2+}$、$Cd^{2+}$、$Ni^{2+}$、$Co^{2+}$ 等。柠檬酸盐配位 $Al^{3+}$、$Cr^{3+}$、$Fe^{3+}$、$Ca^{2+}$、$Mg^{2+}$ 等，可防止它们在碱性溶液中水解沉淀。本法测定铅时，有 0.1mg 下列金属离子存在时，不存在干扰：银、汞、铋、铜、锌、砷、锑、锡、铝、铁、镍、钴、铬、锰、碱土金属等离子。本法适于测定地表水和废水中微量铅。

### 三、仪器药品

1. 分光光度计。
2. 分液漏斗 250mL。
3. 铅标准溶液。配制：称取 $0.1599g Pb(NO_3)_2$（纯度 $\geqslant 99.5\%$）溶于约 200mL 水中，加入 10mLHNO$_3$，移入 1000mL 容量瓶中，以水稀释至刻度，此溶液含铅 $100.0 \mu g/mL$。取此溶液 10.00mL 置于 500mL 容量瓶中，用水稀释至刻度，此溶液含铅 $2.0 \mu g/mL$。
4. 0.1g/L 双硫腙贮备液。配制：称取 100mg 纯净双硫腙溶于 1000mL 三氯甲烷中，贮于棕色瓶中，放置于冰箱内备用[1]。
5. 0.04g/L 双硫腙工作液。配制：取 100mL 双硫腙贮备液置于 250mL 容量瓶中，用三氯甲烷稀释至刻度。
6. 双硫腙专用液。配制：将 250mg 双硫腙溶于 250mL 三氯甲烷中，此溶液不必纯化，专用于萃取提纯试剂。
7. 柠檬酸盐-氰化钾还原性溶液。配制：将 100g 柠檬酸氢二铵、5g 无水 Na$_2$SO$_3$、2.5g 盐酸羟胺、10g KCN（注意剧毒！）溶于水，用水稀释至 250mL，加入 500mL 氨水混合（此溶液不可用嘴吸）[2]。

### 四、实验步骤

1. 水样预处理

除非证明水样的消化处理是不必要的，例如，不含悬浮物的地下水、清洁地面水可直接测定外，否则应按下面预处理。

（1）比较浑浊的地面水　取 250mL 水样加入 2.5mL $HNO_3$，于电热板上微沸消解 10min，冷却后用快速滤纸过滤入 250mL 容量瓶，滤纸用 0.2% $HNO_3$ 洗涤数次至容量瓶满刻度。

（2）含悬浮物和有机物较多的水样　取 200mL 水样加入 10mL $HNO_3$，煮沸消解至 10mL 左右，稍冷却，补加 10mL $HNO_3$ 和 4mL $HClO_4$，继续消解蒸至近干。冷却后用 0.2% $HNO_3$ 温热溶解残渣，冷却后用快速滤纸过滤入 200mL 容量瓶，用 0.2% $HNO_3$ 洗涤滤纸并定容至 200mL。

**2. 试样测定**

准确量取含铅量不超过 $30\mu g$ 的适量试样放入 250mL 分液漏斗中，用水补充至 100mL，加入 10mL 20%（体积分数）$HNO_3$ 和 50mL 柠檬酸盐-氰化钾还原性氨性溶液，混匀。再加入 10.00mL 双硫腙工作液，塞紧后剧烈振荡 30s，静置分层。在分液漏斗的颈管内塞入一小团无铅脱脂棉，然后放出下层有机相，弃去 1～2mL 流出液，再注入 1cm 比色皿，以三氯甲烷为参比，在 510nm 处测量吸光度[3]。

**3. 标准曲线**

向 8 支 250mL 分液漏斗中分别加入 0mL，0.50mL，1.00mL，5.00mL，7.50mL，10.00mL，12.50mL，15.00mL 铅的标准溶液，补加去离子水至 100mL，以下按试样测定步骤进行。（亦可用目视比色法代替标准曲线法）

注：分光光度计、标准曲线由老师在实验前准备好，学生只需用待测液将比色皿润洗 3 次后装上待测液测出吸光度并从标准曲线上查出铋的质量。

## 五、数据处理

$$\rho(Pb) = \frac{m}{V}$$

式中　$\rho(Pb)$——铅的质量浓度，$\mu g/mL$；

$m$——从标准曲线上查出铅的质量，$\mu g$；

$V$——水样的体积，mL。

## 六、注意事项

1. 消解水样时注意不能蒸干。

2. 用分液漏斗萃取的过程中，在振荡时要注意塞子上小孔的位置，以防漏液。

3. 双硫腙工作液要准确加入。

4. 氰化钾是剧毒物质，使用时应注意。

5. 一般纯铜含铋量规定在 0.002% 以下，所称样品中含铋量以在 10～20$\mu g$ 为宜。

## 七、思考题

1. 加入柠檬酸-氰化钾的作用是什么？

2. 能否改用 HCl 预处理水样？

3. 为什么光度法测定环境水样中的铅要采取萃取方法？

4. 双硫腙工作液为什么要很准确加入？

注：[1] 双硫腙试剂不纯时应提纯。称取 0.5g 双硫腙溶于 100mL 三氯甲烷中，滤去不溶物，滤液置于 250mL 分液漏斗中，每次用 20mL 氨水（1+100）萃取，此时杂质留于有机相，双硫腙进入水相，放出水相，重复萃取 5 次。合并水相，然后用 6mol/L 盐酸中和至 pH=3～5，再用 250mL 三氯甲烷分 3 次萃取，合并三氯甲烷，此时双硫腙进入有机相，含双硫腙 2g/L。放于棕色瓶，保存于冰箱内。

　　〔2〕若此溶液含有微量铅，应用双硫腙专用液萃取，直至有机相为绿色，再用三氯甲烷萃取 2～3 次，除去残留于水相的双硫腙。

　　〔3〕若试剂未经提纯，应做试剂空白，即用无铅水代替水样，其他试剂用量相同，按实验步骤进行，测定空白值。水样测定值扣除空白值再从标准曲线上查出铅的质量。

 **相关链接**

　　水中铅和铜的检测仪——拥有独特的一次性电极技术的扫描分析仪（scanning analyzer）是在测试水中铅和铜方面的一个突破。有了这一系统，您可以进行简单的现场测试。

　　测试铅和铜非常简单。该扫描分析仪拥有独特的一次性电极系统。只需将电极浸入到样品中，其余的工作由该仪器来完成。3min 之内即可显示铅和铜的浓度。测试简单、精确而专一，无需复杂的样品制备。测试前，水样只需用一个特殊的调整片剂简单处理以取得正确的测试条件。这一简单系统是一系列最新技术革新的集中体现。这是一种真正的技术突破！微型一次性电极是多年艰苦科学研究的结晶。

　　只要电极检测到样品，其检测过程就会开始。一个微小电流会通过溶液，溶解的金属离子沉积到电极表面上——这个过程就像电镀。电镀阶段一旦完成，扫描阶段即告开始。分析仪向电极施加一个不断增大的反向电压，以将沉积的金属剥离。这些金属（包括铅和铜）在精确的电位处以固定的顺序从电极上脱离。各种金属以这种方式相互分离。分析仪可精确控制电极循环，并捕获和整理数以千计的信号读数。处理对这些读数进行解释以识别每一种金属并确定其浓度。

　　环境中的铅是最重要的环境污染物之一。数百万计的人暴露于存在于家庭用水中的铅的潜在危害之下。与铅和其他重金属有关的长期健康危害已日益受到政府和法律机构的重视。这导致了新的环境立法，以及对现有涉及饮用水的标准的提高。世界卫生组织已提出了 10μg/L 这一指导浓度值。因此，对简单而负担起的监测方法的需求从没有像现在这样迫切。

　　铅和其他重金属对环境造成的影响非常大，但在水中发现的浓度非常小。因此，对铅进行监测总是存在很大的困难。现场监测的方法缺乏灵敏度，并会受到其他物质的干扰。这种监测通常包括费时而复杂的测试步骤。因此，人们一直不能在现场对铅和铜进行广泛的监测。目前的情况有所发展，以便应对当前环境问题的挑战，即出现了 SA-1000Scanning Analyzer。该分析仪提供了测试铅和铜的一种简单、灵敏而准确的方法。它特别设计用于监测供水中的铅（也可测定铜）。

# 实验六十七　离子交换法制备纯水

## 一、实验目的

1. 了解离子交换树脂的处理方法。
2. 掌握离子交换制备纯水的原理。
3. 掌握离子交换的基本操作技术。

## 二、实验原理

　　离子交换剂的基本反应，是用可允许的或者无影响的离子取代水中不需要的或有害离子。在除去水中离子的交换中，一般使用的均是苯乙烯型强碱性阴离子交换树脂和强酸性阳离子交换树脂。这两类树脂是合成的有机高分子化合物，带有可交换的离子性基团，是一种几乎在所有溶剂中都不溶解的固体颗粒，而且，任何能形成离子的物质几乎都能被离子交换树脂吸去或取代。由于水中含有阴离子和阳离子，故在除去水中离子的过程中必须同时使用阴离子交换树脂和阳离子交换树脂。

　　设　R—H 代表氢型阳离子交换树脂（简称阳树脂）；

　　R—OH 代表氢氧基型阴离子交换树脂（简称阴树脂）；

　　$M^+$ 和 $X^-$ 分别代表水中阳、阴离子。

当水通过氢型阳离子交换树脂时便发生如下反应：

$$R—H+MX \longrightarrow R—M+HX$$

流经氢型阳离子交换树脂的水，再通过氢氧基型阴离子交换树脂时，以发生如下反应：

$$R—OH+HX \longrightarrow R—X+H_2O$$

在上述反应中，氢型阳离子交换树脂，以其可交换的氢离子取代或者交换了水中的阳离子，同时释放出的氢离子和水中剩下的阴离子相结合，生成相应的酸。上述流出液通过氢氧基型阴离子交换树脂时，其氢氧基离子取代或者交换了水中的阴离子，并和剩下的氢离子迅速结合生成水。从而除去了水中的全部离子。

经过转型（或再生）处理的阳、阴离子交换树脂，在使用一段时间之后，就失去了交换能力（亦称"老化"）。为了恢复其交换能力，必须用酸（如盐酸）和碱（如氢氧化钠）对阳、阴离子交换树脂进行再生。

用盐酸对阳离子交换树脂再生时的反应是：

$$R—M+HCl \longrightarrow R—H+MCl$$

用氢氧化钠对阴离子交换树脂再生时的反应是：

$$R—X+NaOH \longrightarrow R—OH+NaX$$

这样，经过再生使失去交换能力的离子交换树脂重新恢复交换能力。因此，离子交换是固体和液体之间的离子的可逆交换，而在交换中固体的结构不发生实质的变化。

### 三、仪器药品

1. 离子交换柱，1cm×30cm($\phi$×$l$)。

2. 732 苯乙烯型强酸性阳离子交换树脂。

3. 711（或 717）苯乙烯型强碱性阴离子交换树脂。

4. 95％（$\varphi$）乙醇。

5. 盐酸（1+4）。

6. 氢氧化钠溶液（80g/L）。

### 四、实验步骤

1. 新树脂处理

（1）漂洗  将 20g 新阴、阳树脂分别放于两个烧杯中用常水反复漂洗，除去其中的色素、水溶性物质及灰尘。再浸泡 24h，再反复用常水洗至无明显混悬物时，将水倒尽。

（2）用乙醇浸泡  加入 95％的乙醇溶液浸泡 24h，以除去醇溶性杂质。倒去醇溶液后，再用常水洗至无醇味为止。

2. 装柱

将两根交换柱涂好凡士林并洗净。装入蒸馏水，赶掉交换柱下端气泡（与酸式滴定管相同），留下约 10mL 蒸馏水。从上口放入少许脱脂棉或玻璃棉，用长玻璃棒将脱脂棉塞在交换柱下端，按实（不能有气泡）但不能太紧，否则会影响溶液流出速度。用药匙将阴、阳树脂连水分别装入上述两根交换柱中，装完后在树脂上方再铺一层脱脂棉，以防止加液时将树脂冲起。

3. 转型（再生）

阳离子交换树脂加盐酸（1+4）溶液，待水替换出后，放置 2～3h，用水洗至 pH 为3～4止，再用约 60mL 的盐酸（1+4）溶液以约 3～4mL/min 的流速进行动态转型，酸加完后用去离子水洗至 pH 约为 4。

阴离子交换树脂加 80g/L 氢氧化钠溶液，待水替换出后，放置 2～3h，用水洗至 pH 为

9～10 止，再用约 60mL 的 80g/L 氢氧化钠溶液以 3～4mL/min 的流速进行动态转型，碱加完后用去离子水洗至 pH 为 8～9。

4. 交换制水

先加水至阳离子交换柱中，控制流速为 5mL/min，流出液再加入至阴离子交换柱中，控制流速为 5mL/min，待流出约 50mL 后，收集流出液，留作检验。

### 五、检验水是否合格

检查阴、阳离子是否合格。

### 六、注意事项

1. 交换制水过程中，出水的质量先是由低到高，经过一个平衡阶段后又由高到低，当出水不合格，说明树脂已"老化"，需进行再生处理。

2. 酸碱再生或转型时，酸碱液与树脂的接触时间不得少于 1h。

3. 离子交换树脂可反复使用。

4. 树脂的温度不要超过 50℃，也不宜长时间与高浓度的强氧化剂接触。

### 七、思考题

1. 新树脂如何处理？

2. 如何检查水中阴、阳离子是否合格？

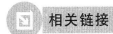 相关链接

利用离子交换树脂生产工业用水和实验室用水已有近百年的历史，但是在 20 世纪 60 年代以前，由于除去水中热源的问题没有得到解决，所以 20 世纪 70 年代前各国药典均未收载利用去离子水作为注射用水。60 年代我国许多单位在这方面做了大量的研究试验工作。实践证明，苯乙烯型强碱性阴离子交换树脂具有除去热源的显著能力。通过大量的试验和临床应用，证明用去离子水作注射用水是完全符合要求的。利用离子交换树脂制备纯水具有设备简单、操作方便、生产成本低等优点。

## 实验六十八 离子交换法测定 $NaNO_3$ 纯度

### 一、实验目的

1. 了解阳离子交换树脂的性能。

2. 掌握用离子交换法测定 $NaNO_3$ 纯度的方法、原理和操作技术。

### 二、实验原理

硝酸钠溶液通过氢型阳离子交换树脂，钠离子与树脂上的氢离子进行交换，生成硝酸，用碱标准溶液滴定，由标准溶液的用量计算硝酸钠的纯度。反应为：

$$R—H + NaNO_3 \longrightarrow R—Na + HNO_3$$
$$HNO_3 + NaOH \longrightarrow NaNO_3 + H_2O$$

### 三、仪器药品

1. 离子交换柱，1cm×30cm（$\phi×l$）。

2. 250mL 容量瓶。

3. 500mL 锥形瓶。

4. 10mL 移液管。

5. 732 苯乙烯强酸性阳离子交换树脂。配制：取钠型强酸性离子交换树脂 20g，用水浸泡 24h，装柱后用 100mL HCl(1+6) 溶液分 5 次注入交换柱中，流速为 6～7mL/min，流

完后用水洗至无氯离子，再用 250mL 蒸馏水洗涤。洗涤液加 2 滴酚酞指示剂，用 NaOH 标准溶液滴定至呈粉红色，其体积消耗不得超过 0.2mL。

6. HCl 溶液 (1+6)。

7. $c(NaOH)=0.1mol/L$ NaOH 标准溶液。

8. 酚酞指示液 (10g/L)。

9. $NaNO_3$ 试样。

### 四、实验步骤

准确称取在 $105\sim110℃$ 烘箱烘至恒重的试样 5g，加水溶解后，定量转移至 250mL 容量瓶中，稀释至刻度，摇匀。吸取 10.00mL，注入已处理好的离子交换树脂柱中保持流经树脂的流速为 $6\sim7mL/min$，将流出液盛于 500mL 锥形瓶中，当试液刚流至树脂层上端，用 250mL 水分 10 次洗至流出液无酸性，向流出液中加 2 滴酚酞指示剂，以 $c(NaOH)=0.1mol/L$ NaOH 标准溶液滴定至粉红色 30s 不褪为终点。取 250mL 蒸馏水按试液处理，进行空白试验。

### 五、数据处理

$$w(NaNO_3)=\frac{c(NaOH)(V_2-V_1)M(NaNO_3)\times10^{-3}}{m_{样}\times\frac{10}{250}}\times100\%$$

式中　$w(NaNO_3)$——试样中的 $NaNO_3$ 质量分数，%；

$c(NaOH)$——NaOH 标准溶液的浓度，mol/L；

$V_2$——滴定试样时消耗 NaOH 标准溶液的体积，mL；

$V_1$——空白试验时消耗 NaOH 标准溶液的体积，mL；

$M(NaNO_3)$——$NaNO_3$ 的摩尔质量，g/mol；

$m_{样}$——$NaNO_3$ 样品的质量，g。

### 六、注意事项

1. 流速不能快。

2. 树脂柱不得有气泡。

3. NaOH 标准溶液可用 NaCl 基准物按操作方法进行标定。

### 七、思考题

1. 常用离子交换树脂有什么类型？离子交换树脂是由何种物质构成？有何特性？

2. 若试样中有微量 NaCl 和 $NaNO_2$，分析结果应如何处理？

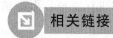 相关链接

硝酸钠是无色透明结晶或白色颗粒或粉末，无臭，味咸微苦。在潮湿空气中略吸湿。易溶于水，微溶于甲醇和乙醇。有氧化性，与有机物摩擦或撞击能引起燃烧或爆炸。有毒，半致死量（兔，经口）1.95g 阴离子/kg。用作强氧化剂，工业上用于制造硝酸、染料、药物、火药等，也可用于土壤、化肥分析。

## 实验六十九　离子交换法分离钴、镍及配位滴定法测定

### 一、实验目的

1. 熟练掌握离子交换分离的操作技术。

2. 了解离子交换分离在定量分析中的应用。

3. 学习钴和镍的配位滴定方法、原理和操作技术。

**二、实验原理**

某些金属离子如 $Mn^{2+}$、$Co^{2+}$、$Cu^{2+}$、$Fe^{3+}$、$Zn^{2+}$ 在浓盐酸溶液中能与氯离子形成配位阴离子，而 $Ni^{2+}$ 则不能与氯离子形成配位阴离子。由于各种金属配位阴离子稳定性不同，生成配位阴离子所需的 $Cl^-$ 浓度也就不同，因而把它们放入阴离子交换柱后，可通过控制不同盐酸浓度的洗脱液淋洗而进行分离。本实验只进行钴、镍分离。当试液为 9mol/L 盐酸时，$Ni^{2+}$ 仍带正电荷，不被交换吸附，而 $Co^{2+}$ 形成 $CoCl_4^{2-}$，被交换吸附：

$$2R_4N^+Cl^- + CoCl_4^{2-} \longrightarrow (R_4N^+)_2CoCl_4^{2-} + 2Cl^-$$

柱上显蓝色带，用 9mol/L HCl 溶液洗脱，$Ni^{2+}$ 首先流出柱，流出液呈淡黄色。接着用 3mol/L HCl 溶液洗脱，$CoCl_4^{2-}$ 成为 $Co^{2+}$ 被洗出（因试液中只有钴和镍，故用 0.01mol/L HCl 溶液更容易洗脱钴），然后分别用配位滴定返滴法测定。

**三、仪器药品**

1. 离子交换柱，可用 25mL 酸式滴定管代替。

2. 强碱性阴离子交换树脂，国产 717，新商品牌号为 201×7，氯型，晾干后用 30 号筛过筛，取过筛部分。

3. 10mg/mL 镍标准溶液。配制：准确称取 4.048g 分析纯 $NiCl_2 \cdot 6H_2O$ 试剂，用 30mL 2mol/L HCl 溶液溶解，转移入 100mL 容量瓶并用 2mol/L HCl 溶液稀释至刻度。必要时按实验步骤（详见 $Ni^{2+}$ 的测定）标定。

4. 10mg/mL 钴标准溶液。配制：准确称取 4.036g 分析纯 $CoCl_2 \cdot 6H_2O$ 试剂，用 30mL 2mol/L HCl 溶液溶解，移入 100mL 容量瓶，用 2mol/L HCl 溶液稀释至刻度。必要时按实验步骤（详见 $Co^{2+}$ 的测定）标定。

5. 钴镍混合试液。配制：取钴、镍标准溶液等体积混合。

6. 0.02mol/L 标准锌溶液。配制：称取 0.35～0.45g ZnO 两份于 100mL 小烧杯中，用 4mL 盐酸（1+1）溶解后定容于 250mL 容量瓶中。

浓度计算：

$$c(Zn^{2+}) = \frac{m(ZnO)}{M(ZnO)V}$$

式中　$c(Zn^{2+})$——标准锌溶液的浓度，mol/L；

　　　$m(ZnO)$——ZnO 的质量，g；

　　　$M(ZnO)$——ZnO 的摩尔质量，g/mol；

　　　　　$V$——容量瓶的体积，L。

7. 0.025mol/L EDTA 二钠盐标准溶液。

配制：称取 9.5g 乙二胺四乙酸二钠盐，用水溶解后，稀释至 1000mL。

标定：准确取 35.00mL 上述标准锌溶液于 250mL 锥形瓶中，加入 50mL 水，滴加（1+1）氨水至出现浑浊，加入 10mL $NH_3 \cdot H_2O$-$NH_4Cl$ 缓冲溶液，5 滴铬黑 T 指示剂，用待标定的 EDTA 二钠盐溶液滴定至纯蓝色。

浓度计算：

$$c(EDTA) = \frac{c(Zn^{2+})V(Zn^{2+})}{V(EDTA)}$$

式中　$c(EDTA)$——EDTA 二钠盐标准溶液的物质的量浓度，mol/L；

　　　$c(Zn^{2+})$——标准锌溶液的物质的量浓度，mol/L；

$V(\text{Zn}^{2+})$——标准锌溶液的体积，L；

$V(\text{EDTA})$——EDTA 二钠盐标准溶液的体积，L。

8. 2g/L 二甲基酚橙。

9. 0.2g/mL 六亚甲基四胺水溶液，用 2mol/L 盐酸调至 pH＝5.8。

10. 12mol/L，9mol/L，6mol/L，2mol/L 和 0.01mol/L 盐酸溶液。

11. 6mol/L，2mol/L NaOH 溶液。

12. 酚酞（2g/L 乙醇溶液）。

13. 定性鉴定用试剂：10g/L 丁二铜肟乙醇溶液，饱和 NH₄SCN 溶液，戊醇，浓氨水。

#### 四、实验步骤

**1. 交换柱的准备**

强碱性阴离子交换树脂先用 2mol/L HCl 溶液浸泡 24h，取出树脂，用水洗净。继续用 2mol/L NaOH 溶液浸泡 2h，然后用去离子水洗至中性，再用 2mol/L HCl 溶液浸泡 24h，备用。

取一支 1cm×20cm 的玻璃交换柱或 25mL 酸式滴定管，底部塞以少许玻璃棉，将树脂和水缓慢倒入柱中，树脂柱高约 15cm，上面再铺一层玻璃棉。调节流量约为 1mL/min，待水面下降近树脂层的上端时（切勿使树脂干涸），分次加入 20mL 9mol/L HCl 溶液，并以相同流量通过交换柱，使树脂与 9mol/L HCl 溶液达到平衡。

**2. 试液**

取钴镍混合试液 2.00mL 于 50mL 小烧杯中，加入 6mL 浓盐酸，使试液中 HCl 溶液浓度为 9mol/L。

**3. 分离**

将试液小心移入交换柱中进行交换，用 250mL 锥形瓶收集流出液，流量 0.5mL/min。当液面到达树脂相时（注意色带的颜色），用 20mL 9mol/L HCl 溶液洗脱 Ni²⁺，开始时用少量 9mol/L HCl 溶液洗涤烧杯，每次 2～3mL，洗 3～4 次，洗涤液均倒入柱中，以保证试液全部转移入交换柱。然后将其余 9mol/L HCl 溶液分次倒入交换柱。收集流出液以测定 Ni²⁺。待洗脱近结束时，取 2 滴流出液，用浓氨水碱化，再加 2 滴 10g/L 丁二酮肟，以检验 Ni²⁺ 是否洗脱完全。

继续用 25mL 0.01mol/L HCl 溶液分 5 次洗脱 Co²⁺，流量为 1mL/min，收集流出液于另一锥形瓶中以备测定 Co²⁺（用 NH₄SCN 法检验 Co²⁺ 是否洗脱完全）。

**4. Ni²⁺、Co²⁺ 的测定**

将洗脱 Ni²⁺ 的洗脱液用 6mol/L NaOH 中和至酚酞变红，继续用 6mol/L HCl 溶液调至红色褪去，再过量 2 滴，此时由于中和发热使液温升高，可将锥形瓶置于流水中冷却。用移液管加入 10.00mL EDTA 溶液，加 5mL 六亚甲基四胺溶液，控制溶液的 pH 在 5.5 左右。加 2 滴二甲酚橙指示液，溶液应为黄色（若呈紫红或橙红，说明 pH 过高，用 2mol/L HCl 溶液调至刚变黄色），用锌标准溶液回滴过量的 EDTA，终点由黄绿变紫红色。

Co²⁺ 的测定同 Ni²⁺。

根据滴定结果计算镍钴混合试液中各组分的浓度，以 mg/mL 表示。

用 20～30mL 2mol/L HCl 溶液处理交换柱使之再生，或将使用过的树脂回收在一烧杯中，统一进行再生处理（取出玻璃棉，洗净交换柱）。

#### 五、数据处理

$$\rho(\text{Ni}) = \frac{[c(\text{EDTA})V(\text{EDTA}) - c(\text{Zn}^{2+})V_1]M(\text{Ni})}{V}$$

$$\rho(\mathrm{Co}) = \frac{\left[c(\mathrm{EDTA})V(\mathrm{EDTA}) - c(\mathrm{Zn}^{2+})V_2\right]M(\mathrm{Co})}{V}$$

式中　　$\rho(\mathrm{Ni})$——镍钴混合试液中镍的质量浓度，mg/mL；

　　　　$\rho(\mathrm{Co})$——镍钴混合试液中钴的质量浓度，mg/mL；

　　$c(\mathrm{EDTA})$——EDTA 标准溶液的浓度，mol/L；

　　$V(\mathrm{EDTA})$——加入的 EDTA 标准溶液的体积，mL；

　　　$c(\mathrm{Zn}^{2+})$——标准锌溶液的浓度，mol/L；

　　　　　　$V_1$——滴定镍时消耗的标准锌溶液的体积，mL；

　　　　　　$V_2$——滴定钴时消耗的标准锌溶液的体积，mL；

　　　$M(\mathrm{Ni})$——Ni 的摩尔质量，g/mol；

　　　$M(\mathrm{Co})$——Co 的摩尔质量，g/mol；

　　　　　　$V$——镍钴混合试液的体积，mL。

## 六、注意事项

1. 底部塞的玻璃棉不能太紧，也不能太松，否则会造成流速太慢或树脂颗粒堵塞管尖。

2. 向交换柱中加入溶液要慢，尽量不要将树脂冲起。

3. 液面不能低于树脂最上端，否则会产生气泡影响交换效果。

4. 要注意控制流速，否则会影响分离效果。

5. 加淋洗液时，要尽量等液面接近树脂时再加入。

## 七、思考题

1. 在离子交换分离中，为什么要控制流出液的流量？淋洗液为什么要分几次加入？

2. 本实验若是微量 $\mathrm{Co}^{2+}$ 与大量 $\mathrm{Ni}^{2+}$ 的分离，其测定方法应有何不同？

3. 对于含常量钴和镍的试液，若不采用预分离，应如何进行测定？

 **相关链接**

　　钴（Co）是维生素 $\mathrm{B}_{12}$ 的组成成分，是一种独特的营养物质，列为人体必需的微量元素。钴通过形成维生素 $\mathrm{B}_{12}$ 而发挥其生物学作用及生理功能。首先是钴能刺激促红细胞生成素的生成，促进胃肠道内铁的吸收，还能加速贮存铁，使之进入骨髓利用。钴还有驱脂作用，可防止脂肪在肝内沉积。钴能防治甲状腺肿瘤。人体缺钴时影响维生素 $\mathrm{B}_{12}$ 形成，红细胞的生长发育受干扰，可发生巨细胞性贫血、急性白血病、骨髓疾病等。

　　镍（Ni）也是正常机体必不可缺的微量元素，镍可以激活肽酶，有增强胰岛素降血糖的作用。镍有刺激生血功能的作用。各种贫血及肝硬化病人血镍均降低。镍参与人体某些酶的代谢和组成，对维持人体生理功能起着一定生物作用。①镍可增强胰岛素分泌，起到降低血糖作用。②镍有刺激造血功能作用，可用于治疗各种贫血及肝硬化。③镍作为神经镇静剂治疗头痛、神经痛和失眠。④镍对肺心病、哮喘病及心肺功能不全患者有缓解作用。缺血心肌释放的镍，可使冠状动脉进一步痉挛，使冠状动脉供血不足，加重心肌损伤，镍直接作用于心肌，引起冠心病。

# 实验七十　铜、铁、钴、镍的纸色谱分离法

## 一、实验目的

1. 学习纸色谱分离的操作技术。

2. 了解纸色谱分离在定量分析中的应用。

3. 学会计算比移值的方法。

## 二、实验原理

纸色谱法（又称纸上层析分离法）是以滤纸作为支持体的平板色谱分离方法。它在无机

物和有机物的分离中都有重要应用。

纸色谱法分离物质的原理，是根据各物质在吸附剂上吸附性质的不同，即其分配性质的差别，经过各组分的多次吸附和解吸过程，使混合物各组分得以分离。

纸色谱法分离物质时，是利用滤纸的吸湿水分作为固定相，展开剂（即有机溶剂）作为流动相。纸色谱法要选用厚度均匀、无折痕、边缘整齐的滤纸层析滤纸，以保证展开速度均匀。层析滤纸的纤维素要松紧合适，过于疏松，会使斑点扩散；过于紧密，则层析速度太慢。层析滤纸的纸条，一般有 3cm×20cm，5cm×30cm，8cm×50cm 等规格。在距滤纸条一端 3～4cm 处画出起始线，在距滤纸条的另一端 1～2cm 处画出前沿线。在起始线上点样。

点样时，若样品是液体，可直接点样。固体样品应先将样品溶解在溶剂中，溶剂最好采用与展开剂极性相似且易于挥发的溶剂，如乙醇、丙酮、氯仿等。水溶液的斑点易扩散，且不易挥发，一般不用，但无机试样可以用水作溶剂。

点样时，用管口平整的毛细管（内径约 0.5mm）或微量注射器，吸取少量试液，点于起始线上。可并排点数个样品，两点间相距 2cm 左右。原点越小越好，一般控制直径以 2～3mm 为宜。若试液较稀，可反复点样，每次点后应待溶剂挥发后再点，以免原点扩散。促使溶剂挥发的办法有红外灯照射烘干或用电吹风吹干。

点样后即可进行展开。纸色谱在展开样品时，常采用上行法、下行法和环行法等。一般常采用上行法，上行法设备简单，应用较广，但展开速度慢。方法是：层析缸盖应密闭不漏气，缸内用配制好的展开剂蒸气饱和，将点有试样的一端放入展开剂液面下约 1cm 处，但展开剂液面的高度应低于样品斑点。展开剂沿滤纸上升，样品中各组分随之而展开。当溶剂上升至前沿线时停止展开，之后进行溶剂的挥发。对于比移值较小的试样，可用下行法得到好的分离效果。下行法的操作方法是：将试液点在滤纸条的上端处，把纸条的上端浸入盛有展开剂的玻璃槽中，将玻璃槽放在架子上，玻璃槽和架子一同放入层析缸中，展开时，展开剂将沿着滤纸条向下移动。

采用上行法时，流动相由于毛细管作用自下而上地移动，试样中的各组分将在两相中不断进行分配。因为它们的分配系数不同，不同溶质随流动相移动的速度不等，因而形成了距离原点不等的层析斑点，达到分离目的。

对于有色物质，当样品展开后，即可直接观察各个色斑。而对于无色物质，需采用各种物理、化学方法使其显色。常用的显色方法是用紫外灯照射。凡能吸收紫外线或吸收紫外线后能发射出各种不同颜色的荧光的组分，均可用此方法显色。用笔记录下各组分的颜色、位置、形状、大小。借助斑点的位置可以进行定性鉴定。也可喷洒各种显色剂，例如，对于氨基酸，可喷洒茚三酮试剂。多数氨基酸呈紫色，个别呈蓝色、紫红色或橙色。

为了衡量平板色谱法分离物质组分的分离效果，可用比移值 $R_f$ 表示：

$$R_f = \frac{组分原点中心到展开后的斑点中心的距离}{组分原点中心到溶剂前沿的距离}$$

显然，$R_f$ 值最大为 1，这时该组分将随溶剂前沿等速上移。$R_f$ 最小为 0，这时，该组分在原点未移动。

$R_f$ 是在一定条件下某物质的化学特征量，因此，可根据 $R_f$ 来作为物质的定性分析。影响 $R_f$ 的因素较多，主要是展开剂、滤纸质量、温度等实验条件。为此，分析工作中，应用各组分相应的标准样品同时做对照实验。分离之后，可根据斑点的大小、颜色的深浅做半定量测定。或采用适当的方法进行定量测定，如剪下斑点灰化、溶解后用光度法测定其含量等。

本试验用丙酮＋盐酸＋水＝90＋5＋5 为展开剂，用上行法展开以分离 $Cu^{2+}$、$Fe^{3+}$、$Co^{2+}$、$Ni^{2+}$ 混合溶液，其中 $Fe^{3+}$ 移动最快，$R_f$ 值接近 1；其次是 $Cu^{2+}$ 和 $Co^{2+}$；而 $Ni^{2+}$ 移动最小，$R_f$ 值接近于零。展开后用氨气熏之，以中和酸性，然后用二硫代乙二酰胺显色，从上至下各斑点的颜色为：棕黄色（$Fe^{3+}$）、灰绿色（$Cu^{2+}$）、黄色（$Co^{2+}$）和深蓝色（$Ni^{2+}$）。以 $Cu^{2+}$ 为例其显色反应如下：

$$Cu^{2+} + (CSNH_2)_2 \longrightarrow HN=C \quad\quad C=NH + 2H^+$$

### 三、仪器药品

1. 层析筒（可用 100mL 量筒代替）。

2. 微量注射器，若只作定性分析，可用毛细管。

3. 喷雾器。

4. 滤纸。新华中速层析纸，裁成 $30cm \times 1.5cm$ 的条状。

5. 展开剂（丙酮＋盐酸＋水＝90＋5＋5）。

6. 显色剂（二硫代乙二酰胺，0.5％乙醇溶液）。

7. 浓氨水（分析纯）。

8. $Cu^{2+}$、$Fe^{3+}$、$Co^{2+}$、$Ni^{2+}$ 混合溶液，各为 5mg/mL 以氯化物配制。

### 四、实验步骤

1. 点样

取已裁好的滤纸一张，于纸条一端 3cm 处用铅笔画一条横线，并在横线中间记一个 "×" 号，在纸的另一端 1cm 处也用铅笔画一条横线作为溶剂前沿线。用毛细管或微量注射器移取试液 $5\mu L$，分 3 次小心点在横线上的 "×" 号处（称为原点），每次点后用电吹风吹干以控制斑点直径小于 0.5cm，在空气中风干后，挂在橡皮塞下面的铁丝钩上。

2. 展开

在干燥的层析筒中加入 10mL 展开剂，放入滤纸条，塞紧橡皮塞，使滤纸下端的空白部分浸入展开剂中约 1cm，开始进行展开，当溶剂上升至前沿线时停止展开。

3. 显色

取出滤纸条，在空气中风干后，在浓氨水瓶口熏 5min，然后用显色剂喷洒显色。从上到下得到 4 个清晰的斑点，依次为铁（棕黄色）、铜（灰绿色）、钴（黄色）、镍（深蓝色）。

### 五、数据处理

用铅笔将各斑点的范围标出，找出各斑点的中心点，用米尺量出各斑点的中心点到原点的距离 $a$，再量出原点到溶剂前沿的距离 $b$，则

$$R_f = \frac{a}{b}$$

$Fe^{3+}$、$Cu^{2+}$、$Co^{2+}$、$Ni^{2+}$ 的 $R_f$ 值分别为 0.97、0.63、0.49、0.01。

### 六、注意事项

1. 若需要进行定量测定时，可配制各组分的标准溶液，用宽一些的滤纸条，将标准和试样溶液在同一滤纸条上点样，两者原点水平距离约 3cm，其他操作相同。

显色后，分别剪下标准和试样斑点，放在瓷坩埚中灰化，然后在高温炉中灼烧（800℃）15min，取出冷却后，加 10 滴浓 $HNO_3$ 加热溶解，用光度法分别测定各组分含

量。铁可用磺基水杨酸显色；铜用铜试剂显色，钴用亚硝基-R 盐显色；镍用丁二铜肟显色测定。

2. 层析纸应先在展开剂饱和的空气中放置 24h 以上，方法是：取少量展开剂置于一小烧杯中，然后放入干燥器中，并把层析纸放在干燥器中，盖严之后，放置即可。

3. 展开剂中各组分之比例必须严格控制，否则影响分离效果。因此，量取丙酮的量器和贮存展开剂的容器必须干燥，盐酸和水应当用移液管量取。

4. 配制 $Cu^{2+}$、$Fe^{3+}$、$Co^{2+}$、$Ni^{2+}$ 试液时，必须采用氯化物，如果采用硝酸盐类时，展开效果不够好，各组分的斑点不集中。

5. 点样时如果斑点直径太大，可分次点样；若不作定量测定，只需控制斑点大小，不必准确量取体积。

6. 喷洒显色剂不宜过多，以免底色过深影响斑点观察。

### 七、思考题

1. 影响 $R_f$ 值的因素有哪些？

2. 展开剂中加入盐酸起什么作用？

1938 年，科学家在进行不同种类的氨基酸分离时，采用将水吸附在固相的硅胶上，以氯仿冲洗的方法，成功地分离了氨基酸，这就是现在常用的分配色谱。在获得成功之后，这种方法被广泛应用于各种有机物的分离。

# 实验七十一　纸色谱法分离氨基酸

## 一、实验目的

1. 掌握纸色谱法的操作技术和比移值的测量方法。

2. 学习如何根据组分不同的比移值，分离、鉴别未知试样的组分。

## 二、实验原理

本实验是分离、鉴定 3 组分氨基酸混合物：异亮氨酸、赖氨酸和谷氨酸。

氨基酸无色，利用它们与茚三酮显现蓝紫色（除脯氨酸黄色外），可将分离的氨基酸斑点显色。其显色反应机理如下：

$$\text{茚三酮} + H_2O \longrightarrow \text{水化茚三酮}$$

氨基酸被水化茚三酮氧化，分解出醛、氨、二氧化碳，而水化茚三酮本身则被还原为还原茚三酮：

$$R\text{—}CH\text{—}COOH + \text{（水化茚三酮）} \longrightarrow \text{（还原茚三酮）} + RCHO + NH_3 + CO_2\uparrow$$

氨基酸

与此同时，还原茚三酮和 $NH_3$、茚三酮缩合成新的有色化合物而使斑点显色：

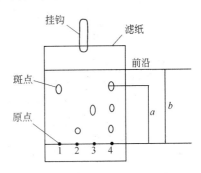

### 三、仪器药品

1. 玻璃层析筒，$150mm \times 300mm$（$\phi \times h$）。

2. 层析纸（纸条），$98mm \times 240mm$（也可用大张定性滤纸代替）。

3. 毛细管，直径 1mm 左右，自制或市场购买。

4. 喷雾器，盛显色剂用。

5. 展开剂［正丁醇＋市售甲酸（80%～880g/L）＋水＝60＋12＋8］。

6. 2g/L 氨基酸标准溶液。将异亮氨酸、赖氨酸和谷氨酸分别配成 2g/L 的水溶液。

7. 茚三酮（1g/L 乙醇溶液）。

8. 异亮氨酸、赖氨酸和谷氨酸混合试液。将三种氨基酸等量混合。

### 四、实验步骤

1. 点样

取纸条于下端 3cm 处，用铅笔画一水平线，在线上画出 1，2，3，4 号 4 个点，在距纸的另一端约 1cm 处也画一水平线作为溶剂前沿线。1，2，3 号分别用毛细管将 3 种氨基酸标准溶液点出约 2mm 直径大小的扩散原点，4 号点混合试液原点，如图 9-1 所示。图中还示意出 3 个组分的分离，显色斑点和溶剂前沿（注意：皮肤分泌有氨基酸，不要用手指直接接触纸条）。

2. 展开分离

将点好样的滤纸晾干后用挂钩挂在层析筒盖上，放入已盛有 80mL 展开剂的层析筒中，记下开始层析时间。当展开剂上升至前沿线时，取出层析纸，记下展开停止时间。将滤纸晾干或烘干。

图 9-1　纸条点样和展开后示意

3. 显色

展开剂晾干或烘干后，用喷雾器在层析纸上均匀喷上 1g/L 茚三酮溶液，放入 100℃ 干燥箱中烘 3～5min，滤纸干后，即可显出红色的层析斑点。

### 五、测量并计算比移值 $R_f$

用铅笔将各斑点的范围标出，找出各斑点的中心点，用米尺量出各斑点的中心点到原点的距离 $a$，再量出原点到溶剂前沿的距离 $b$，则

$$R_f = \frac{a}{b}$$

### 六、注意事项

1. 层析纸应先在展开剂饱和的空气中放置 24h 以上，方法是：取少量展开剂置于一小烧杯中，然后放入干燥器中，并把层析纸放在干燥器中，盖严之后，放置即可。

2. 纸条应挂得平直，原点应离开液面，纸条应与展开剂接触。

### 七、思考题

1. 为什么在纸色谱法中要采用标准品对照鉴别?
2. 纸上色谱法分离氨基酸的固定相和流动相分别是什么?

 **相关链接**

美科学家首次合成第 21 种氨基酸。生物通常能合成 20 种生存所必需的氨基酸,美国科学家却通过基因技术培育出了新的大肠杆菌。生物体能按照 DNA 上的遗传信息生产氨基酸,再用氨基酸合成蛋白质。几乎所有的生物都能产生 20 种氨基酸。美国斯克里普斯研究所和加利福尼亚大学伯克利分校的研究小组通过改变大肠杆菌的基因,使大肠杆菌能够产生一种叫做"对氨苯丙氨酸"的新型氨基酸。并且,从理论上来说,利用类似方法还能够生成其他的氨基酸。

斯克里普斯研究所的一位教授评价该成果时说:"(这一成果使我们)能够研究为什么生物体一般只有 20 种氨基酸,拥有第 21 种氨基酸的生命将会有怎样的优点。"

氨基酸种类的增加一方面使人们有希望合成更多能广泛应用于医药领域的蛋白质,另一方面也使人们担心它会带来一些意想不到的不良影响,比如,出现一些危险的生物等。对此,研究所的科学家们表示,将一边慎重地讨论有关问题,一边积极地探索实际应用新技术的方法。

## 实验七十二　污水中油的测定

### 一、实验目的

1. 掌握污水中油的测定的方法及原理。
2. 复习巩固重量分析及萃取的有关理论知识。
3. 进一步熟练掌握重量分析操作技术和萃取分离技术。

### 二、实验原理

以硫酸酸化水样,用石油醚萃取矿物油,蒸除石油醚后,称其质量。

实验测定的是酸化水样中可被石油醚萃取的,且在实验过程中不挥发的物质总量。溶剂去除时,使得轻质油有明显损失。由于石油醚对油有选择地溶解,因此,石油的较重成分中可能含有不为溶剂萃取的物质。

### 三、仪器药品

1. 分析天平。
2. 干燥箱。
3. 恒温水浴。
4. 1000mL 分液漏斗。
5. 干燥器。
6. 中速定性滤纸。
7. 石油醚。将石油醚重蒸馏后使用,100mL 石油醚的蒸干残渣不应大于 0.2mg。
8. 无水硫酸钠。在 300℃ 马弗炉中烘烤 1h,冷却后装瓶备用。
9. 硫酸 (1+1)。
10. 氯化钠。

### 四、实验步骤

1. 在采集瓶上作一容量记号后(以便以后测量水样体积),将所收集的大约 1L 已经酸化(pH<2)水样,全部转移至分液漏斗中,加入氯化钠,其量约为水样量的 80g/L。用 25mL 石油醚洗涤采样瓶并转入分液漏斗中,充分摇匀 3min,静置分层并将水层放入原采样

瓶内，石油醚层转入 100mL 锥形瓶中。用石油醚重复萃取水样两次，每次用量 25mL，合并 3 次萃取液于锥形瓶中。

2. 向石油醚萃取液中加入适量无水硫酸钠（加入至不再结块为止），加盖后，放置 0.5h 以上，以便脱水。

3. 用预先以石油醚洗涤过的定性滤纸过滤，收集滤液于 100mL 已烘干至恒重的烧杯中，用少量的石油醚洗涤锥形瓶、硫酸钠和滤纸，洗涤液并入烧杯中。

4. 将烧杯置于（65±5）℃水浴上，蒸除石油醚。近干后再置于（65±5）℃干燥箱内烘干 1h，然后放入干燥器中冷却 30min，称量。

### 五、数据处理

$$\rho_{油} = \frac{(m_1 - m_2) \times 10^6}{V}$$

式中　$\rho_{油}$——污水中油的质量浓度，mg/L；

　　　$m_1$——烧杯加油总质量，g；

　　　$m_2$——烧杯质量，g；

　　　$V$——水样的体积，mL。

### 六、注意事项

1. 分液漏斗的活塞不要涂凡士林。

2. 测定污水中石油类物质时，若含有大量动、植物性油脂，应取内径 20mm、长 300mm，一端呈漏斗状的硬质玻璃管，填状 100mm 厚活性层析氧化铝（在 150～160℃ 活化 4h，未完全冷却前装好柱），然后用 10mL 石油醚清洗。将石油醚萃取液通过层析柱，除去动、植物性油脂，收集流出液于恒重的烧杯中。

3. 采样瓶应为清洁玻璃瓶，用洗涤剂清洗干净（不要用肥皂）。应定容采样，并将水样全部移入分液漏斗测定，以减少油附着于容器壁上引起的误差。

### 七、思考题

1. 用滤纸过滤前为什么要预先以石油醚洗涤？

2. 分液漏斗的活塞为什么不能涂凡士林？

### 相关链接

铅是一种具有神经毒性的重金属元素，在人体内无任何生理作用，其理想的血铅浓度为零。

铅从哪里来呢？

（1）大气　主要是指来自工业生产、生活和交通等方面的铅排放，估计全世界每年向大气排放铅在 349250t。排放铅毒来自于不可避免的工业废气、含铅汽油、汽车尾气、燃煤、钢铁冶金、化学工厂排放废气。

（2）土壤和尘埃　正常情况下，土壤含铅 10～50mg/kg，但在城市地区，土壤中的铅含量可能高出数百倍甚至数千倍。室内铅尘也是重要来源之一。

（3）水　废水污染饮用水体可造成水中铅含量升高。自来水中铅含量虽然不高，但是，其生物利用率往往较食物中的铅为高。

（4）日用品及装饰材料　家庭装饰材料（涂料）、香烟烟雾、化妆品、含铅容器、金属餐具这一类铅污染也是一重要来源。

日常生活中，一些漂亮和华丽的餐饮用具背后，便隐藏着"铅中毒"这一杀手。在我们经常用到的陶瓷类制品中，彩釉陶瓷制作的餐饮用具及水晶器皿是形成铅污染的源头之一。陶瓷制品的原料（陶土）及彩釉中可含有大量的铅及其他金属化合物，如用这类器皿盛酒或饮料，彩釉中的铅元素就会被浸出，进而溶解于食物或饮料中，日积月累，就会引起铅中毒。除了彩釉陶瓷制品之外，水晶制品是一种更具威胁的铅污染源。据专家称，水晶制品中的氧化铅含量往往高达 20％～30％，若用来盛酒，酒会将水晶制品中的铅溶解出来并溶于酒中；而且，酒对铅元素的溶解量与时间成正比，即盛酒的时间越长，酒中的含铅量就越高。实验表明：用水晶容器盛酒，1h 后，酒中的含铅量升高 1 倍。另一项实验表明：把 1L 白兰地酒置于水晶器皿中，5 年后，酒中的含铅量超过饮品中铅含量最低标准的 400 倍。

（5）食品　①大气和粉尘中也会带有铅的污染，可以直接沉积到谷物、蔬菜和水果的植株、叶片、种子、果实和表皮中或经过植株和叶片的吸收，使铅含量增加；②环境中的废水、废气污染的土壤，造成过高的土壤铅含量污染谷物和蔬菜；③室内粉尘和采用油漆彩ús新装修的房屋污染厨房中的食物；④以含铅彩绘的器皿贮存食物造成的污染；⑤铅质焊锡制作的食品罐头对食物的污染等，其中，铅污染罐头食品的危害最大。

（6）中药材的铅含量　中国预防医学科学院营养与食品卫生研究所的高俊全教授在国家"九五"攻关课题的研究中对我国华北地区 23 种中药材中铅含量进行了分析，中药材中平均铅含量在 1.78mg/kg，个别高的在 5～10mg/kg。如果按每人每日服用 6～10g 计算，通过中药材摄入的铅在 10.7～17.8μg。如果连续服药的话，铅将蓄积在体内，将对人体健康带来很大的威胁。长期服用将会造成铅中毒。

铅中毒的症状：铅通过呼吸道和消化道吸收入人体后，对机体的影响是全身性的和多系统的。根据临床表现的存在与否，儿童铅中毒分为症状性铅中毒和无症状性铅中毒（或亚临床型铅中毒）两种。

（1）神经系统　易激惹、多动、注意力短暂、攻击性行为、反应迟钝、嗜睡、运动失调。严重者有狂躁、谵妄（神志错乱、迷惑、语无伦次、不安宁、激动等特征并时常带有妄想或幻觉的暂时性精神失常）、视觉障碍，颅神经瘫痪等。血铅水平在 1000μg/L(4.826μmol/L) 左右时，可出现头疼、呕吐、惊厥、昏迷等铅性脑病的表现，甚至死亡。

（2）消化系统　腹痛、便秘、腹泻、恶心、呕吐等。

（3）血液系统　小细胞低色素性贫血等。

（4）心血管系统　高血压和心律失常。

（5）泌尿系统　早期氨基酸尿、糖尿、高磷尿，在晚期病人可见到氮质血症等肾功能衰竭的表现。

驱铅食品。由于铅在体内的吸收途径与钙、铁、锌、硒可发生竞争，所以膳食中含钙、铁、锌、硒丰富，就可以减少铅的吸收。特别是牛奶，其所含蛋白质能与体内铅结合成一种不溶性化合物，从而使肌体对铅的吸收量大大减少。另外，维生素 C 可在肠道与铅形成溶解度较低的抗坏血酸铅盐，随粪便排出体外，以减少铅在肠道的吸收。所以，多吃含维生素 C 丰富的蔬菜、水果也是有助于体内铅的排出。

含铁和锌丰富的食物有海带、动物肝脏、动物血、肉类、蛋类等。

含维生素 C 丰富的食物有油菜、卷心菜、苦瓜、猕猴桃、沙棘、枣、芦柑等。

驱铅保健食品正在研制中，主要是含钙、铁、锌、硒等元素的制剂，或是含硫氨基酸类、多糖类以及含巯基的食物成分制成的保健食品。这些产品将对体内的铅有促进排出的作用，将在儿童驱铅保健、预防儿童铅中毒的工作中起到重要的作用。

# 职业技能鉴定模拟题

**一、判断题**

1. 一定量的萃取溶剂，分作几次萃取，比使用同样数量溶剂萃取一次有利得多，这是分配定律的原理应用。（　　）

2. 分配定律不适用于溶质在水相和有机相中有多种存在形式，或在萃取过程中发生离解、缔合等反应的情况。（　　）

3. 分配系数越大，萃取百分率越小。（　　）

4. 使用分液漏斗进行液-液萃取时，先将上层液体通过上口倒出，再将下层液体由下口活塞放出。（　　）

5. 萃取分离的依据是"相似相溶"原理。（　　）

**二、选择题**

1. 通常用（　　）来进行溶液中物质的萃取。

A. 离子交换柱　　B. 分液漏斗　　C. 滴定管　　D. 柱色谱

2. 提纯固体有机化合物适宜的方法是（　　）。

A. 溶解后蒸馏分离　　B. 溶解后萃取分离　　C. 溶解后重结晶分离　　D. 溶解后洗涤分离

3. 某萃取体系的萃取百分率为 98%，$V_有 = V_水$，则分配系数为（　　）。

A. 98　　B. 94　　C. 49　　D. 24.5

4. 在薄层分析展开操作中，下列方法正确的是（　　）。

A. 将板放入展开剂中　　　　　　B. 将板基线一端浸入展开剂中的厚度约 0.5cm

C. 将板浸入展开剂中泡 1～2h　　　　D. 将板悬挂在层析缸中

5. 用薄层色谱法同时测定苯甲酸、山梨酸、糖精时，在展开后三者移动的距离为（　　）。

A. 苯甲酸＞山梨酸＞糖精　　B. 苯甲酸＜山梨酸＜糖精

C. 山梨酸＞苯甲酸＞糖精　　D. 苯甲酸＞糖精＞山梨酸

6. 对硅胶 G 薄层板进行活化的温度是（　　）。

A. 20℃　　B. 80℃　　C. 200℃　　D. 100℃

7. 用纸色谱法分离混合物中的物质 A 和 B，已知两者的比移值分别为 0.45 和 0.67。欲使分离后两斑点中心相距 3.0cm，滤纸条至少应长（　　）厘米。

A. 13　　B. 14　　C. 15　　D. 16

8. 衡量萃取效率的参数以下除外的是（　　）。

A. 分配比　　B. 分配系数　　C. 萃取效率　　D. 两相体积比

9. 螯合物萃取体系主要用于金属阳离子的萃取，以下不适合作为萃取剂的是（　　）。

A. 丁二酮肟　　B. 双硫腙　　C. 8-羟基喹啉　　D. EDTA

10. 将有的混合溶液通入氢型阳离子交换树脂，若将流出液中加入酚酞，则呈现（　　）。

A. 红色　　B. 粉红色　　C. 无色　　D. 黄色

11. 离子交换树脂对各离子的亲和力最大的是（　　）。

A. $Na^+$　　B. $Ca^{2+}$　　C. $Al^{3+}$　　D. $Th(Ⅵ)$

# 第十章
# 化学分析综合实验

## 第一节　化学分析综合实验的目的要求

　　化学分析综合实验是本课程重要的实践性教学环节。其目的是综合应用化学分析的基本知识和技能，对工业产品（包括原材料）化学成分进行测定以及同一样品用不同的分析方法进行测定后加以比较、评价，以进一步巩固化学分析的理论知识和熟练掌握化学分析的操作技能，提高分析问题和解决问题的能力。

　　通过实验，使学生达到如下的要求。

　　① 理论联系实际，将化学分析中学过的基本知识和基本技能应用于工业生产实际；

　　② 根据实验要求会配制所需试剂、试液和标准溶液；

　　③ 能拟定出对同一样品采用不同分析方法测定的具体方案，并对测定结果进行比较和讨论；

　　④ 会按国家现行的技术标准或操作规程正确地运用仪器，操作规范，独立完成实验，正确处理实验数据，得出测定结果；

　　⑤ 培养实事求是、严谨的科学态度及良好的实验室工作作风和职业道德。

## 第二节　化学分析综合实验的内容

### 实验七十三　食盐卫生标准的分析方法[1]

#### 一、实验目的

1. 掌握测定食盐中氯离子及主要杂质成分的分析方法及原理。

2. 熟练掌握滴定分析及重量分析中的有关基本操作。

3. 复习巩固相关的理论知识，提高分析问题、解决问题的能力。

---

❶　参照 GB/T 5009.42—2003。

## 二、分析方法

1. 水分的测定

（1）实验原理　试样于 100℃±5℃干燥至恒重，计算减量。

（2）仪器、设备

① 烘箱。

② 低型称重瓶（60mm×30mm）。

（3）操作方法　称取 10g 粉碎至 2mm 以下均匀样品，称准至 0.001g，置于已在 100℃±5℃恒重的称量瓶中，厚度约为 5mm，揭开称量瓶盖放入烘箱内的搪瓷盘里，升温至 100℃±5℃干燥 2h，盖上称量瓶盖，取出，移入干燥器中，冷却至室温称量，以后每次干燥 1h 称量，直至两次称量质量之差不超过 0.0002g 视为恒重。

注：第一次称量后平面摇动称量瓶内试样，击碎样品表层结块，混匀样品。

（4）结果计算　100℃水分含量按下式计算。

$$w_{水分} = \frac{m_1 - m_2}{m_样} \times 100\%$$

式中　$w_{水分}$——水分的质量分数，%；

$m_1$——干燥前样品加称量瓶质量，g；

$m_2$——干燥后样品加称量瓶质量，g；

$m_样$——称取样品质量，g。

（5）精密度　在重复性条件下获得的两次独立测定结果的绝对值不得超过算术平均值的 5%。

2. 水不溶物

（1）实验原理　试样溶于水，过滤后，残渣经干燥称量，测定不溶物含量。

（2）仪器、试剂

① 高型称量瓶。

② 烘箱。

③ 干燥器。

④ 硝酸银溶液（50g/L）。

（3）操作方法　预先取 $\phi$12.5cm（或 9cm）新华快速定量滤纸，折叠后置高型称量瓶中，滤纸连同称量瓶在 100℃±5℃烘至恒量。称取 25.0g 样品，置于 400mL 烧杯中，加约 200mL 水，置沸水浴上加热，时刻用玻璃棒搅拌，使全部溶解。将溶液通过恒重滤纸过滤，滤液收集于 500mL 容量瓶中，用热水反复冲洗沉淀及滤纸至无氯离子反应为止［加 1 滴硝酸银溶液（50g/L）检查不发生白色混浊为止］。加水至刻度，混匀。此液留作其他项目测定用。

将沉淀及滤纸置于已干燥至恒重的称量瓶中，于 100℃±5℃干燥至恒量。首次干燥 1h，以后每次为 0.5h，取出放干燥器中 0.5h 称量，至两次所称质量之差不超过 0.0010g。

（4）结果计算　试样中水不溶物的含量按下式进行计算。

$$X = \frac{m_1 - m_2}{m_3} \times 100$$

式中　$X$——试样中水不溶物的含量，g/100g；

$m_1$——称量瓶和带有水不溶物的滤纸质量，g；

$m_2$——称量瓶加滤纸质量，g；

$m_3$——试样质量，g。

计算结果保留两位有效数字。

（5）精密度　在重复性条件下获得的两次独立测定结果的绝对值不得超过算术平均值的 5%。

3. 氯化钠

（1）实验原理　样品溶液调至中性，以铬酸钾作指示剂，用硝酸银标准溶液滴定测定氯离子。

（2）仪器、试剂

① 测定氯离子用的容量瓶、滴定管和移液管必须预先经过校正。

② $c(NaCl)=0.1mol/L$ 氯化钠标准溶液。称取 2.9222g 磨细并在 $500\sim600℃$ 灼烧至恒重的氯化钠基准物，称准至 0.0001g，溶于不含氯离子的水中，移入 500mL 容量瓶中，加水稀释至刻度，摇匀。

③ $c(AgNO_3)=0.1mol/L$ 硝酸银标准溶液。

配制：称取 85g 硝酸银，溶于 5L 水中，混合均匀后贮于棕色瓶内备用（如有浑浊，过滤）。

标定：吸取 25.00mL 氯化钠标准溶液，置于 150mL 烧杯内，按（3）实验步骤进行滴定，同时做空白试验校正。

④ 铬酸钾指示剂溶液（50g/L）。称取 5g 铬酸钾溶于 100mL 水中，搅拌下滴加硝酸银溶液至呈现红棕色沉淀，过滤后使用。

（3）操作方法　吸取 25.00mL 滤液于 250mL 容量瓶中，加水至刻度，混匀。再吸取 25.00mL，置于 200mL 锥形瓶中，加水至 50mL，加入 1mL 铬酸钾溶液（50g/L），用 0.1mol/L 硝酸银标准溶液滴定，直至呈现稳定的淡橘红色悬浊液，同时做空白试验校正。

（4）结果计算　试样中食盐（以氯化钠计）含量按下式进行计算。

$$X(NaCl)=\frac{(V-V_0)\times c\times 0.0585}{m_{样}\times \dfrac{25}{500}\times \dfrac{25}{250}}\times 100$$

式中　$X(NaCl)$——试样中食盐（以氯化钠计）含量，g/100g；

$V$——硝酸银标准溶液用量，mL；

$V_0$——空白试验硝酸银标准溶液用量，mL；

$c$——硝酸银标准溶液的浓度，mol/L；

0.0585——1mL 1mol/L 的硝酸银溶液相当于氯化钠的质量，g/mmol；

$m_{样}$——称取样品质量，mg。

计算结果保留三位有效数字。

（5）精密度　在重复性条件下两次平行滴定标准滴定溶液体积的绝对差值不得超过 0.10mL。

4. 硫酸盐（铬酸钡法）

（1）实验原理　铬酸钡溶解于稀盐酸中，可与样品中硫酸盐生成硫酸钡沉淀。溶液中和后，多余的铬酸钡及生成的硫酸钡呈沉淀状态，过滤除去，而滤液则含有为硫酸根所取代出的铬酸离子。与标准系列比较定量。

（2）仪器、试剂

① 分光光度计。

② 铬酸钡混悬液，称取 19.44g 铬酸钾与 24.44g 氯化钡（$BaCl_2 \cdot 2H_2O$），分别溶于 1000mL 水中，加热至沸腾。将两液共同倾入 3000mL 烧杯内，生成黄色铬酸钡沉淀。待沉淀沉降后，倾出上层液体，然后每次用 1000mL 水冲洗沉淀 5 次左右。最后加水至 1000mL，成混悬液。每次使用前混匀。

③ 盐酸（1+4）。

④ 氨水（1+2）。

⑤ 硫酸盐标准溶液：称取 1.4787g 干燥过的无水硫酸钠或 1.8141g 干燥过的无水硫酸钾，溶于少量水中，移入 1000mL 容量瓶内，加水稀释至刻度。此溶液每毫升相当于 1.0mg 硫酸根。

（3）操作方法　吸取 10.0～20.0mL "2. 水不溶物" 项下滤液，置于 150mL 锥形瓶中，加水至 50mL。吸取 0mL、0.50mL、1.0mL、3.0mL、5.0mL、7.0mL 硫酸盐标准溶液（相当 0mg、0.5mg、1mg、3mg、5mg、7mg 硫酸根），分别置于 150mL 锥形瓶中，各加水至 50mL。于每瓶中加入 3～5 粒玻璃珠（以防爆沸）及 1mL 盐酸（1+4），加热煮沸 5min 左右。使铬酸钡和硫酸盐生成硫酸钡沉淀。取下锥形瓶放冷，于每瓶内逐滴加入（1+2）氨水，中和至呈柠檬黄色为止。再分别过滤于 50mL 具塞比色管中（滤液应透明），用水洗涤三次，洗液收集于比色管中，最后用水稀释至刻度，用 1cm 比色杯以零管调节零点，于波长 420nm 处测吸光度，绘制标准曲线比较。

（4）结果计算　试样中硫酸盐的含量（以硫酸根计）按下式进行计算。

$$X = \frac{m_1}{m_2 \times \dfrac{V}{500} \times 1000} \times 100$$

式中　$X$——试样中硫酸盐的含量（以硫酸根计），g/100g；

$V$——测定时试样稀释液体积，mL；

$m_1$——测定用试样相当硫酸盐的质量，mg；

$m_2$——试样质量，g。

计算结果保留两位有效数字。

（5）精密度　在重复性条件下获得的两次独立测定结果的绝对值不得超过算术平均值的 10%。

＊5. 硫酸根离子的测定——重量法（参照 GB/T 13025.8—91）

（1）实验原理　样品溶液调至弱酸性，加入氯化钡溶液生产硫酸钡沉淀，沉淀经过滤、洗涤、烘干、称量，计算硫酸根含量。

（2）仪器、试剂　一般实验室仪器。

① 氯化钡溶液 $c(BaCl_2)=0.02mol/L$。配制：称取 2.40g 氯化钡，溶于 500mL 水中，室温放置 24h，使用前过滤。

② 盐酸溶液（2mol/L）。

③ 甲基红溶液（2g/L）。

（3）操作方法　称取 25.000g 样品，溶解，转移至 500mL 容量瓶中，稀释至刻度。吸取 100.0mL，置于 400mL 烧杯中，加水至 150mL，加 2 滴甲基红指示剂，滴加 2mol/L 盐酸至溶液恰呈红色，加热至近沸，迅速加入 40mL（硫酸根含量＞2.5% 时加入 60 mL）0.02mol/L 氯化钡热溶液，剧烈搅拌 2min，冷却至室温，再加少许氯化钡溶液检查沉淀是否完全，用预先在 120℃烘至恒重的 $P_{16}$ 玻璃坩埚抽滤，先将上层清液倾入坩埚内，用水将杯内沉淀洗涤数次，然后将杯内沉淀全部移入坩埚内，继续用水洗涤沉淀数次，至滤液中不含氯离子（硝酸介质中硝酸银检验）。以少量水冲洗坩埚外壁后，至烘箱内（120±2）℃烘 1h 后取出。在干燥器中冷却至室温，称量。以后每次烘 30min，直至两次称量质量之差不超过 0.0002g 视为恒重。

（4）结果计算　硫酸根含量按下式计算。

$$w(SO_4^{2-}) = \frac{(m_1 - m_2) \times 0.4116}{m_{样} \times \frac{100}{500}} \times 100\%$$

式中　$w(SO_4^{2-})$——$SO_4^{2-}$ 的质量分数，%；

　　　$m_1$——玻璃坩埚加硫酸钡质量，g；

　　　$m_2$——玻璃坩埚质量，g；

　　　$m_{样}$——称取样品质量，g；

　　　0.4116——硫酸钡换算为硫酸根的系数。

（5）精密度　在重复性条件下获得的两次独立测定结果的绝对值不得超过算术平均值的 5%。

6. 镁

（1）实验原理　钙、镁离子可与乙二胺四乙酸二钠生成可溶性配合物，铬黑 T 指示剂与钙镁离子生成酒石红色，当滴定至终点时，乙二胺四乙酸二钠和钙镁配合成无色配合物而使铬黑 T 游离，溶液即由红色变为亮蓝色，根据溶液 pH 不同及用不同指示剂分别测出钙镁总量及钙量，两者之差即为镁含量。

（2）仪器、试剂

① 10mL 微量滴定管。

② 氧化锌标准溶液 $c(Zn^{2+}) = 0.01mol/L$。称取 0.4070g 于（800±2）℃灼烧至恒重的氧化锌，置于 150mL 烧杯中，用少量水润湿，滴加盐酸（1+2）至全部溶解，移入 500mL 容量瓶，加水稀释至刻度，摇匀。

③ 乙二胺四乙酸（EDTA）二钠标准溶液 $c(EDTA) = 0.01mol/L$。

配制：称取 3.7g 二水合乙二胺四乙酸二钠，溶于不含二氧化碳水中，稀释至 1L，混匀，贮于棕色瓶中备用。

标定：吸取 20.00mL 氧化锌标准溶液，置于 250mL 锥形瓶中，加入 5mL 氨性缓冲溶液，4 滴铬黑 T 指示剂，然后用 0.01mol/L EDTA 标准溶液滴定至溶液由酒红色变为亮蓝色为止。

④ 紫脲酸铵混合指示剂（2%）：取 10g 干燥氯化钠及 0.2g 紫脲酸铵于玻璃乳钵中混合，研细，贮于棕色小广口瓶中备用。

⑤ 氢氧化钠溶液（80g/L）：取 8g 氢氧化钠溶于水稀释至 100mL。

⑥ 氨缓冲溶液：取 20g 氯化铵溶于 300mL 水中，加 100mL 氨水，再加水稀释至 1000mL，贮于棕色瓶中。

⑦ 铬黑 T 混合指示剂（1%）：取 10g 干燥氯化钠研细，加 0.1g 铬黑 T 于玻璃乳钵中，混合研细，贮于棕色广口瓶中备用。

（3）操作方法　吸取 50mL 滤液，置于 250mL 锥形瓶中。加入 2mL 氢氧化钠溶液（80g/L）及约 5mg 紫脲酸铵混合指示剂（2%），搅拌溶解后，立即用乙二胺四乙酸二钠标准溶液滴定，至溶液由红色变成蓝紫色为止。记录消耗溶液毫升数。再吸取 50mL 滤液，置于 250mL 锥形瓶中，加 5mL 氨缓冲溶液及 5mg 铬黑 T 混合指示剂，搅拌溶解后立即以乙二胺四乙酸二钠标准溶液滴定，至溶液由酒石红色变为亮蓝色为止。记录消耗溶液毫升数。

（4）结果计算 试样中镁的含量按下式进行计算。

$$X = \frac{(V_1 - V_2) \times c \times 0.0243}{m \times \dfrac{50}{500}} \times 100$$

式中 $X$——试样中镁的含量，g/100g；

$\quad V_1$——滴定钙离子消耗乙二胺四乙酸二钠标准滴定溶液的体积，mL；

$\quad V_2$——滴定钙镁离子总量消耗乙二胺四乙酸二钠标准滴定溶液的体积，mL；

$\quad c$——乙二胺四乙酸二钠标准滴定溶液的浓度，mol/L；

$\quad m$——试样质量，g；

$\quad 0.0243$——与 1mL 乙二胺四乙酸二钠标准溶液 $[c(C_{10}H_{14}N_2O_8Na_2 \cdot 2H_2O) = 0.010mol/L]$ 相当的镁的质量，g/mmol。

计算结果保留两位有效数字。

（5）精密度 在重复性条件下两次平行滴定标准滴定溶液体积的绝对差值不得超过 0.10mL。

**7. 钡**

（1）实验原理 钡离子与硫酸根生成硫酸钡，混浊，利用比浊作限量测定。

（2）仪器、试剂

① 稀硫酸：量取 5.7mL 硫酸，倒入 50mL 水中，再加水稀释至 100mL。

② 钡标准溶液：称取 1.7887g 氯化钡（$BaCl_2 \cdot 2H_2O$），溶于水，移入 100mL 容量瓶中，加水至刻度，混匀，此溶液每毫升相当于 10.0mg 钡。

③ 钡标准使用液：吸取 1.0mL 钡标准溶液，置于 100mL 容量瓶中，加水稀释至刻度。此溶液每毫升相当于钡 0.10mg。

（3）分析步骤 称取 50g 样品，加水溶解至 500mL，过滤，弃去初滤液，量取 50mL 滤液于 50mL 比色管中。另取 1mL 钡标准溶液（相当 0.10mg 钡）置于 50mL 比色管中，加水至刻度，混匀。于两管中各加 2mL 稀硫酸，摇匀。放置 2h，样品管不得比标准管混浊。即 ≤20mg/kg 的钡。

**8. 氟——比色法**

（1）实验原理 某些含有羟基的天然物质中，对一些元素离子具有良好的吸附交换性能，在氟化物存在的环境下，羟基与氟离子之间发生离子交换，利用此反应可进行微量氟化物的分离和富集，然后在酸性溶液中使氟与镧（Ⅲ）、茜素氨羧配位剂生成蓝色三元配合物。

（2）仪器、试剂

① 离心机。

② 分光光度计。

③ 稀盐酸：量取 23.4mL 盐酸加水稀释至 100mL。

④ 氯化钡溶液（10%）。

⑤ 氢氧化镁混悬液：取 15.6g 硫酸镁（$MgSO_4 \cdot 7H_2O$），置于 2000mL 锥形瓶内，

加 100mL 水，溶解，在不断搅拌下缓缓加入 1350mL 氢氧化钠溶液（0.1mol/L），加热混悬液并在 60～70℃保持 10～15min，冷却至室温，待混悬物沉降后，用虹吸法吸弃上层溶液。如此反复用水洗涤混悬物，直至洗液滴加稀盐酸与氯化钡溶液不再发生混浊。将此混悬物移入 500mL 容量瓶中，加水稀释至刻度，使用前充分混匀，混悬液保持两个月吸附性能不变。

⑥ 缓冲液（pH4.7）：称取 30g 无水乙酸钠，溶于 400mL 水中，加 22mL 冰醋酸，再缓缓加冰醋酸调 pH 为 4.7，然后加水稀释至 500mL。

⑦ 硝酸镧溶液（0.001mol/L）。

⑧ 茜素氨羧配位剂溶液（0.001mol/L）。

⑨ 丙酮。

⑩ 氟标准溶液。

⑪ 氟标准使用液，临用时吸取 1.0mL 氟标准溶液，于 100mL 容量瓶中，加水稀释至刻度。此溶液每毫升相当于 10μg 氟。

⑫ 硝酸溶液（1+31）：量取 5mL 硝酸，加水稀释至 160mL。

（3）操作方法　称取 5.00g 样品于 50mL 离心管中，加水溶解至 20mL。另分别吸取 0mL、1.0mL、2.0mL、3.0mL、4.0mL、5.0mL 氟标准使用液（相当 0μg、10μg、20μg、30μg、40μg、50μg 氟）于 50mL 离心管中，再各加水至 20mL。于样品及标准管中各加入氢氧化镁混悬液 20mL，充分搅拌后，于沸水浴中加热 10min，放冷。以 2000r/min 离心 5min，小心倾出上清液，再加 40mL 水，混匀后再离心，如此反复 2～3 次，最后倾出上清液。各管均加入 20mL 硝酸（1+31），并于水浴上加热，振摇，使沉淀完全溶解。将各管溶液分别移入 50mL 比色管中，并用水洗涤离心管数次，洗液合并于比色管中，加水至刻度，混匀。再于各管中加 3mL 茜素氨羧配位剂溶液（0.001mol/L）、3mL 缓冲液（pH4.7）、8mL 丙酮、3mL 硝酸镧溶液（0.001mol/L），混匀，放置 10min。用 1cm 比色杯以零管调节零点，于波长 580nm 处测吸光度，绘制标准曲线比较定量。

（4）结果计算　试样中氟的含量按下式进行计算。

$$X = \frac{m_1 \times 1000}{m_2 \times 1000}$$

式中　$X$——试样中氟的含量，mg/kg；

　　　$m_1$——测定用试样中的氟质量，μg；

　　　$m_2$——试样质量，g。

计算结果保留两位有效数字。

（5）精密度　在重复性条件下获得的两次独立测定结果的绝对差值不得超过算术平均值的 10%。

9. 亚铁氰化钾（硫酸亚铁法）

（1）实验原理　亚铁氰化钾在酸性条件下与硫酸亚铁生成蓝色复盐，与标准比较定量。最低检出浓度为 1.0mg/kg。

（2）仪器、试剂

① 分光光度计。

② 硫酸亚铁溶液（80g/L）。

③ 稀硫酸：量取 5.7mL 硫酸，倒入 50mL 水中，冷后再加水至 100mL。

④ 亚铁氰化钾标准溶液：称取 0.1000g 亚铁氰化钾，溶于少量水中，移入 100mL 容量瓶

中，加水稀释至刻度。此溶液每毫升相当于 1.0mg 亚铁氰化钾。

⑤ 亚铁氰化钾标准使用液：吸取 10.0mL 亚铁氰化钾标准溶液，置于 100mL 容量瓶内，加水稀释至刻度。此溶液每毫升相当 0.10mg 亚铁氰化钾。

（3）操作方法　称取 10.0g 样品，溶于水，移入 50mL 容量瓶中，加水至刻度，混匀，过滤，弃去初滤液，然后吸 25.0mL 滤液于比色管中。

吸取 0.0mL、0.1mL、0.2mL、0.3mL、0.4mL 亚铁氰化钾标准使用液（相当 $0\mu g$、$10\mu g$、$20\mu g$、$30\mu g$、$40\mu g$ 亚铁氰化钾），分别置于 25mL 比色管中，各加水至 25mL。

样品管与标准管各加 2mL 硫酸亚铁溶液（80g/L）及 1mL 稀硫酸，混匀。20min 后，用 3cm 比色杯，以零管调节零点，于波长 670nm 处测吸光度，绘制标准曲线比较，或与标准色列目测比较。

（4）结果计算　试样中亚铁氰化钾的含量按下式进行计算。

$$X=\frac{m_1\times 1000}{m_2\times\frac{25}{50}\times 1000\times 1000}$$

式中　$X$——试样中亚铁氰化钾的含量，g/kg；

　　　$m_1$——测定用样液中亚铁氰化钾的质量，$\mu g$；

　　　$m_2$——试样质量，g。

计算结果保留两位有效数字。

（5）精密度　在重复性条件下获得的两次独立测定结果的绝对差值不得超过算术平均值的 10%。

10. 碘（加碘食盐）

Ⅰ 定性

混合试剂：（1+3）硫酸 4 滴；亚硝酸钠溶液（5g/L）8 滴；淀粉溶液（5g/L）20mL。临用时混合配制。

取约 2g 样品，置于白瓷板上，滴 2～3 滴混合试剂于试样上，如显蓝紫色，表示有碘化物存在。

碘酸钾定性

碘酸钾为氧化剂，在酸性条件下，易被硫代硫酸钠还原生成碘，遇淀粉显蓝色，硫代硫酸钠控制一定浓度可以建立此定性反应。

显色液配制：淀粉溶液（5g/L）10mL；硫代硫酸钠（$Na_2S_2O_3\cdot 5H_2O$）（10g/L）12 滴；硫酸（5+13）5～10 滴。临用时现配。

称取数克样品，滴 1 滴显色液，显浅蓝色至蓝色为阳性反应，阴性者不显色（此反应特异）。测定范围：每克盐含 $30\mu g$ 碘酸钾，（即含 $18\mu g$ 碘）。立即显浅蓝色，含 $50\mu g$ 呈蓝色，含碘越多蓝色越深。

Ⅱ 定量

（1）实验原理　样品中的碘化物在酸性条件下用饱和溴水氧化成碘酸盐，再于酸性条件中氧化碘化钾而游离出碘，以淀粉作指示剂，用硫代硫酸钠标准溶液滴定。计算含量。

$$I^-+3Br_2+3H_2O\longrightarrow IO_3^-+6H^++6Br^-$$

$$IO_3^-+5I^-+6H^+\longrightarrow 3I_2+3H_2O$$

$$I_2 + 2Na_2S_2O_3 \longrightarrow 2NaI + Na_2S_4O_6$$

（2）试剂

① 磷酸。

② 碘化钾溶液（50g/L）：临用时配制。

③ 饱和溴水。

④ 淀粉指示液（5g/L）：称取0.5g可溶性淀粉，加少量水搅匀后，倒入50mL沸水中，煮沸。临用现配。

⑤ 硫代硫酸钠标准溶液 $[c(Na_2S_2O_3)=0.100mol/L]$：临用时准确稀释50倍，浓度为0.0020mol/L。

配制：称取硫代硫酸钠 $Na_2S_2O_3 \cdot 5H_2O$ 13g，溶于500mL水中，缓缓煮沸10min，冷却。放入少量的 $Na_2CO_3$，放置两周后过滤、标定。

标定：准确称取约0.12g基准物质 $K_2Cr_2O_7$（称准至0.0001g），放于250mL碘量瓶中，加入25mL煮沸并冷却后的蒸馏水溶解，加入2g固体KI及20mL 20% $H_2SO_4$ 溶液，立即盖上碘量瓶塞，摇匀，瓶口加少许蒸馏水密封，以防止 $I_2$ 的挥发。在暗处放置5min，打开瓶塞，用蒸馏水冲洗磨口塞和瓶颈内壁，加150mL煮沸并冷却后的蒸馏水稀释，用待标定的 $Na_2S_2O_3$ 标准溶液滴定，至溶液出现淡黄绿色时，加3mL 5g/L的淀粉溶液，继续滴定至溶液由蓝色变为亮绿色即为终点。记录消耗 $Na_2S_2O_3$ 标准溶液的体积。

（3）操作方法　称取10.00g样品，置于250mL锥形瓶中，加水溶解。加1mL磷酸摇匀。滴加饱和溴水至溶液呈浅黄色，边滴边振摇至黄色不褪为止（约6滴），溴水不宜过多，在室温放置15min。在放置期内，如发现黄色褪去，应再滴加溴水至淡黄色。

放入玻璃珠4～5粒，加热煮沸至黄色褪去，再继续煮沸5min，立即冷却。加2mL 5% 碘化钾，摇匀，立即用硫代硫酸钠标准溶液（0.0020mol/L）滴定至浅黄色，加入1mL淀粉指示剂（5g/L），继续滴定至蓝色刚消失即为终点。

如盐样含杂质过多，应先取盐样加水150mL溶解，过滤，取100mL滤液至250mL锥形瓶中，然后进行操作。

（4）结果计算　试样中碘的含量按下式进行计算。

$$X = \frac{Vc \times 21.15 \times 1000}{m}$$

式中　$X$——试样中碘的含量，mg/kg；

　　　$V$——测定用试样消耗硫代硫酸钠标准滴定溶液的体积，mL；

　　　$c$——硫代硫酸钠标准滴定溶液浓度，mol/L；

　　　$m$——试样质量，g；

　21.15——与1.0mL硫代硫酸钠标准溶液 $[c(Na_2S_2O_3)=1.000mol/L]$ 相当的碘的质量，mg/mmol。

计算结果保留两位有效数字。

（5）精密度　在重复性条件下两次平行滴定标准滴定液体积的绝对差值不得超过0.10mL。

### 三、注意事项

1. 水分测定中，称量瓶盖切不可盖严，否则水分难以挥发。

2. 标定 $AgNO_3$ 标准溶液和配制铬黑 T 指示剂时，要用基准（或分析纯）NaCl，切不可与食盐混淆。

3. 注意钙指示剂的用量。

### 四、思考题

1. 配制 $K_2CrO_4$ 指示剂时为什么要滴加 $AgNO_3$ 至红棕色？

2. 食盐中的 NaCl 能用其他银量法测定吗？若能，请设计相应的测定方案。

3. 用 ZnO 标定 EDTA 中，在加入缓冲溶液之前要先用氨水调节酸度，而在测定食盐中 Mg 含量时不要先调酸度就直接加入，为什么？

4. 碘离子测定中加入溴水的作用是什么？写出有关反应式。

5. EDTA 标准滴定溶液通常使用乙二胺四乙酸二钠，而不使用乙二胺四乙酸，为什么？

6. 标定 EDTA 时，用氨水调节溶液 pH 值时，先出现白色沉淀，后又溶解，解释现象，并写出反应方程式。

7. 碘量法误差的主要来源是什么？如何防止或减小？

8. 配制 $Na_2S_2O_3$ 溶液时，为什么需用新煮沸的蒸馏水？为什么将溶液煮沸 10min？为什么常加入少量 $Na_2CO_3$？为什么放置两周后标定？

9. 在碘量法中为什么使用碘量瓶而不使用普通锥形瓶？

 **相关链接**

我们知道食盐的主要成分就是氯化钠，这是人们生活中最常用的一种调味品。但是它的作用绝不仅仅是增加食物的味道，它是人体组织的一种基本成分，对保证体内正常的生理、生化活动和功能，起着重要作用。$Na^+$ 和 $Cl^-$ 在体内的作用是与 $K^+$ 等元素相互联系在一起的，错综复杂。其最主要的作用是控制细胞、组织液和血液内的电解质平衡，以保持体液的正常流通和控制体内的酸碱平衡。$Na^+$ 与 $K^+$、$Ca^{2+}$、$Mg^{2+}$ 还有助于保持神经和肌肉的适当应激水平；NaCl 和 KCl 对调节血液的适当黏度或稠度起作用；胃里开始消化某些食物的酸和其他胃液、胰液及胆汁里的助消化的化合物，也是由血液里的钠盐和钾盐形成的。此外，适当浓度的 $Na^+$、$K^+$ 和 $Cl^-$ 对于视网膜对光反应的生理过程也起着重要作用。可见，人体的许多重要功能都与 $Na^+$、$Cl^-$ 和 $K^+$ 有关，体内任何一种离子的不平衡（多或少），都会对身体产生不利影响。如运动过度、出汗太多时，体内的 $Na^+$、$Cl^-$ 和 $K^+$ 大为降低，就会出现不平衡，使肌肉和神经反应受到影响，导致恶心、呕吐、衰竭和肌肉痉挛等现象。因此，运动员在训练或比赛前后，需喝特别配制的饮料，以补充失去的盐分。

由于新陈代谢，人体内每天都有一定量的 $Na^+$、$Cl^-$ 和 $K^+$ 从各种途径排出体外，因此需要膳食给予补充，正常成人每天氯化钠的需要量和排出量为 3～9g。

此外，常用淡盐水漱口，不仅对咽喉疼痛、牙龈肿疼等口腔疾病有治疗和预防作用，还具有预防感冒的作用。

## 实验七十四 工业氯化钙的分析[1]

### 一、实验目的

1. 掌握测定 $CaCl_2$ 及主要杂质成分的分析方法及原理。

2. 熟练掌握滴定分析及重量分析中的有关基本操作技术。

---

[1] 参照 GB/T 23941—2009。

3. 复习巩固相关的理论知识，提高分析问题、解决问题的能力。

## 二、无水氯化钙的质量指标（见表 10-1）

表 10-1　无水氯化钙的质量指标

| 指　标　项　目 | | 指　　标 | | | | | |
|---|---|---|---|---|---|---|---|
| | | 固体氯化钙 | | | | | 液体氯化钙 |
| | | Ⅰ 型 | Ⅱ 型 | Ⅲ 型 | Ⅳ 型 | Ⅴ 型 | |
| 氯化钙（CaCl₂）质量分数/% | ≥ | 94 | 90 | 77 | 74 | 68 | 协商 |
| 总碱金属氯化物（以 NaCl 计）质量分数/% | ≤ | 7.0 | | | | | 11.0 |
| 总镁（以 MgCl₂ 计）质量分数/% | ≤ | 0.5 | | | | | 0.5 |
| 碱度［以 Ca(OH)₂ 计］质量分数/% | ≤ | 0.4 | | | | | 0.4 |
| 水不溶物质量分数/% | ≤ | 0.3 | | | | | 0.1 |
| 粒度 | ≤ | 协商 | | | | | |

注：如果固体氯化钙产品中氯化钙质量分数小于 90.5%，产品中杂质指标按下式计算：

$$A = A_1 \frac{B}{90.5}$$

式中　$A$—— 产品中容许杂质的最高质量分数；

　　　$B$—— 产品中氯化钙的实际质量分数；

　　　$A_1$—— 表 1 中规定的各项指标的数值。

## 三、分析方法

1. 氯化钙（CaCl₂）含量的测定

（1）实验原理　在试验溶液 pH 约为 12 的条件下，以钙羧酸钠盐为指示剂，用乙二胺四乙酸二钠标准溶液滴定钙。

（2）仪器药品

① 一般实验室仪器。

② 三乙醇胺溶液（1+2）。

③ 氢氧化钠（GB 629）溶液（100g/L）。

④ 乙二胺四乙酸（EDTA）二钠盐（GB 1401）标准溶液，$c$（$C_{10}H_{14}O_8N_2Na_2$）约 0.02mol/L。

⑤ 钙羧酸钠盐指示剂。配制：称取 1g 钙羧酸指示剂（或钙羧酸钠），与 100g 氯化钠（GB 1266）混合，研细，密闭保存。

（3）实验步骤

① 试验溶液的制备。称取约 10g 固体氯化钙或约 20g 液体 CaCl₂ 试样，精确至 0.0002g，置于 250mL 烧杯中，加水溶解。全部转移至 500mL 容量瓶中，用水稀释至刻度，摇匀。此溶液为溶液 A，用于有关氯化钙含量、总碱金属氯化物含量、总镁含量的测定。

② 测定。用移液管移取 10.00mL 试验溶液 A，加水至约 50mL。加 50mL 三乙醇胺溶液，2mL 氢氧化钠溶液，约 0.1g 钙羧酸钠盐指示剂。用乙二胺四乙酸二钠盐标准溶液滴定，溶液由红色变为蓝色即为终点。同时做空白试验。

（4）计算公式　氯化钙质量分数按下式计算。

$$w(CaCl_2) = \frac{c(EDTA)(V_1 - V_0)M(CaCl_2)}{m_{样} \times \frac{10}{1000}} \times 100\%$$

式中　$w(CaCl_2)$——氯化钙的质量分数，%；

$c(EDTA)$——EDTA 标准溶液的浓度，mol/L；

$V_1$——滴定试验溶液时消耗的 EDTA 标准溶液的体积，L；

$V_0$——空白试验中消耗的 EDTA 标准溶液的体积，L；

$M(CaCl_2)$——$CaCl_2$ 的摩尔质量，g/mol；

$m_样$——试样的质量，g。

（5）允许差　取平行测定结果的算术平均值为测定结果；平行测定结果的绝对差值不大于 0.2%。

2. 总碱金属氯化物（以 NaCl 计）含量的测定

（1）实验原理　以铬酸钾为指示剂，用硝酸银标准溶液滴定总氯量，减去氯化钙中的氯含量折算成以氯化钠（NaCl）计的总碱金属氯化物含量。

（2）仪器药品

① 一般实验室仪器。

② 硝酸（GB 626）溶液（1+10）。

③ 碳酸氢钠（GB 640）溶液（100g/L）。

④ $c(AgNO_3)$ ＝0.1mol/L 硝酸银（GB 670）标准溶液，配制与标定见实验五十四。

⑤ 铬酸钾（HG 3-918）指示剂（50g/L 溶液）。

（3）实验步骤　用移液管移取 10.00mL 试验溶液 A，置于 250mL 锥形瓶中，加 50mL 水，用硝酸溶液或碳酸氢钠溶液调节 pH 6.5～10（用 pH 试纸检验），加 0.7mL 铬酸钾指示液，用硝酸银标准溶液滴定，溶液由淡黄色变为微红色即为终点。

（4）计算公式　以质量分数表示的镁及碱金属氯化物（以 NaCl 计）含量按下式计算。

$$w(NaCl)=\frac{c(AgNO_3)VM(NaCl)}{m_样 \times \dfrac{10}{1000}} \times 100-1.053w(CaCl_2)$$

式中　$w(NaCl)$——碱金属氯化物（以 NaCl 计）的质量分数，%；

$c(AgNO_3)$——硝酸银标准溶液的浓度，mol/L；

$V$——滴定中消耗的硝酸银标准溶液的体积，mL；

$M(NaCl)$——NaCl 的摩尔质量，g/mol；

$w(CaCl_2)$——氯化钙的质量分数；

1.053——氯化钙（$CaCl_2$）换算成氯化钠（NaCl）的系数；

$m_样$——试样的质量，g。

（5）允许差　取平行测定结果的算术平均值为测定结果；两次平行测定结果的绝对差值不大于 0.2%。

3. 水不溶物的测定

（1）实验原理　试样溶于水，用玻璃坩埚抽滤，残渣经干燥称量，测定不溶物含量。

（2）仪器药品

① 烘箱，能调节玻璃坩埚底部达到 105～110℃。

② 玻璃坩埚，滤板孔径 5～15μm。

③ 硝酸银（GB 670）溶液（10g/L）。

（3）实验步骤　称取约 20g 试样，精确至 0.01g，置于 400mL 烧杯中。加 250mL 水溶解，放置 1h，用已于 105～110℃烘干至恒重的玻璃坩埚过滤。用水洗涤至无氯离子为止（用硝酸银溶液检验）。于 105～110℃烘干至恒重。

（4）计算公式　水不溶物含量按下式计算。

$$w_{水不溶物} = \frac{m_1 - m_2}{m_样} \times 100\%$$

式中　$w_{水不溶物}$——水不溶物的质量分数，%；

$\quad\quad m_1$——玻璃坩埚加水不溶物质量，g；

$\quad\quad m_2$——玻璃坩埚质量，g；

$\quad\quad m_样$——称取样品质量，g。

（5）允许差　取平行测定结果的算术平均值为测定结果；平行测定结果的绝对差值不大于 0.02%。

**4. 总镁含量的测定**

（1）实验原理　用三乙醇胺掩蔽少量的 $Fe^{3+}$、$Al^{3+}$、$Mn^{2+}$ 等离子，在约为 pH10 的介质中，以铬黑 T 为指示剂，用乙二胺四乙酸二钠标准滴定溶液滴定钙镁含量。从中减去钙含量，计算出镁含量。

（2）仪器试剂

① 一般实验室仪器。

② 三乙醇胺溶液：1+3。

③ 氨-氯化铵缓冲溶液（甲）：pH10。

④ 乙二胺四乙酸二钠标准滴定溶液：$c(EDTA)$ 约为 0.02mol/L。

⑤ 铬黑 T 指示剂。

（3）实验步骤　用移液管移取 10mL 试验溶液 $A'$，置于 250mL 锥形瓶中，加入 5mL 三乙醇胺溶液、10mL 缓冲溶液、2.5mL 水和少量铬黑 T 指示剂，用乙二胺四乙酸二钠标准滴定溶液滴定至纯蓝色为终点。同时做空白试验。

（4）计算公式　总镁含量以氯化镁（$MgCl_2$）的质量分数 $w$ 计，数值以% 表示，按下式计算：

$$w = \frac{\frac{(V - V_1)}{1000} cM}{m \times \frac{10}{1000}} \times 100\% = \frac{10c(V - V_1)M}{m}$$

式中　$V$——滴定所消耗乙二胺四乙酸二钠标准滴定溶液的体积，mL；

$\quad\quad V_1$——测定氯化钙含量时所消耗乙二胺四乙酸二钠标准滴定溶液的体积，mL；

$\quad\quad c$——乙二胺四乙酸二钠标准滴定溶液的浓度，mol/L；

$\quad\quad m$——试料的质量，g；

$\quad\quad M$——氯化镁的摩尔质量，g/mol（$M = 95.21$）。

取平行测定结果的算术平均值为测定结果，两次平行测定结果的绝对差值不大于 0.1%。

**5. 碱度的测定**

（1）实验原理　将试样溶于水，加入已知量的过量盐酸标准溶液，煮沸赶掉二氧化碳。以溴百里香酚蓝为指示剂，用氢氧化钠标准溶液滴定。

（2）仪器药品

① 一般实验室仪器。

② 盐酸（GB 622）标准溶液，$c(HCl)$ 约 0.1mol/L。

③ 氢氧化钠（GB 629）标准溶液，$c(NaOH)$ 约 0.1mol/L。

④ 溴百里香酚蓝（HG 3-1222）指示剂（1g/L 溶液）。

（3）实验步骤　称取约 10g 试样，精确至 0.01g，置于 400mL 烧杯中，加适量水溶解。加 2～3 滴溴百里香酚蓝指示液，用滴定管加入盐酸标准溶液中和并过量约 5mL。煮沸 2min，冷却，再加 2 滴溴百里香酚蓝指示液。用氢氧化钠标准溶液滴定，溶液由黄色变为蓝色即为终点。

（4）计算公式　① 以质量分数表示的碱度 [以 $Ca(OH)_2$ 计] 按下式计算。

$$w[Ca(OH)_2] = \frac{(c_1 V_1 - c_2 V_2)M[Ca(OH)_2]}{m_{样}} \times 100\%$$

② 以质量分数表示碱度 [以 $CaCl_2$ 计] 计，按下式计算：

$$w(CaCl_2) = w[Ca(OH)_2]_2 \times 1.4978$$

式中　$w[Ca(OH)_2]$——碱度的质量分数 [以 $Ca(OH)_2$ 计]，%；

$\qquad c_1$——盐酸标准溶液的浓度，mol/L；

$\qquad V_1$——加入的盐酸标准溶液的体积，L；

$\qquad c_2$——氢氧化钠标准溶液的浓度，mol/L；

$\qquad V_2$——消耗的氢氧化钠标准溶液的体积，L；

$M[Ca(OH)_2]$——$Ca(OH)_2$ 的摩尔质量，g/mol；

$\qquad m_{样}$——试样的质量，g；

$\qquad 1.4978$——$Ca(OH)_2$ 的质量分数换算为 $CaCl_2$ 质量分数的换算系数。

（5）允许差　取平行测定结果的算术平均值为测定结果；平行测定结果的绝对偏差值不大于 0.05%。

**四、注意事项**

1. 本分析方法适用于无水氯化钙和二水氯化钙。

2. 三乙醇胺应在酸性条件下加入，碱性条件下使用。

3. 银量法测定镁及金属氯化物含量中，要注意控制指示剂的加入量。

**五、思考题**

1. 氯化钙含量测定中，为什么要加入三乙醇胺？

2. 银量法测定镁及金属氯化物含量中，为什么要调节 pH 6.5～10？

3. 溴百里香酚蓝的酸式色和碱式色分别是什么颜色？

 相关链接

无水氯化钙为白色颗粒或熔融块状，有强吸湿性，易溶于水（放出大量热）和乙醇，低毒，半数致死量（大鼠，经口）1g/kg，是有机液体和气体的干燥剂和脱水剂。可用于测定钢铁含碳量和测定全血葡萄糖、血清无机磷、血清碱性磷酸酶的活力。二水氯化钙又称干燥氯化钙，白色吸湿性颗粒或块团。易溶于水和乙醇，水溶液呈中性或微碱性。有刺激性。常用作抗冻剂和灭火剂。六水氯化钙为白色易吸湿的三方结晶。200℃时失去全部结晶水。用作氧与硫吸收剂、食物保护剂、上浆剂、净水剂、防冻剂。

# 实验七十五　水泥的分析❶

**一、实验目的**

1. 了解水泥分析的国家标准，学会水泥试样的制备技术。

---

❶　参照 GB/T 176—2008。

2. 掌握测定水泥中主要成分的分析方法、原理和操作技术。

3. 复习巩固相关的理论知识，提高分析问题、解决问题的能力。

## 二、水泥试样的制备

将取得的具有代表性的均匀样品。采用四分法缩分至约 100g，经 0.080mm 方孔筛筛析，用磁铁吸去筛余物中金属铁，将筛余物经过研磨后使其全部通过 0.080mm 方孔筛。将样品充分混匀后，装入带有磨口塞的瓶中并密封。

## 三、分析方法

1. 烧失量的测定——灼烧差减法

（1）实验原理　试样在 950℃±25℃ 的马弗炉中灼烧，驱除水分和二氧化碳，同时将存在的易氧化元素氧化。由硫化物的氧化引起的烧失量误差必须进行校正，而其他元素存在引起的误差一般可忽略不计。

（2）仪器设备

① 马弗炉。

② 瓷坩埚。

（3）实验步骤　称取约 1g 试样，精确至 0.0001g 置于已灼烧恒重的瓷坩埚中，将盖斜置于坩埚上，放在马弗炉内从低温开始逐渐升高温度，在 950℃±25℃ 下灼烧 15～20min，取出坩埚置于干燥器中，冷却至室温。称量。反复灼烧，直至恒重。

（4）数据处理　烧失量的质量分数按下式计算。

$$w_{LOI} = \frac{m_{样} - m_1}{m_{样}} \times 100\%$$

式中　$w_{LOI}$——烧失量的质量分数，%；

　　　$m_{样}$——试样的质量，g；

　　　$m_1$——灼烧后试样的质量，g。

（5）烧失量的校正　矿渣水泥在灼烧过程中由于硫化物的氧化引起烧失量测定的误差，可通过下列公式进行校正：

　　　0.8×（水泥灼烧后测得的 $SO_3$ 质量分数－水泥未经灼烧时的 $SO_3$ 质量分数）

　　　＝0.8×（由于硫化物的氧化产生的 $SO_3$ 质量分数）

　　　＝吸收空气中氧的质量分数校正后的烧失量

　　　＝测得的烧失量＋吸收空气中氧的质量分数

（6）允许差　取平行测定结果的算术平均值为测定结果。

同一实验室的允许差为 0.15%。

2. 不溶物的测定——盐酸-氢氧化钠处理

（1）实验原理　试样先以盐酸溶液处理，滤出的不溶残渣再以氢氧化钠溶液处理，经盐酸中和，过滤后，残渣在高温下灼烧，称量。

（2）仪器药品

① 马弗炉。

② 瓷坩埚。

③ 中速滤纸。

④ 10g/L 氢氧化钠溶液。将 10g 氢氧化钠溶于水中，加水稀释至 1L，贮存于塑料瓶中。

⑤ 甲基红指示剂溶液。将 0.2g 甲基红溶于 100mL 95%（$\varphi$）乙醇中。

⑥ HCl（1+1）。

⑦ 20g/L 硝酸铵溶液。将 20g 硝酸铵溶于水中，加水稀释至 1L。

（3）实验步骤　称取约 1g 试样，精确至 0.0001g，置于 150mL 烧杯中，加 25mL 水，搅拌使其分散。在搅拌下加入 5mL 盐酸，用平头玻璃棒压碎块状物使其分解完全（如有必要可将溶液稍稍加温几分钟），用近沸的热水稀释至 50mL。盖上表面皿，将烧杯置于蒸汽浴中加热 15min。用中速滤纸过滤，用热水充分洗涤 10 次以上。

将残渣和滤纸一并移入原烧杯中，加入 100mL 近沸的氢氧化钠溶液，盖上表面皿，将烧杯置于蒸汽浴中加热 15min，加热期间搅动滤纸及残渣 2～3 次。取下烧杯，加入 1～2 滴甲基红指示液，滴加盐酸溶液（1+1）至溶液呈红色，再过量 8～10 滴。用中速滤纸过滤，用热的硝酸铵溶液充分洗涤 14 次以上。

将残渣和滤纸一并移入已灼烧恒重的瓷坩埚中，灰化后在 950℃±25℃ 的马弗炉内灼烧 30min，取出坩埚置于干燥器中冷却至室温，称量。反复灼烧，直至恒重。

（4）数据处理　水不溶物含量按下式计算。

$$w_{水不溶物}=\frac{m_1-m_2}{m_样}\times100\%$$

式中　$w_{水不溶物}$——水不溶物的质量分数，%；

$\quad\quad m_1$——瓷坩埚加水不溶物质量，g；

$\quad\quad m_2$——瓷坩埚质量，g；

$\quad\quad m_样$——称取样品质量，g。

（5）允许差　取平行测定结果的算术平均值为测定结果。

同一实验室的允许差为：含量<3% 时，0.10%；含量>3% 时，0.15%。

不同实验室的允许差为：含量<3% 时，0.10%；含量>3% 时，0.20%

3.二氧化硅的测定——氯化铵（$NH_4Cl$）重量法（基准法）

（1）实验原理　试样以无水碳酸钠烧结，盐酸溶解，加固体氯化铵于蒸汽水浴上加热蒸发，使硅酸凝聚，经过滤灼烧后称量。沉淀用氢氟酸处理后，失去的质量即为纯二氧化硅量，加上滤液中比色回收的二氧化硅量即为总二氧化硅量。

（2）仪器药品

① 马弗炉。

② 铂坩埚。

③ 瓷蒸发皿。

④ 无水碳酸钠。

⑤ 氯化铵。

⑥ 浓盐酸。

⑦ 盐酸（1+1）。

⑧ 盐酸（3+97）。

⑨ 浓硝酸。

⑩ 硫酸（1+4）。

⑪ 氢氟酸。

⑫ 硝酸银溶液（0.1mol/L）。

⑬ 焦硫酸钾。将市售焦硫酸钾在瓷蒸发皿中加热熔化，待气泡停止发生后，冷却，砸碎，贮存于磨口瓶中。

⑭ 二氧化硅。

⑮ 乙醇［95％（体积分数）］。

⑯ 50g/L 钼酸铵溶液。将 5g 钼酸铵[$(NH_4)_6Mo_7O_{24} \cdot 4H_2O$] 溶于水中，加水稀释至 100mL，过滤后贮存于塑料瓶中。此溶液可保存约 1 周。

⑰ 5g/L 抗坏血酸。将 0.5g 抗坏血酸溶于 100mL 水中，过滤后使用。用时现配。

（3）实验步骤

① 纯二氧化硅的测定。称取约 0.5g 试样，精确至 0.0001g，置于铂坩埚中，在 950～1000℃下灼烧 5min，冷却。用玻璃棒仔细压碎块状物，加入 0.30g±0.01g 已磨细的无水碳酸钠，混匀，再将坩埚置于 950～1000℃下灼烧 10min，放冷。

将烧结块移入瓷蒸发皿中，加少量的水润湿，用平头玻璃棒压碎块状物，盖上表面皿，从皿口滴入 5mL 盐酸及 2～3 滴硝酸，待反应停止后取下表面皿，用平头玻璃棒压碎块状物使分解完全，用热盐酸（1+1）清洗坩埚数次，洗液合并于蒸发皿中。将蒸发皿置于沸水浴上，皿上放一玻璃三角架，再盖上表面皿。蒸发至糊状后，加入 1g 氯化铵，充分搅匀，继续在蒸汽水浴上蒸发至干后，继续蒸发 10～15min，蒸发期间用玻璃棒仔细搅拌并压碎大颗粒。

取下蒸发皿，加入 10～20mL 热盐酸（3+97），搅拌使可溶性盐类溶解。用中速滤纸过滤，用胶头扫棒以热盐酸（3+97）擦洗玻璃棒及蒸发皿，并洗涤沉淀 3～4 次，然后用热水充分洗涤沉淀，直至检验无氯离子为止（硝酸银检验）。滤纸及洗液保存在 250mL 容量瓶中。

将沉淀连同滤纸一并移入铂坩埚中，烘干并灰化后放入 950～1000℃的马弗炉内灼烧 1h，取出坩埚置于干燥器中冷却至室温，称量。反复灼烧，直至恒量（$m_1$）。

向坩埚中加数滴水润湿沉淀，加 3 滴硫酸（1+4）和 10mL 氢氟酸，放入通风橱内电热板上缓慢蒸发至干，升高温度继续加热至三氧化硫白烟完全逸尽。将坩埚放入 950～1000℃的马弗炉内灼烧 30min，取出坩埚置于干燥器中冷却至室温，称量。反复灼烧，直至恒量（$m_2$）。

② 可溶性二氧化硅的测定（可由老师事先测出）。

a. 经氢氟酸处理后的残渣的分解。向纯二氧化硅测定中经过氢氟酸处理后得到的残渣中加入 0.5g 焦硫酸钾熔融，熔块用热水和数滴盐酸（1+1）溶解，溶液并入纯二氧化硅测定中分离二氧化硅后得到的滤液和洗液中。用水稀释至标线，摇匀，此溶液为溶液 A。

溶液 A 供测定滤液中残留的可溶性二氧化硅、氧化铁、氧化铝、氧化钙、氧化镁、二氧化钛用。

b. 工作曲线的绘制。称取 0.2000g 经 1000～1100℃新灼烧过 30min 以上的二氧化硅，精确至 0.0001g，置于铂坩埚中，加入 2g 无水碳酸钠，搅拌均匀，在 1000～1100℃高温下熔融 5min。冷却，用热水将熔块浸出于盛有热水的 300mL 塑料杯中，待全部溶解后冷却至室温，移入 1000mL 容量瓶中，用水稀释至标线，摇匀，移入塑料瓶中保存。此标准溶液每毫升含有 0.2mg 二氧化硅。

吸取 10.00mL 上述溶液于 100mL 容量瓶中，用水稀释至标线，摇匀，移入塑料瓶中保存。此标准溶液每毫升含有 0.02mg 二氧化硅。

吸取每毫升含有 0.02mg 二氧化硅的标准溶液 0mL、2.00mL、4.00mL、5.00mL、6.00mL、8.00mL、10.00mL 分别放入 100mL 容量瓶中，加水稀释至约 40mL，依次加入 5mL 盐酸（1+11）、8mL 95％（$\varphi$）乙醇、6mL 钼酸铵溶液。放置 30min 后，加入 20mL

盐酸（1＋1）、5mL 抗坏血酸，用水稀释至标线，摇匀。放置 1h 后，使用分光光度计，10mm 比色皿，以水作参比，于 660nm 处测定溶液的吸光度。用测得的吸光度作为相应的二氧化硅含量的函数，绘制工作曲线。

c. 可溶性二氧化硅的测定。吸取 25.00mL 溶液 A 放入 100mL 容量瓶中，用水稀释至 40mL，依次加入 5mL 盐酸（1＋11）、8mL 95％（$\varphi$）乙醇、6mL 钼酸铵溶液，放置 30min 后加入 20mL 盐酸（1＋1）、5mL 抗坏血酸溶液，用水稀释至标线，摇匀。放置 1h 后，使用分光光度计，10mm 比色皿，以水作参比，于 660nm 处测定溶液的吸光度。在工作曲线上查出二氧化硅的含量（$m_3$）。

（4）数据处理

① 纯二氧化硅含量按下式计算。

$$w(纯\ SiO_2) = \frac{m_1 - m_2}{m_样} \times 100\%$$

式中    $w(纯\ SiO_2)$——纯二氧化硅的质量分数，％；

         $m_1$——灼烧后未经氢氟酸处理的沉淀及坩埚的质量，g；

         $m_2$——用氢氟酸处理并经灼烧后的残渣及坩埚的质量，g；

         $m_样$——称取样品的质量，g。

② 可溶性二氧化硅含量按下式计算。

$$w(可溶性\ SiO_2) = \frac{m_3}{m_样 \times \dfrac{25}{250} \times 1000} \times 100\%$$

式中    $w(可溶性\ SiO_2)$——可溶性二氧化硅的质量分数；

         $m_3$——25.00mL 溶液 A 中二氧化硅的质量，mg；

         $m_样$——称取样品的质量，g。

③ 总 $SiO_2$＝纯 $SiO_2$＋可溶性 $SiO_2$。

（5）允许差   取平行测定结果的算术平均值为测定结果。

同一实验室的允许差为 0.15％；不同实验室的允许差为 0.20％。

4. 氧化铁的测定——EDTA 直接滴定法（基准法）

（1）实验原理   在 pH 为 1.8～2.0，温度为 60～70℃ 的溶液中，以磺基水杨酸钠为指示剂，用 EDTA 标准溶液滴定。

（2）仪器药品

① 一般实验室仪器。

② 精密 pH 试纸。

③ 氨水（1＋1）。

④ 盐酸（1＋1）。

⑤ 磺基水杨酸钠指示剂溶液。配制：将 10g 磺基水杨酸钠溶于水中，加水稀释至 100mL。

⑥ 钙黄绿素-甲基百里香酚蓝-酚酞混合指示剂（简称 CMP 混合指示剂）。配制：称取 1.000g 钙黄绿素、1.000g 甲基百里香酚蓝、0.200g 酚酞与 50g 已在 105℃ 烘干过的硝酸钾混合研细，保存在磨口瓶中。

⑦ 200g/L 氢氧化钾溶液。配制：将 200g 氢氧化钾溶于水中，加水稀释至 1L。贮存于塑料瓶中。

⑧ $c(EDTA)$ ＝0.015mol/L EDTA 标准溶液。

配制：称取约 5.6g EDTA 置于烧杯中，加约 200mL 水，加热溶解，过滤，用水稀释至 1L。

标定：称取 0.6g 已于 105～110℃ 烘过 2h 的碳酸钙，精确至 0.0001g，置于 400mL 烧杯中，加入约 100mL 水，盖上表面皿，沿杯口滴加盐酸（1+1）至碳酸钙全部溶解，加热煮沸数分钟。将溶液冷至室温，移入 250mL 容量瓶中，用水稀释至标线，摇匀。

吸取 25.00mL 碳酸钙标准溶液于 400mL 烧杯中，加水稀释至 200mL，加入适量的 CMP 混合指示剂，在搅拌下加入氢氧化钾溶液至出现绿色荧光后再过量 2～3mL，以 EDTA 标准溶液滴定至绿色荧光消失并呈现红色。

EDTA 标准溶液的浓度按下式计算：

$$c(\text{EDTA}) = \frac{m \times \frac{25}{250}}{M(\text{CaCO}_3)V}$$

式中　$c(\text{EDTA})$——EDTA 标准溶液的浓度，mol/L；

$\qquad V$——标定时消耗 EDTA 标准溶液的体积，L；

$\qquad m$——碳酸钙的质量，g；

$M(\text{CaCO}_3)$　——$\text{CaCO}_3$ 的摩尔质量，g/mol。

（3）实验步骤　吸取 25.00mL 溶液 A 放入 300mL 烧杯中，加水稀释至约 100mL，用氨水（1+1）和盐酸（1+1）调节溶液 pH 在 1.8～2.0（用精密 pH 试纸检验）。将溶液加热至 70℃，加 10 滴磺基水杨酸钠指示液，用 $c(\text{EDTA})=0.015\text{mol/L}$ EDTA 标准溶液缓慢地滴定至亮黄色（终点时溶液温度应不低于 60℃）。保留此溶液供测定氧化铝用。

（4）数据处理　氧化铁含量按下式计算。

$$w(\text{Fe}_2\text{O}_3) = \frac{c(\text{EDTA})VM\left(\frac{1}{2}\text{Fe}_2\text{O}_3\right)}{m_{样} \times \frac{25}{250}} \times 100\%$$

式中　$w(\text{Fe}_2\text{O}_3)$——$\text{Fe}_2\text{O}_3$ 的质量分数，%；

$\qquad c(\text{EDTA})$——EDTA 标准溶液的浓度，mol/L；

$\qquad V$——测定 $\text{Fe}_2\text{O}_3$ 时消耗 EDTA 标准溶液的体积，L；

$M\left(\frac{1}{2}\text{Fe}_2\text{O}_3\right)$——$\frac{1}{2}\text{Fe}_2\text{O}_3$ 的摩尔质量，g/mol；

$\qquad m_{样}$——称取样品的质量，g。

（5）允许差　取平行测定结果的算术平均值为测定结果。

同一实验室的允许差为 0.15%；不同实验室的允许差为 0.20%。

5. 氧化铝的测定——EDTA 直接滴定法（基准法）

（1）实验原理　于滴定铁后的溶液中，调整 pH 至 3，在煮沸下用 EDTA-铜和 PAN 为指示剂，用 EDTA 标准溶液滴定。

（2）仪器药品

① 一般实验室仪器。

② 溴酚蓝指示剂溶液。配制：将 0.2g 溴酚蓝溶于 100mL 乙醇（1+4）中。

③ 氨水（1+2）。

④ 盐酸（1+2）。

⑤ 硫酸（1+1）。

⑥ pH＝3 的缓冲溶液。配制：将 3.2g 无水乙酸钠溶于水中，加 120mL 冰醋酸，用水稀释至 1L，摇匀。

⑦ pH＝4.3 的缓冲溶液。配制：将 42.3g 无水乙酸钠溶于水中，加 80mL 冰醋酸，用水稀释至 1L，摇匀。

⑧ 1-(2-吡啶偶氮)-2 萘酚（PAN）指示剂溶液。配制：将 0.2g PAN 溶于 100mL 95%（$\varphi$）乙醇中。

⑨ EDTA-铜溶液

a. $c(\text{EDTA})＝0.015\text{mol/L}$ EDTA 标准溶液（制备与测定氧化铁中同）。

b. 将 3.7g 硫酸铜（$CuSO_4 \cdot 5H_2O$）溶于水中，加 4～5 滴硫酸（1+1），用水稀释至 1L，摇匀。

c. 从滴定管缓慢放出 10～15mL $c(\text{EDTA})＝0.015\text{mol/L}$ EDTA 标准溶液于 400mL 烧杯中，用水稀释至约 150mL，加 15mL pH＝4.3 的缓冲溶液，加热至沸，取下稍冷，加 5～6 滴 PAN 指示液，以硫酸铜标准溶液滴定至亮紫色。

EDTA 标准溶液与硫酸铜标准溶液的体积比按下式计算。

$$K = \frac{V_1}{V_2}$$

式中　$K$——每毫升硫酸铜标准溶液相当于 EDTA 标准溶液的体积，mL；

$\quad V_1$——EDTA 标准溶液的体积，mL；

$\quad V_2$——滴定时消耗硫酸铜标准溶液的体积，mL。

d. 将 $c(\text{EDTA})＝0.015\text{mol/L}$ EDTA 标准溶液与 $c(CuSO_4)＝0.015\text{mol/L}$ 硫酸铜标准溶液的按测得的体积比，准确配制成等浓度的混合溶液。

（3）实验步骤　将测完铁的溶液用水稀释至约 200mL，加 1～2 滴溴酚蓝指示液，滴加氨水（1+2）至出现蓝紫色，再滴加盐酸（1+2）至黄色，加入 15mL pH＝3 的缓冲溶液，加热至微沸并保持 1min，加入 10 滴 EDTA-铜溶液及 2～3 滴 PAN 指示液，用 $c(\text{EDTA})＝0.015\text{mol/L}$ EDTA 标准溶液滴定至红色消失，继续煮沸，滴定，直至溶液经煮沸后红色不再出现呈现稳定的亮黄色为止。

（4）数据处理　氧化铝含量按下式计算。

$$w(Al_2O_3) = \frac{c(\text{EDTA})VM\left(\frac{1}{2}Al_2O_3\right)}{m_{样} \times \frac{25}{250}} \times 100\%$$

式中　$w(Al_2O_3)$——$Al_2O_3$ 的质量分数，%；

$\quad c(\text{EDTA})$——EDTA 标准溶液的浓度，mol/L；

$\quad V$——测定 $Al_2O_3$ 时消耗 EDTA 标准溶液的体积，L；

$\quad M\left(\frac{1}{2}Al_2O_3\right)$——$\frac{1}{2}Al_2O_3$ 的摩尔质量，g/mol；

$\quad m_{样}$——称取样品的质量，g。

（5）允许差　取平行测定结果的算术平均值为测定结果。

同一实验室的允许差为 0.20%；不同实验室的允许差为 0.30%。

6. 氧化钙的测定——EDTA 滴定法（基准法）

（1）实验原理　在 pH13 以上强碱性溶液中，以三乙醇胺为掩蔽剂，用钙黄绿素-甲基百里香酚蓝-酚酞混合指示剂，用 EDTA 标定溶液滴定。

（2）仪器药品

① 一般实验室仪器。

② 三乙醇胺（1＋2）。

③ 钙黄绿素-甲基百里香酚蓝-酚酞混合指示剂（简称 CMP 混合指示剂）。配制：称取 1.000g 钙黄绿素、1.000g 甲基百里香酚蓝、0.200g 酚酞与 50g 已在 105℃烘干过的硝酸钾混合研细，保存在磨口瓶中。

④ 200g/L 氢氧化钾溶液。配制：将 200g 氢氧化钾溶于水中，加水稀释至 1L。贮存于塑料瓶中。

⑤ $c(EDTA)=0.015mol/L$ EDTA 标准溶液。制备与氧化铁（基准法）测定中同。

（3）实验步骤

吸取 25.00mL 溶液 A 放入 300mL 烧杯中，加水稀释至约 200mL，加 5mL 三乙醇胺（1＋2）及少许的钙黄绿素-甲基百里香酚蓝混合指示剂，在搅拌下加入氢氧化钾溶液至出现绿色荧光后再过量 5～8mL，此时溶液在 pH13 以上，用 $c(EDTA)=0.015mol/L$ EDTA 标准溶液滴定至绿色荧光消失并呈现红色。

（4）数据处理  氧化钙含量按下式计算。

$$w(CaO)=\frac{c(EDTA)VM(CaO)}{m_{样}\times\frac{25}{250}}\times100\%$$

式中  $w(CaO)$——CaO 的质量分数，%；

$c(EDTA)$——EDTA 标准溶液的浓度，mol/L；

$V$——测定 CaO 时消耗 EDTA 标准溶液的体积，L；

$M(CaO)$——CaO 的摩尔质量，g/mol；

$m_{样}$——称取样品的质量，g。

（5）允许差  取平行测定结果的算术平均值为测定结果。

同一实验室的允许差为 0.25%，不同实验室的允许差为 0.40%。

7. 硫酸盐-三氧化硫的测定——BaSO₄ 重量法（基准法）

（1）实验原理  在酸性溶液中，用氯化钡溶液沉淀硫酸盐，经过滤灼烧后，以硫酸钡形式称量。测定结果以三氧化硫计。

（2）仪器药品

① 一般实验室仪器。

② 马弗炉。

③ 瓷坩埚。

④ 中速滤纸、慢速滤纸。

⑤ 盐酸（1＋1）。

⑥ 100g/L 氯化钡溶液。配制：将 100g 二水氯化钡溶于水中，加水稀释至 1L。

（3）实验步骤  称取约 0.5g 试样，精确至 0.0001g，置于 300mL 烧杯中，加入 30～40mL 水使其分散。加 10mL 盐酸（1＋1），用平头玻璃棒压碎块状物，慢慢地加热溶液，直至水泥分解完全。加热煮沸并保持微沸 5min±0.5min。用中速滤纸过滤，用热水洗涤 10～12 次。调整滤液体积至 200mL，煮沸，在搅拌下滴加 10mL 热的氯化钡溶液，继续煮沸数分钟，然后在常温下静置 12～24h 或温热处静置至少 24h，仲裁分析应在常温下静置 12～24h。（此时溶液的体积应保持在 200mL）。用慢速滤纸过滤，用温水洗涤，直至检验无氯离子为止（AgNO₃ 溶液检验）。

将沉淀及滤纸一并移入已灼烧恒重的瓷坩埚中，灰化后在 800℃ 马弗炉内灼烧 30min，取出坩埚置于干燥器中冷却至室温，称量。反复灼烧，直至恒重。

（4）数据处理　三氧化硫含量按下式计算。

$$w(SO_3) = \frac{(m_1 - m_2) \times \dfrac{M(SO_3)}{M(BaSO_4)}}{m_{样}} \times 100\%$$

式中　$w(SO_3)$——SO₃ 的质量分数，%；

$\qquad m_1$——瓷坩埚加硫酸钡质量，g；

$\qquad m_2$——瓷坩埚质量，g；

$\quad M(SO_3)$——SO₃ 的摩尔质量，g/mol；

$M(BaSO_4)$——BaSO₄ 的摩尔质量，g/mol；

$\qquad m_{样}$——称取样品质量，g。

（5）允许差　取平行测定结果的算术平均值为测定结果。

同一实验室的允许误差为 0.15%；不同实验室的允许误差为 0.20%。

8. 硫化物的测定——碘量法（基准法）

（1）实验原理　在还原条件下，试样用盐酸分解，产生的硫化氢收集于氨性硫酸锌溶液中，然后用碘量法测定。

如试样中除硫化物和硫酸盐外，还有其他状态硫存在时，将给测定造成误差。

（2）仪器药品

① 一般实验室仪器。

② 氯化亚锡固体（SnCl₂·2H₂O）。

③ 盐酸（1+1）。

④ 5g/L 明胶溶液。配制：将 0.5g 明胶（动物胶）溶于 100mL 70～80℃ 的水中，用时现配。

⑤ 10g/L 淀粉溶液。配制：将 1g 淀粉（水溶性）置于小烧杯中，加水调成糊状后，加入沸水稀释至 100mL，再煮沸约 1min，冷却后使用。

⑥ 硫酸（1+2）。

⑦ KI 固体。

⑧ $c\left(\dfrac{1}{6}K_2Cr_2O_7\right) = 0.03000$ mol/L 重铬酸钾基准溶液。配制：称取 1.4710g 已于 150～180℃ 烘过 2h 的重铬酸钾，精确至 0.0001g，置于烧杯中，用 100～150mL 水溶解后，移入 1000mL 容量瓶中，用水稀释至标线，摇匀。

⑨ $c(Na_2S_2O_3) = 0.03$ mol/L 硫代硫酸钠标准溶液。

配制：将 37.5g 硫代硫酸钠（Na₂S₂O₃·5H₂O）溶于 200mL 新煮沸过的冷水中，加入约 0.25g 无水碳酸钠，搅拌溶解后移入棕色玻璃下口瓶中，再以新煮沸过的冷水稀释至 5L，摇匀，静置 14d 后使用。

标定：取 15.00mL 重铬酸钾基准溶液放入带有磨口塞的 200mL 锥形瓶中，加入 3g 碘化钾及 50mL 水，溶解后加入 10mL 硫酸（1+2），盖上磨口瓶塞，水封，于暗处放置 15～20min。用少量水冲洗瓶壁及瓶塞，以硫代硫酸钠标准溶液滴定至淡黄色，加入约 2mL 淀粉指示液，再继续滴定至蓝色消失。

另以 15mL 水代替重铬酸钾基准溶液，按上述标定步骤进行空白实验。

$$c(\mathrm{Na_2S_2O_3}) = \frac{0.03000 \times 15.00}{V_2 - V_1}$$

式中　$c(\mathrm{Na_2S_2O_3})$——硫代硫酸钠标准溶液的浓度，mol/L；

　　　　0.03000——$\frac{1}{6}\mathrm{K_2Cr_2O_7}$ 标准溶液的浓度，mol/L；

　　　　$V_1$——空白实验时消耗硫代硫酸钠标准溶液的体积，mL；

　　　　$V_2$——标定时消耗硫代硫酸钠标准溶液的体积，mL；

　　　　15.00——加入重铬酸钾标准溶液的体积，mL。

⑩ $c\left(\frac{1}{6}\mathrm{KIO_3}\right) = 0.03\mathrm{mol/L}$ 碘酸钾标准溶液。

配制：将 5.4g 碘酸钾溶于 200mL 新煮沸过的冷水中，加入 5g 氢氧化钠及 150g 碘化钾，溶解后移入棕色玻璃下口瓶中，再以新煮沸过的冷水稀释至 5L，摇匀。

标定：取 15.00mL 碘酸钾标准溶液于 200mL 锥形瓶中，加 25mL 水及 10mL 硫酸（1+2），在摇动下用硫代硫酸钠标准溶液滴定至淡黄色，加入约 2mL 淀粉指示液，再继续滴定至蓝色消失。

$$c\left(\frac{1}{6}\mathrm{KIO_3}\right) = \frac{c(\mathrm{Na_2S_2O_3})V}{15.00}$$

式中　$c(\mathrm{Na_2S_2O_3})$——硫代硫酸钠标准溶液的浓度，mol/L；

　　　　$c\left(\frac{1}{6}\mathrm{KIO_3}\right)$——$\frac{1}{6}\mathrm{KIO_3}$ 标准溶液的浓度，mol/L；

　　　　$V$——标定 $\mathrm{KIO_3}$ 溶液时消耗硫代硫酸钠标准溶液的体积，mL；

　　　　15.00——$\mathrm{KIO_3}$ 溶液的体积，mL。

⑪ 100g/L 氨性硫酸锌溶液。配制：将 100g 硫酸锌（$\mathrm{ZnSO_4 \cdot 7H_2O}$）溶于水后加 700mL 氨水，用水稀释至 1L，静置 24h，过滤后使用。

（3）实验步骤　称取约 1g 试样，精确至 0.0001g，置于 100mL 的干燥反应瓶中，轻轻摇动使其均匀地分散于反应瓶底部，加入 1g 氯化亚锡，按图 10-1 中仪器装置图连接各部件。

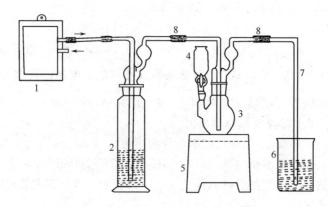

图 10-1　测定硫化物及硫酸盐的仪器装置

1—微型空气泵；2—洗气瓶（250mL），内盛 100mL 硫酸铜溶液（50g/L）；3—反应瓶（100mL）；

4—加液漏斗（20mL）；5—电炉（600W，与 1~2kV·A 调压变压器相连接）；6—吸收杯（400mL）；

内盛 300mL 水及 20mL 氨性硫酸锌溶液；7—导气管；8—硅橡胶管

由分液漏斗向反应瓶中加 15mL 盐酸（1+1），迅速关闭活塞。开动空气泵，在保持通气速度为每秒钟 4～5 个气泡的条件下加热反应瓶中的试样，当吸收杯中刚出现氯化铵白色烟雾时（一般约在加热后 5min 左右），停止加热，再继续通气 5min。

取下吸收杯，关闭空气泵，用水冲洗插入吸收液内的玻璃管，加 10mL 明胶溶液，用滴定管加入 5.00mL $c\left(\dfrac{1}{6}KIO_3\right)=0.03mol/L$ 碘酸钾标准溶液，在搅拌下一次加入 30mL 硫酸（1+2），用 $c(Na_2S_2O_3)=0.03mol/L$ 硫代硫酸钠标准溶液滴定至淡黄色，加入 2mL 淀粉指示液，再继续滴定至蓝色消失。

（4）数据处理　硫化物（以 S 计）含量按下式计算。

$$w(S)=\dfrac{\left[c\left(\dfrac{1}{6}KIO_3\right)V_1-c(Na_2S_2O_3)V_2\right]M\left(\dfrac{1}{2}S\right)}{m_{样}}\times100\%$$

式中　$w(S)$——硫化物（以 S 计）的质量分数，%；

$c\left(\dfrac{1}{6}KIO_3\right)$——$\dfrac{1}{6}KIO_3$ 溶液的浓度，mol/L；

$c(Na_2S_2O_3)$——硫代硫酸钠标准溶液的浓度，mol/L；

$V_1$——加入的碘酸钾标准溶液的体积，L；

$V_2$——消耗硫代硫酸钠标准溶液的体积，L；

$M\left(\dfrac{1}{2}S\right)$——$\dfrac{1}{2}S$ 的摩尔质量，g/mol；

$m_{样}$——称取样品质量，g。

（5）允许差　取平行测定结果的算术平均值为测定结果。

同一实验室的允许差为 0.03%；不同实验室的允许差为 0.05%。

9. 二氧化硅的测定——氟硅酸钾容量法（代用法）

（1）实验原理　在有过量的氟、钾离子存在的强酸性溶液中，使硅酸形成氟硅酸钾（$K_2SiF_6$）沉淀，经过滤、洗涤及中和残余酸后，加沸水使氟硅酸钾沉淀水解生成等物质的量的氢氟酸，然后以酚酞为指示剂，用氢氧化钠标准溶液进行滴定。

（2）仪器药品

① 一般实验室仪器。

② 银坩埚。

③ 中速滤纸。

④ 浓盐酸。

⑤ 盐酸（1+1）。

⑥ 盐酸（1+5）。

⑦ 硝酸。

⑧ 氢氧化钠。

⑨ 氯化钾，颗粒粗大时，应研细后使用。

⑩ 150g/L 氟化钾溶液。配制：称取 150g 氟化钾（KF·2H₂O）于塑料杯中，加水溶解后，用水稀释至 1L，贮于塑料瓶中。

⑪ 50g/L 氯化钾溶液。配制：称取 50g 氯化钾（KCl）溶于水中，用水稀释至 1L。

⑫ 50g/L 氯化钾-乙醇溶液。配制：将 5g 氯化钾溶于 50mL 水中，加入 50mL 95%（$\varphi$）乙醇，混匀。

⑬ 酚酞指示剂溶液。配制：将 1g 酚酞溶于 100mL 95%（$\varphi$）乙醇中。

⑭ $c(NaOH)=0.15mol/L$ 氢氧化钠标准溶液。

配制：将 60g 氢氧化钠溶于 10L 水中，充分摇匀，贮存于带胶塞（装有钠石灰干燥管）的硬质玻璃瓶或塑料瓶内。

标定：称取约 0.8g 苯二甲酸氢钾，精确至 0.0001g，置于 400mL 烧杯中，加入约 150mL 新煮沸过的已用氢氧化钠溶液中和至酚酞呈微红色的冷水，搅拌使其溶解，加入 6～7 滴酚酞指示液，用氢氧化钠标准溶液滴定至微红色。

氢氧化钠标准溶液的物质的量浓度按下式计算：

$$c(NaOH)=\frac{m}{V\times204.2}$$

式中　$c(NaOH)$——氢氧化钠标准溶液的浓度，mol/L；

$\quad\quad\quad V$——标定时消耗氢氧化钠标准溶液的体积，L；

$\quad\quad\quad m$——苯二甲酸氢钾的质量，g；

$\quad\quad\quad 204.2$——苯二甲酸氢钾的摩尔质量，g/mol。

（3）实验步骤　称取约 0.5g 试样，精确至 0.0001g，置于银坩埚中，加入 6～7g 氢氧化钠，在 650～700℃ 的高温下熔融 20min。取出冷却，将坩埚放入已盛有 100mL 近沸腾水的烧杯中，盖上表面皿，于电热板上适当加热，待熔块完全浸出后，取出坩埚，用水冲洗坩埚和盖，在搅拌下一次加入 25～30mL 盐酸，再加入 1mL 硝酸。用热盐酸（1+5）洗净坩埚和盖，将溶液加热至沸，冷却，然后移入 250mL 容量瓶中，用水稀释至标线，摇匀。此溶液 B 供测定二氧化硅、氧化铁、氧化铝、氧化钙、氧化镁用。

吸取 50.00mL 溶液 B 放入 250～300mL 塑料杯中，加入 10～15mL 硝酸，搅拌，冷却至 30℃ 以下。加入氯化钾，仔细搅拌至饱和并有少量氯化钾析出，再加 2g 氯化钾及 10mL 氟化钾溶液，仔细搅拌（如氯化钾析出量不够，应再补充加入），放置 15～20min。用中速滤纸过滤，用氯化钾溶液洗涤塑料杯及沉淀 3 次。将滤纸连同沉淀取下，置于原塑料杯中，沿杯壁加入 10mL 30℃ 以下的氯化钾-乙醇溶液及 1mL 酚酞指示液，用 $c(NaOH)=0.15mol/L$ 氢氧化钠标准溶液中和未洗净的酸，仔细搅动滤纸并随之擦洗杯壁直至溶液呈红色。向杯中加入 200mL 沸水（煮沸并用氢氧化钠溶液中和至酚酞呈微红色），用 $c(NaOH)=0.15mol/L$ 的氢氧化钠标准溶液滴定至微红色。

（4）数据处理　二氧化硅的质量分数按下式计算。

$$w(SiO_2)=\frac{c(NaOH)VM\left(\frac{1}{4}SiO_2\right)}{m_{样}\times\frac{50}{250}}\times100\%$$

式中　$w(SiO_2)$——$SiO_2$ 的质量分数，%；

$\quad c(NaOH)$——氢氧化钠标准溶液的浓度，mol/L；

$\quad\quad\quad V$——测定时消耗氢氧化钠标准溶液的体积，L；

$M\left(\frac{1}{4}SiO_2\right)$——$\frac{1}{4}SiO_2$ 的摩尔质量，g/mol；

$\quad\quad m_{样}$——称取样品质量，g。

（5）允许差　取平行测定结果的算术平均值为测定结果。

同一实验室的允许差为 0.20%；不同实验室的允许差为 0.35%。

10. 氧化钙的测定——NaOH 熔样-EDTA 滴定法（代用法）

（1）实验原理　预先在酸性溶液中加入适量氟化钾，以抑制硅酸的干扰，然后在 pH 为

13 以上强碱性溶液中，以三乙醇胺为掩蔽剂，用钙黄绿素-甲基百里香酚蓝-酚酞混合指示剂，以 EDTA 标准溶液滴定。

（2）仪器药品

① 一般实验室仪器。

② 三乙醇胺（1+2）。

③ 钙黄绿素-甲基百里香酚蓝-酚酞混合指示剂（简称 CMP 混合指示剂）。配制：称取 1.000g 钙黄绿素、1.000g 甲基百里香酚蓝、0.200g 酚酞与 50g 已在 105℃ 烘干过的硝酸钾混合研细，保存在磨口瓶中。

④ 200g/L 氢氧化钾溶液。配制：将 200g 氢氧化钾溶于水中，加水稀释至 1L。贮存于塑料瓶中。

⑤ $c(\text{EDTA})=0.015\text{mol/L}$ EDTA 标准溶液。制备与氧化铁测定（基准法）中同。

⑥ 20g/L 氟化钾溶液。配制：称取 20g 氟化钾（$KF \cdot 2H_2O$）溶于水中，稀释至 1L，贮于塑料瓶中。

（3）实验步骤 吸取 25.00mL 溶液 B 放入 400mL 烧杯中，加入 7mL 氟化钾溶液，搅拌并放置 2min 以上，加水稀释至约 200mL，加 5mL 三乙醇胺（1+2）及少许的钙黄绿素-甲基百里香酚蓝-酚酞混合指示剂，在搅拌下加入氢氧化钾溶液至出现绿色荧光后再过量 5～8mL，此时溶液在 pH 为 13 以上，用 $c(\text{EDTA})=0.015\text{mol/L}$ EDTA 标准溶液滴定至绿色荧光消失并呈现红色。

（4）数据处理 氧化钙含量按下式计算。

$$w(\text{CaO})=\frac{c(\text{EDTA})VM(\text{CaO})}{m_{样}\times\dfrac{25}{250}}\times100\%$$

式中 $w(\text{CaO})$——CaO 的质量分数，%；

$\qquad c(\text{EDTA})$——EDTA 标准溶液的浓度，mol/L；

$\qquad\qquad V$——测定 CaO 时消耗 EDTA 标准溶液的体积，mL；

$\qquad M(\text{CaO})$——CaO 的摩尔质量，g/mol；

$\qquad\quad m_{样}$——称取样品的质量，mg。

（5）允许差 取平行测定结果的算术平均值为测定结果。

同一实验室的允许差为 0.25%；不同实验室的允许差为 0.40%。

11. 氧化镁的测定——EDTA 滴定法-差减法（代用法）

（1）实验原理 在 pH 为 10 的溶液中，以三乙醇胺、酒石酸钾钠为掩蔽剂，用酸性铬蓝 K-萘酚绿 B 混合指示剂，以 EDTA 标准溶液滴定，测定钙、镁总量，减去氧化钙的量得氧化镁的含量。

适用于一氧化锰含量在 0.5% 以下的水泥试样。

（2）仪器药品

① 一般实验室仪器。

② 100g/L 酒石酸钾钠溶液。配制：将 100g 酒石酸钾钠（$C_4H_4KNaO_6 \cdot 4H_2O$）溶于水中，稀释至 1L。

③ 三乙醇胺（1+2）。

④ pH 为 10 的缓冲溶液。配制：将 67.5g 氯化铵溶于水中，加 570mL 氨水，加水稀释至 1L。

⑤ 酸性铬蓝 K-萘酚绿 B 混合指示剂。配制：称取 1.000g 酸性铬蓝 K 与 2.5g 萘酚绿 B

和 50g 已在 105℃ 烘干过的硝酸钾混合研细，保存在磨口瓶中。

⑥ $c(EDTA)=0.015mol/L$ 的 EDTA 标准溶液。制备与氧化铁测定（基准法）中同。

（3）实验步骤　从溶液 B 或溶液 A 中吸取 25.00mL 溶液放入 400mL 烧杯中，加水稀释至约 200mL，加 1mL 酒石酸钾钠溶液、5mL 三乙醇胺（1+2），搅拌，然后再加入 25mL pH10 缓冲溶液及少许酸性铬蓝 K-萘酚绿 B 混合指示剂，用 $c(EDTA)=0.015mol/L$ 的 EDTA 标准溶液滴定，近终点时应缓慢滴定至纯蓝色。

（4）数据处理　氧化镁含量按下式计算。

$$w(MgO)=\frac{c(EDTA)(V_2-V_1)M(MgO)}{m_{样}\times\frac{25}{250}}\times100\%$$

式中　$w(MgO)$——MgO 的质量分数，%；

$\quad\quad c(EDTA)$——EDTA 标准溶液的浓度，mol/L；

$\quad\quad V_1$——测定 CaO 时消耗 EDTA 标准溶液的体积，mL；

$\quad\quad V_2$——滴定钙、镁总量时消耗 EDTA 标准溶液的体积，mL；

$\quad\quad M(MgO)$——MgO 的摩尔质量，g/mol；

$\quad\quad m_{样}$——称取样品的质量，mg。

（5）允许差　取平行测定结果的算术平均值为测定结果。

同一实验室的允许误差为：含量<2%时，0.15%；含量>2%时，0.20%。

不同实验室的允许误差为：含量<2%时，0.25%；含量>2%时，0.30%。

12. 三氧化硫的测定——碘量法（代用法）

（1）实验原理　水泥先经磷酸处理，使硫化物分解逸出后，再加氯化亚锡-磷酸溶液，将硫酸盐硫还原成硫化氢，收集于氨性硫酸锌溶液中，然后用碘量法测定。

如试样中除硫化物和硫酸盐外，还有其他状态硫存在时，将给测定造成误差。

（2）仪器药品

① 一般实验室仪器。

② 氯化亚锡固体（$SnCl_2\cdot2H_2O$）。

③ 氯化亚锡-磷酸溶液。配制：将 1000mL 磷酸放在烧杯中，在通风橱中于电热板上加热脱水，至溶液体积缩减至 850~950mL 时，停止加热。待溶液温度降至 100℃ 以下时，加入 100g 氯化亚锡固体，继续加热至溶液透明，并无大气泡冒出时为止（此溶液使用期一般以不超过 2 周为宜）。

④ 5g/L 明胶溶液。配制：将 0.5g 明胶溶于 100mL 70~80℃ 的水中，用时现配。

⑤ $c(\frac{1}{6}KIO_3)=0.03mol/L$ 的碘酸钾标准溶液。制备与硫化物的测定（基准法）中同。

⑥ $c(Na_2S_2O_3)=0.03mol/L$ 硫代硫酸钠标准溶液。制备与硫化物的测定（基准法）中同。

⑦ 淀粉溶液。制备与硫化物的测定（基准法）中同。

（3）实验步骤　称取约 0.5g 试样，精确至 0.0001g，置于 100mL 的干燥反应瓶中，加 10mL 磷酸，置于电炉上加热至沸，然后继续在微沸的温度下加热至无大气泡，液面平静，无白烟出现时为止。放冷，加入 10mL 氯化亚锡-磷酸溶液，按图 10-1 中仪器装置图连接各部件。

开动空气泵，保持通气速度为每秒 4~5 个气泡，于电压 200V 下加热 10min。然后将电压降至 160V，加热 5min 后停止加热，取下吸收杯，关闭空气泵。

用水冲洗插入吸收液内的玻璃管，加 10mL 明胶溶液，用滴定管加入 15.00mL $c\left(\frac{1}{6}KIO_3\right)=0.03$mol/L 的碘酸钾标准溶液，在搅拌下一次加入 30mL 硫酸（1＋2），用 $c(Na_2S_2O_3)=0.03$mol/L 的硫代硫酸钠标准溶液滴定至淡黄色，加入 2mL 淀粉指示液，再继续滴定至蓝色消失。

（4）数据处理　三氧化硫含量按下式计算。

$$w(SO_3)=\frac{\left[c\left(\frac{1}{6}KIO_3\right)V_1-c(Na_2S_2O_3)V_2\right]M\left(\frac{1}{2}SO_3\right)}{m_{样}}\times100\%$$

式中　$w(SO_3)$——$SO_3$ 的质量分数，%；

$c\left(\frac{1}{6}KIO_3\right)$——$\frac{1}{6}KIO_3$ 标准溶液的浓度，mol/L；

$c(Na_2S_2O_3)$——硫代硫酸钠标准溶液的浓度，mol/L；

$V_1$——加入的碘酸钾标准溶液的体积，L；

$V_2$——消耗硫代硫酸钠标准溶液的体积，L；

$M\left(\frac{1}{2}SO_3\right)$——$\frac{1}{2}SO_3$ 的摩尔质量，g/mol；

$m_{样}$——称取样品质量，g。

（5）允许差　取平行测定结果的算术平均值为测定结果。

同一实验室的允许误差为 0.15%；不同实验室的允许误差为 0.20%。

13. 三氧化硫的测定——离子交换法（代用法）

（1）实验原理　在水介质中，用氢型阳离子交换树脂对水泥中的硫酸钙进行两次静态交换，生成等物质的量的氢离子，以酚酞为指示剂，用氢氧化钠标准溶液滴定。

本方法只适用于掺加天然石膏并且不含有氟、磷、氯的水泥中三氧化硫的测定。

（2）仪器药品

① 一般实验室仪器。

② 磁力搅拌器，带有塑料外壳的搅拌子，配有调速和加热装置。

③ 快速滤纸。

④ 氢型 732 苯乙烯强酸性阳离子交换树脂（1×12）。配制：将 250g 钠型 732 苯乙烯强酸性阳离子交换树脂用 250mL 95%（$\varphi$）乙醇浸泡过夜，然后倾出乙醇，再用水浸泡 6～8h。将树脂装入离子交换柱（直径约 5cm，长约 70cm）中，用 1500mL 盐酸（1＋3）以每分钟 5mL 的流速进行淋洗。然后再用蒸馏水逆洗交换柱中的树脂。直至流出液中无氯离子（硝酸银检验）。将树脂倒出，用布氏漏斗以抽气泵抽滤，然后贮存于广口瓶中备用（树脂久放后，使用时应用水倾洗数次）。

用过的树脂应浸泡在稀酸中，当积至一定数量后，倾出其中夹带的不溶残渣，然后再用上述方法进行再生。

⑤ 酚酞指示剂溶液。配制：将 1g 酚酞溶于 100mL 95%（$\varphi$）乙醇中。

⑥ $c(NaOH)=0.06$mol/L 的氢氧化钠标准溶液。

配制：将 24g 氢氧化钠溶于 10L 水中，充分摇匀，贮存于带胶塞（装有钠石灰干燥管）的硬质玻璃瓶或塑料瓶内。

标定：称取约 0.3g 苯二甲酸氢钾，精确至 0.0001g，置于 400mL 烧杯中，加入约 200mL 新煮沸过的已用氢氧化钠溶液中和至酚酞呈微红色的冷水，搅拌使其溶解，加入 6～

7 滴酚酞指示液，用氢氧化钠标准溶液滴定至微红色。

氢氧化钠标准溶液的物质的量浓度按下式计算。

$$c(\text{NaOH}) = \frac{m}{V \times 204.2}$$

式中　$c(\text{NaOH})$——氢氧化钠标准溶液的浓度，mol/L；

　　　　$V$——标定时消耗氢氧化钠标准溶液的体积，L；

　　　　$m$——苯二甲酸氢钾的质量，g；

　　　204.2——苯二甲酸氢钾的摩尔质量，g/mol。

（3）实验步骤　称取约 0.2g 试样，精确至 0.0001g，置于已盛有 5g 树脂、一个搅拌子及 10mL 热水的 150mL 烧杯中，摇动烧杯使其分散。向烧杯中加入 40mL 沸水，置于磁力搅拌器上，加热搅拌 10min。以快速滤纸过滤，并用热水洗涤烧杯与滤纸上的树脂 4～5 次，滤液及洗液收集于另一装有 2g 树脂及一个搅拌子的 150mL 烧杯中（此时溶液体积在 100mL 左右）。再将烧杯置于磁力搅拌器上搅拌 3min，用快速滤纸过滤，用热水冲洗烧杯与滤纸上的树脂 5～6 次，滤液及洗液收集于 300mL 烧杯中。

向溶液中加入 5～6 滴酚酞指示液，用 $c(\text{NaOH}) = 0.06\text{mol/L}$ 的氢氧化钠标准溶液滴定至微红色，保存用过的树脂以备再生。

（4）数据处理　三氧化硫含量按下式计算。

$$w(\text{SO}_3) = \frac{c(\text{NaOH})VM\left(\frac{1}{2}\text{SO}_3\right)}{m_{样}} \times 100\%$$

式中　$w(\text{SO}_3)$——$\text{SO}_3$ 的质量分数，%；

　　　　$c(\text{NaOH})$——NaOH 标准溶液的浓度，mol/L；

　　　　$V$——消耗 NaOH 标准溶液的体积，L；

　　$M\left(\frac{1}{2}\text{SO}_3\right)$——$\frac{1}{2}\text{SO}_3$ 的摩尔质量，g/mol；

　　　　$m_{样}$——称取样品质量，g。

（5）允许差　取平行测定结果的算术平均值为测定结果。

同一实验室的允许误差为 0.15%；不同实验室的允许误差为 0.20%。

**14. 氯离子的测定——硫氰酸铵容量法（基准法）**

（1）实验原理　试样用硝酸进行分解，同时消除硫化物的干扰。加入已知量的硝酸银标准溶液使氯离子以氯化银的形式沉淀。煮沸、过滤后，将滤液和洗涤液冷却至 25℃ 以下。以铁（Ⅲ）盐为指示剂，用硫氰酸铵标准溶液滴定过量的硝酸银。其反应式如下。

氯离子与加入的硝酸银标准溶液反应：$\text{Cl}^- + \text{Ag}^+ \longrightarrow \text{AgCl}\downarrow$

硫氰酸铵与过量的硝酸银反应：　　$\text{CNS}^- + \text{Ag}^+ \longrightarrow \text{AgCNS}\downarrow$

（2）仪器药品

① 一般实验室仪器。

② 硝酸（1+2）、（1+100）。

③ 硫酸铁铵指示剂。将 10mL 硝酸（1+2）加入到 100mL 冷的硫酸铁铵 $[\text{NH}_4\text{Fe}(\text{SO}_4)_2 \cdot 12\text{H}_2\text{O}]$ 饱和水溶液中。

④ 硝酸银标准溶液。$c(\text{AgNO}_3) = 0.05\text{mol/L}$，称取 8.4940g 已于 150℃±5℃ 烘过 2h 的硝酸银（$\text{AgNO}_3$），精确至 0.0001g，加水溶解后，移入 1000mL 容量瓶中，加水稀释至标线，摇匀。贮存于棕色瓶中，避光保存。

⑤ 硫氰酸铵标准滴定溶液。$c(NH_4SCN) = 0.05mol/L$，称取 3.8g 硫氰酸铵 ($NH_4SCN$) 溶于水，稀释至 1L。

⑥ 玻璃砂芯漏斗。直径 50mm，型号 $P_{10}$。

⑦ 滤纸浆。将定量滤纸撕成小块，放入烧杯中，加水浸没，在搅拌下加热煮沸 10min 以上，冷却后放入广口瓶中备用。

（3）实验步骤 称取约 5g 试样，精准至 0.0001g，置于 400mL 烧杯中，加入 50mL 水。搅拌使试样完全分散，在搅拌下加入 50mL 硝酸（1+2），加热煮沸，在搅拌下煮沸 1～2min。准确移取 5.00mL 硝酸银标准溶液加入溶液中，煮沸 1～2min，加入少许滤纸浆。用预先用硝酸（1+100）洗涤过的慢速滤纸抽气过滤或玻璃砂芯漏斗抽气过滤，滤液收集于 250mL 锥形瓶中，用硝酸（1+100）洗涤烧杯、玻璃棒和滤纸，直至滤液和洗液总体积达到约 200mL，溶液在弱光线或暗处冷却至 25℃以下。

加入 5mL 硫酸铁铵指示剂溶液，用硫氰酸铵标准滴定溶液滴定至产生的红棕色在摇动下不消失为止。记录滴定所用硫氰酸铵标准滴定溶液的体积 $V_0$。当硫氰酸铵标准滴定溶液消耗体积小于 0.5mL 时，要用减少一半的试样质量进行重新试验。同时做空白实验，记录空白滴定所用的硫氰酸铵标准滴定溶液体积 $V_0$。

（4）数据处理

氯离子的质量分数按下式计算：

$$\omega(Cl^-) = \frac{1.773 \times 5.00 \times (V_0 - V_1)}{V_0 m_s \times 1000} \times 100\%$$

式中 $w(Cl^-)$——氯离子的质量分数，%；

$V_1$——滴定时消耗硫氰酸铵标准滴定溶液的体积，mL；

$V_0$——空白试验滴定时消耗的硫氰酸铵标准滴定溶液的体积，mL；

$m_s$——试料的质量，g；

1.773——硝酸银标准溶液对氯离子的滴定度，mg/mL。

15. 氧化铝的测定——硫酸铜返滴定法（代用法）

（1）实验原理 在滴定铁后的溶液中，加入对铝、钛过量的 EDTA 标准滴定溶液，控制溶液 pH3.8～4.0，以 PAN 为指示剂，用硫酸铜标准滴定溶液返滴定过量的 EDTA。

（2）仪器药品

① 一般实验室仪器。

② pH4.3 的缓冲溶液。将 42.3g 无水乙酸钠（$CH_3COONa$）溶于水中，加 80mL 冰乙酸（$CH_3COOH$），用水稀释至 1L，摇匀。

③ PAN 指示剂。2g/L，将 0.2g PAN [1-(2-吡啶偶氮)-2-萘酚] 溶于 100mL 95％乙醇中。

④ 氨水（1+1）。

⑤ EDTA 标准滴定溶液。$c(EDTA) = 0.015mol/L$（制备与测定氧化铁中同）。

⑥ 精密 pH 试纸。

⑦ 硫酸铜标准滴定溶液。

配制：将 3.7g 硫酸铜（$CuSO_4 \cdot 5H_2O$）溶于水中，加 4～5 滴硫酸（1+1），用水稀释至 1L，摇匀。

标定：从滴定管中缓慢放出 10.00～15.00mL EDTA 标准滴定溶液 [$c(EDTA) = 0.015mol/L$] 至 400mL 烧杯中，用水稀释至约 150mL，加 15mL pH4.3 的缓冲溶液，加热

至沸，取下稍冷，加 4～5 滴 PAN 指示剂溶液（2g/L），以硫酸铜标准滴定溶液滴定至亮紫色。

EDTA 标准滴定溶液与硫酸铜标准滴定溶液的体积比按下式计算：

$$K = V_1/V$$

式中　$K$——EDTA 标准滴定溶液与硫酸铜标准滴定溶液的体积比；

$V_1$——加入 EDTA 标准滴定溶液的体积，mL；

$V$——滴定时消耗硫酸铜标准滴定溶液的体积，mL。

（3）实验步骤　往 5 中测完铁的溶液中加入 EDTA 标准滴定溶液至过量 10.00～15.00mL（对铝、钛含量而言），加水稀释至 150～200mL。将溶液加热至 70～80℃后，在搅拌下用氨水（1+1）调节溶液 pH 在 3.0～3.5 之间（用精密 pH 试纸检验），加入 15mL pH4.3 的缓冲溶液，加热煮沸并保持微沸 1～2min，取下稍冷，加入 4～5 滴 PAN 指示剂溶液，用硫酸铜标准滴定溶液滴定至亮紫色。

（4）数据处理　氧化铝的质量分数按下式计算：

$$w(Al_2O_3) = \frac{T_{Al_2O_3} \times (V_1 - K_1V_2) \times 10}{m_s} \times 100\% - 0.64 \times w(TiO_2)$$

式中　$w(Al_2O_3)$——氧化铝的质量分数，%；

$T_{Al_2O_3}$——EDTA 标准滴定溶液对氧化铝的滴定度，mg/mL；

$V_1$——加入 EDTA 标准滴定溶液的体积，mL；

$V_2$——滴定时消耗硫酸铜标准滴定溶液的体积，mL；

$K_1$——EDTA 标准滴定溶液与硫酸铜标准滴定溶液的体积比；

$m_s$——5 中试料的质量，g；

$w(TiO_2)$——测得的二氧化钛的质量分数，%；

0.64——二氧化钛对氧化铝的换算系数。

16. 氧化钙的测定——高锰酸钾滴定法（代用法）

（1）实验原理　以氨水将铁、铝、钛等沉淀为氢氧化物，过滤除去。然后，将钙以草酸钙形式沉淀，过滤和洗涤后，将草酸钙溶解，用高锰酸钾标准滴定溶液滴定。

（2）仪器药品

① 一般实验室仪器。

② 无水碳酸钠。将无水碳酸钠用玛瑙研钵研细至粉末状，贮存于密封瓶中。

③ 甲基红指示剂溶液。称取 0.20g 甲基红，溶于 100mL 95% 乙醇中。

④ 滤纸浆。将定量滤纸撕成小块，放入烧杯中，加水浸没，在搅拌下加热煮沸 10min 以上，冷却后放广口瓶中备用。

⑤ 慢速滤纸。

⑥ 硝酸铵溶液。将 2g 硝酸铵（$NH_4NO_3$）溶于水中，加水稀释至 100mL。

⑦ 氨水（1+1）。

⑧ 盐酸（1+1）。

⑨ 硫酸（1+1）。

⑩ 溴水（$Br_2$）。质量分数≥3%。

⑪ 草酸铵溶液。50g/L，将 50g 草酸铵 [$(NH_4)_2C_2O_4 \cdot H_2O$] 溶于水中，加水稀释至 1L，必要时过滤后使用。

⑫ 铂坩埚。

⑬ 高锰酸钾标准滴定溶液。$\left[c\left(\frac{1}{5}KMnO_4\right)=0.18mol/L\right]$。

配制：称取 5.7g 高锰酸钾（$KMnO_4$）置于 400mL 烧杯中，溶于约 250mL 水，加热煮沸数分钟，冷却至室温，用玻璃砂芯漏斗（$P_{10}$）或垫有一层玻璃棉的漏斗将溶液过滤于 1000mL 棕色瓶中，然后用新煮沸过的冷水稀释至 1L，摇匀，于阴暗处放置一周后标定。

提示：由于高锰酸钾标准滴定溶液不稳定，建议至少每两个月重新标定一次。

标定：称取 0.5g 已于 105～110℃ 烘干 2h 的草酸钠（$Na_2C_2O_4$，基准试剂），精确至 0.0001g，置于 400mL 烧杯中，加入约 150mL 水、20mL 硫酸（1+1），加热至 70～80℃，用高锰酸钾标准滴定溶液滴定至微红色出现，并保持 30s 不消失。

高锰酸钾标准滴定溶液的浓度按下式计算：

$$c\left(\frac{1}{5}KMnO_4\right)=\frac{m\times1000}{V\times67.00}$$

式中    $c\left(\frac{1}{5}KMnO_4\right)$——高锰酸钾标准滴定溶液的浓度，mol/L；

         $V$——滴定时消耗高锰酸钾标准滴定溶液的体积，mL；

         $m$——草酸钠的质量，g；

     67.00——$\frac{1}{2}Na_2C_2O_4$ 的摩尔质量，g/mol。

（3）实验步骤   称取约 0.3g 试样，精确至 0.0001g，置于铂坩埚中，将盖斜置于坩埚上，在 950～1000℃ 下灼烧 5min，取出坩埚冷却。用玻璃棒仔细压碎块状物，加入 0.20g± 0.01g 已磨细的无水碳酸钠，仔细混匀。再将坩埚置于 950～1000℃ 下灼烧 10min，取出坩埚冷却。

将烧结块移入 300mL 烧杯中，加入 30～40mL 水，盖上表面皿。从杯口慢慢加入 10mL 盐酸（1+1）及 2～3 滴硝酸，待反应停止后取下表面皿，用热盐酸（1+1）清洗坩埚数次，洗液合并于烧杯中，加热煮沸使熔块全部溶解，加水稀释至 150mL，煮沸取下，加入 3～4 滴甲基红指示剂溶液，搅拌下缓慢滴加氨水（1+1）至溶液呈黄色，再过量 2～3 滴，加热微沸 1min，加入少许滤纸浆，静置待氢氧化物下沉后，趁热用慢速滤纸过滤，并用热硝酸铵溶液洗涤烧杯及沉淀 8～10 次，滤液及洗液收集于 500mL 烧杯中，弃去沉淀。

提示：当样品中锰含量较高时，应用以下方法除去锰。把滤液用盐酸（1+1）调节至甲基红呈红色，加热蒸发至约 150mL，加入 40mL 溴水和 10mL 氨水（1+1），再煮沸 5min 以上。静置待氢氧化物下沉后，用中速滤纸过滤，用热水洗涤 7～8 次，弃去沉淀。滴加盐酸（1+1）使滤液呈酸性，煮沸，使溴完全驱尽，然后按以下步骤操作。

加入 10mL 盐酸（1+1），调整溶液体积至约 200mL（需要时加热浓缩溶液），加入 30mL 草酸铵溶液，煮沸取下，然后加 2～3 滴甲基红指示剂溶液，在搅拌下缓慢逐滴加入氨水（1+1），至溶液呈黄色，并过量 2～3 滴，静置 60min±5min，在最初的 30min 期间内，搅拌混合溶液 2～3 次。加入少许滤纸浆，用慢速滤纸过滤，用热水洗涤沉淀 8～10 次（洗涤烧杯和沉淀用水总量不超过 75mL）。在洗涤时，洗涤水应该直接绕着滤纸内部以便将沉淀冲下，然后水流缓缓地直接朝着滤纸中心洗涤，目的是为了搅动和彻底地洗涤沉淀。

提示：逐滴加入氨水（1+1）时应缓慢进行，否则生成的草酸钙在过滤时可能有透过滤纸的趋向。当同时进行几个测定时，下列方法有助于保证缓慢地中和。边搅拌边向第一个烧杯中加入 2～3 滴氨水（1+1），再向第二个烧杯中加入 2～3 滴氨水（1+1），以此类推。然后返回来再向第一个烧杯中加 2～3 滴，直至每个烧杯中的溶液呈黄色，并过量 2～3 滴。

将沉淀连同滤纸置于原烧杯中，加入 150～200mL 热水，10mL 硫酸（1+1），加热至 70～80℃，搅拌使沉淀溶解，将滤纸展开，贴附于烧杯内壁上部，立即用高锰酸钾标准滴定溶液滴定至微红色后，再将滤纸浸入溶液中充分搅拌，继续滴定至微红色出现并保持 30s 不消失。

提示：当测定空白试验或草酸钙的量很少时，开始时高锰酸钾（$KMnO_4$）的氧化作用很慢，为了加速反应，在滴定前溶液中加入少许硫酸锰（$MnSO_4$）。

（4）数据处理　氧化钙的质量分数按下式计算：

$$w(CaO) = \frac{cVM\left(\frac{1}{2}CaO\right)}{m_s \times 1000} \times 100\%$$

式中　$w(CaO)$——氧化钙的质量分数，%；

$c$——高锰酸钾标准滴定溶液的浓度，mol/L；

$V$——滴定时消耗高锰酸钾标准滴定溶液的体积，mL；

$M\left(\frac{1}{2}CaO\right)$——$\frac{1}{2}CaO$ 的摩尔质量，g/mol；

$m_s$——试料的质量，g。

**17. 氯离子的测定——磷酸蒸馏-汞盐滴定法（代用法）**

（1）实验原理　用规定的蒸馏装置在 250～260℃ 温度条件下，以过氧化氢和磷酸分解试样，以净化空气做载体，蒸馏分离氯离子，用稀硝酸作吸收液。在 pH3.5 左右，以二苯偶氮碳酰肼为指示剂，用硝酸汞标准滴定溶液进行滴定。其反应式如下。

蒸馏反应：$3Cl^- + H_3PO_4 \longrightarrow 3HCl\uparrow + PO_4^{3-}$

滴定反应：$Hg^{2+} + 2Cl^- \longrightarrow HgCl_2\downarrow$

终点时：$Hg^{2+}$ + 二苯偶氮碳酰肼 $\longrightarrow$ Hg-二苯偶氮碳酰肼（樱桃红）

（2）仪器药品

① 一般实验室仪器。

② 硝酸。0.5mol/L，取 3mL 硝酸，加水稀释至 100mL。

③ 过氧化氢溶液。1.11g/cm³，质量分数 30%。

④ 磷酸。

⑤ 乙醇。乙醇的体积分数 95%，无水乙醇的体积分数不低于 99.5%。

⑥ 溴酚蓝指示剂溶液。2g/L，将 0.2g 溴酚蓝溶于 100mL 乙醇（1+4）中。

⑦ 氢氧化钠溶液。0.5mol/L，将 2g 氢氧化钠（NaOH）溶于 100mL 水中。

⑧ 二苯偶氮碳酰肼指示剂溶液。10g/L，将 1g 二苯偶氮碳酰肼溶于 100mL 95% 乙醇中。

⑨ 氯离子标准溶液。准确称取 0.3297g 已在 105～110℃ 烘过 2h 的氯化钠（NaCl，基准试剂或光谱纯），精确至 0.0001g，置于 200mL 烧杯中，加水溶解后，移入 1L 容量瓶中，用水稀释至标线，摇匀。此标准溶液 1mL 含 0.2mg 氯离子。

吸取 50.00mL 上述溶液放入 250mL 容量瓶中，用水稀释至标线，摇匀。此溶液 1mL 含 0.04mg 氯离子。

⑩ 硝酸汞标准滴定溶液。$c\left[Hg(NO_3)_2 \cdot \frac{1}{2}H_2O\right] = 0.001mol/L$。

粗配：称取 0.34g 硝酸汞 $\left[ Hg(NO_3)_2 \cdot \dfrac{1}{2}H_2O \right]$，溶于 10mL 0.5mol/L 硝酸中，移入 1L 容量瓶内，用水稀释至标线，摇匀。

标定：准确加入 5.00mL 0.04mg/mL 氯离子标准溶液于 50mL 锥形瓶中，加入 20mL 95%乙醇及 1～2 滴溴酚蓝指示剂，用 0.5mol/L 氢氧化钠溶液调至溶液呈蓝色，然后用 0.5mol/L 硝酸调至溶液刚好变黄，再过量 1 滴，加入 10 滴二苯偶氮碳酰肼指示剂，用硝酸汞标准滴定溶液滴定至紫红色出现。同时进行空白试验。

硝酸汞标准滴定溶液对氯离子的滴定度，按下式计算：

$$T_{Cl^-} = \frac{0.04 \times 5.00}{V_1 - V_0}$$

式中　$T_{Cl^-}$——硝酸汞标准滴定溶液对氯离子的滴定度，mg/mL；

　　　0.04——氯离子标准溶液的浓度，mg/mL；

　　　5.00——加入氯离子标准溶液的体积，mL。

　　　$V_1$——标定时消耗硝酸汞标准滴定溶液的体积，mL；

　　　$V_0$——空白试验消耗硝酸汞标准滴定溶液的体积，mL。

⑪ 硝酸汞标准滴定溶液。$c\left[ Hg(NO_3)_2 \cdot \dfrac{1}{2}H_2O \right] = 0.005mol/L$。

粗配：称取 1.67g 硝酸汞 $\left[ Hg(NO_3)_2 \cdot \dfrac{1}{2}H_2O \right]$，溶于 10mL 0.5mol/L 硝酸中，移入 1L 容量瓶内，用水稀释至标线，摇匀。

标定：准确加入 7.00mL 0.2mg/mL 氯离子标准溶液于 50mL 锥形瓶中，以下步骤按 $c\left[ Hg(NO_3)_2 \cdot \dfrac{1}{2}H_2O \right] = 0.001mol/L$ 硝酸汞标准滴定溶液标定步骤进行。

硝酸汞标准滴定溶液对氯离子的滴定度，按下式计算：

$$T_{Cl^-} = \frac{0.02 \times 7.00}{V_1 - V_0}$$

式中　$T_{Cl^-}$——硝酸汞标准滴定溶液对氯离子的滴定度，mg/mL；

　　　0.02——氯离子标准溶液的浓度，mg/mL；

　　　7.00——加入氯离子标准溶液的体积，mL。

　　　$V_1$——标定时消耗硝酸汞标准滴定溶液的体积，mL；

　　　$V_0$——空白试验消耗硝酸汞标准滴定溶液的体积，mL。

⑫ 测氯蒸馏装置（见图 10-2）。

（3）实验步骤　向 50mL 锥形瓶中加入约 3mL 水及 5 滴硝酸，放在冷凝管下端用以承接蒸馏液，冷凝管下端的硅胶管插于锥形瓶的溶液中。

称取约 0.3g 试样，精准至 0.0001g，置于已烘干的石英蒸馏管中，勿使试料黏附于管壁。

向蒸馏管中加入 5～6 滴过氧化氢溶液，摇动使试样完全分散后，加入 5mL 磷酸。套上磨口塞，摇动，待试料分解产生的二氧化碳气体大部分逸出后，将仪器装置终点固定架套在石英蒸馏管上，并将其置于温度 250～260℃ 的测氯蒸馏装置炉膛内，迅速地以硅橡胶管连接好蒸馏管的进出口部分（先连出气管，后连进气管），盖上炉盖。

开动气泵，调节气流速度在 100～200mL/min，蒸馏 10～15min 后关闭气泵，拆下连接管，取出蒸馏管置于试管架内。

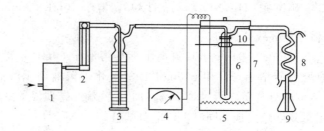

图 10-2　测氯蒸馏装置

1—吹气泵；2—转子流量计；3—洗气瓶，内装硝酸银溶液（5g/L）；4—温控仪；5—电炉；
6—石英蒸馏管；7—炉膛保温罩；8—蛇形冷凝管；9—50mL锥形瓶；10—固定架

用乙醇吹洗冷凝管及其下端，洗液收集于锥形瓶内（乙醇用量约为 15mL）。由冷凝管下部取出承接蒸馏液的锥形瓶，向其中加入 1～2 滴溴酚蓝指示剂溶液，用氢氧化钠溶液调节至溶液呈蓝色，然后用硝酸调节至溶液刚好变黄，再过量一滴，加入 10 滴二苯偶氮碳酰肼指示剂溶液，用 0.001mol/L 硝酸汞标准滴定溶液进行滴定至紫红色出现，记录所用硝酸汞标准滴定溶液的体积 $V$。同时做空白试验。

氯离子含量为 0.2%～1% 时，蒸馏时间应为 15～20min；用 0.005mol/L 硝酸汞标准滴定溶液进行滴定。

（4）数据处理　氯离子的质量分数按下式计算：

$$w(\text{Cl}^-)=\frac{c(V_1-V_0)M(2\text{Cl})}{m_s\times1000}\times100\%$$

式中　$w(\text{Cl}^-)$——氯离子的质量分数，%；

　　　　$c$——硝酸汞标准滴定溶液的浓度，mol/L；

　　　　$V_1$——滴定时消耗硝酸汞标准滴定溶液的体积，mL；

　　　　$V_0$——空白试验消耗硝酸汞标准滴定溶液的体积，mL；

　　　　$m_s$——试料的质量，g；

　　　$M(2\text{Cl})$——2Cl 的摩尔质量，g/mol。

18. 游离氧化钙测定——乙二醇法（代用法）

（1）实验原理　在加入搅拌下，使试样中游离氧化钙与乙二醇作用生成弱碱性的乙二醇钙，以酚酞为指示剂，用苯甲酸-无水乙醇标准滴定溶液滴定至红色消失。

（2）仪器药品

① 一般实验室仪器。

② 乙二醇-无水乙醇标准溶液（2+1）。将 1000mL 乙二醇（体积分数 99%）与 500mL 无水乙醇混合，加入 0.2g 酚酞，混匀。用氢氧化钠-无水乙醇溶液中和至微红色。贮存于干燥密封的瓶中，防止吸潮。

③ 苯甲酸-无水乙醇标准滴定溶液。$c(\text{C}_6\text{H}_5\text{COOH})=0.1\text{mol/L}$。

配制：与游离氧化钙的测定——甘油酒精法相同。

标定：取一定量碳酸钙（CaCO$_3$，基准试剂）置于铂（或瓷）坩埚中，在 950℃±25℃下灼烧至恒重。从中称取 0.04g CaO，精确至 0.0001g，置于 250mL 干燥的锥形瓶中，加入 30mL 乙二醇-乙醇（2+1）溶液，放入一枚搅拌子，装上冷凝管，置于游离氧化钙测定仪上，以适当的速度搅拌溶液，同时升温并加热煮沸，当冷凝下的乙醇开始连续滴下时，继续在搅拌下加热微沸 4min，取下锥形瓶，用预先用无水乙醇润湿过的快速滤纸抽气过滤或预先用无水乙醇洗涤过的玻璃砂芯漏斗抽气过滤，用无水乙醇洗涤锥形瓶和沉淀 3 次，过滤时等上次洗涤液过滤完后再洗涤下次。滤液及洗液收集于 250mL 干燥的抽滤瓶中，立即用苯甲酸-无水乙醇标准滴定溶液滴定至微红色消失。

苯甲酸-无水乙醇标准滴定溶液对氧化钙的滴定度按下式计算：

$$T_{CaO} = m/V$$

式中　$T_{CaO}$——苯甲酸-无水乙醇标准滴定溶液对氧化钙的滴定度，g/mL；

　　　$m$——氧化钙的质量，g；

　　　$V$——滴定时消耗苯甲酸-无水乙醇标准滴定溶液的体积，mL。

④ 玻璃砂芯漏斗。直径 50mm，型号 $P_{10}$。

⑤ 抽滤装置。

⑥ 无水乙醇。乙醇的体积分数 95%，无水乙醇的体积分数不低于 99.5%。

⑦ 快速滤纸。

⑧ 游离氧化钙测定仪。具有加热、搅拌、计时功能，并配有冷凝管。

（3）实验步骤　称取约 0.5g 试样，精确至 0.0001g，置于 250mL 干燥的锥形瓶中，加入 30mL 乙二醇-乙醇溶液，放入一根搅拌子，装上冷凝管，置于游离氧化钙测定仪上。以适当的速度搅拌溶液，同时升温并加热煮沸，当冷凝下的乙醇开始连续滴下时，继续在搅拌下加热微沸 4min，取下锥形瓶，用预先用无水乙醇润湿过的快速滤纸抽气过滤或预先用无水乙醇洗涤过的玻璃砂芯漏斗抽气过滤，用无水乙醇洗涤锥形瓶和沉淀 3 次，过滤时等上次洗涤液过滤完后再洗涤下次。滤液及洗液收集于 250mL 干燥的抽滤瓶中，立即用苯甲酸-无水乙醇标准滴定溶液滴定至微红色消失。

提示：尽可能快速地进行抽气过滤，以防止吸收大气中的二氧化碳。

（4）数据处理　游离氧化钙的质量分数按下式计算：

$$w(CaO) = \frac{T_{CaO}V}{m_s \times 1000} \times 100\%$$

式中　$w(CaO)$——游离氧化钙的质量分数，%；

　　　$T_{CaO}$——苯甲酸-无水乙醇标准滴定溶液对氧化钙的滴定度，mg/mL；

　　　$V$——滴定时消耗苯甲酸-无水乙醇标准滴定溶液的体积，mL；

　　　$m_s$——试料的质量，g。

19. 游离氧化钙的测定——甘油酒精法（代用法）

（1）实验原理　以硝酸锶为催化剂，使试样与甘油无水乙醇溶液在微沸的温度下作用生成甘油钙，以酚酞为指示剂，用苯甲酸无水乙醇标准溶液滴定。

（2）仪器药品

① 一般实验室仪器。

② 冷凝管。

③ 硝酸锶。

④ 酚酞指示剂溶液。配制：将 1g 酚酞溶于 100mL 95%（$\varphi$）乙醇中。

⑤ 0.4g/L 氢氧化钠无水乙醇溶液。配制：将 0.2 氢氧化钠溶于 500mL 无水乙醇中。

⑥ 甘油无水乙醇溶液。配制：将 220mL 甘油放入 500mL 烧杯中，在有石棉网的电炉上加热，在不断搅拌下分批加入 30g 硝酸锶，直至溶解。然后在 160～170℃下加热 2～3h（甘油在加热后易变成微黄色，但对试验无影响），取下，冷却至 60～70℃后将其倒入 1L 无

水乙醇中。加 0.05g 酚酞指示剂溶液，以氢氧化钠无水乙醇溶液中和至微红色。

⑦ $c(C_6H_5COOH)=0.1mol/L$ 的苯甲酸无水乙醇标准溶液。

配制：将苯甲酸置于硅胶干燥器中干燥 24h 后，称取 12.3g 溶于 1L 无水乙醇中，贮存在带胶塞（装有硅胶干燥管）的玻璃瓶内。

标定：取一定量碳酸钙置于铂（或瓷）坩埚中，在 950～1000℃ 下灼烧至恒量。从中称取 0.04～0.05g 氧化钙，精确至 0.0001g，置于 150mL 干燥的锥形瓶中，加入 15mL 甘油无水乙醇溶液，装上回流冷凝器，在放有石棉网的电炉上加热煮沸，至溶液呈现红色后取下锥形瓶，立即以苯甲酸无水乙醇标准溶液滴定至红色消失。再将冷凝器装上，继续加热煮沸至红色出现，再取下滴定。如此反复操作，直至在加热 10min 后不出现红色为止。

苯甲酸无水乙醇标准溶液对氧化钙的滴定度按下式计算。

$$T_{CaO/C_6H_5COOH}=\frac{m}{V}$$

式中　$T_{CaO/C_6H_5COOH}$——苯甲酸无水乙醇标准溶液对氧化钙的滴定度，g/mL；

$V$——标定时消耗苯甲酸无水乙醇标准溶液的总体积，mL；

$m$——氧化钙的质量，g。

（3）实验步骤　称取约 0.5g 试样，精确至 0.0001g，置于 150mL 干燥锥形瓶中，加入 15mL 甘油无水乙醇溶液，摇匀。装上回流冷凝器，置于游离 CaO 测定仪上，以适当的速度搅拌溶液，同时升温并加热煮沸。至溶液呈现红色时取下锥形瓶，立即以 $c(C_6H_5COOH)=0.1mol/L$ 的苯甲酸无水乙醇标准溶液滴定至红色消失。再将冷凝器装上，继续加热煮沸至红色出现，再取下滴定，如此反复操作，直至在加热 10min 后不出现红色为止。

（4）数据处理　游离氧化钙含量按下式计算。

$$w(CaO)=\frac{T_{CaO/C_6H_5COOH}V}{m_{样}}\times100\%$$

式中　$w(CaO)$——CaO 的质量分数，%；

$T_{CaO/C_6H_5COOH}$——苯甲酸无水乙醇标准溶液对氧化钙的滴定度，g/mL；

$V$——标定时消耗苯甲酸无水乙醇标准溶液的总体积，mL；

$m_{样}$——称取样品质量，g。

（5）允许差　取平行测定结果的算术平均值为测定结果。

同一实验室的允许误差为：含量<2% 时，0.10%；含量>2% 时，0.20%。

**四、注意事项**

1. 用碳酸钠熔融后的样品加酸溶解时，要盖上表面皿防止样品溅失。

2. 烧失量测定中马弗炉的温度要逐渐升高。

3. 不溶物测定中，要将块状物压碎分解完全，否则会引起误差。

4. 二氧化硅测定（基准法）中可溶性二氧化硅的含量可由老师预先测定，作为已知值告诉学生。

5. 氢氟酸具有很强的腐蚀性，使用时应戴橡胶手套。

**五、思考题**

1. 比较硫酸盐-三氧化硫测定中几种方法的优缺点。

2. 甘油酒精法测定游离氧化钙中为什么要反复回流、反复滴定？

3. 为什么再生的树脂放久后，使用时应用水清洗数次？

4. 烧失量测定中，为什么由硫化物氧化引起的误差需校正，而其他元素引起的误差可忽略不计？

5. 不溶物测定中在灼烧前为什么要用硝酸铵溶液洗涤 14 次以上？

6. 不溶物测定中试样处理时，为什么既用盐酸又用氢氧化钠？

7. EDTA 配位滴定法测定三氧化二铁的适宜酸度范围是多少？请从理论上加以解释。

8. 基准法测定氧化铝中加入 EDTA-铜的作用是什么？阐述其原理。

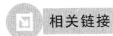 相关链接

水泥是粉状的矿物质胶凝材料。与水等拌和后能在空气和水中逐渐硬化。根据原料和制法的不同，有硅酸盐水泥、矿渣硅酸盐水泥、火山灰质硅酸盐水泥、高铝水泥、膨胀水泥、白水泥等。当今世界发达国家都在致力于开发高技术水泥和高效能混凝土等新材料。用传统水泥窑生产的普通水泥或矾土水泥做基料配制的高技术水泥新材料，经微观研究发现存在有大量水泥矿物未发生水化，这样既影响强度的充分发挥，又由于这些未水化矿物的后期缓慢水化产生体积膨胀，将导致制品结构的破坏，成为长期稳定性和耐久性不良的隐患。在速烧速冷热加工条件下形成的水泥熟料，煅烧充分，矿物结晶细小且分布均匀，故活性高、水化快、强度高、耐久性好，而且易磨性好。水泥广泛用于土木、建筑、水利、国防等工程。

# 实验七十六　复混肥料的分析

## 一、实验目的

1. 了解复混肥料分析的国家标准，掌握复混肥料试样的制备技术。

2. 掌握测定复混肥料中主要成分的分析方法及原理。

3. 提高蒸馏操作、滴定分析操作及重量分析操作等操作技术水平。

4. 复习巩固相关的理论知识，提高分析问题、解决问题的能力。

## 二、复混肥料试样的制备（参照 GB/T 8571—2002）

用铲子或油灰刀将肥料在清洁、干燥、光滑的表面上堆成一圆锥形，压平锥顶，沿互成直角的二直径方向将肥料样品分成四等份，移去并弃去对角部分，将留下部分混匀。重复操作直至获得所需的样品量。缩分后混合均匀的样品装入两个密封容器中密封，贴上标签并标明样品名称、取样日期、制样人姓名、单位名称或编号。一瓶做物理分析，一瓶经研磨后做化学分析。

将缩分样品用研磨器或研钵研磨至所有样品都通过 0.5mm 孔径筛（对于湿肥料可通过 1mm 孔径筛），研磨操作要迅速，以免在研磨过程中失水或吸湿，并要防止样品过热。对易吸湿样品应在干燥手套箱中进行。为使样品均匀，可将全部研磨后样品放在可折卷的釉光纸片上或光滑油布片上，按不同方向慢慢滚动样品直至充分混匀为止。将样品放入密闭的广口容器中，样品放入后，容器应留有一定空间。密封，贴上标签并标明样品名称、取样日期、制样人姓名、单位名称或编号。

## 三、分析方法

1. 总氮含量的测定——蒸馏后滴定法（参照 GB/T 8572—2001）

(1) 实验原理　在碱性介质中用定氮合金将硝酸根还原，直接蒸馏出氨或在酸性介质中还原硝酸盐成铵盐，在混合催化剂存在下，用浓硫酸消化，将有机态氮或酰胺态氮和氰氨态氮转化为铵盐，从碱性溶液中蒸馏氨。将氨吸收在过量硫酸溶液中，在甲基红-亚甲基蓝混

合指示剂存在下，用氢氧化钠标准溶液返滴定。

（2）仪器药品

① 一般实验室仪器。

② 消化仪器，1000mL 圆底蒸馏烧瓶（与蒸馏仪器配套）和梨形玻璃漏斗。

③ 蒸馏仪器。带标准磨口的成套仪器或能保证定量蒸馏和吸收的任何仪器。蒸馏仪器的各部件用橡皮塞和橡皮管连接，或是采用球形磨砂玻璃接头，为保证系统密封，球形玻璃接头应用弹簧夹子夹紧。推荐蒸馏仪器如图 10-3 所示，包括以下部分：

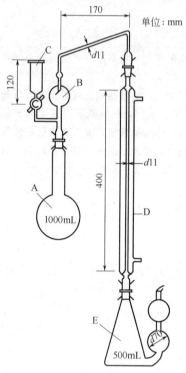

图 10-3　蒸馏装置

A—蒸馏瓶；B—防溅球管；C—滴液漏斗；
D—冷凝管；E—带双连球锥形瓶

a. 蒸馏烧瓶，容积为 1L 的圆底烧瓶；

b. 单球防溅球管和顶端开口、容积约 50mL 与防溅球进出口平行的圆筒形滴液漏斗；

c. 直形冷凝管，有效长度约 400mm。

④ 梨形玻璃漏斗。

⑤ 防暴沸颗粒或防暴沸装置，后者由一根长约 100mm，直径约 5mm 玻璃棒连接在一根长约为 25mm 聚乙烯管上。

⑥ 消化加热装置。指置于通风橱内的 1500W 电炉，或能在 7～8min 内使 250mL 水从常温至剧烈沸腾的其他形式热源。

⑦ 蒸馏加热装置。1000～1500W 电炉，置于升降台架上，可自由调节高度。也可使用调温电炉或能够调节供热强度的其他形式热源。

⑧ 硫酸

⑨ 盐酸。

⑩ 铬粉，细度小于 250μm。

⑪ 定氮合金（Cu 50%、Al 45%、Zn 5%），细度小于 850μm。

⑫ 硫酸钾。

⑬ 五水硫酸铜。

⑭ 混合催化剂。配制：将 1000g 硫酸钾和 50g 五水硫酸铜充分混合，并仔细研磨。

⑮ 氢氧化钠溶液（400g/L）。

⑯ 氢氧化钠标准溶液，$c(\text{NaOH}) = 0.5\text{mol/L}$。

⑰ 硫酸溶液，$c\left(\dfrac{1}{2}\text{H}_2\text{SO}_4\right) = 0.5\text{mol/L}$ 或 $c\left(\dfrac{1}{2}\text{H}_2\text{SO}_4\right) = 1\text{mol/L}$。

⑱ 甲基红-亚甲基蓝混合指示剂。配制：2g/L 甲基红乙醇溶液与 1g/L 亚甲基蓝乙醇溶液等体积混合。

⑲ 广泛 pH 试纸。

⑳ 硅脂。

（3）实验步骤

① 称样。从试样中称取总氮含量不大于 235mg，硝酸态氮含量不大于 60mg 的试料 0.5～2g（精确至 0.0002g）于蒸馏烧瓶中。针对不同试料按下列不同方法处理与蒸馏。

② 试料处理与蒸馏

a. 仅含铵态氮的试样。于蒸馏烧瓶中加入 300mL 水，摇动使试料溶解，放入防暴沸物后将蒸馏烧瓶连接在蒸馏装置上。于接收器中加入 40.00mL 硫酸溶液 $\left[c\left(\frac{1}{2}H_2SO_4\right)=0.5mol/L\right]$ 或 20.00mL 硫酸溶液 $\left[c\left(\frac{1}{2}H_2SO_4\right)=1mol/L\right]$、4～5 滴混合指示液，并加适量水以保证封闭气体出口，将接收器连接在蒸馏装置上。蒸馏装置的磨口连接处应涂硅脂密封。

通过蒸馏装置的滴液漏斗加入 20mL 400g/L 氢氧化钠溶液，在溶液将流尽时加入 20～30mL 水冲洗漏斗，剩 3～5mL 水时关闭活塞。开通冷却水，同时开启蒸馏加热装置，沸腾时根据泡沫产生程度调节供热强度，避免泡沫溢出或液滴带出。蒸馏出至少 150mL 馏出液后，用 pH 试纸检查冷凝管出口的液滴，如无碱性结束蒸馏。

b. 含硝酸态氮和铵态氮的试样。于蒸馏烧瓶中加入 300mL 水，摇动使试料溶解，加入定氮合金 3g 和防暴沸物将蒸馏烧瓶连接于蒸馏装置上。

蒸馏过程除加入 20mL 400g/L 氢氧化钠溶液后静置 10min 再加热外，其余步骤同 a。

c. 含酰胺态氮、氰氨态氮和铵态氮的试样。将蒸馏烧瓶置于通风橱中，小心加入 25mL 硫酸，插上梨形玻璃漏斗，置于消化加热装置上，加热至冒硫酸白烟 15min 后停止，待蒸馏烧瓶冷却至室温后小心加入 250mL 水。

蒸馏过程除加入 400g/L 氢氧化钠溶液为 100mL 外，其余步骤同 a。

d. 含有机物、酰胺态氮、氰氨态氮和铵态氮的试样。将蒸馏烧瓶置于通风橱中，加入 22g 混合催化剂，小心加入 30mL 硫酸，插上梨形玻璃漏斗，置于消化加热装置上加热。

如泡沫很多，减少供热强度至泡沫消失，继续加热至冒硫酸白烟 60min 后或直到溶液透明后停止。待烧瓶冷却至室温后小心加入 250mL 水。

蒸馏过程除加入 400g/L 氢氧化钠溶液为 120mL 外，其余步骤同 a。

e. 含硝酸态氮、酰胺态氮、氰氨态氮和铵态氮的试样。于蒸馏烧瓶中加入 35mL 水，摇动使试料溶解，加入铬粉 1.2g、盐酸 7mL，静置 5～10min，插上梨形玻璃漏斗。

置蒸馏烧瓶于通风橱内的消化加热装置上，加热至沸腾并泛起泡沫后 1min，冷却至室温，小心加入 25mL 硫酸，继续加热至冒硫酸白烟 15min，待蒸馏烧瓶冷却至室温后小心加入 400mL 水。

蒸馏过程除加入 400g/L 氢氧化钠溶液为 100mL 外，其余步骤同 a。

f. 含有机物、硝酸态氮、酰胺态氮、氰氨态氮和铵态氮的试样或未知试样。于蒸馏烧瓶中加入 35mL 水，摇动使试料溶解，加入铬粉 1.2g、盐酸 7mL，静置 5～10min，插上梨形玻璃漏斗。

置蒸馏烧瓶于通风橱内的消化加热装置上，加热至沸腾并泛起泡沫后 1min，冷却至室温，加入 22g 混合催化剂，小心加入 30mL 硫酸继续加热。

如泡沫很多，减少供热强度至泡沫消失，继续加热至冒硫酸白烟 60min 后停止，待蒸馏烧瓶冷却至室温后小心加入 400mL 水。

蒸馏过程除加入 400g/L 氢氧化钠溶液为 120mL 外，其余步骤同 a。

③ 滴定。用氢氧化钠标准溶液返滴定过量硫酸至混合指示液呈现灰绿色为终点。

④ 空白试验。在测定的同时，按同样操作步骤，使用同样的试剂，但不含试料进行空白试验。

⑤ 核对试验。使用新制备的含 100mg 氮的硝酸铵，按测试试料的相同条件进行。

（4）计算公式　总氮含量以氮（N）的质量分数表示，按下式计算。

$$w(N) = \frac{c(NaOH)(V_2 - V_1)M(N)}{m_{样}} \times 100\%$$

式中　$w(N)$——总氮含量以氮（N）表示的质量分数，%；

$c(NaOH)$——测定及空白试验时，使用氢氧化钠标准溶液的浓度，mol/L；

$V_1$——测定时，使用氢氧化钠标准溶液的体积，L；

$V_2$——空白试验时，使用氢氧化钠标准溶液的体积，L；

$M(N)$——氮的摩尔质量，g/mol；

$m_{样}$——试料质量，g。

（5）允许差　取平行测定结果的算术平均值作为测定结果。

平行测定结果的绝对差值不大于 0.30%。不同实验室测定结果的绝对差值不大于 0.50%。

2. 复混肥料中有效磷含量测定（参照 GB/T 8571—2002）

（1）实验原理　用水和乙二胺四乙酸（EDTA）二钠溶液提取复混肥料中水溶性磷和有效磷，提取液中正磷酸根离子在酸性介质中与喹钼柠酮试剂生成黄色磷钼酸喹啉沉淀，用磷钼酸喹啉重量法测定磷的含量。

（2）仪器药品

① 一般实验室仪器。

② 恒温干燥箱，能维持 180℃±2℃。

③ $P_{16}$ 玻璃坩埚式滤器，容积 30mL。

④ 恒温水浴振荡器，能控制温度（60±1）℃的往复式振荡器或回旋式振荡器。

⑤ 37.5g/L 乙二胺四乙酸（EDTA）二钠盐溶液。配制：称取 37.5g EDTA 于 1000mL 烧杯中，加入少量水溶解，用水稀释至 1000mL，混匀。

⑥ 硝酸溶液（1+1）。

⑦ 喹钼柠酮试剂。

溶液 A——溶解 70g 钼酸钠于盛有 100mL 水的 400mL 烧杯中；

溶液 B——溶解 60g 柠檬酸于盛有 100mL 水的 1000mL 烧杯中，加 85mL 浓硝酸（$\rho$=1.39g/mL）；

溶液 C——将溶液 A 加到溶液 B 中，混匀；

溶液 D——混合 35mL 浓硝酸和 100mL 水在 400mL 烧杯中，加 5mL 喹啉；

将溶液 D 加入溶液 C 中，混匀，静置一夜，用滤纸或棉花过滤，滤液加入 280mL 丙酮，用水稀释至 1000mL，溶液贮存在聚乙烯瓶中，放于暗处，避光、避热。

（3）实验步骤

① 试样称量。称取含有 100～200mg 五氧化二磷的试样，精确至 0.0001g。

② 水溶性磷的提取。按①要求称取试样，置于 75mL 的瓷蒸发器中，加 25mL 水研磨，将清液倾注过滤于预先加入 5mL 硝酸（1+1）溶液的 250mL 容量瓶中。继续用水研磨 3 次，每次用 25mL 水，然后将水不溶物转移到滤纸上，并用水洗涤水不溶物，待容量瓶中溶液达 200mL 左右为止。最后用水稀释至刻度，混匀，即为溶液 E，供测定水溶性磷用。

③ 有效磷的提取。按①要求，另外称取试样置于滤纸上，用滤纸包裹试样，塞入 250mL 容量瓶中，加入 150mL，预先加热至 60℃的 37.5g/L EDTA 溶液，塞紧瓶塞，摇动

容量瓶使试样分散于溶液中，置于 60℃±1℃ 的恒温水浴振荡器中，保温振荡 1h（振荡频率以容量瓶内试样能自由翻动即可）。然后取出容量瓶，冷却至室温，用水稀释至刻度，混匀。干过滤，弃去最初部分滤液，即得溶液 F，供测定有效磷用。

④ 水溶性磷的测定。用移液管吸取 25.00mL 溶液 E，移入 500mL 烧杯中，加入 10mL 硝酸（1+1）溶液，用水稀释至 100mL。在电炉上加热至沸，取下，加入 35mL 喹钼柠酮试剂，盖上表面皿，在电热板上微沸 1min 或置于近沸水浴中保温至沉淀分层，取出烧杯，冷却至室温。

用预先在 180℃±2℃ 干燥箱内干燥至恒重的玻璃坩埚式滤器过滤，先将上层清液滤完，然后用倾泻法洗涤沉淀 1~2 次，每次用 25mL 水，将沉淀移入滤器中，再用水洗涤，所用水共 125~150mL，将沉淀连同滤器置于 180℃±2℃ 干燥箱内，待温度达到 180℃后，干燥 45min，取出移入干燥器内，冷却至室温，称量。

空白试验：除不加试样外，需与试样测定采用完全相同的试剂、用量和分析步骤，进行平行操作。

⑤ 有效磷的测定。用移液管吸取 25.00mL 溶液 F，移入 500mL 烧杯中，加入 10mL（1+1）硝酸溶液，用水稀释至 100mL。以下操作按④分析步骤进行。

（4）计算公式　水溶性磷含量及有效磷含量，以五氧化二磷（$P_2O_5$）质量分数表示，按下列两式计算。

$$w(水溶性 P_2O_5) = \frac{(m_1 - m_2) \times 0.03207}{m_{样A} \times \frac{25}{250}} \times 100\%$$

$$w(有效 P_2O_5) = \frac{(m_3 - m_4) \times 0.03207}{m_{样B} \times \frac{25}{250}} \times 100\%$$

式中　$w(水溶性 P_2O_5)$——以五氧化二磷（$P_2O_5$）质量分数表示的水溶性磷含量，%；

$w(有效 P_2O_5)$——以五氧化二磷（$P_2O_5$）质量分数表示的有效磷含量，%；

$m_1$——测定水溶性磷所得磷钼酸喹啉沉淀的质量，g；

$m_2$——测定水溶性磷时，空白试验所得磷钼酸喹啉沉淀的质量，g；

$m_3$——测定有效磷所得磷钼酸喹啉沉淀的质量，g；

$m_4$——测定有效磷时，空白试验所得磷钼酸喹啉沉淀的质量，g；

$m_{样A}$——测定水溶性磷时，试料的质量，g；

$m_{样B}$——测定有效磷时，试料的质量，g；

0.03207——磷钼酸喹啉质量换算为五氧化二磷质量的系数。

（5）允许差　取平行测定结果的算术平均值为测定结果。

平行测定结果的绝对差值不大于 0.20%；不同实验室测定结果的绝对差值不大于 0.30%。

3. 钾含量的测定——四苯硼酸钾重量法（参照 GB/T 8574—2002）

（1）实验原理　见实验六十二（复混肥料中钾含量的测定）。

（2）仪器药品　见实验六十二。

（3）实验步骤　见实验六十二。

（4）计算公式　见实验六十二。

（5）允许差　取平行测定结果的算术平均值为测定结果。平行测定和不同实验室的允许差应符合表 10-2。

表 10-2　钾含量的允许差

| 钾的质量分数(以 $K_2O$ 计)/% | 平行测定允许差/% | 不同实验室平行测定允许差/% |
|---|---|---|
| <10.0 | 0.20 | 0.40 |
| 10.0~20.0 | 0.30 | 0.60 |
| >20.0 | 0.40 | 0.80 |

4. 游离水含量的测定——真空烘箱法（参照 GB/T 8576—2002）

(1) 实验原理　试样于温度为 50℃±2℃，真空度为 $6.4×10^4 ～7.1×10^4 Pa$ 的条件下干燥至恒重，计算减量。

(2) 仪器设备

① 一般实验室仪器。

② 电热恒温真空干燥箱（真空烘箱），温度可控制在 50℃±2℃，真空度可控制在 $6.4×10^4 ～7.1×10^4 Pa$。

③ 带磨口塞称量瓶，直径 50mm，高 30mm。

(3) 实验步骤　于预先干燥并恒重的称量瓶中，称取实验室样品 2g，称准至 0.0001g，置于 (50±2)℃，通干燥空气调节真空度为 $6.4×10^4 ～7.1×10^4 Pa$ 的电热恒温真空干燥箱中干燥 2h±10min，取出，在干燥器中冷却至室温，称量。

(4) 计算公式　游离水含量按下式计算。

$$w_{游离水}=\frac{m_1-m_2}{m_样}×100\%$$

式中　$w_{游离水}$——游离水的质量分数，%；

$m_1$——干燥前样品加称量瓶质量，g；

$m_2$——干燥后样品加称量瓶质量，g；

$m_样$——称取样品质量，g。

(5) 允许差　取平行测定结果的算术平均值为测定结果。

游离水的质量分数 $w$（游离水）≤2.0% 时，平行测定结果的绝对差值应≤0.20%；游离水的质量分数 $w$（游离水）>2.0% 时，平行测定结果的绝对差值应≤0.30%。

### 四、注意事项

1. 注意防止样品吸湿。

2. 蒸馏装置的磨口连接处应注意密封，蒸馏时要防止样品溢出。

3. 有效磷测定中，过滤沉淀时滤液的高度不要超过微孔玻璃坩埚高度的一半以免沉淀"爬出"。

4. 干过滤使用的漏斗、滤纸及接滤液的烧杯应全是干燥的。

5. 喹钼柠酮应一次性加入。

6. 洗涤时要防止沉淀"爬出"，同时要注意浸没沉淀。

7. 若四苯硼酸钠溶液变浑，使用前应过滤。

### 五、思考题

1. 为什么要蒸馏至流出液无碱性时停止蒸馏？

2. 磷钼酸喹啉沉淀是晶形沉淀还是无定形沉淀？

3. 干过滤时为什么弃去最初的几毫升滤液？

4. 为什么 $BaSO_4$ 沉淀要用稀沉淀剂（稀 $H_2SO_4$）洗涤，而磷钼酸喹啉沉淀则用水洗涤?

5. 为了提高洗涤效果，防止沉淀损失，洗涤磷钼酸喹啉沉淀时应注意哪些问题？

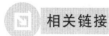 **相关链接**

复混肥料的主要成分为：氮、磷、钾总养分≥25％，有机质≥20％，有机质主要成分为氨基酸、腐殖酸、蛋白质。内含钙、硫、镁、锌、铁、锰、铜、钼等多种微量元素。有机质的肥效不会很高，它最大的作用可能是对无机养分的吸附。复混肥料的肥效主要是无机化肥的作用。

# 实验七十七　铁矿石的分析

## 一、实验目的

1. 了解铁矿石分析的国家标准，学会铁矿石试样的制备技术。
2. 掌握测定铁矿石中主要成分的分析方法、原理和操作技术。
3. 复习巩固相关的理论知识，提高分析问题、解决问题的能力。

## 二、铁矿石试样的制备 （参照 GB 6730.1—86）

1. 一般试样的制备

一般试样粒度应小于 $100\mu m$，如果试样中结合水或易氧化物含量高时，其粒度应小于 $160\mu m$。试样应在使用前充分混匀。

注：粒度小于 $160\mu m$ 的试样，也可用于预干燥，但被测元素含量大于 10％时例外。

2. 预干燥试样的制备

将称量瓶[1]和一吻合严密的盖子在 $105℃\pm2℃$ 温度下干燥，然后在干燥器中冷却。从充分混匀的实验室试样中取少于 10g 待测试样，置于干燥过的称量瓶中[2]。将试样铺平，层密度不大于 $5mg/mm^2$。

将装有试样敞开的称量瓶和盖子置于 $105℃\pm2℃$ 的烘箱中干燥 2h。将称量瓶盖子盖好，移入干燥器中，冷却至室温 （需 20～30min）。轻轻地启开盖子再迅速盖上，放在天平上称量。然后每隔 25min 再重复干燥和称量，直至恒重为止[3~5] （干燥至恒重的待测试样，便是预干燥试样）。

将盖好的称量瓶中的预干燥待测样，贮存于干燥器内。称取试样时要迅速，以防止再吸收水分[6]。

注释：

[1] 通常采用直径不大于 50mm 的称量瓶。但待测试样层密度未达到 $5mg/mm^2$，允许使用略小的瓶子。

[2] 应采用能代表容器内全部内容物的多点累积取样法取待测试样。

[3] 当顺序测定二者之间质量之差对试样初始的质量达到 0.05％或更小时即为恒重。

[4] 如果某待测试样，以前已经测知达到恒重所需要的干燥时间，则可按以前测定的干燥时间来干燥，无需重复干燥。

[5] 在重复干燥之后，如试样质量增加不大于 0.02％，则视之为恒重。如果出现较大的增量，则弃去。应采用GB 6730.2—86《铁矿石化学分析方法　重量法测定分析试样中吸湿水量》。

[6] 如果被测定的分析值大于 10％ （质量分数），则应在预干燥当日称取分析样。

## 三、分析方法

1. 水分含量的测定——重量法 （参照 GB 6730.2—86）

（1）实验原理　用两份 1000g、粒度小于 20mm 的试样，于 $105℃\pm2℃$ 烘至恒重的方法测定水分含量。

（2）仪器设备

① 烘箱。

② 盛样盘，铝盘或白铁盘（25cm×25cm×2cm）。

③ 混样板，白铁板或玻璃板（约100cm×100cm）。

④ 混样铲，铝制或白铁板制。

⑤ 试样筒，白铁制，有盖，可盛试样5kg。

⑥ 干燥箱，金属板制（25cm×25cm×40cm），内放硅胶防潮，可供2～4盘试样冷却用。

（3）实验步骤　将粒度小于20mm的供测水分试样，由试样筒中移至混样板上，用混样铲迅速混匀。称取1000.0g试样两份，分别置于干燥的已称量的盛样盘中，将试样铺平，放入（105±2）℃烘箱中烘2h，取出，趁热称量。然后，再次放入烘箱中，每烘30min取出称量一次，直至恒重（两次称量之差不大于0.5g）。

（4）计算公式　水分的质量分数按下式计算。

$$w_{水分} = \frac{m_1 - m_2}{m_样} \times 100\%$$

式中　$w_{水分}$——水分的质量分数，%；

$m_1$——干燥前样品加盛样盘质量，g；

$m_2$——干燥后样品加盛样盘质量，g；

$m_样$——称取样品质量，g。

取平行测定结果的算术平均值为测定结果。

2. 全铁量的测定——氯化亚锡-氯化汞-重铬酸钾容量法（参照GB 6730.4—2001）

（1）实验原理　试样用盐酸分解，过滤，滤液作为主液保存；残渣以氢氟酸除硅，焦硫酸钾熔融，盐酸浸取，用氨水使铁沉淀，过滤，沉淀用盐酸溶解与主液合并。用氯化亚锡还原，再用氯化汞氧化过剩的氯化亚锡，以二苯胺磺酸钠为指示剂，用重铬酸钾标准溶液滴定，借此测定全铁量。

（2）仪器药品

① 一般实验室仪器。

② 焦硫酸钾。

③ 盐酸（$\rho=1.19g/mL$）。

④ 盐酸（1+1）。

⑤ 盐酸（1+2）。

⑥ 盐酸（1+10）。

⑦ 氢氟酸（$\rho=1.15g/mL$）。

⑧ 氨水（$\rho=0.90g/mL$）。

⑨ 硫酸（1+1）。

⑩ 氯化汞饱和溶液。

⑪ 60g/L氯化亚锡溶液。配制：称取6g氯化亚锡溶于20mL热盐酸（$\rho=1.19g/mL$）中，用水稀释至100mL，混匀。

⑫ 硫磷混酸。配制：将150mL硫酸（$\rho=1.84g/mL$）在搅拌下缓慢注入700mL水中，再加150mL磷酸（$\rho=1.70g/mL$）。

⑬ 二苯胺磺酸钠指示剂溶液（2g/L）。

⑭ 甲基橙指示剂溶液（1g/L）。

⑮ $c[(NH_4)_2Fe(SO_4)_2 \cdot 6H_2O] \approx 0.05mol/L$ 的硫酸亚铁铵溶液。配制：称取 19.7g 硫酸亚铁铵$[(NH_4)_2Fe(SO_4)_2 \cdot 6H_2O]$ 溶于（5＋95）硫酸中，移入 1000mL 容量瓶中，用（5＋95）硫酸稀释至刻度，混匀。

⑯ $c(K_2Cr_2O_7) = 0.008333mol/L$ 的重铬酸钾标准溶液。配制：称取 2.4515g 预先在 150℃烘干 1h 的重铬酸钾（基准试剂）溶于水，移入 1000mL 容量瓶中，用水稀释至刻度，混匀。

（3）实验步骤

① 试样的称量。称取 0.2000g 试样。

② 试样的分解。将试样置于 400mL 烧杯中，加入 30mL 盐酸（$\rho = 1.19g/mL$），低温加热（应控制在 105℃以下）分解。待溶液体积至 10～15mL 时取下，加温水至溶液量约 40mL，用中速滤纸过滤，用擦棒擦净烧杯壁，再用热水洗涤烧杯 3～4 次，残渣 4～6 次，将滤液和洗涤液收集于 500mL 烧杯中，作为主液保存。

将滤纸连同残渣[1]，置于铂坩埚中，灰化，在 800℃左右灼烧 20min，冷却，加水润湿残渣，加 4 滴硫酸（1＋1），5mL 氢氟酸（$\rho = 1.15g/mL$），低温加热，蒸发至三氧化硫白烟冒尽，取下。加 3g 焦硫酸钾，在 650℃左右熔融约 5min，冷却，置于 400mL 烧杯中，加 50mL 盐酸（1＋10）缓慢加热浸取，熔融物溶解后，用温水洗出铂坩埚[2]。加热至沸，加 2 滴甲基橙指示液，用氨水（$\rho = 0.90g/mL$）慢慢中和至溶液变黄色，过量 5mL，加热至沸，取下。待沉淀下降后，用快速滤纸过滤，用热水洗至无铂离子［收集洗涤 8 次后的洗液约 10mL，加 1mL 盐酸（1＋1）、10 滴氯化亚锡溶液，溶液无色，即表明无铂离子］，用热盐酸（1＋2）将沉淀溶解于原烧杯中，并洗至无黄色，再用热水洗 3～4 次，将此溶液与主液合并[3]。低温加热浓缩至 30mL。

注释：

[1] 亦可将残渣置于刚玉坩埚中，灰化，在 800℃灼烧 20min，冷却，加 2g 过氧化钠、1g 无水碳酸钠，混匀后在 800℃熔融 10～15min，冷却，用约 50mL 盐酸（1＋2）分次将熔融物溶洗入主液中，再用热水洗净坩埚，低温加热浓缩体积至约 30mL，以下按③进行。

[2] 试样含铜大于 0.08％时，先将主液加 10mL 盐酸（$\rho = 1.19g/mL$）、5mL 过氧化氢［$w(H_2O_2) = 30\%$］，煮沸 5min，取下。将残渣浸取液与主液合并，加热至沸，用氨水（$\rho = 0.90g/mL$）慢慢中和至生成氢氧化铁沉淀，过量 10mL，煮沸取下。待沉淀下降后，用快速滤纸过滤，用热（5＋95）氨水洗 8～10 次，用热（1＋2）盐酸将沉淀溶解于原烧杯中，并洗至无黄色，再用热水洗 3～4 次，将此溶液低温加热浓缩至约 30mL，以下按③进行。

[3] 试样中含钒 0.15～2.0mg 时，将溶液低温加热浓缩至约 10mL，用氯化亚锡溶液还原至无色，再滴加高锰酸钾溶液（40g/L）至溶液变黄，并过量 10 滴，加 40mL 水、1mL 硫酸（$\rho = 1.84g/mL$），煮沸 2min。

③ 还原、滴定。趁热用少量水冲洗杯壁，立即在搅拌下滴加氯化亚锡溶液至黄色消失，并过量 1～2 滴，流水冷却至室温，加入 5mL 氯化汞饱和溶液，混匀，静置 3min，加 150～200mL 水，加 30mL 硫磷混酸、5 滴二苯胺磺酸钠指示液，立即以重铬酸钾标准溶液滴定至稳定紫色。

④ 空白测定。空白试液滴定时，在加硫磷混酸之前，加入 6.00mL 硫酸亚铁铵溶液，滴定后记下消耗重铬酸钾标准溶液的体积（$A$），再向溶液中加入 6.00mL 硫酸亚铁铵溶液，再以重铬酸钾标准溶液滴定至稳定紫色，记下滴定的体积（$B$），则 $V_0 = A - B$ 即为空白值。

（4）计算公式　全铁量按下式计算。

$$w(\text{全 Fe}) = \frac{c\left(\frac{1}{6}\text{K}_2\text{Cr}_2\text{O}_7\right)(V-V_0)M(\text{Fe})}{m_{\text{样}}} \times 100\%$$

式中　$w(\text{全 Fe})$——全铁的质量分数，%；

$c\left(\frac{1}{6}\text{K}_2\text{Cr}_2\text{O}_7\right)$——$\frac{1}{6}\text{K}_2\text{Cr}_2\text{O}_7$ 标准溶液的浓度，mol/L；

$\qquad V$——试样消耗重铬酸钾标准溶液的体积，L；

$\qquad V_0$——空白试验消耗重铬酸钾标准溶液的体积，L；

$\quad M(\text{Fe})$——铁的摩尔质量，g/mol；

$\qquad m_{\text{样}}$——试样量，g。

（5）允许差（见表 10-3）　取平行测定结果的算术平均值为测定结果。

**表 10-3　全铁量的允许差**

| 全铁量/% | 标样允许差/% | 试样允许差/% |
|---|---|---|
| ≤50.0 | ±0.14 | 0.20 |
| >50.0 | ±0.21 | 0.30 |

3. 全铁量的测定——三氯化钛-重铬酸钾容量法（参照 GB 6730.5—86）

（1）实验原理　试样用盐酸和氯化亚锡分解、过滤，滤液作为主液保存；残渣以氢氟酸处理，焦硫酸钾熔融，酸浸取后合并入主液。以乌酸钠为指示剂，用三氯化钛将高价铁还原成低价至生成"钨蓝"，再用重铬酸钾氧化至蓝色消失，加入硫磷混酸，以二苯胺磺酸钠为指示剂，用重铬酸钾标准溶液滴定，借此测定全铁量。

（2）仪器药品

① 一般实验室仪器。

② 焦硫酸钾。

③ 盐酸（$\rho=1.19\text{g/mL}$）。

④ 盐酸（1+9）。

⑤ 盐酸（1+99）。

⑥ 氢氟酸（$\rho=1.15\text{g/mL}$）。

⑦ 硫酸（1+1）。

⑧ 250g/L 钨酸钠溶液。配制：称取 25g 钨酸钠溶于适量水中（若浑浊需过滤），加 5mL 磷酸（$\rho=1.70\text{g/mL}$），用水稀释至 100mL，混匀。

⑨ 硫磷混酸。配制：将 200mL 硫酸（$\rho=1.84\text{g/mL}$）在搅拌下缓慢注入 500mL 水中，再加入 300mL 磷酸（$\rho=1.70\text{g/mL}$），混匀。

⑩ （1+19）三氯化钛。配制：取三氯化钛溶液（150～200g/L）用盐酸（1+9）稀释至 20 倍，加一层液体石蜡保护。

⑪ 60g/L 氯化亚锡溶液。配制：称取 6g 氯化亚锡溶于 20mL 热盐酸（$\rho=1.19\text{g/mL}$）中，用水稀释至 100mL，混匀。

⑫ 二苯胺磺酸钠指示剂溶液（2g/L）。

⑬ $c[(\text{NH}_4)_2\text{Fe}(\text{SO}_4)_2 \cdot 6\text{H}_2\text{O}] \approx 0.05\text{mol/L}$ 的硫酸亚铁铵溶液。配制：称取 19.7g 硫酸亚铁铵 $[(\text{NH}_4)_2\text{Fe}(\text{SO}_4)_2 \cdot 6\text{H}_2\text{O}]$ 溶于硫酸（5+95）中，移入 1000mL 容量瓶中，用硫酸（5+95）稀释至刻度，混匀。

⑭ $c(K_2Cr_2O_7)=0.008333mol/L$ 的重铬酸钾标准溶液。配制：称取 2.4515g 预先在 150℃烘干 1h 的重铬酸钾（基准试剂）溶于水，移入 1000mL 容量瓶中，用水稀至刻度，混匀。

（3）实验步骤

① 试样的称量。称取 0.2000g 试样。

② 试样的分解。将试样置于 250mL 烧杯中，加 20mL 盐酸（$\rho=1.19g/mL$），低温加热 10～20min，滴加氯化亚锡溶液至浅黄色[1]，继续加热 10～20min（体积 10mL 左右）[2]取下。加 20mL 温水，用中速滤纸（加少许纸浆）过滤，滤液收集于 400mL 烧杯中，用擦棒擦净杯壁，用热盐酸（1+99）洗烧杯 2～3 次、残渣 7～8 次，再用热水洗残渣 6～7 次，滤液作为主液保存。

注释：

[1] 加入氯化亚锡可帮助试样分解（如需分离则不必加氯化亚锡）。氯化亚锡如过量，应滴加少量高锰酸钾溶液（4g/L）至溶液呈浅黄色。

[2] 溶样时如酸挥发太多，应适当补加盐酸（$\rho=1.19g/mL$），使最后滴定的溶液中盐酸量不少于 10mL。

将残渣连同滤纸移入铂坩埚中，灰化，在 800℃左右灼烧 20min，冷却，加水润湿残渣，加 4 滴硫酸（1+1），加 5mL 氢氟酸（$\rho=1.15g/mL$），低温加热蒸发至三氧化硫白烟冒尽，取下，加 2g 焦硫酸钾，在 650℃左右熔融约 5min，冷却。将坩埚放入原 250mL 烧杯中，加 50mL 盐酸（1+9），加热浸取熔融物，溶解后，用水洗出坩埚，合并入主液。

③ 还原、滴定。调整滴定溶液体积至 150～200mL[1,2]，加 15 滴钨酸钠溶液，用三氯化钛滴至呈蓝色，再滴加重铬酸钾标准溶液至无色（不计读数），立即加 10mL 硫磷混酸、5 滴二苯胺磺酸钠指示液，用重铬酸钾标准溶液滴定至稳定的紫色。

注释：

[1] 氧化、还原和滴定时溶液温度控制在 20～40℃较好。当铜量较高时，由于铜离子的催化作用，"钨蓝"颜色容易褪色（褪色完，立即用重铬酸钾滴定，对测定结果没有影响）。

当试样含铜大于 0.5%时，于试液中加 5mL 过氧化氢［$w(H_2O_2)=30\%$］，煮沸 5min，用氨水（$\rho=0.90g/mL$）中和至沉淀产生，过量 10mL，煮沸，待沉淀下降，用快速滤纸过滤，用热氨水（5+95）洗沉淀 8～9 次。沉淀用 20mL 盐酸（1+1）溶解，用热盐酸（1+99）洗至滤纸无色。溶液煮沸，用氯化亚锡溶液还原至浅黄色。以下按③进行还原、滴定。

[2] 试样含钒量大于 0.2%时，应加 2～3 滴高锰酸钾溶液（4g/L），加 15 滴钨酸钠溶液，再小心滴加三氯化钛还原至浅蓝色，立即滴加重铬酸钾溶液至无色，以下按③加硫磷混酸、二苯胺磺酸钠，用重铬酸钾标准溶液滴定。

④ 空白测定。空白试液滴定时，在加硫磷混酸之前，加入 6.00mL 硫酸亚铁铵溶液，滴定后记下消耗重铬酸钾标准溶液的体积（$A$），再向溶液中加入 6.00mL 硫酸亚铁铵溶液，再以重铬酸钾标准溶液滴定至稳定紫色，记下滴定的体积（$B$），则 $V_0=A-B$ 即为空白值。

（4）计算公式　全铁量按下式计算。

$$w(全\,Fe)=\frac{c\left(\frac{1}{6}K_2Cr_2O_7\right)(V-V_0)M(Fe)}{m_{样}}\times100\%$$

式中　$w(全\,Fe)$——全铁的质量分数，%；

$c\left(\frac{1}{6}K_2Cr_2O_7\right)$——$\frac{1}{6}K_2Cr_2O_7$ 标准溶液的浓度，mol/L；

$V$——试样消耗重铬酸钾标准溶液的体积，L；

$V_0$——空白试验消耗重铬酸钾标准溶液的体积，L；

$M(Fe)$——铁的摩尔质量，g/mol；

$m_{样}$——试样量，g。

（5）允许差（见表 10-4） 取平行测定结果的算术平均值为测定结果。

表 10-4 全铁量的允许差

| 全铁量/% | 标样允许差/% | 试样允许差/% |
|---|---|---|
| ≤50.0 | ±0.14 | 0.20 |
| >50.0 | ±0.21 | 0.30 |

4. 金属铁量的测定——氯化铁-乙酸钠容量法（参照 GB 6730.6—86）

（1）实验原理 试样首先经磁选法分离非磁性矿物，在电磁搅拌条件下，用氯化铁-乙酸钠溶液选择溶解金属铁，过滤分离后，滤液用重铬酸钾标准溶液滴定，计算金属铁的含量。

其他还原态物质及高价锰等氧化态物质，对本法存在干扰。

（2）仪器药品

① 一般实验室仪器。

② 30g/L 氯化铁溶液。配制：称取 30g 氯化铁（$FeCl_3 \cdot 6H_2O$），溶于 1000mL 水中，混匀（如溶液浑浊，应过滤后使用）。

③ 氯化铁-乙酸钠溶液（pH＝2.2～2.4）。配制：取 100mL 30g/L 氯化铁溶液加入 3g 乙酸钠（$NaAc \cdot 3H_2O$），用 pH 计测定其 pH 值。如 pH 值不合要求，再加入乙酸钠或 30g/L 氯化铁溶液予以调整。

④ 硫磷混酸。配制：将 200mL 硫酸（$\rho$＝1.84g/mL）在搅拌下缓慢注入 500mL 水中，再加入 300mL 磷酸（$\rho$＝1.70g/mL），混匀。

⑤ 乙醇。

⑥ 二苯胺磺酸钠指示剂溶液（2g/L）。

⑦ $c(K_2Cr_2O_7)$＝0.004167mol/L 的重铬酸钾标准溶液。配制：称取 1.2258g 预先在 150℃烘干 1h 的重铬酸钾（基准试剂）溶于水，移入 1000mL 容量瓶中，用水稀至刻度，混匀。

⑧ $c[(NH_4)_2Fe(SO_4)_2 \cdot 6H_2O]$≈0.025mol/L 的硫酸亚铁铵溶液。配制：称取 9.85g 硫酸亚铁铵 $[(NH_4)_2Fe(SO_4)_2 \cdot 6H_2O]$ 溶于硫酸（5＋95）中，移入 1000mL 容量瓶中，用硫酸（5＋95）稀释至刻度，混匀。

（3）实验步骤

① 试样的称量。试样称取量见表 10-5。

表 10-5 全铁量测定的试样称取量

| 金属铁量/% | 试样量/g |
|---|---|
| 0.3～0.8 | 1.000 |
| 0.8～2.0 | 0.5000 |

② 测定。将试样置于干燥的 150mL 锥形瓶中，每次加入 15～20mL 乙醇，仔细摇匀，用场强 1000Oe 扁形磁铁外磁选 4～5 次，慢慢倾出非磁性矿物及乙醇（尽量倒净乙醇）。然后加入 30mL 氯化铁-乙酸钠溶液，盖上瓶塞，电磁搅拌 20min。用滤纸（应加入适量纸浆）或酸洗石棉（预先应小于 900℃灼烧 2h 以上）过滤。用水洗涤锥形瓶 3～4 次，洗残渣 6～8 次。向滤液中加 20mL 硫磷混酸，流水冷却下静置至黄色褪去，加入 5 滴二苯胺磺酸钠指示

液，用重铬酸钾标准溶液滴定至呈稳定紫色。

注：过滤时，可用扁形磁铁块于锥形瓶底部吸住磁性矿物，使其尽量少进入滤液，倾泻过滤，以加快过滤速度。

向随同试样空白溶液中加入 6.00mL 硫酸亚铁铵溶液、20mL 硫磷混酸，流水冷却下静置至黄色褪去，加入 5 滴二苯胺磺酸钠指示液，用重铬酸钾标准溶液滴定至呈稳定紫色。记下消耗重铬酸钾标准溶液的体积（$A$），再向溶液中加入 6.00mL 硫酸亚铁铵溶液，再以重铬酸钾标准溶液滴定至呈稳定紫色，记下滴定的体积（$B$），则 $V_0 = A - B$ 即为空白值。

（4）计算公式 金属铁量按下式计算。

$$w(金属 Fe) = \frac{c\left(\frac{1}{6}K_2Cr_2O_7\right)(V-V_0)M(Fe)}{m_{样}} \times 100\%$$

式中 $w(金属 Fe)$——金属铁的质量分数，%；

$c\left(\frac{1}{6}K_2Cr_2O_7\right)$——$\frac{1}{6}K_2Cr_2O_7$ 标准溶液的浓度，mol/L；

$V$——试样消耗重铬酸钾标准溶液的体积，L；

$V_0$——滴定随同试样空白溶液所消耗重铬酸钾标准溶液的体积，L；

$M(Fe)$——铁的摩尔质量，g/mol；

$m_{样}$——试样量，g。

（5）允许差（见表 10-6） 取平行测定结果的算术平均值为测定结果。

**表 10-6 金属铁量的允许差**

| 金属含铁量/% | 标样允许差/% | 试样允许差/% |
|---|---|---|
| 0.300~0.500 | ±0.04 | 0.05 |
| 0.500~1.000 | ±0.07 | 0.10 |
| 1.000~2.000 | ±0.15 | 0.20 |

5. 亚铁量的测定——重铬酸钾容量法（参照 GB 6730.8—86）

（1）实验原理 试样以氯化铁浸取后，再加入盐酸使亚铁和金属铁均转入溶液中，以重铬酸钾容量法测得合量，减去金属铁后，即得亚铁量。

其他还原态物质及高价锰等氧化态物质对本法存在干扰。

（2）仪器药品

① 一般实验室仪器。

② 氟化钠。

③ 碳酸氢钠。

④ 饱和碳酸氢钠溶液。

⑤ 盐酸（$\rho = 1.19$g/mL）。

⑥ 硫磷混合酸。配制：于 800mL 水中，加入 100mL 硫酸（1+1），加入 100mL 磷酸（$\rho = 1.70$g/mL），混匀。

⑦ 30g/L 氯化铁溶液。配制：称取 30g 氯化铁（$FeCl_3 \cdot 6H_2O$），溶于 1000mL 水中，混匀（如溶液浑浊，应过滤后使用）。

⑧ 二苯胺磺酸钠指示剂溶液（2g/L）。

⑨ $c(K_2Cr_2O_7) = 0.0050$mol/L 的重铬酸钾标准溶液。配制：称取 1.4709g 预先在 150℃烘干 1h 的重铬酸钾（基准试剂）溶于水，移入 1000mL 容量瓶中，用水稀至刻度，

混匀。

⑩ $c[(NH_4)_2Fe(SO_4)_2 \cdot 6H_2O] \approx 0.03mol/L$ 的硫酸亚铁铵溶液。配制：称取 11.82g 硫酸亚铁铵 $[(NH_4)_2Fe(SO_4)_2 \cdot 6H_2O]$ 溶于硫酸（5＋95）中，移入 1000mL 容量瓶中，用硫酸（5＋95）稀释至刻度，混匀。

（3）实验步骤

① 试样的称量。称取 0.2000g 试样。

② 测定。将试样置于 300mL 锥形瓶中，加入 30mL 30g/L 氯化铁溶液，电磁搅拌 20min，加入约 0.5g 氟化钠、30mL 盐酸（$\rho$＝1.19g/mL）、0.5~1g 碳酸氢钠，迅速用带有导管的橡皮塞盖上瓶口，加热至沸，并保持微沸 20~40min，使溶液体积蒸发至 20~30mL，取下，将导管的一端迅速插入饱和碳酸氢钠溶液中，然后将锥形瓶冷却至室温，加入 100mL 硫磷混合酸、5 滴二苯胺磺酸钠指示液，用重铬酸钾标准溶液滴定至呈稳定的紫色。

向随同试样空白溶液中加入 6.00mL 硫酸亚铁铵溶液、100mL 硫磷混合酸，加 5 滴二苯胺磺酸钠指示液，用重铬酸钾标准溶液滴定至呈稳定紫色，记下消耗重铬酸钾标准溶液的体积（A），再向溶液中加入 6.00mL 硫酸亚铁铵溶液，再以重铬酸钾标准溶液滴定至稳定紫色。记下滴定的体积（B），则 $V_0 = A - B$ 即为空白值。

（4）计算公式　亚铁量按下式计算。

$$w(Fe^{2+}) = \frac{c\left(\frac{1}{6}K_2Cr_2O_7\right)(V-V_0)M(Fe)}{m_{样}} \times 100\% - 3w(金属\ Fe)$$

式中　$w(Fe^{2+})$——亚铁的质量分数，%；

$c\left(\dfrac{1}{6}K_2Cr_2O_7\right)$——$\dfrac{1}{6}K_2Cr_2O_7$ 标准溶液的浓度，mol/L；

$\qquad V$——滴定试样消耗重铬酸钾标准溶液的体积，L；

$\qquad V_0$——滴定随同试样空白溶液所消耗重铬酸钾标准溶液的体积，L；

$\quad M(Fe)$——铁的摩尔质量，g/mol；

$w(金属\ Fe)$——金属铁的质量分数；

$\qquad m_{样}$——试样量，g。

（5）允许差（见表 10-7）　取平行测定结果的算术平均值为测定结果。

表 10-7　亚铁量的允许差

| 亚铁量/% | 标样允许差/% | 试样允许差/% |
| --- | --- | --- |
| 1.00~2.00 | ±0.15 | 0.20 |
| 2.00~5.00 | ±0.18 | 0.25 |
| 5.00~10.00 | ±0.21 | 0.30 |
| 10.00~20.00 | ±0.28 | 0.40 |
| 20.00~30.00 | ±0.35 | 0.50 |

6. 硅量的测定——重量法（参照 GB 6730.10—86）

（1）实验原理　试样用盐酸分解，过滤，灼烧；残渣用碳酸钠-硼酸混合熔剂熔融，稀盐酸浸取，与主液合并。加高氯酸冒烟，使硅酸脱水，过滤，灼烧，用盐酸-乙醇除硼，再灼烧，恒量，用氢氟酸挥散除硅，由前后两次质量差求得纯二氧化硅量。计算硅的质量分数。

（2）仪器药品

① 一般实验室仪器。

② 马弗炉。

③ 铂坩埚。

④ 混合熔剂。配制：取四份无水碳酸钠与一份硼酸研细混匀。

⑤ 盐酸（$\rho=1.19\text{g/mL}$）。

⑥ 盐酸（1+1）。

⑦ 盐酸（5+95）。

⑧ 高氯酸（$\rho=1.67\text{g/mL}$）。

⑨ 氢氟酸（$\rho=1.15\text{g/mL}$）。

⑩ 硫酸（1+1）。

⑪ 无水乙醇。

⑫ 硫氰酸铵溶液（50g/L）。

⑬ 硝酸银溶液（10g/L）。

（3）实验步骤

① 试样的称量。称取 0.5000g 试样。

② 试样的分解。将试样置于 250mL 烧杯中，加 20～30mL 盐酸（$\rho=1.19\text{g/mL}$），低温加热分解。加 50mL 热水，煮沸，用定量滤纸过滤，滤液收集在 250～300mL 烧杯中，用擦棒擦净烧杯，用热水洗净烧杯并洗滤纸及沉淀 3～4 次，滤液和洗液作为主液保存。

注：分解含氟试样时，所用的 20～30mL 盐酸（$\rho=1.19\text{g/mL}$）中，应预先溶有 0.2g 铝片。

将沉淀连同滤纸移入铂坩埚中，灰化，在 800℃ 左右灼烧 10～20min。加入 3～4g 混合熔剂，混匀，在 950℃ 左右熔融 10～15min。冷却，放入烧杯中，用 50～60mL 热盐酸（1+1）浸取，用热水洗出铂坩埚，将浸取液与主液合并。

③ 脱水、称量。将合并后的溶液蒸发至体积为 20～30mL，加 15～20mL 高氯酸[1]，加热至高氯酸冒浓厚白烟 10～15min，取下稍冷，加 10mL 盐酸（$\rho=1.19\text{g/mL}$）、100mL 热水[2]，搅拌，使盐类溶解。用中速定量滤纸加适量纸浆过滤，用热盐酸（5+95）[3] 洗净烧杯，并洗沉淀至无铁离子（用硫氰酸铵检查）。然后用热水洗至无氯离子（硝酸银检查）。将沉淀连同滤纸移入铂坩埚中。滤液加热蒸发至冒高氯酸浓烟 10～15min，稍冷，以下按上述操作重复进行一次。然后将两次沉淀连同滤纸合并，灰化，在约 700℃ 灼烧 15～20min，取出稍冷，加 1mL 盐酸（$\rho=1.19\text{g/mL}$）、1mL 无水乙醇，低温蒸干，并重复一次。然后于 1000℃ 灼烧 40min，取出，置于干燥器中冷至室温，称量，并灼烧至恒重。然后将不纯的二氧化硅用水润湿，加 4 滴硫酸（1+1）、2mL 氢氟酸、蒸至冒尽三氧化硫白烟，并重复一次。于 1000℃ 灼烧 10min，取出，置于干燥器中冷至室温，称量，并灼烧至恒重。

注释：

[1] 分析钒钛铁矿时，在加高氯酸前应加入 5～10mL 硫酸（1+1），以防止钛水解。

[2] 含钡试样加 50mL 盐酸（1+1），加热溶解盐类。

[3] 含钡试样用热盐酸（1+4）洗涤。

④ 空白试验。随同试样做空白试验，所用试剂需取自同一试剂瓶。

（4）计算公式 硅含量按下式计算。

$$w(\text{Si})=\frac{(m_1-m_2-m_3)\dfrac{M(\text{Si})}{M(\text{SiO}_2)}}{m_{\text{样}}}\times100\%$$

式中 $w(\text{Si})$——Si 的质量分数，%；

$m_1$——挥发前不纯二氧化硅和铂坩埚的质量，g；

$m_2$——挥发后残留物和坩埚的质量，g；

$m_3$——随同试样空白的质量，g；

$M(Si)$——Si 的摩尔质量，g/mol；

$M(SiO_2)$——SiO$_2$ 的摩尔质量，g/mol；

$m_{样}$——称取样品的质量，g。

（5）允许差（见表 10-8） 取平行测定结果的算术平均值为测定结果。

**表 10-8 硅含量的允许差**

| 硅含量/% | 标样允许差/% | 试样允许差/% |
|---|---|---|
| 1.50～2.50 | ±0.05 | 0.07 |
| 2.50～5.00 | ±0.07 | 0.10 |
| 5.00～10.00 | ±0.09 | 0.13 |
| 10.00～15.00 | ±0.11 | 0.16 |
| 15.00 | ±0.14 | 0.20 |

7. 铝含量的测定——氟盐取代配位容量法（参照 GB 6730.11—86）

（1）实验原理 试样用盐酸、硝酸、高氯酸（或硫酸）分解，过滤，滤液以甲基异丁基酮萃取除去大部分铁，残渣用氢氟酸挥散硅后，用焦硫酸钠熔融。用六亚甲基四胺沉淀铝、钛、铁等，在 EDTA 存在下，以氢氧化物分离除去钛、铁、稀土等。分取部分溶液，调至 pH 为 6.0，煮沸使铝及残留离子和 EDTA 配位，以二甲酚橙为指示剂，用氯化锌溶液回滴过量的 EDTA。再加入氟化钠，煮沸置换铝-EDTA 配合物中的 EDTA，用氯化锌标准溶液滴定置换出的 EDTA，借此测定铝含量。

（2）仪器药品

① 一般实验室仪器。

② 氯化铵。

③ 焦硫酸钠。

④ 盐酸（$\rho=1.19$g/mL）。

⑤ 盐酸（5+3）。

⑥ 盐酸（1+1）。

⑦ 盐酸（1+2）。

⑧ 盐酸（5+95）。

⑨ 盐酸（2+98）。

⑩ 硝酸（$\rho=1.42$g/mL）。

⑪ 高氯酸（$\rho=1.67$g/mL）。

⑫ 氢氟酸（$\rho=1.15$g/mL）。

⑬ 硫酸（1+1）。

⑭ 硫酸（1+99）。

⑮ 氨水（1+1）。

⑯ 乙醇。

⑰ 甲基异丁基酮。

⑱ 氢氧化钠溶液（500g/L）。

⑲ 氢氧化钠溶液（200g/L）。

⑳ 氢氧化钠溶液（10g/L）。

㉑ 六亚甲基四胺溶液（250g/L）。

㉒ 20g/L 氯化铵洗液，每 100mL 洗液加 1～2 滴氨水（1＋1）。

㉓ 氟化钠溶液（40g/L）。

㉔ 高锰酸钾溶液（20g/L）。

㉕ $c(C_{10}H_{14}O_8N_2Na_2 \cdot 2H_2O)＝0.2mol/L$ 的乙二胺四乙酸（EDTA）二钠溶液。

㉖ $c(ZnCl_2)＝0.2mol/L$ 的氯化锌溶液。

㉗ 亚铁溶液（1mg $Fe^{2+}$/mL）。配制：称取 0.702g 硫酸亚铁铵 $[(NH_4)_2Fe(SO_4)_2 \cdot 6H_2O]$ 置于150mL 烧杯中，以硫酸（5＋95）溶解，移入 100mL 容量瓶中，并以硫酸（5＋95）稀释至刻度，混匀。此溶液不宜久置。

㉘ 乙酸-乙酸铵缓冲溶液（pH＝6.0±0.2）。配制：称取 300g 乙酸铵，溶于 500mL 水中，过滤，加 12.3mL 冰醋酸，以水稀释至 1000mL。按下述方法调节 pH：

取 10mL 上述溶液置于 150mL 烧杯中，加 100mL 水搅匀，以 pH 计测量 pH，若 pH 不等于 6.0±0.2，可用乙酸（1＋1）和氨水（1＋1）调节缓冲溶液。再取出 10mL 浓缓冲溶液，稀释，测量 pH。如此反复进行，直到 pH＝6.0±0.2。

㉙ 甲基橙指示剂（1g/L）。

㉚ 1g/L 二甲酚橙指示剂，贮于棕色瓶中，放置时间不宜超过 3d。

㉛ $c(ZnO)＝0.02mol/L$ 或 0.01mol/L 的锌标准溶液。配制：称取 1.6276g 或 0.8138g 预先在 160～170℃干燥 2h 的氧化锌（基准试剂），分别置于 300mL 烧杯中，以水润湿，加入 20mL 盐酸（1＋1），缓慢加热溶解，并蒸发至体积为 3～5mL，移入 1000mL 容量瓶中，用氨水（1＋1）缓慢中和至甲基橙变黄，再以盐酸（1＋1）中和至红色并过量 5～6 滴，用水稀释至刻度，混匀。

锌标准溶液对铝的滴定度按下式计算。

$$T_{Al/Zn^{2+}} = \frac{m(ZnO)M(Al)}{M(ZnO) \times 1000}$$

式中　　$T_{Al/Zn^{2+}}$——锌标准溶液对铝的滴定度，g/mL；

　　　　$m(ZnO)$——ZnO 的质量，g；

　　　　$M(Al)$——Al 的摩尔质量，g/mol；

　　　　$M(ZnO)$——ZnO 的摩尔质量，g/mol。

（3）实验步骤

① 试样的称量。称取 1.000g（铝量大于 2.5％称取 0.5000g）试样。

② 试样的分解

a. 一般试样的分解。将试样置于 300mL 烧杯中，加 30mL 盐酸（ρ＝1.19g/mL），低温加热分解 30～60min，取下稍冷，加 5mL 硝酸（ρ＝1.42g/mL）、10mL 高氯酸（ρ＝1.67g/mL）[钒钛铁矿石不加高氯酸，改加 10mL 硫酸（1＋1）]，继续加热至冒高氯酸浓烟（或硫酸白烟）10min。取下，冷却，以水冲洗杯壁，加 30mL 盐酸（1＋1），加热溶解可溶盐类，加热水 20mL，搅拌。用慢速滤纸过滤，滤液收集于 400mL 烧杯中。用擦棒擦净杯壁，用热（5＋95）盐酸洗净烧杯，并洗滤纸至氯化铁黄色消失，再用热水洗 8～10 次，保留滤液。将残渣连同滤纸移入铂坩埚中，灰化，在 800℃左右灼烧 10～20min。残渣以水润湿，加 4 滴硫酸（1＋1）（处理钒钛铁矿残渣，应适当增加硫酸用量，以防溅跳），加 5～10mL 氢氟酸（ρ＝1.15g/mL），低温加热至冒尽硫酸白烟。取下，冷却，加 3g 焦硫酸钠（钒钛铁矿加 5g），先低温然后慢慢升至 550～600℃，熔融 10～20min，取下冷却，保留熔融物。

b. 含氟试样的分解。称取的试样中含氟量大于 5mg 时，则按下法处理。

将试样置于 200mL 聚四氟乙烯（PTFE）烧杯中，以水润湿，加 20mL 盐酸（$\rho$ = 1.19g/mL）、约 10mL 氢氟酸（$\rho$ = 1.15g/mL），加热分解 30～60min，取下稍冷，加 5mL 硝酸（$\rho$ = 1.42g/mL）、10mL 高氯酸（$\rho$ = 1.67g/mL），再加热至高氯酸冒浓厚白烟 3～5min。取下冷却，以水冲洗杯壁，继续加热至冒高氯酸浓烟约 10min，取下冷却，以水冲洗杯壁，加 20mL 盐酸（1+1），加热溶解可溶盐类。加 20mL 热水，搅拌。用慢速滤纸过滤，滤液收集于 400mL 烧杯中，用热盐酸（5+95）洗净烧杯并洗滤纸至氯化铁黄色消失，再用热水洗滤纸 8～10 次，保留滤液。将不溶残渣连同滤纸移入铂坩埚中，灰化，在 800℃ 灼烧 10～20min。取下冷却，加 3g 焦硫酸钠，先低温然后慢慢升至 550～600℃，熔融 10～20min，冷却，保留熔融物。

③ 分离

a. 甲基异丁基酮萃取分离。将分解后的滤液浓缩至高氯酸冒烟（或硫酸冒烟）1～2min，取下冷却，加入 20mL 盐酸（5+3），温热溶解盐类〔如此时仍不溶，可补加 10mL 盐酸（5+3）使大部分盐类溶解〕，移入 125mL 分液漏斗中，并用盐酸（5+3）洗净烧杯，加入与试液大致等体积的甲基异丁基酮，振荡 1min，静置分层后，将水相放入原烧杯中。再向分液漏斗中加 5mL 盐酸（5+3），振荡约 10s，静置分层后将水相放入原烧杯中，弃去有机相。溶液加热煮沸数分钟，使大部分有机物挥发后，加 5mL 硝酸（$\rho$ = 1.42g/mL）、10mL 高氯酸（$\rho$ = 1.67g/mL），继续加热蒸发至冒高氯酸浓烟。取下冷却，加入 20mL 盐酸（1+1），加热溶解盐类，加 100mL 热水。将分解后的熔融物浸入该溶液中，洗出坩埚，加热溶解〔含钡较高的试样，则在低温处保温 30min，冷却，用慢速滤纸过滤，用硫酸（1+99）洗净烧杯及滤纸，弃去沉淀，保留滤液〕。

b. 六亚甲基四胺分离。将上步的溶液用水稀释至 150～200mL，加 4mL 250g/L 六亚甲基四胺溶液、1～2 滴甲基橙指示液，用氨水（1+1）中和至溶液刚变黄，再滴加盐酸（1+1）至红色，并过量 3～4 滴，在搅拌下，加 20mL 250g/L 六亚甲基四胺溶液，加热煮沸 1～2min（加热时间不宜过长，否则沉淀难以过滤洗涤），取下。待沉淀下降后，用快速滤纸过滤，用热的 20g/L 氯化铵洗液洗烧杯 4～5 次，洗沉淀 10～12 次。用热水将沉淀冲入原烧杯中（所用水的体积不宜过大，若体积过大，加酸后可加热浓缩至 40～50mL，以保证铝的沉淀溶解完全），加 10mL 盐酸（$\rho$ = 1.19g/mL），加热溶解沉淀。趁热用原滤纸过滤于 300mL 烧杯中（由于烧杯质量不同，侵蚀下来的铝量不一致，对所用烧杯应进行选择），用热的盐酸（1+2）洗滤纸 4～5 次〔洗涤用的盐酸（1+2）不宜超过 20mL，否则使滴定溶液中的盐类增加，影响终点的观察〕，然后用热盐酸（2+98）洗净烧杯，并洗滤纸 10～12 次，弃去滤纸、保留滤液。

注：①保留的滤液中若铬量大于 2.5mg 时（即滴定溶液中大于 1mg）需加 10mL 高氯酸（$\rho$ = 1.67g/mL）加热至冒烟，滴加盐酸挥铬。②含钛高时，沉淀不易久放，应及时用热水冲入原烧杯中，加盐酸溶解，否则不易溶。

c. 强碱分离。将以上溶液浓缩至体积为 100mL，冷却，加 10mL $c$(EDTA) = 0.2mol/L 的 EDTA（钒钛铁矿加 20mL）、3g 氯化铵（加入氯化铵，可扩大分离高钛时的碱度允许范围）、1～2 滴甲基橙指示液，在搅拌下，滴加 500g/L 氢氧化钠溶液至溶液刚变黄，再滴加盐酸（1+1）至溶液变红并过量 10 滴。加热至沸，每取下一个，立即以热水冲洗杯壁，在搅拌下趁热加 20mL 200g/L 氢氧化钠溶液（含稀土试样改加 20mL 500g/L 氢氧化钠溶液），随即在搅拌下，滴加 5～10 滴 20g/L 高锰酸钾溶液及 1～2mL 乙醇，放置 5～10min，流水冷却至室温，用 10g/L 氢氧化钠溶液冲洗杯壁，将溶液和沉淀移入 250mL 容量瓶中，以

10g/L 氢氧化钠溶液稀释至刻度，混匀。用慢速滤纸干过滤。

④ 滴定。移取上步滤液 100.00mL，置于 300mL 锥形瓶中，用盐酸（1＋1）中和至溶液变红［如滴定溶液中含钒（V）大于 0.04mg 时，需再过量 2～3mL 盐酸，加入 2mL 亚铁溶液］，视铝量高低按表 10-9 加入 $c(ZnCl_2)=0.2mol/L$ 的氯化锌溶液，加热至沸，取下，趁热以氨水（1＋1）中和至溶液刚变黄，加 10mL 乙酸-乙酸铵缓冲液，混匀。加热煮沸 3min，取下，流水冷却，加 4～5 滴二甲酚橙指示液，用 $c(ZnO)=0.02mol/L$ 或 0.01mol/L 的锌标准溶液滴定至浅红色（回滴的锌标准溶液控制 5～30mL 为宜），不计读数，加入 20mL 40g/L 氟化钠溶液，混匀，加热煮沸 3min，取下流水冷却，补加 2～3 滴二甲酚橙指示液，用 $c(ZnO)=0.02mol/L$ 或 0.01mol/L 的锌标准溶液滴定至浅红色（二次滴定终点颜色应一致），记下读数。

注：为减少滴定误差，铝量高时可用 0.02mol/L 锌标准溶液滴定，铝量低时，则可用 0.01mol/L 锌标准溶液滴定。

表 10-9 $c(ZnCl_2)=0.2mol/L$ 的氯化锌溶液的加入量

| 分取试液中铝含量 /mg | 加入 10mL $c(EDTA)=0.2mol/L$ EDTA 时，应加入氯化锌 $c(ZnCl_2)=0.2mol/L$ 的量 /mL | 加入 20mL $c(EDTA)=0.2mol/L$ EDTA 时，应加入氯化锌 $c(ZnCl_2)=0.2mol/L$ 的量 /mL |
|---|---|---|
| 5 | 2.0 | 6.0 |
| 5～10 | 1.0 | 5.0 |
| 10～15 | 0 | 4.0 |

⑤ 空白试验。随同试样做空白试验，所用试剂需取自同一试剂瓶。

（4）计算公式 铝含量按下式计算。

$$w(Al)=\frac{T_{Al/Zn^{2+}}(V-V_0)}{m_{样}}\times100\%$$

式中 $w(Al)$——Al 的质量分数，%；

$T_{Al/Zn^{2+}}$——锌标准溶液对铝的滴定度，g/mL；

$V$——消耗锌标准溶液的体积，mL；

$V_0$——空白消耗标准溶液体积，mL；

$m_{样}$——分取样品的质量，g。

（5）允许差（见表 10-10） 取平行测定结果的算术平均值为测定结果。

表 10-10 铝含量的允许差

| 铝含量/% | 标准允许差/% | 试样允许差/% |
|---|---|---|
| ＜0.50 | ±0.02 | 0.03 |
| 0.50～2.50 | ±0.03 | 0.04 |
| 2.50～5.00 | ±0.04 | 0.05 |
| 5.00～7.50 | ±0.06 | 0.08 |

8. 钙含量的测定——高锰酸钾容量法（参照 GB 6730.13—86）

（1）实验原理 试样经盐酸、硝酸分解，过滤；残渣以氢氟酸除硅后，焦硫酸钾熔融。以氨水将铁、铝、钛等沉淀为氢氧化物，锰则以过硫酸铵氧化为水合二氧化锰与氢氧化物同时过滤除去，此时磷以磷酸铁形式同时被分离。然后，使钙呈草酸钙沉淀，再经过滤和洗涤，硫酸溶解后，以高锰酸钾标准溶液滴定，借此测定钙量。

（2）仪器药品

① 一般实验室仪器。

② 焦硫酸钾。

③ 过硫酸铵。

④ 盐酸（$\rho=1.19g/mL$）。

⑤ 盐酸（1+1）。

⑥ 盐酸（5+95）。

⑦ 硝酸（$\rho=1.42g/mL$）。

⑧ 氢氟酸（$\rho=1.15g/mL$）。

⑨ 硫酸（1+1）。

⑩ 氨水（1+1）。

⑪ 氨水（1+3）。

⑫ 硝酸铵溶液（20g/L）。

⑬ 草酸铵饱和溶液。

⑭ 草酸铵溶液（2.5g/L）。

⑮ 硝酸银溶液（1g/L）。

⑯ 1g/L 甲基红指示剂溶液。配制：称取 0.1g 甲基红，溶于 60mL 乙醇中，以水稀释至 100mL，混匀。

⑰ $c\left(\dfrac{1}{5}KMnO_4\right)=0.1mol/L$ 高锰酸钾标准溶液。

配制：称取 3.2g 高锰酸钾，以适量水溶解后，加热至微沸，冷至室温，以耐酸漏斗（$P_{40}$）过滤于 1000mL 棕色瓶中，用水稀释至刻度，混匀，于阴暗处放置一周后标定。

标定：称取 0.2000g 预先在 105℃ 烘过 1h 的草酸钠（基准试剂），置于 400mL 烧杯中，加约 100mL 水、25mL 硫酸（1+1），加热至 80～90℃，以所配高锰酸钾溶液滴定至微红色出现并保持 30s 不消失为终点。同时标定 3 份，取平均值，并需减空白试验值。

浓度按下式计算。

$$c\left(\frac{1}{5}KMnO_4\right)=\frac{m(Na_2C_2O_4)}{M\left(\frac{1}{2}Na_2C_2O_4\right)V}$$

式中　$c\left(\dfrac{1}{5}KMnO_4\right)$——$\dfrac{1}{5}KMnO_4$ 标准溶液的浓度，mol/L；

$m(Na_2C_2O_4)$——称取草酸钠量，g；

$M\left(\dfrac{1}{2}Na_2C_2O_4\right)$——$\dfrac{1}{2}Na_2C_2O_4$ 的摩尔质量，g/mol；

$V$——标定时消耗高锰酸钾标准溶液的体积，L。

（3）实验步骤

① 试样的称量。称取 0.5000g 试样。

② 试样的分解。将试样置于 300mL 烧杯中，加入 20mL 盐酸（$\rho=1.19g/mL$），低温加热微沸约 10min，使酸可溶物分解完全。加 3～5mL 硝酸（$\rho=1.42g/mL$）[1,2]，于低温处蒸干。冷却，加 10mL 盐酸（$\rho=1.19g/mL$），微热使可溶性盐类溶解，加 50mL 热水[3]，煮沸，用中速滤纸（加少许纸浆）过滤于另一个 300mL 烧杯中，用擦棒擦净杯壁，以热盐酸（5+95）洗净，并洗滤纸及残渣 3～4 次，再以热水洗 5～6 次，滤液作为主液保存。

注释：

［1］　如为烧结矿，在加硝酸（$\rho=1.42\text{g/mL}$）后，再加 5mL 高氯酸（$\rho=1.67\text{g/mL}$）蒸发至发生浓厚白烟，直至呈湿盐状。冷却后再继续操作。

［2］　如试样含氟，分解试样时，应改用 200～300mL 聚四氟乙烯（PTFE）烧杯，在加硝酸（$\rho=1.42\text{g/mL}$）后，再加 5～10mL 高氯酸（$\rho=1.67\text{g/mL}$），加热蒸发至发生浓厚白烟，并保持约 5min，冷却，以尽可能少的水冲洗杯壁，并继续加热蒸发至发生浓厚白烟，直至呈湿盐状，冷却后再继续操作。

［3］　如试样含钡量大于 1.0%，当加入 50mL 热水后，再加 0.5mL 硫酸（1+1），煮沸，冷至室温，用中速滤纸（加少量纸浆）过滤于另一个 300mL 烧杯中。以下按②中相应步骤进行。

③ 残渣的处理。将残渣连同滤纸移入铂坩埚中，灰化，在 800℃左右灼烧 10～20min，取出冷却，以水润湿残渣，加 4～8 滴硫酸（1+1）、5mL 氢氟酸，低温加热至近干，再加 5mL 氢氟酸，继续加热至硫酸烟冒尽。加 2～4g 焦硫酸钾，由低温逐渐增至 650℃左右熔融 5～10min，冷却，熔融物以适量热水浸取后合并于主液中，并洗净铂坩埚。

注：如试样含氧化钡量大于 1.0%时，则需将熔融物以适量热水浸取于另一个 300mL 烧杯中，并稀释至约 100mL，加 2mL 盐酸（1+1），加热至沸，室温下静置 2h，用中速滤纸（加适量纸浆）过滤于主液中，并以温水洗烧杯及沉淀 3～4 次，滤液和洗液浓缩至约 150mL，加热至溶液清亮，使可能生成的硫酸钙沉淀完全溶解（这时如仍有少量硫酸钡析出，并无妨碍）。

④ 分离。将合并后的溶液以热水稀释至 150～200mL，加热至溶液清亮，使熔融物及可能生成的硫酸钙沉淀完全溶解（钛量高时产生浑浊无妨）。煮沸，取下，在搅拌下滴加氨水（1+1）至氢氧化物沉淀出现，再改用氨水（1+3）（含磷量高时滴加速度要缓慢）调至 pH 为 5～6（以精密 pH 试纸检查，下同），加约 0.5g 过硫酸铵煮沸，使锰呈水合二氧化锰沉淀，并保持微沸约 10min，以破坏过剩的过硫酸铵（如试样含锰量小于 0.1%，且不含稀土时，则不必除锰），继续调溶液 pH 至 5～6，煮沸，取下，重新检查溶液 pH，如有下降，需再滴加少量氨水（1+3）。立即以快速滤纸（12.5cm）过滤，并以热的 20g/L 硝酸铵洗烧杯及沉淀各 2 次，滤液及洗液收集于 500mL 烧杯中。将滤纸展开，贴于原烧杯内壁，以热盐酸（5+95）将沉淀冲洗入烧杯中，补加 5～10mL 盐酸（1+1），加热至沉淀溶解[1]，以水稀释至约 150mL，煮沸，按前述相同步骤再沉淀 1 次，过滤，洗净烧杯，并洗沉淀 4～5 次，两次滤液合并[2]，弃去沉淀。

合并后的溶液浓缩至约 200mL，加 3～4 滴甲基红指示液，用盐酸（1+1）酸化，并过量 5mL，然后加 20mL 草酸铵饱和溶液，煮沸，取下（如溶液红色消失，再补加数滴甲基红指示液），缓缓滴加氨水（1+1）至溶液呈黄色，过量 3～4 滴，加热至沸，于低温处保温约 2h。用慢速滤纸过滤，以温 2.5g/L 草酸铵溶液洗烧杯 1～2 次，洗沉淀 5～6 次[3]，再以温水将烧杯充分洗净，并洗沉淀至无游离草酸根（以硝酸银溶液检查）。

注释：

［1］　如试样含锰量较高，在将氢氧化物沉淀冲洗入原烧杯并补加 5～10mL 盐酸（1+1）溶解沉淀时，可加数滴亚硝酸钠（20g/L）助溶。

［2］　如试样含稀土，将两次滤液合并后的溶液浓缩至约 250mL，加 20mL 氨水（2+10），煮沸（使残留稀土于此时全部沉淀），取下。待沉淀下降后，以快速滤纸过滤于 500mL 烧杯中，以温的 20g/L 硝酸铵（pH 约为 10）洗净烧杯并洗沉淀 5～6 次，弃去沉淀，将溶液浓缩至约 200mL，以下按④中相应步骤进行。

［3］　如试样中钙与镁的含量均在 3%以上，则应两次沉淀草酸钙，操作如下：将过滤并以温的 2.5g/L 草酸铵溶液洗涤后的沉淀，以热的盐酸（5+95）自滤纸上溶解并滤入原烧杯中，再将 20mL 热的盐酸（1+1）注于滤纸上，继续以热盐酸（5+95）充分洗涤，使草酸钙全部被溶解滤下。然后将溶液稀释至约 200mL，加 3～4 滴甲基红指示液及 20mL 草酸铵饱和溶液煮沸，取下，以下按④中相应步骤进行第二次沉淀。

⑤ 滴定。将沉淀连同滤纸置于原烧杯中，加 150～200mL 沸水、15mL 硫酸（1+1），

将滤纸贴附于杯壁上部，搅拌使沉淀溶解，立即以 $c\left(\frac{1}{5}KMnO_4\right)=0.1mol/L$ 高锰酸钾标准溶液滴定至微红色，再将滤纸浸入溶液中，充分搅拌，继续滴定至微红色出现并保持 30s 不消失为终点。

⑥ 空白试验。随同试样做空白试验，所用试剂需取自同一试剂瓶。

（4）计算公式　钙含量按下式计算。

$$w(Ca)=\frac{c\left(\frac{1}{5}KMnO_4\right)VM\left(\frac{1}{2}Ca\right)}{m_样}\times100\%$$

式中　$w(Ca)$——Ca 的质量分数，%；

$c\left(\frac{1}{5}KMnO_4\right)$——$\frac{1}{5}KMnO_4$ 溶液的浓度，mol/L；

　　　　$V$——消耗高锰酸钾标准溶液的体积，L；

$M\left(\frac{1}{2}Ca\right)$——$\frac{1}{2}Ca$ 的摩尔质量，g/mol；

　　　$m_样$——称取样品质量，g。

（5）允许差（见表 10-11）　取平行测定结果的算术平均值为测定结果。

表 10-11　钙含量的允许差

| 钙含量/% | 标样允许差/% | 试样允许差/% |
| --- | --- | --- |
| 1.5～5.0 | ±0.11 | 0.15 |
| 5.0～10.0 | ±0.15 | 0.20 |
| 10.0～15.0 | ±0.19 | 0.25 |

9. 镁含量的测定——配位滴定法（参照 GB 6730.15—86）

（1）实验原理　试样用过氧化钠-氢氧化钠熔融分解，以三乙醇胺-EGTA 浸取。过滤，镁以氢氧化镁形式沉淀与其他共存碱土金属及铁、锰、铝、硅、磷、硫、氟和有色金属等干扰元素分离；以氨水分离稀土、钛；以铜试剂-三氯甲烷萃取分离残存的铁、锰及其他有色金属元素。滴定前加入少量 EGTA 和三乙醇胺掩蔽残存的其他碱土金属和铁、锰等，以铬黑 T 为指示剂，在 pH 为 10 的碱性介质中，用 EDTA 标准溶液滴定。计算镁量。

（2）仪器药品

① 一般实验室仪器。

② 过氧化钠。

③ 氢氧化钠。

④ 氯化铵。

⑤ 二乙胺硫代甲酸钠（铜试剂）。

⑥ 硝酸（$\rho=1.42g/mL$）。

⑦ 硫酸（$\rho=1.84g/mL$）。

⑧ 高氯酸（$\rho=1.67g/mL$）。

⑨ 氢氟酸（$\rho=1.15g/mL$）。

⑩ 氨水（$\rho=0.90g/mL$）。

⑪ 氨水（1+1）。

⑫ 盐酸（1+1）。

⑬ 盐酸（1+2）。

⑭ 盐酸（2＋98）。

⑮ 过氧化氢（1＋9）。

⑯ 三氯甲烷。

⑰ 氢氧化钠溶液（40g/L）。

⑱ 氢氧化钠溶液（250g/L）。

⑲ 三乙醇胺（1＋1）。

⑳ 氯化铵溶液（5g/L）。

㉑ 氰化钾溶液（20g/L）。

㉒ 氨水-氯化铵缓冲溶液（pH＝10）。配制：称取 54g 氯化铵，以水溶解后，加入 357mL 氨水（$\rho$＝0.90g/mL），以水稀释至 1000mL，混匀（以精密 pH 试纸检查）。

㉓ 混合浸取液：每 100mL 含 30mL 三乙醇胺（1＋1）、5～30mL 0.2mol/L EDTA。

㉔ 洗涤液 A：100mL 40g/L 氢氧化钠中含 6mL 三乙醇胺（1＋1）。

㉕ 洗涤液 B：热的 5g/L 氯化铵溶液用氨水（$\rho$＝0.90g/mL）调至 pH＝9～10。

㉖ 洗涤液 C：热的 5g/L 氯化铵溶液（pH＝6）。

㉗ 孔雀绿溶液（1g/L）。

㉘ 铬黑 T。配制：称取 0.1g 铬黑 T 与 50g 干燥氯化钾研细混匀，置于磨口瓶中贮存。

㉙ $c$(EGTA)＝0.01mol/L 的乙二醇双（2-氨基乙醚）-四乙酸（EGTA）溶液。配制：称取 3.8g EGTA，先以热水溶解，然后滴加 250g/L 氢氧化钠溶液并搅拌使之全部溶解，冷却，以水稀释至 1000mL，混匀。

㉚ $c$(EGTA)＝0.2mol/L 的 EGTA 溶液。配制：称取 76g EGTA，先以热水溶解，然后滴加 250g/L 氢氧化钠溶液并搅拌使之全部溶解，冷却，以水稀释至 1000mL，混匀。

㉛ $c$(EDTA)＝0.01mol/L 乙二胺四乙酸二钠（EDTA）标准溶液。

配制：称取 3.75g EDTA，以水溶解，移入 1000mL 容量瓶中，以水稀释至刻度，混匀。

标定：取 10.00mL 1.00mg/mL 镁标准溶液，以下按实验步骤⑤进行。同时标定 3 份，取平均值，按下式计算 EDTA 标准溶液的滴定度。

$$T_{\text{Mg/EDTA}}=\frac{m}{V}$$

式中 $T_{\text{Mg/EDTA}}$——EDTA 标准溶液对镁的滴定度，g/mL；

$m$——所取镁的质量，g；

$V$——标定所消耗 EDTA 标准溶液的体积，mL。

㉜ 镁标准溶液。配制：称取 1.6583g 经 850℃ 灼烧 1h，并冷至室温的氧化镁（基准试剂），用 20mL 盐酸（1＋1）溶解后，移入 1000mL 容量瓶中，以水稀释至刻度，混匀。此溶液 1mL 含 1.00mg 镁。

（3）实验步骤

① 试样的称量。按表 10-12 称取试样。

表 10-12 测镁时的试样称取量

| 镁含量/% | 试样量/g |
| --- | --- |
| 1.00～3.00 | 0.5000 |
| 3.00～6.00 | 0.2000 |
| ＞6.00 | 0.5000 |

② 试样的分解。将试样置于盛有 5g 氢氧化钠的刚玉坩埚中（已烘去水分），加 1～2g 过氧化钠，混匀，再覆盖少许，于 700℃ 熔融 5～15min，摇动坩埚，冷却，将坩埚置于 300mL 烧杯中，以 100mL 热混合浸取液浸取熔融物，待反应停止后，用少量盐酸（2＋98）洗出坩埚，低温加热至沸（低含量镁可加少许纸浆），取下冷却。

100mL 混合浸取液中含 EGTA 的物质的量，必须大于实际试样量中其他碱土金属的总的物质的量，其量可参照表 10-13 加入。

表 10-13  混合浸取液中 0.2mol/L EGTA 的加入量

| 试样量/g | 钡/% | 钙/% | 0.2mol/L EGTA 溶液加入量/mL |
|---|---|---|---|
| 0.1000～0.2000 | <18 | 0.35～7.0 | 5 |
|  |  | 7.0～15.0 | 10 |
| 0.5000 | <18 | 0.35～7.0 | 15 |
|  |  | 7.0～15.0 | 20 |

③ 沉淀分离。沉淀沉降后，用快速滤纸过滤，用洗涤液 A 洗沉淀及滤纸 6～8 次，弃去滤液。以热盐酸（1＋2）和热水将沉淀交替溶洗于原烧杯中。将溶液低温蒸发至近干，以少量水冲洗杯壁，加约 0.5g 氯化铵，加热溶解盐类。

注：① 如共沉淀物较多，则溶液需再分离一次，操作如下。以水稀释体积至 150～200mL，加 2.5mL $c(EGTA)=0.2mol/L$ EGTA 溶液、15mL 三乙醇胺（1＋1）、4 滴 1g/L 孔雀绿溶液、滴加 250g/L 氢氧化钠至绿色褪去，再过量 20mL，低温加热至沸，冷却，沉淀沉降后，按实验步骤③进行。

② 含钛（大于 1%）及稀土的试样，将以热盐酸溶解沉淀后的溶液调整体积为 50mL，于 pH＝9.5（只含钛时，可于 pH＝6）的氨性介质中，视钛或稀土量之多少，以氨水（$\rho=0.90g/mL$）分离 1～2 次，用与沉淀时 pH 一致的热的 5g/L 氯化铵（洗涤液 B 或洗涤液 C）洗涤。然后浓缩至约 20mL，以下按④萃取分离操作，滴定；或浓缩至约 100mL，冷却至室温，加 5mL 20g/L 氰化钾溶液、2.5mL 三乙醇胺（1＋1）后，按相应滴定步骤进行。

③ 萃取时，溶液中存在一定量的氯化铵，有利于促进分层。如以氰化钾掩蔽滴定或以氨水分离时，则不必再加 0.5g 氯化铵。

④ 萃取分离。移入 250mL 分液漏斗中，以水稀释至 40～50mL 用氨水（1＋1）及盐酸（1＋1）调至 pH＝2～3，加 20mL 三氯甲烷、0.5g 铜试剂，振荡 1min，待分层后，弃去有机相。再加 15mL 三氯甲烷、0.5g 铜试剂，同上述操作萃取。弃去有机相。向水相中滴加氨水（1＋1）至 pH 约为 7，补加少量铜试剂，以后每次用约 15mL 三氯甲烷萃取至有机相无色，将水相放入原烧杯中，以 40～50mL 水，分 2～3 次洗分液漏斗内壁，合并于水相。

注：也可不萃取分离残余干扰元素，操作如下。稀释溶液至约 100mL，加 5mL 20g/L 氰化钾、2.5mL 三乙醇胺（1＋1），然后按相应滴定步骤进行。

⑤ 滴定。将水相以水稀释至约 100mL，加 2.5mL 三乙醇胺（1＋1），滴加氨水（$\rho=0.90g/mL$），调至约 pH＝10，加 10mL 氨水-氯化铵缓冲溶液（pH＝10）[1]、0.5～1.0mL $c(EGTA)=0.01mol/L$ 的 EGTA 溶液[2]、适量铬黑 T，用 EDTA 滴定至纯蓝色为终点。

注释：

[1] 含钛及稀土的试样，由于氨水分离后，引入大量铵盐，滴定时可加 10mL 氨水代替氨水-氯化铵缓冲溶液。

[2] 经氨水分离的试样，在滴定前应加 1.5mL $c(EGTA)=0.01mol/L$ 的 EGTA 溶液。

⑥ 空白试验。随同试样做空白试验，所用试剂需取自同一试剂瓶。

（4）计算公式  镁的质量分数按下式计算。

$$w(Mg)=\frac{T_{Mg/EDTA}(V-V_0)}{m_{样}}\times100\%$$

式中　$w(Mg)$——Mg 的质量分数，%；

$T_{Mg/EDTA}$——EDTA 标准溶液对镁的滴定度，g/mL；

$V$——滴定试样溶液所消耗的 EDTA 标准溶液的体积，mL；

$V_0$——滴定随同试样空白试液所消耗 EDTA 标准溶液的体积，mL；

$m_{样}$——称取样品质量，g。

（5）允许差（见表 10-14）　取平行测定结果的算术平均值为测定结果。

表 10-14　镁含量的允许差

| 镁含量/% | 标样允许差/% | 试样允许差/% |
|---|---|---|
| 1.00~2.50 | ±0.07 | 0.10 |
| 2.00~5.00 | ±0.10 | 0.15 |
| >5.00 | ±0.15 | 0.20 |

10. 硫含量的测定——硫酸钡重量法（参照 GB 6730.16—86）

（1）实验原理　试样以过氧化钠-碳酸钠混合熔剂熔融，水浸取，过滤除去氢氧化物、碳酸盐等沉淀。在稀盐酸溶液中，加入氯化钡，使硫酸根定量生成硫酸钡沉淀。灼烧，称量硫酸钡，计算硫的含量。

铬、锡和磷的干扰，分别用过氧化氢、柠檬酸和碳酸钙消除。

（2）仪器药品

① 一般实验室仪器。

② 过氧化钠-碳酸钠混合熔剂。配制：3 份过氧化钠与 1 份无水碳酸钠混匀。

③ 碳酸钙。

④ 氢氟酸（$\rho=1.15g/mL$）。

⑤ 盐酸（$\rho=1.19g/mL$）。

⑥ 盐酸（1+1）。

⑦ 硫酸（1+1）。

⑧ 过氧化氢 [$w(H_2O_2)=30\%$]。

⑨ 无水乙醇。

⑩ 柠檬酸溶液（500g/L）。

⑪ 碳酸钠溶液（20g/L）。

⑫ 硝酸银溶液（10g/L）。

⑬ 氢氧化钠溶液（250g/L）。

⑭ 甲基橙指示剂溶液（1g/L）。

⑮ 100g/L 氯化钡溶液。称取 100g 氯化钡溶于适量水中，过滤后用水稀释至 1000mL，混匀。

⑯ 氯化钡-盐酸洗液。配制：称取 1g 氯化钡，用适量盐酸（1+99）溶解，过滤后用盐酸（1+99）稀释至 1000mL，混匀。

（3）实验步骤

① 试样的称量。按表 10-15 称取试样。

表 10-15　测定硫含量时的试样称取量

| 硫含量/% | 试样量/g | 混合熔剂量/g |
|---|---|---|
| 0.300~2.00 | 1.0000 | 8.0 |
| 2.00~4.00 | 0.5000 | 4.0 |
| 4.00~5.00 | 0.2500 | 4.0 |

② 试样的分解。将试样置于 30mL 刚玉坩埚中，按表 10-15 加入混合熔剂和 0.4g 碳酸钙；如试样中磷量低于 0.1%，可不加碳酸钙，混匀。再覆盖 2g 混合熔剂。

先低温再在 700～750℃ 熔融 10～15min，取出摇动，冷却，置于 400mL 烧杯中。从杯嘴加入 100mL 热水浸取，待反应停止后，用热水和少量盐酸（1+1）洗出坩埚。

③ 分离。溶液（如呈绿色或紫色时，可加少许无水乙醇）煮沸 3～4min（防止溅失）。取下，静置，待大部分沉淀沉降后，趁热用中速滤纸过滤，沉淀尽可能留在原烧杯中，滤液收集于 500mL 烧杯中，加入 50mL 热的 20g/L 碳酸钠溶液，煮沸（防止溅失），用原滤纸过滤，用热的 20g/L 碳酸钠溶液洗涤烧杯 4～5 次，洗涤沉淀 7～8 次。

④ 沉淀。向滤液（如试样含锡，应加入 4mL 500g/L 柠檬酸溶液）中入 2 滴甲基橙指示液，用盐酸（$\rho=1.19g/mL$）迅速中和至溶液红色，再依次用 500g/L 氢氧化钠溶液和盐酸（1+1）调至溶液恰呈红色。加入 4mL 盐酸（1+1），用水稀释至约 300mL（试样如含铬，此时应加入几滴过氧化氢），将溶液煮沸至无大气泡，取下。用水洗杯壁，在不断搅拌下，滴加 10mL 热的 100g/L 氯化钡溶液，溶液在低温电热板上保温 2h，取下，放置过夜。

用加少量滤纸浆的慢速定量滤纸过滤，沉淀用氯化钡-盐酸洗液倾洗 2 次。并将沉淀洗至滤纸上，用擦棒擦净烧杯，用温水洗至无氯离子（用硝酸银溶液检查）。

⑤ 称量。将沉淀连同滤纸移入已恒重的铂坩埚中，灰化，在约 800℃ 灼烧 10～20min，冷却，加入 4 滴硫酸、2mL 氢氟酸，低温蒸发至冒尽硫酸烟，再于 800℃ 灼烧 30min，取出，置于干燥器中，冷却至室温后称量，并灼烧至恒重。

⑥ 空白试验。随同试样做空白试验，所用试剂需取自同一试剂瓶。

（4）计算公式　硫的质量分数按下式计算。

$$w(S) = \frac{\left[(m_1-m_2)-(m_3-m_4)\right]\times\dfrac{M(S)}{M(BaSO_4)}}{m_{样}}\times 100\%$$

式中　$w(S)$——硫的质量分数，%；

　　　$m_1$——铂坩埚和试液中硫酸钡的质量，g；

　　　$m_2$——铂坩埚的质量，g；

　　　$m_3$——铂坩埚和随同试样空白溶液中硫酸钡的质量，g；

　　　$m_4$——空白试验用铂坩埚的质量，g；

　　$M(S)$——S 的摩尔质量，g/mol；

$M(BaSO_4)$——$BaSO_4$ 的摩尔质量，g/mol；

　　　$m_{样}$——称取样品质量，g。

（5）允许差（见表 10-16）　取平行测定结果的算术平均值为测定结果。

表 10-16　硫含量的允许差

| 硫含量/% | 标样允许差/% | 试样允许差/% | 硫含量/% | 标样允许差/% | 试样允许差/% |
|---|---|---|---|---|---|
| 0.300～0.500 | ±0.090 | 0.012 | 1.00～3.00 | ±0.030 | 0.04 |
| 0.500～1.00 | ±0.015 | 0.02 | 3.00～5.00 | ±0.045 | 0.06 |

11. 磷含量的测定——容量法（参照 GB 6730.20—86）

（1）实验原理　试样用盐酸、硝酸、高氯酸分解，过滤；残渣用氢氟酸除硅，碳酸钠熔融，用稀盐酸浸取后，加三氯化铁，用氨水沉淀回收磷。在含有适量硝酸和硝酸铵的条件下，加钼酸铵使生成磷钼酸铵沉淀。此沉淀溶于过量的氢氧化钠标准溶液中，过剩的氢氧化钠用硝酸标准溶液滴定，借此测定磷量。

① 磷钼酸铵沉淀生成

$$PO_4^{3-}+12MoO_4^{2-}+2NH_4^{+}+25H^{+}\longrightarrow (NH_4)_2H(PMo_{12}O_{40})\cdot H_2O\downarrow+11H_2O$$

② 沉淀溶解于过量的氢氧化钠标准溶液中

$$(NH_4)_2H(PMo_{12}O_{40})\cdot H_2O+27OH^{-}\longrightarrow PO_4^{3-}+12MoO_4^{2-}+2NH_3\cdot H_2O+14H_2O$$

③ 用硝酸标准溶液回滴至酚酞刚褪色（约 pH=8）

$$OH^{-}（过剩的 NaOH）+H^{+}\longrightarrow H_2O$$

$$PO_4^{3-}+H^{+}\longrightarrow HPO_4^{2-}$$

$$NH_3\cdot H_2O+H^{+}\longrightarrow NH_4^{+}+H_2O$$

④ 氢氧化钠物质的量与磷物质的量关系

$$n\left(\frac{1}{24}P\right)=n(NaOH)$$

（2）仪器药品

① 一般实验室仪器。

② 无水碳酸钠。

③ 盐酸（$\rho=1.19g/mL$）。

④ 盐酸（1+4）。

⑤ 盐酸（5+95）。

⑥ 硝酸（$\rho=1.42g/mL$）。

⑦ 硝酸（2+100）。

⑧ 高氯酸（$\rho=1.67g/mL$）。

⑨ 高氯酸（1+4）。

⑩ 氢氟酸（$\rho=1.15g/mL$）。

⑪ 氨水（$\rho=0.90g/mL$）。

⑫ 硝酸银溶液（10g/L）。

⑬ 碳酸钠溶液（10g/L）。

⑭ 氢溴酸 $[w(HBr)=40\%]$。

⑮ 过氧化氢（1+9）。

⑯ 邻苯二甲酸氢钾（基准试剂）。

⑰ 硝酸铵溶液（300g/L）。

⑱ 氯化铁溶液（含铁 3g/L）。配制：称取 0.3g 纯铁，加 15mL 盐酸（$\rho=1.19g/mL$）溶解，加数滴硝酸（$\rho=1.42g/mL$）使铁氧化，煮沸，冷却，用水稀释至 100mL。

⑲ 高氯酸亚铁溶液。配制：称取 1g 纯铁（或还原铁粉），加 20mL 高氯酸（1+4），低温加热溶解（如有少量残渣，用中速滤纸过滤，水洗），冷却至室温，移入 100mL 容量瓶中，以水稀释至刻度，混匀（亚铁实际浓度应不低于 9.7g/L）。

⑳ 钼酸铵溶液。配制：称取 40g 结晶钼酸铵 $[(NH_4)_6Mo_7O_{24}\cdot 4H_2O]$ 溶于 300mL 温水和 80mL 氨水（$\rho=0.90g/mL$）中，冷却，在搅拌下分数次徐徐倾入 600mL 硝酸（1+1）中。

㉑ 去二氧化碳水。将水煮沸 15min，冷却，用适当方法防止再吸收二氧化碳。

㉒ 2g/L 甲基红指示剂溶液。配制：溶解 0.2g 甲基红于 90mL 乙醇中，以水稀释至 100mL，混匀。

㉓ 5g/L 酚酞指示剂溶液。配制：溶解 0.5g 酚酞于 90mL 乙醇中，用水稀释至 100mL，混匀。

㉔ $c(NaOH)=0.1mol/L$ 的氢氧化钠标准溶液。制备方法见实验十三。

㉕ $c(HNO_3)=0.1mol/L$ 硝酸标准溶液。

配制：取 6.5mL 硝酸，用水稀释至 1000mL，混匀。

标定：取 25.00mL 氢氧化钠标准溶液，用新煮沸冷却后的水稀释至 100mL，加 3～4 滴酚酞指示液，以硝酸标准溶液滴定至无色，计算硝酸标准溶液的物质的量浓度，同时标定 3 份，取平均值。

(3) 实验步骤

① 试样的称量。按表 10-17 称取试样。

表 10-17　测定磷含量时的试样称取量及酸加入量

| 磷含量/% | 试样量/g | 加酸量/mL | |
| --- | --- | --- | --- |
| | | 盐酸 | 高氯酸 |
| <0.1 | 2.0000 | 40 | 15 |
| 0.1～0.3 | 1.0000 | 25 | 10 |
| 0.3～0.6 | 0.5000 | 25 | 10 |
| 0.6～1.2 | 0.2500 | 25 | 10 |
| 1.2～3.0 | 0.1000 | 25 | 10 |

② 试样的分解

a. 将试样置于 250mL 烧杯中，按表 10-17 加盐酸，低温加热 1h。加 5mL 硝酸（$\rho=1.42g/mL$），再按表 10-17 加高氯酸，继续加热至产生浓厚的高氯酸白烟，并回流 5～10min，取下冷却后加 10mL 盐酸（$\rho=1.19g/mL$）、40mL 热水，用中速定量滤纸过滤，用擦棒擦净烧杯，用热盐酸（5+95）洗涤烧杯和沉淀至无氯化铁的黄色，再用热水洗至无氯离子（用硝酸银溶液检查），滤液和洗液收集于 300mL 烧杯中，并加热浓缩，作为主液保存。

注：溶液中含砷量大于 0.2mg 时，在产生高氯酸白烟后取下冷却，加 2mL 盐酸（$\rho=1.19g/mL$）和 10mL 氢溴酸[$w(HBr)=40\%$]，不盖表面皿继续加热至冒浓烟并回流 5～10min，取下冷却。以下同分析步骤。

b. 滤纸连同残渣移入铂坩埚中，灰化，在 800℃左右灼烧 10～20min，冷却，加水润湿残渣，加 1～2mL 高氯酸（$\rho=1.67g/mL$）、5mL 氢氟酸（$\rho=1.15g/mL$），低温加热，蒸发至冒尽高氯酸白烟，冷却，加 3g 无水碳酸钠，从低温（约 700℃）逐渐升温至 900～950℃熔融 10～20min，取出摇动坩埚，使熔融物均匀附于坩埚壁，冷却后，置于 300mL 烧杯中，加 50mL 盐酸（1+4），加热浸取，并用热水洗出坩埚。

注：含钡高的试样在将盛熔融物的坩埚放入 300mL 烧杯后，加 100mL 热水浸取熔融物，擦净并洗出坩埚。用中速滤纸加纸浆过滤，以 10g/L 碳酸钠溶液洗烧杯 4 次，洗沉淀 10～12 次。弃去滤纸及沉淀。滤液和洗液收集在 300mL 烧杯中，加 1～2 滴甲基红指示液，滴加盐酸（$\rho=1.19g/mL$）使呈酸性并过量 2～3mL。以下同分析步骤。

③ 分离。将残渣处理所得溶液稀释至 100mL，加 10mL 氯化铁溶液，搅拌下滴加氨水（$\rho=0.90g/mL$）至溶液呈弱碱性，加热煮沸 1～2min，静置待沉淀下降，用快速滤纸过滤，用热水洗涤烧杯 4 次，洗沉淀 10～12 次，弃去滤液和洗液。

将试样分解 a 中盛主液的烧杯接于漏斗下，用约 50mL 热盐酸（1+4）分次溶解烧杯和漏斗中的沉淀，并洗至无氯化铁的黄色，弃去滤纸，滤液加热浓缩至产生浓厚的高氯酸白烟并回流 2~3min，取下冷却，加约 50mL 热水，溶解可溶盐类，移入 500mL 锥形瓶中用水稀释至约 80mL，冷却至室温。

注：① 对含铌试样，将高氯酸回流时间改为约 10min。

② 试样锰含量高时，在用 50mL 热水溶解可溶盐类时可能出现二氧化锰沉淀。可加几滴过氧化氢（1+9），加热煮沸溶解。如仍有沉淀，则需用中速定量滤纸加纸浆过滤，以热硝酸（2+100）洗烧杯 4 次，洗沉淀 10~12 次，滤液和洗液收集于 500mL 锥形瓶中，加热蒸发至约 80mL，冷却至室温。以下同分析步骤。

③ 此溶液中钛量应小于 18mg，铌量应小于 1.5mg。

用氨水（$\rho=0.90g/mL$）中和至少量氢氧化铁沉淀出现，再滴加硝酸（$\rho=1.42g/mL$）至沉淀刚好溶解并过量 5mL，加 10mL 硝酸铵溶液，加 100mL 钼酸铵溶液，将锥形瓶浸入 50℃ 水浴中 15min，取出，加塞剧烈摇动 3min，室温静置 2h，使磷钼酸铵沉淀完全（磷含量较低时，需静置过夜）。

注：试液含钒在 2mg 以上时，在加 10mL 硝酸铵溶液后，需加 5mL 高氯酸亚铁溶液，摇动，使钒还原，冷却至 30℃ 以下，然后加 100mL 钼酸铵溶液，充分摇动 5min，于 20~30℃ 静置 2h 或过夜，使磷钼酸铵沉淀完全。以下同分析步骤。

将沉淀用铺有一定厚度纸浆（约相当于一张半 11cm 定量滤纸）的漏斗进行减压过滤，用硝酸（2+100）洗锥形瓶 3~4 次，沉淀 2~3 次（用约 60mL 洗涤液）。然后，用去二氧化碳的水（水温应不高于 30℃）洗锥形瓶和沉淀至无游离酸（收集 5mL 洗涤液，加 1 滴酚酞指示液、1 滴氢氧化钠标准溶液至浅红色不消失）。

④ 滴定。将分离步骤中最后所得沉淀及滤纸浆一并放回原锥形瓶中，加 100mL 去二氧化碳水（水温应低于 30℃），摇动使纸浆散开，准确加入氢氧化钠标准溶液，充分摇动，使黄色沉淀溶解，并过量 5~10mL，加 3~4 滴酚酞指示液，用硝酸标准溶液滴定至红色恰好消失为终点。

（4）计算公式 磷的质量分数按下式计算。

$$w(P)=\frac{(c_1V_1-c_2V_2)M\left(\frac{1}{24}P\right)}{m_{样}}\times100\%$$

式中 $w(P)$——磷的质量分数，%；

$\quad\quad c_1$——氢氧化钠标准溶液的浓度，mol/L；

$\quad\quad V_1$——加入氢氧化钠标准溶液的体积，L；

$\quad\quad c_2$——硝酸标准溶液的浓度，mol/L；

$\quad\quad V_2$——消耗硝酸标准溶液的体积，L；

$M\left(\frac{1}{24}P\right)$——$\frac{1}{24}P$ 的摩尔质量，g/mol；

$\quad\quad m_{样}$——称取样品质量，g。

（5）允许差（见表 10-18） 取平行测定结果的算术平均值为测定结果。

表 10-18 磷含量的允许差

| 磷含量/% | 标样允许差/% | 试样允许差/% |
|---|---|---|
| 0.030~0.050 | ±0.002 | 0.003 |
| 0.050~0.100 | ±0.004 | 0.005 |
| 0.100~0.500 | ±0.007 | 0.010 |
| 0.500~1.00 | ±0.011 | 0.016 |
| 1.00~2.00 | ±0.014 | 0.020 |
| 2.00~3.00 | ±0.018 | 0.025 |

12. 钡含量的测定——硫酸钡重量法（参照 GB 6730.29—86）

（1）实验原理　试样以盐酸、硝酸、硫酸处理，过滤，使钡与大部分干扰元素分离，残渣用氢氟酸除硅，用碳酸钠-碳酸钾熔融转化；在乙酸-乙酸铵缓冲溶液（pH＝5.9）中，以铬酸盐分离锶，再用碳酸盐分离引入的铬；在盐酸介质中，加硫酸使钡定量生成硫酸钡沉淀，以重量法测定。

（2）仪器药品

① 一般实验室仪器。

② 混合熔剂。1 份无水碳酸钠与 1 份碳酸钾研细混匀。

③ 无水碳酸钠。

④ 焦硫酸钾。

⑤ 盐酸（$\rho＝1.19g/mL$）。

⑥ 盐酸（1＋1）。

⑦ 盐酸（1＋9）。

⑧ 硝酸（$\rho＝1.42g/mL$）。

⑨ 氢氟酸（$\rho＝1.15g/mL$）。

⑩ 硫酸（1＋1）。

⑪ 硫酸（1＋99）。

⑫ 氨水（1＋1）。

⑬ 过氧化氢［$w(H_2O_2)＝30\%$］。

⑭ 硝酸银溶液（10g/L）。

⑮ 氯化钡盐酸溶液。配制：称取 1g 氯化钡，溶于适量水中，加 3mL 盐酸（$\rho＝1.19\,g/mL$），以水稀释至 100mL，混匀。

⑯ 碳酸钠溶液（10g/L）。

⑰ 乙酸-乙酸铵溶液（pH＝5.9）。配制：称取 154g 乙酸铵溶于少量水中，加 7.5mL 冰醋酸，用水稀释至 1000mL，混匀。用 pH 计校正。

⑱ 重铬酸钾溶液（50g/L）。

⑲ 3g/L 重铬酸钾洗液，每 100mL 加 2g 乙酸铵。

⑳ 乙酸铵溶液（20g/L）。

㉑ 硫化氢气体，用气体发生器制取。

㉒ 饱和硫化氢盐酸溶液，在盐酸（5＋95）中通硫化氢约 10min。

㉓ 2g/L 甲基红指示剂溶液。配制：称 0.2g 甲基红溶于 60mL 乙醇中，加水至 100mL。

㉔ 甲基橙指示剂溶液（1g/L）。

（3）实验步骤

① 试样的称量。按表 10-19 称取试样。

表 10-19　测定钡含量时的试样称取量

| 钡含量/% | 试样量/g |
| --- | --- |
| <15 | 1.0000 |
| >15 | 0.5000 |

② 测定

a. 将试样置于 300mL 烧杯中，加 15mL 盐酸（$\rho＝1.19g/mL$），低温加热溶解 20min，

加 5mL 硝酸（$\rho=1.42g/mL$），继续加热浓缩至 5mL 时，取下。加 5mL 硫酸（1+1），加热蒸发至冒白烟，冷却，加 100mL 热水，加热至微沸，溶解可溶性盐类，取下，放置 2h。用慢速滤纸过滤，用硫酸（1+99）洗净烧杯，洗沉淀及滤纸 5～6 次，再用水洗 2～3 次，弃去滤液。

b. 将沉淀连同滤纸移入铂坩埚中，灰化，在 800℃左右灼烧 10～20min，冷却，用水润湿，加 6～8 滴硫酸（1+1）、10mL 氢氟酸，低温加热蒸发至冒尽三氧化硫白烟。

c. 对含有大量稀土、铌和钛等元素的难溶试样，作如下处理：于除硅后的铂坩埚中，加 3g 焦硫酸钾，先于 450℃熔融，再逐渐升温至 650℃熔融 5～10min，冷却，用 100mL 硫酸（1+99）浸取熔融物，当试样含铌或二氧化钛量大于 1%时，加 1mL 过氧化氢加热溶解，用慢速滤纸过滤，并以硫酸（1+99）洗净烧杯，洗沉淀 5～6 次，再用水洗 2～3 次，将沉淀连同滤纸移入铂坩埚中，灰化，灼烧。

d. 于铂坩埚 b 或 c 中加 3～5g 混合熔剂，在 900℃熔融 5～10min，冷却，置于 400mL 烧杯中，用 100mL 热水浸取，洗出坩埚，溶液加热煮沸，稍冷，用中速滤纸过滤。用 10g/L 碳酸钠溶液洗沉淀及滤纸至无硫酸根（用氯化钡盐酸溶液检查）。将沉淀用 25mL 热盐酸（1+9）溶解于原烧杯中（漏斗上盖表面皿，以防反应剧烈而溅失），用热水洗净滤纸。

e. 对含铅大于 0.05%的试样，作如下处理：于溶液中加 2 滴甲基橙指示液，用氨水（1+1）调至变黄色，再用盐酸（1+1）调至变红色，并过量 5～8 滴，用水稀释至 100mL，加热，通硫化氢 5min，冷却，再通硫化氢 5min，放置 30～60min，用慢速滤纸过滤，用饱和硫化氢盐酸溶液洗沉淀 8～10 次，收集滤液和洗液于 400mL 烧杯中，加 4mL 盐酸（1+1），煮沸 5min。

f. 将溶液[1]加热煮沸，取下，加 2 滴甲基红指示液，用氨水（1+1）调至黄色，用水稀释至 150mL，加 15mL 乙酸-乙酸铵溶液（pH=5.9），煮沸，在搅拌下滴加 15mL 50g/L 重铬酸钾溶液，煮沸 5～10min，保温 2h，用慢速滤纸过滤，用 3g/L 重铬酸钾洗液洗沉淀及滤纸 5～7 次，用 20g/L 乙酸铵溶液洗 1～2 次。将沉淀连同滤纸移入原烧杯中，加 100mL 热水，3～5g 无水碳酸钠[2]，搅碎滤纸，煮沸 5～10min，稍冷，用中速滤纸过滤，用 10g/L 碳酸钠溶液洗沉淀及滤纸 6～8 次。将沉淀用 25mL 热盐酸（1+9）[3]溶解于原烧杯中（漏斗上盖表面皿），用热水洗净滤纸。

注释：

[1] 对氧化锶含量小于 0.02%的试样，应省去以铬酸盐分离锶的手续，此时可将溶液稀释至 250mL，加热至近沸，以下同分析步骤。

[2] 对氧化钡含量小于 5%的试样，分离锶后的铬酸钡沉淀，无需用无水碳酸钠分离铬，可直接用 25mL 热盐酸（1+9）溶解沉淀于原烧杯中，以下同分析步骤。

[3] 沉淀硫酸钡的酸度，在 100mL 体积中含 0.5～1mL 盐酸为宜。酸度太大，硫酸钡沉淀不完全；酸度太小，沉淀颗粒细小，易穿滤和吸附杂质。

g. 将溶液稀释至 250mL，加热至近沸，取下，在搅拌下滴加 5mL 硫酸（1+1），加热微沸 10～20min，保温 2～4h（沉淀量少时静置过夜）。用慢速定量滤纸过滤，用硫酸（1+99）洗净烧杯，洗沉淀及滤纸至无氯离子（用硝酸银溶液检查），再用水洗 2～3 次。将沉淀连同滤纸移入已恒重的瓷坩埚中，灰化，在 800℃灼烧至恒重。

注：灰化，灼烧滤纸及硫酸钡沉淀时，温度应逐渐升高，并有足够的空气，否则易被还原为硫化钡（沉淀呈黑色或灰色），致使结果偏低。遇此情况，应加 2～3 滴硫酸（1+1），小心加热，待三氧化硫白烟冒尽后，再重新灼烧至恒重。

③ 空白试验。随同试样做空白试验，所用试剂需取自同一试剂瓶。

（4）计算公式　钡的质量分数按下式计算。

$$w(\text{Ba}) = \frac{(m_1 - m_2) \times \dfrac{M(\text{Ba})}{M(\text{BaSO}_4)}}{m_{\text{样}}} \times 100\%$$

式中　$w(\text{Ba})$——钡的质量分数，%；

$\qquad m_1$——硫酸钡沉淀的质量，g；

$\qquad m_2$——空白试验硫酸钡沉淀的质量，g；

$\qquad M(\text{Ba})$——Ba 的摩尔质量，g/mol；

$M(\text{BaSO}_4)$——BaSO$_4$ 的摩尔质量，g/mol；

$\qquad m_{\text{样}}$——称取样品质量，g。

（5）允许差（见表 10-20）　取平行测定结果的算术平均值为测定结果。

表 10-20　钡含量的允许差

| 钡含量/% | 标样允许差/% | 试样允许差/% |
| --- | --- | --- |
| 0.50~1.00 | ±0.07 | 0.10 |
| 1.00~5.00 | ±0.11 | 0.15 |
| 5.00~10.00 | ±0.18 | 0.25 |
| 10.00~15.00 | ±0.21 | 0.30 |

**四、注意事项**（见实验步骤）

**五、思考题**

1. 比较全铁量测定各方法的优缺点。

2. 亚铁测定中，加热后为什么要将导管的一端迅速插入饱和碳酸氢钠溶液中？

3. 硅量的测定（重量法）中加入氢氟酸的作用是什么？

4. 铝含量的测定（氟盐取代配位容量法）中分别对甲基异丁基酮、六亚甲基四胺、强碱进行分离，各去除了哪些干扰元素？分离原理分别是什么？

5. 钙含量的测定（高锰酸钾容量法）中为什么要在近终点时，将滤纸放入溶液中？过早放入对测定结果有何影响？

6. 镁含量的测定（配位滴定法）中，滴定前加入少量 EGTA 和三乙醇胺的作用是什么？并说出有关原理。

7. 磷含量的测定（容量法）中磷的基本单元是什么？为什么？

### ▣ 相关链接

各种含铁矿物按其矿物组成，主要可分为 4 大类：磁铁矿、赤铁矿、褐铁矿和菱铁矿。由于它们的化学成分、结晶构造以及生成的地质条件不同，因此各种铁矿石具有不同的外部形态和物理特性。

（1）磁铁矿　其化学式为 Fe$_3$O$_4$，其中 $w(\text{FeO}) = 31\%$，$w(\text{Fe}_2\text{O}_3) = 69\%$，理论含铁量为 72.4%。这种矿石有时含有 TiO$_2$ 及 V$_2$O$_5$ 组合复合矿石，分别称为钛磁铁矿或矾钛磁铁矿。在自然界中纯磁铁矿矿石很少遇到，常常由于地表氧化作用使部分磁铁矿氧化转变为半假象赤铁矿和假象赤铁矿。所谓假象赤铁矿就是磁铁矿（Fe$_3$O$_4$）氧化成赤铁矿（Fe$_2$O$_3$），但它仍保留原来磁铁矿的外形，所以叫做假象赤铁矿。

磁铁矿具有强磁性，晶体常成八面体，少数为菱形十二面体。集合体常成致密的块状，颜色条痕为铁黑色，半金属光泽，相对密度 4.9~5.2，硬度 5.5~6，无解理，脉石主要是石英及硅酸盐。还原性差，一般含有害杂质硫和磷较高。

（2）赤铁矿 赤铁矿为无水氧化铁矿石，其化学式为 $Fe_2O_3$，理论含铁量为 70％。这种矿石在自然界中经常形成巨大的矿床，从埋藏和开采量来说，它都是工业生产的主要矿石。

赤铁矿含铁量一般为 50％～60％，含有害杂质硫和磷比较少，还原较磁铁矿好。因此，赤铁矿是一种比较优良的炼铁原料。

赤铁矿有原生的，也有野生的，再生的赤铁矿的磁铁矿经过氧化以后失去磁性，但仍保存着磁铁矿的结晶形状的假象赤铁矿，在假象赤铁矿中经常含有一些残余的磁铁矿。有时赤铁矿中也含有一些赤铁矿的风化产物，如褐铁矿（$2Fe_2O_3 \cdot 3H_2O$）。

赤铁矿具有半金属光泽，结晶者硬度为 5.5～6，土状赤铁矿硬度很低，无解理，相对密度 4.9～5.3，仅有弱磁性，脉石为硅酸盐。

（3）褐铁矿 褐铁矿是含水氧化铁矿石，是由其他矿石风化后生成的，在自然界中分布得最广泛，但矿床埋藏量大的并不多见。其化学式为 $nFe_2O_3 \cdot mH_2O$（$n＝1～3$，$m＝1～4$）。褐铁矿实际上是由针铁矿（$Fe_2O_3 \cdot H_2O$）、水针铁矿（$2Fe_2O_3 \cdot H_2O$）和含不同结晶水的氧化铁以及泥质物质的混合物所组成的。褐铁矿中绝大部分含铁物是以 $2Fe_2O_3 \cdot H_2O$ 形式存在的。

一般褐铁矿石含铁量为 37％～55％，有时含磷较高。褐铁矿的吸水性很强，一般都吸附着大量的水分，在焙烧或入高炉受热后去掉游离水和结晶水，矿石气孔率因而增加，大大改善了矿石的还原性。所以褐铁矿比赤铁矿和磁铁矿的还原性都要好。同时，由于去掉了水分相应地提高了矿石的含铁量。

（4）菱铁矿 菱铁矿为碳酸盐铁矿石，化学式为 $FeCO_3$，理论含铁量 48.2％。在自然界中，有工业开采价值的菱铁矿比其他 3 种矿石都少。菱铁矿很容易被分解氧化成褐铁矿。一般含铁量不高，但受热分解出 $CO_2$ 以后，不仅含铁量显著提高而且也变得多孔，还原性很好。

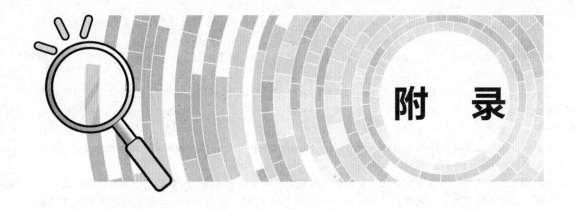

# 附　录

## 附录一　常用酸碱的密度和浓度

| 试剂名称 | 密度/(kg/m³) | 含量/% | $c$/(mol/L) |
|---|---|---|---|
| 盐酸 | 1.18～1.19 | 36～38 | 11.6～12.4 |
| 硝酸 | 1.39～1.40 | 65.0～68.0 | 14.4～15.2 |
| 硫酸 | 1.83～1.84 | 95～98 | 17.8～18.4 |
| 磷酸 | 1.69 | 85 | 14.6 |
| 高氯酸 | 1.68 | 70.0～72.0 | 11.7～12.0 |
| 冰醋酸 | 1.05 | 99.8(优级纯) | 17.4 |
| | | 99.0(分析纯) | |
| 氢氟酸 | 1.13 | 40 | 22.5 |
| 氢溴酸 | 1.49 | 47.0 | 8.6 |
| 氨水 | 0.88～0.90 | 25.0～28.0 | 13.3～14.8 |

## 附录二　常用缓冲溶液的配制

| 缓冲溶液组成 | $pK_a$ | 缓冲溶液 pH | 缓冲溶液配制方法 |
|---|---|---|---|
| 氨基乙酸-HCl | 2.35($pK_{a_1}$) | 2.3 | 取氨基乙酸 150g 溶于 500mL 水中后,加浓 HCl 80mL,再用水稀至 1L |
| $H_3PO_4$-柠檬酸盐 | | 2.5 | 取 $Na_2HPO_4 \cdot 12H_2O$ 113g 溶于 200mL 水中,加柠檬酸 387g,溶解,过滤后,稀至 1L |
| 一氯乙酸-NaOH | 2.86 | 2.8 | 取 200g 一氯乙酸溶于 200mL 水中,加 NaOH 40g,溶解后,稀至 1L |
| 邻苯二甲酸氢钾-HCl | 2.95($pK_{a_1}$) | 2.9 | 取 500g 邻苯二甲酸氢钾溶于 500mL 水中,加浓 HCl 80mL,稀至 1L |
| 甲酸-NaOH | 3.76 | 3.7 | 取 95g 甲酸和 NaOH 40g 于 500mL 水中,溶解,稀至 1L |
| $NH_4Ac$-HAc | | 4.5 | 取 $NH_4Ac$ 77g 溶于 200mL 水中,加冰醋酸 59mL,稀至 1L |
| NaAc-HAc | 4.74 | 4.7 | 取无水 NaAc 83g 溶于水中,加冰醋酸 60mL,稀至 1L |
| $NH_4Ac$-HAc | | 5.0 | 取 $NH_4Ac$ 250g 溶于水中,加冰醋酸 25mL,稀至 1L |
| 六亚甲基四胺-HCl | 5.15 | 5.4 | 取六亚甲基四胺 40g 溶于 200mL 水中,加浓 HCl 10mL,稀至 1L |
| $NH_4Ac$-HAc | | 6.0 | 取 $NH_4Ac$ 600g 溶于水中,加冰醋酸 20mL,稀至 1L |
| NaAc-$Na_2HPO_4$ | | 8.0 | 取无水 NaAc 50g 和 $Na_2HPO_4 \cdot 12H_2O$ 50g,溶于水中,稀至 1L |
| Tris-HCl[三羟甲基氨基甲烷 $H_2NC(HOCH_3)_3$] | 8.21 | 8.2 | 取 25g Tris 试剂溶于水中,加浓 HCl 8mL,稀至 1L |
| $NH_3$-$NH_4Cl$ | 9.26 | 9.2 | 取 $NH_4Cl$ 54g 溶于水中,加浓氨水 63mL,稀至 1L |
| $NH_3$-$NH_4Cl$ | 9.26 | 9.5 | 取 $NH_4Cl$ 54g 溶于水中,加浓氨水 126mL,稀至 1L |
| $NH_3$-$NH_4Cl$ | 9.29 | 10.0 | 取 $NH_4Cl$ 54g 溶于水中,加浓氨水 350mL,稀至 1L |

注:1. 缓冲液配制后可用 pH 试纸检查。如 pH 不对,可用共轭酸或碱调节。pH 欲调节精确时,可用 pH 计调节。

2. 若需增加或减少缓冲液的缓冲容量时,可相应增加或减少共轭酸碱对的物质的量,然后按上述调节。

## 附录三　常用基准物质的干燥条件和应用

| 基准物质 |  | 干燥后组成 | 干燥条件/℃ | 标定对象 |
|---|---|---|---|---|
| 名称 | 分子式 |  |  |  |
| 碳酸氢钠 | $NaHCO_3$ | $Na_2CO_3$ | 270～300 | 酸 |
| 碳酸钠 | $Na_2CO_3 \cdot 10H_2O$ | $Na_2CO_3$ | 270～300 | 酸 |
| 硼砂 | $Na_2B_4O_7 \cdot 10H_2O$ | $Na_2B_4O_7 \cdot 10H_2O$ | 放在含 NaCl 和蔗糖饱和液的干燥器中 | 酸 |
| 碳酸氢钾 | $KHCO_3$ | $K_2CO_3$ | 270～300 | 酸 |
| 草酸 | $H_2C_2O_4 \cdot 2H_2O$ | $H_2C_2O_4 \cdot 2H_2O$ | 室温空气干燥 | 碱或 $KMnO_4$ |
| 邻苯二甲酸氢钾 | $KHC_8H_4O_4$ | $KHC_8H_4O_4$ | 110～120 | 碱 |
| 重铬酸钾 | $K_2Cr_2O_7$ | $K_2Cr_2O_7$ | 140～150 | 还原剂 |
| 溴酸钾 | $KBrO_3$ | $KBrO_3$ | 130 | 还原剂 |
| 碘酸钾 | $KIO_3$ | $KIO_3$ | 130 | 还原剂 |
| 铜 | $Cu$ | $Cu$ | 室温干燥器中保存 | 还原剂 |
| 三氧化二砷 | $As_2O_3$ | $As_2O_3$ | 室温干燥器中保存 | 还原剂 |
| 草酸钠 | $Na_2C_2O_4$ | $Na_2C_2O_4$ | 130 | 氧化剂 |
| 碳酸钙 | $CaCO_3$ | $CaCO_3$ | 110 | EDTA |
| 锌 | $Zn$ | $Zn$ | 室温干燥器中保存 | EDTA |
| 氧化锌 | $ZnO$ | $ZnO$ | 900～1000 | EDTA |
| 氯化钠 | $NaCl$ | $NaCl$ | 500～600 | $AgNO_3$ |
| 氯化钾 | $KCl$ | $KCl$ | 500～600 | $AgNO_3$ |
| 硝酸银 | $AgNO_3$ | $AgNO_3$ | 280～290 | 氯化物 |
| 氨基磺酸 | $HOSO_2NH_2$ | $HOSO_2NH_2$ | 在真空 $H_2SO_4$ 干燥中保存 48h | 碱 |

## 附录四　常用指示剂

### 1. 酸碱指示剂

| 名　称 | 变色范围(pH) | 颜色变化 | 溶液配制方法 |
|---|---|---|---|
| 甲基紫 | 0.13～0.50(第一次变色) | 黄色～绿色 |  |
|  | 1.0～1.5(第二次变色) | 绿色～蓝色 | 0.5g/L 水溶液 |
|  | 2.0～3.0(第三次变色) | 蓝色～紫色 |  |
| 百里酚蓝 | 1.2～2.8(第一次变色) | 红色～黄色 | 1g/L 乙醇溶液 |
| 甲酚红 | 0.12～1.8(第一次变色) | 红色～黄色 | 1g/L 乙醇溶液 |
| 甲基黄 | 2.9～4.0 | 红色～黄色 | 1g/L 乙醇溶液 |
| 甲基橙 | 3.1～4.4 | 红色～黄色 | 1g/L 水溶液 |
| 溴酚蓝 | 3.0～4.6 | 黄色～紫色 | 0.4g/L 乙醇溶液 |
| 刚果红 | 3.0～5.2 | 蓝紫色～红色 | 1g/L 水溶液 |
| 溴甲酚绿 | 3.8～5.4 | 黄色～蓝色 | 1g/L 乙醇溶液 |
| 甲基红 | 4.4～6.2 | 红色～黄色 | 1g/L 乙醇溶液 |
| 溴酚红 | 5.0～6.8 | 黄色～红色 | 1g/L 乙醇溶液 |
| 溴甲酚紫 | 5.2～6.8 | 黄色～紫色 | 1g/L 乙醇溶液 |
| 溴百里酚蓝 | 6.0～7.6 | 黄色～蓝色 | 1g/L 乙醇[50%(体积分数)]溶液 |
| 中性红 | 6.8～8.0 | 红色～亮黄色 | 1g/L 乙醇溶液 |
| 酚红 | 6.4～8.2 | 黄色～红色 | 1g/L 乙醇溶液 |
| 甲酚红 | 7.0～8.8(第二次变色) | 黄色～紫红色 | 1g/L 乙醇溶液 |
| 百里酚蓝 | 8.0～9.6(第二次变色) | 黄色～蓝色 | 1g/L 乙醇溶液 |
| 酚酞 | 8.2～10.0 | 无色～红色 | 10g/L 乙醇溶液 |
| 百里酚酞 | 9.4～10.6 | 无色～蓝色 | 1g/L 乙醇溶液 |

## 2. 酸碱混合指示剂

| 名　称 | 变色点 | 颜色 | | 配　制　方　法 | 备　注 |
|---|---|---|---|---|---|
| | | 酸色 | 碱色 | | |
| 甲基橙-靛蓝（二磺酸） | 4.1 | 紫色 | 绿色 | 1 份 1g/L 甲基橙水溶液<br>1 份 2.5g/L 靛蓝（二磺酸）水溶液 | |
| 溴百里酚绿-甲基橙 | 4.3 | 黄色 | 蓝绿色 | 1 份 1g/L 溴百里酚绿钠盐水溶液<br>1 份 2g/L 甲基橙水溶液 | pH＝3.5 黄色<br>pH＝4.05 绿黄色<br>pH＝4.3 浅绿色 |
| 溴甲酚绿-甲基红 | 5.1 | 酒红色 | 绿色 | 3 份 1g/L 溴甲酚绿乙醇溶液<br>1 份 2g/L 甲基红乙醇溶液 | |
| 甲基红-亚甲基蓝 | 5.4 | 红紫色 | 绿色 | 2 份 1g/L 甲基红乙醇溶液<br>1 份 1g/L 亚甲基蓝乙醇溶液 | pH＝5.2 红紫色<br>pH＝5.4 暗蓝色<br>pH＝5.6 绿色 |
| 溴甲酚绿-氯酚红 | 6.1 | 黄绿色 | 蓝紫色 | 1 份 1g/L 溴甲酚绿钠盐水溶液<br>1 份 1g/L 氯酚红钠盐水溶液 | pH＝5.8 蓝色<br>pH＝6.2 蓝紫色 |
| 溴甲酚紫-溴百里酚蓝 | 6.7 | 黄色 | 蓝紫色 | 1 份 1g/L 溴甲酚紫钠盐水溶液<br>1 份 1g/L 溴百里酚蓝钠盐水溶液 | |
| 中性红-亚甲基蓝 | 7.0 | 紫蓝色 | 绿色 | 1 份 1g/L 中性红乙醇溶液<br>1 份 1g/L 亚甲基蓝乙醇溶液 | pH＝7.0 蓝紫色 |
| 溴百里酚蓝-酚红 | 7.5 | 黄色 | 紫色 | 1 份 1g/L 溴百里酚蓝钠盐水溶液<br>1 份 1g/L 酚红钠盐水溶液 | pH＝7.2 暗绿色<br>pH＝7.4 淡紫色<br>pH＝7.6 深紫色 |
| 甲酚红-百里酚蓝 | 8.3 | 黄色 | 紫色 | 1 份 1g/L 甲酚红钠盐水溶液<br>3 份 1g/L 百里酚蓝钠盐水溶液 | pH＝8.2 玫瑰色<br>pH＝8.4 紫色 |
| 百里酚蓝-酚酞 | 9.0 | 黄色 | 紫色 | 1 份 1g/L 百里酚蓝乙醇溶液<br>3 份 1g/L 酚酞乙醇溶液 | |
| 酚酞-百里酚酞 | 9.9 | 无色 | 紫色 | 1 份 1g/L 酚酞乙醇溶液<br>1 份 1g/L 百里酚酞乙醇溶液 | pH＝9.6 玫瑰色<br>pH＝10 紫色 |

## 3. 金属离子指示剂

| 名　称 | 颜色 | | 配　制　方　法 |
|---|---|---|---|
| | 化合物 | 游离态 | |
| 铬黑 T(EBT) | 红色 | 蓝色 | 1. 称取 0.50g 铬黑 T 和 2.0g 盐酸羟胺，溶于乙醇，用乙醇稀释至 100mL。使用前制备<br>2. 将 1.0g 铬黑 T 与 100.0g NaCl 研细，混匀 |
| 二甲酚橙(XO) | 红色 | 黄色 | 2g/L 水溶液 (去离子水) |
| 钙指示剂 | 酒红色 | 蓝色 | 0.50g 钙指示剂与 100.0g NaCl 研细，混匀 |
| 紫脲酸铵 | 黄色 | 紫色 | 1.0g 紫脲酸铵与 200.0g NaCl 研细，混匀 |
| K-B指示剂 | 红色 | 蓝色 | 0.50g 酸性铬蓝 K 加 1.250g 萘酚绿，再加 25.0g K$_2$SO$_4$ 研细，混匀 |
| 磺基水杨酸 | 红色 | 无色 | 10g/L 水溶液 |
| PAN | 红色 | 黄色 | 2g/L 乙醇溶液 |
| Cu-PAN(CuY＋PAN) | Cu-PAN<br>红色 | CuY-PAN<br>浅绿色 | 0.05mol/L Cu$^{2+}$ 溶液 10mL，加 pH＝5～6 的 HAC 缓冲溶液 5mL，1 滴 PAN 指示剂，加热至 60℃ 左右，用 EDTA 滴至绿色，得到约 0.025mol/L 的 CuY 溶液。使用时取 2～3mL 于试液中，再加数滴 PAN 溶液 |

### 4. 氧化还原指示剂

| 名　　称 | 变色点 | 颜色 | | 配　制　方　法 |
|---|---|---|---|---|
| | V | 氧化态 | 还原态 | |
| 二苯胺 | 0.76 | 紫色 | 无色 | 1g 二苯胺在搅拌下溶于100mL浓硫酸中 |
| 二苯胺磺酸钠 | 0.85 | 紫色 | 无色 | 5g/L 水溶液 |
| 邻菲啰啉-Fe(Ⅱ) | 1.06 | 淡蓝色 | 红色 | 0.5g$FeSO_4 \cdot 7H_2O$ 溶于 100mL 水中,加 2 滴硫酸,再加 0.5g 邻菲啰啉 |
| 邻苯氨基苯甲酸 | 1.08 | 紫红色 | 无色 | 0.2g 邻苯氨基苯甲酸,加热溶解在 100mL0.2%$Na_2CO_3$ 溶液中,必要时过滤 |
| 硝基邻二氮菲-Fe(Ⅱ) | 1.25 | 淡蓝色 | 紫红色 | 1.7g 硝基邻二氮菲溶于 100mL 0.025mol/L$Fe^{2+}$ 溶液中 |
| 淀粉 | | | | 1g 可溶性淀粉加少许水调成糊状,在搅拌下注入 100mL 沸水中,微沸 2min,放置,取上层清液使用(若要保持稳定,可在研磨淀粉时加 1mg $HgI_2$) |

### 5. 沉淀滴定法指示剂

| 名　　称 | 颜色变化 | | 配　制　方　法 |
|---|---|---|---|
| 铬酸钾 | 黄色 | 砖红色 | 5g $K_2CrO_4$ 溶于水,稀释至 100mL |
| 硫酸铁铵 | 无色 | 血红色 | 40g $NH_4Fe(SO_4)_2 \cdot 12H_2O$ 溶于水,加几滴硫酸,用水稀释至 100mL |
| 荧光黄 | 绿色荧光 | 玫瑰红色 | 0.5g 荧光黄溶于乙醇,用乙醇稀释至 100mL |
| 二氯荧光黄 | 绿色荧光 | 玫瑰红色 | 0.1g 二氯荧光黄溶于乙醇,用乙醇稀释至 100mL |
| 曙红 | 黄色 | 玫瑰红色 | 0.5g 曙红钠盐溶于水,稀释至 100mL |

## 附录五　化合物式量表

| 化　合　物 | 相对分子质量 | 化　合　物 | 相对分子质量 |
|---|---|---|---|
| $Ag_3AsO_4$ | 462.52 | $BaCrO_4$ | 253.32 |
| AgBr | 187.77 | BaO | 153.33 |
| AgCl | 143.32 | $Ba(OH)_2$ | 171.34 |
| AgCN | 133.89 | $BaSO_4$ | 233.39 |
| AgSCN | 165.95 | $BiCl_3$ | 315.34 |
| $Ag_2CrO_4$ | 331.73 | BiOCl | 260.43 |
| AgI | 234.77 | $CO_2$ | 44.01 |
| $AgNO_3$ | 169.87 | CaO | 56.08 |
| $AlCl_3$ | 133.34 | $CaCO_3$ | 100.09 |
| $AlCl_3 \cdot 6H_2O$ | 241.43 | $CaC_2O_4$ | 128.10 |
| $Al(NO_3)_3$ | 213.00 | $CaCl_2$ | 110.99 |
| $Al(NO_3)_3 \cdot 9H_2O$ | 375.13 | $CaCl_2 \cdot 6H_2O$ | 219.08 |
| $Al_2O_3$ | 101.96 | $Ca(NO_3)_2 \cdot 4H_2O$ | 236.15 |
| $Al(OH)_3$ | 78.00 | $Ca(OH)_2$ | 74.10 |
| $Al_2(SO_4)_3$ | 342.14 | $Ca_3(PO_4)_2$ | 310.18 |
| $Al_2(SO_4)_3 \cdot 18H_2O$ | 666.41 | $CaSO_4$ | 136.14 |
| $As_2O_3$ | 197.84 | $CdCO_3$ | 172.42 |
| $As_2O_5$ | 229.84 | $CdCl_2$ | 183.32 |
| $As_2S_3$ | 246.02 | CdS | 144.47 |
| $BaCO_3$ | 197.34 | $Ce(SO_4)_2$ | 332.24 |
| $BaC_2O_4$ | 225.35 | $Ce(SO_4)_2 \cdot 4H_2O$ | 404.30 |
| $BaCl_2$ | 208.42 | $CoCl_2$ | 129.84 |
| $BaCl_2 \cdot 2H_2O$ | 244.27 | $CoCl_2 \cdot 6H_2O$ | 237.93 |

| 化　合　物 | 相对分子质量 | 化　合　物 | 相对分子质量 |
|---|---|---|---|
| $Co(NO_3)_2$ | 182.94 | $HF$ | 20.01 |
| $Co(NO_3)_2 \cdot 6H_2O$ | 291.03 | $HI$ | 127.91 |
| $CoS$ | 90.99 | $HIO_3$ | 175.91 |
| $CoSO_4$ | 154.99 | $HNO_3$ | 63.01 |
| $CoSO_4 \cdot 7H_2O$ | 281.10 | $HNO_2$ | 47.01 |
| $CO(NH_2)_2$ | 60.06 | $H_2O$ | 18.015 |
| $CrCl_3$ | 158.36 | $H_2O_2$ | 34.02 |
| $CrCl_3 \cdot 6H_2O$ | 266.45 | $H_3PO_4$ | 98.00 |
| $Cr(NO_3)_3$ | 238.01 | $H_2S$ | 34.08 |
| $Cr_2O_3$ | 151.99 | $H_2SO_3$ | 82.07 |
| $CuCl$ | 99.00 | $H_2SO_4$ | 98.07 |
| $CuCl_2$ | 134.45 | $Hg(CN)_2$ | 252.63 |
| $CuCl_2 \cdot 2H_2O$ | 170.48 | $HgCl_2$ | 271.50 |
| $CuSCN$ | 121.62 | $Hg_2Cl_2$ | 472.09 |
| $CuI$ | 190.45 | $HgI_2$ | 454.40 |
| $Cu(NO_3)_2$ | 187.56 | $Hg_2(NO_3)_2$ | 525.19 |
| $Cu(NO_3)_2 \cdot 3H_2O$ | 241.60 | $Hg_2(NO_3)_2 \cdot 2H_2O$ | 561.22 |
| $CuO$ | 79.55 | $Hg(NO_3)_2$ | 324.60 |
| $Cu_2O$ | 143.09 | $HgO$ | 216.59 |
| $CuS$ | 95.61 | $HgS$ | 232.65 |
| $CuSO_4$ | 159.06 | $HgSO_4$ | 296.65 |
| $CuSO_4 \cdot 5H_2O$ | 249.68 | $Hg_2SO_4$ | 497.24 |
| $FeCl_2$ | 126.75 | $KAl(SO_4)_2 \cdot 12H_2O$ | 474.38 |
| $FeCl_2 \cdot 4H_2O$ | 198.81 | $KBr$ | 119.00 |
| $FeCl_3$ | 162.21 | $KBrO_3$ | 167.00 |
| $FeCl_3 \cdot 6H_2O$ | 270.30 | $KCl$ | 74.55 |
| $FeNH_4(SO_4)_2 \cdot 12H_2O$ | 482.18 | $KClO_3$ | 122.55 |
| $Fe(NO_3)_3$ | 241.86 | $KClO_4$ | 138.55 |
| $Fe(NO_3)_3 \cdot 9H_2O$ | 404.00 | $KCN$ | 65.12 |
| $FeO$ | 71.85 | $KSCN$ | 97.18 |
| $Fe_2O_3$ | 159.69 | $K_2CO_3$ | 138.21 |
| $Fe_3O_4$ | 231.54 | $K_2CrO_4$ | 194.19 |
| $Fe(OH)_3$ | 106.87 | $K_2Cr_2O_7$ | 294.18 |
| $FeS$ | 87.91 | $K_3Fe(CN)_6$ | 329.25 |
| $Fe_2S_3$ | 207.87 | $K_4Fe(CN)_6$ | 368.35 |
| $FeSO_4$ | 151.91 | $KFe(SO_4)_2 \cdot 12H_2O$ | 503.24 |
| $FeSO_4 \cdot 7H_2O$ | 278.01 | $KHC_2O_4 \cdot H_2O$ | 146.14 |
| $Fe(NH_4)_2(SO_4)_2 \cdot 6H_2O$ | 392.13 | $KHC_2O_4 \cdot H_2C_2O_4 \cdot 2H_2O$ | 254.19 |
| $H_3AsO_3$ | 125.94 | $KHC_4H_4O_6$ | 188.18 |
| $H_3AsO_4$ | 141.94 | $KHSO_4$ | 136.16 |
| $H_3BO_3$ | 61.83 | $KI$ | 166.00 |
| $HBr$ | 80.91 | $KIO_3$ | 214.00 |
| $HCN$ | 27.03 | $KIO_3 \cdot HIO_3$ | 389.91 |
| $HCOOH$ | 46.03 | $KMnO_4$ | 158.03 |
| $CH_3COOH$ | 60.05 | $KNaC_4H_4O_6 \cdot 4H_2O$ | 282.22 |
| $H_2CO_3$ | 62.03 | $KNO_3$ | 101.10 |
| $H_2C_2O_4$ | 90.04 | $KNO_2$ | 85.10 |
| $H_2C_2O_4 \cdot 2H_2O$ | 126.07 | $K_2O$ | 94.20 |
| $HCl$ | 36.46 | $KOH$ | 56.11 |

| 化 合 物 | 相对分子质量 | 化 合 物 | 相对分子质量 |
|---|---|---|---|
| $K_2SO_4$ | 174.25 | $Na_2H_2Y \cdot 2H_2O$ | 372.24 |
| $MgCO_3$ | 84.31 | $NaNO_2$ | 69.00 |
| $MgCl_2$ | 95.21 | $NaNO_3$ | 85.00 |
| $MgCl_2 \cdot 6H_2O$ | 203.30 | $Na_2O$ | 61.98 |
| $MgC_2O_4$ | 112.33 | $Na_2O_2$ | 77.98 |
| $Mg(NO_3)_2 \cdot 6H_2O$ | 256.41 | $NaOH$ | 40.00 |
| $MgNH_4PO_4$ | 137.32 | $Na_3PO_4$ | 163.94 |
| $MgO$ | 40.30 | $Na_2S$ | 78.04 |
| $Mg(OH)_2$ | 58.32 | $Na_2S \cdot 9H_2O$ | 240.18 |
| $Mg_2P_2O_7$ | 222.55 | $Na_2SO_3$ | 126.04 |
| $MgSO_4 \cdot 7H_2O$ | 246.47 | $Na_2SO_4$ | 142.04 |
| $MnCO_3$ | 114.95 | $Na_2S_2O_3$ | 158.10 |
| $MnCl_2 \cdot 4H_2O$ | 197.91 | $Na_2S_2O_3 \cdot 5H_2O$ | 248.17 |
| $Mn(NO_3)_2 \cdot 6H_2O$ | 287.04 | $NiCl_2 \cdot 6H_2O$ | 237.70 |
| $MnO$ | 70.94 | $NiO$ | 74.70 |
| $MnO_2$ | 86.94 | $Ni(NO_3)_2 \cdot 6H_2O$ | 290.80 |
| $MnS$ | 87.00 | $Ni$ | 90.76 |
| $MnSO_4$ | 151.00 | $NiSO_4 \cdot 7H_2O$ | 280.86 |
| $MnSO_4 \cdot 4H_2O$ | 223.06 | $P_2O_5$ | 141.95 |
| $NO$ | 30.01 | $PbCO_3$ | 267.21 |
| $NO_2$ | 46.01 | $PbC_2O_4$ | 295.22 |
| $NH_3$ | 17.03 | $PbCl_2$ | 278.11 |
| $CH_3COONH_4$ | 77.08 | $PbCrO_4$ | 323.19 |
| $NH_4Cl$ | 53.49 | $Pb(CH_3COO)_2$ | 325.29 |
| $(NH_4)_2CO_3$ | 96.09 | $Pb(CH_3COO)_2 \cdot 3H_2O$ | 379.34 |
| $(NH_4)_2C_2O_4$ | 124.10 | $PbI_2$ | 461.01 |
| $(NH_4)_2C_2O_4 \cdot H_2O$ | 142.11 | $Pb(NO_3)_2$ | 331.21 |
| $NH_4SCN$ | 76.12 | $PbO$ | 223.20 |
| $NH_4HCO_3$ | 79.06 | $PbO_2$ | 239.20 |
| $(NH_4)_2MoO_4$ | 196.01 | $Pb_3(PO_4)_2$ | 811.54 |
| $NH_4NO_3$ | 80.04 | $PbS$ | 239.26 |
| $(NH_4)_2HPO_4$ | 132.06 | $PbSO_4$ | 303.26 |
| $(NH_4)_2S$ | 68.14 | $SO_3$ | 80.06 |
| $(NH_4)_2SO_4$ | 132.13 | $SO_2$ | 64.06 |
| $NH_4VO_3$ | 116.98 | $SbCl_3$ | 228.11 |
| $Na_3AsO_3$ | 191.89 | $SbCl_5$ | 299.02 |
| $Na_2B_4O_7$ | 201.22 | $Sb_2O_3$ | 291.50 |
| $Na_2B_4O_7 \cdot 10H_2O$ | 381.37 | $Sb_2S_3$ | 339.68 |
| $NaBiO_3$ | 279.97 | $SiF_4$ | 104.08 |
| $NaCN$ | 49.01 | $SiO_2$ | 60.08 |
| $NaSCN$ | 81.07 | $SnCl_2$ | 189.60 |
| $Na_2CO_3$ | 105.99 | $SnCl_2 \cdot 2H_2O$ | 225.63 |
| $Na_2CO_3 \cdot 10H_2O$ | 286.14 | $SnCl_4$ | 260.50 |
| $Na_2C_2O_4$ | 134.00 | $SnCl_4 \cdot 5H_2O$ | 350.58 |
| $CH_3COONa$ | 82.03 | $SnO_2$ | 150.69 |
| $CH_3COONa \cdot 3H_2O$ | 136.08 | $SnS_2$ | 150.75 |
| $NaCl$ | 58.44 | $SrCO_3$ | 147.63 |
| $NaClO$ | 74.44 | $SrC_2O_4$ | 175.64 |
| $NaHCO_3$ | 84.01 | $SrCrO_4$ | 203.61 |
| $Na_2HPO_4 \cdot 12H_2O$ | 358.14 | $Sr(NO_3)_2$ | 211.63 |

续表

| 化 合 物 | 相对分子质量 | 化 合 物 | 相对分子质量 |
|---|---|---|---|
| $Sr(NO_3)_2 \cdot 4H_2O$ | 283.69 | $Zn(CH_3COO)_2 \cdot 2H_2O$ | 219.50 |
| $SrSO_4$ | 183.69 | $Zn(NO_3)_2$ | 189.39 |
| $UO_2(CH_3COO)_2 \cdot 2H_2O$ | 424.15 | $Zn(NO_3)_2 \cdot 6H_2O$ | 297.48 |
| $ZnCO_3$ | 125.39 | $ZnO$ | 81.38 |
| $ZnC_2O_4$ | 153.40 | $ZnS$ | 97.44 |
| $ZnCl_2$ | 136.29 | $ZnSO_4$ | 161.44 |
| $Zn(CH_3COO)_2$ | 183.47 | $ZnSO_4 \cdot 7H_2O$ | 287.55 |

# 附录六　国际单位制的基本单位

| 量 的 名 称 | 单位符号 | 单位名称 | 量 的 名 称 | 单位符号 | 单位名称 |
|---|---|---|---|---|---|
| 长度 | m | 米 | 热力学温度 | K | 开[尔文] |
| 质量 | kg | 千克(公斤) | 物质的量 | mol | 摩[尔] |
| 时间 | s | 秒 | 发光强度 | cd | 坎[德拉] |
| 电流 | A | 安[培] | | | |

# 附录七　国家选定的非国际单位制的法定计量单位

| 量 的 名 称 | 单 位 名 称 | 单位符号 | 与 SI 单位的关系 |
|---|---|---|---|
| | 分 | min | $1min = 60s$ |
| 时间 | [小]时 | h | $1h = 60min = 3600s$ |
| | 日(天) | d | $1d = 24h = 86400s$ |
| | 度 | ° | $1° = (\pi/180)rad$ |
| [平面]角 | [角]分 | ′ | $1′ = (1/60)° = (\pi/10800)rad$ |
| | [角]秒 | ″ | $1″ = (1/60)′ = (\pi/648000)rad$ |
| | 升 | l, L | $1l = 1dm^3 = 10^{-3}m^3$ |
| 体积 | 吨 | t | $1t = 10^3kg$ |
| | 原子质量单位 | u | $1u \approx 1.660540 \times 10^{-27}kg$ |
| 旋转速度 | 转每分 | r/min | $1r/min = (1/60)s^{-1}$ |
| 长度 | 海里 | n mile | $1n\ mile = 1852m$<br>（只用于航行） |
| 速度 | 节 | kn | $1kn = 1n\ mile/h = (1852/3600)m/s$<br>（只用于航行） |
| 能 | 电子伏 | eV | $1eV \approx 1.602177 \times 10^{-19}J$ |
| 级差 | 分贝 | dB | |
| 线密度 | 特[克斯] | tex | $1tex = 10^{-6}kg/m$ |
| 面积 | 公顷 | $hm^2$ | $1hm^2 = 10^4m^2$ |

# 参 考 文 献

[1] 李楚芝，王桂芝编．分析化学实验．第 3 版．北京：化学工业出版社，2012.

[2] 姜洪文主编．分析化学．第 2 版．北京：化学工业出版社，2005.

[3] 刘约权，李贵深主编．实验化学．北京：高等教育出版社，1999.

[4] 武汉大学主编．分析化学．第 4 版。北京：高等教育出版社，2000.

[5] 苗凤琴，于世林编．分析化学实验．第 3 版．北京：化学工业出版社，2010.

[6] 高职高专化学教材编写组编．分析化学实验．北京：高等教育出版社，2002.

[7] ［美］加里 D. 克里斯琴著．分析化学．王令今，张振宇译．北京：化学工业出版社，1988.

[8] 周其镇，方国女，樊行雪编．大学基础化学实验（Ⅰ）．北京：化学工业出版社，2000.

[9] 刘世纯主编．实用分析化验工读本．北京：化学工业出版社，2003.

[10] 邢文卫，陈艾霞编．分析化学实验．第 2 版．北京：化学工业出版社，2007.

[11] 周玉敏主编．分析化学．北京：化学工业出版社，2001.

[12] 李广超主编．工业分析．北京：化学工业出版社，2007.

[13] 吉分平主编．工业分析．第 2 版．北京：化学工业出版社，2008.

[14] 湖南大学组织编写．化学分析．北京：中国纺织出版社，2008.